国家自然科学基金项目（51678017，51908025）、北京市自然科技基金项目（8194058）、北京市教育委员会科技计划一般项目（KM201810016018）、北京市优秀人才培养资助项目（2016000020124G036）、北京建筑大学市属高校基本科研业务费专项资金资助项目（X18120）

城市抗震防灾系统动态模拟仿真研究及应用

Dynamic Simulation and Application of Urban Earthquake Disaster Prevention System

刘晓然　王　威　马东辉　苏经宇　甄纪亮　著

中国建筑工业出版社

图书在版编目（CIP）数据

城市抗震防灾系统动态模拟仿真研究及应用/刘晓然等著. —北京：中国建筑工业出版社，2019.8
ISBN 978-7-112-24127-9

Ⅰ.①城… Ⅱ.①刘… Ⅲ.①城市-抗震措施-系统仿真-研究②城市-灾害防治-系统仿真-研究 Ⅳ.①P315.9②X4

中国版本图书馆 CIP 数据核字（2019）第 178892 号

本书结合城市抗震防灾工作中防灾、抗灾、避灾、救灾的具体过程，以人、物、环境承灾体为研究对象，贯彻“预防为主、防御与救助相结合”的方针，解析城市抗震防灾系统中的重要内容，以风险评价为基础，防灾、救灾相结合的形式对城市抗震防灾系统中地震灾害风险评估、防灾用地优化、人员避难疏散、应急物资优化、压埋人员伤亡评估等关键问题，应用智能算法或仿真软件，建立了相应数值模拟或动态仿真模型。最终模拟结果可为城市抗震防灾能力的评估或城市抗震防灾规划的具体实施提供一定依据。

责任编辑：石枫华　万　李
责任校对：焦　乐

城市抗震防灾系统动态模拟仿真研究及应用
刘晓然　王　威　马东辉　苏经宇　甄纪亮　著
*
中国建筑工业出版社出版、发行（北京海淀三里河路 9 号）
各地新华书店、建筑书店经销
霸州市顺浩图文科技发展有限公司制版
北京建筑工业印刷厂印刷
*
开本：787×1092 毫米　1/16　印张：19　字数：470 千字
2019 年 8 月第一版　2019 年 8 月第一次印刷
定价：**78.00** 元
ISBN 978-7-112-24127-9
（34641）

前　言

城市抗震防灾是一个动态发展的过程，其研究对象是不断发展的城市系统，即研究区域内的与城市建设相关的地震地质和场地环境、建筑结构工程、城市基础设施等城市环境要素和建设要素以及由这些要素组成的复杂的、不断变化发展的城市复杂工程系统。目前，城市抗震防灾系统在动态发展过程中仍存在很多问题，如系统呈现出一系列的关联复杂性及动态反馈性。因此，亟须用解决复杂问题的理论和方法进行分析研究。

防震减灾工作，应实行预防为主、防御与救助相结合的方针。结合城市抗震防灾工作中防灾、抗灾、避灾、救灾的具体过程，以人、物、环境承灾体为研究对象，本书整体研究以风险评价为基础，防灾与救灾相结合，解析城市抗震防灾系统中的重要内容，基于复杂系统理论，针对城市抗震防灾系统中地震灾害风险评估、防灾用地优化、人员避难疏散、应急物资优化、压埋人员伤亡评估等关键问题，应用智能算法或仿真软件，建立了相应数值模拟或动态仿真模型。最终模拟结果可为城市抗震防灾能力的评估及城市抗震防灾规划的具体实施提供一定依据。

本书研究内容分为风险篇、防灾篇、救灾篇，风险篇从城市局部和整体角度为出发点，利用复杂性理论相关技术，建立了城市地震灾害风险、城市抗震防灾能力、地震常见次生灾害风险量化评价的数学模型，为城市地震灾害风险量化提供参考；防灾篇针对城市抗震防灾过程中“防灾”涉及的场地适宜性评价、用地空间布局、避震疏散方面，应用智能算法或仿真软件进行了仿真模拟，为城市抗震防灾规划的具体实施提供了支撑；救灾篇针对震后应急物资供应及压埋人员救援问题，应用数学理论或系统模型进行了量化探讨，为震后物资供应及救援安置提供了参考。

城市抗震防灾系统的动态模拟及仿真在相关领域还处于起步阶段，本书虽然对城市抗震防灾系统相关评价研究中若干关键问题进行了一定的探讨，但还不够深入，希望能起到抛砖引玉的作用。本书第 2 章、第 4 章、第 6 章部分内容由王威副教授执笔，其他章节主要是以作者近几年研究成果为主体内容进行撰著的，马东辉研究员对于书稿大纲及内容给予了很好的指导和建议，衷心感谢在作者科研研究过程中给予宝贵建议和指导的北京工业大学苏经宇研究员。最后本书的校对及统稿工作由北京建筑大学甄纪亮老师协助完成。

本书的出版得到了国家自然科学基金项目（51678017，51908025）、北京市自然科技基金项目（8194058）、北京市教育委员会科技计划一般项目（KM201810016018）、北京市优秀人才培养资助项目（2016000020124G036）、北京建筑大学市属高校基本科研业务费专项资金资助项目（X18120）的联合资助，在此一并表示感谢。

由于作者水平有限，加之编写时间仓促，书中难免存在诸多不足和不妥之处，敬请各位专家和读者指正。

目 录

防 灾 篇

救　灾　篇

第1章　绪　　论

1.1　概述

地震灾害是对人类生存安全危害最大的自然灾害之一，而我国处于世界两大地震带的交汇处，地震区面积占国土面积的60%，是世界上地震活动最强烈、震灾最严重的国家之一。近年来，多次大地震或特大地震灾害频繁发生，给灾区人民的生命财产造成了巨大的损失，同时也给灾区人民的心理留下了严重的创伤。

地震不仅会造成大量的人员伤亡和经济损失，而且也造成了城市的破坏，严重影响了城市可持续发展。改革开放以来，我国城市化水平显著提高，我国城镇化率由1978年的17.9%提高到2017年的58.5%，城镇常住人口由1978年的1.7亿增长到8.1亿人，城市数量由193个增加到657个。与此同时，城市群的崛起，成为中国经济的增长极，京津冀、长三角、珠三角三大城市群，用不足3%的国土面积，聚集了中国14%的人口，创造了42%的国内生产总值。目前我国已初步形成以大城市为中心、中小城市为骨干、小城镇为基础的多层次协调发展的城镇体系。根据城市化发展规律预测，到2030年我国的城市化水平将达到65%，未来（10～20）年将是我国城市化快速发展阶段，也必将是我国城市安全与防灾的关键阶段。

城市抗震安全与减灾工作从对灾害应对的阶段可以用灾前、灾时、灾后划分为三个阶段（图1-1），灾前为城市的规划、建设、运营，主要目标和手段是通过抗震防灾规划和工程抗震设防使城市达到抵御地震灾害的抗震能力，是抗御地震灾害影响的核心途径。灾时和灾后则通过临震预警、紧急处置、应急响应和抢险救灾以充分发挥城市的抗震能

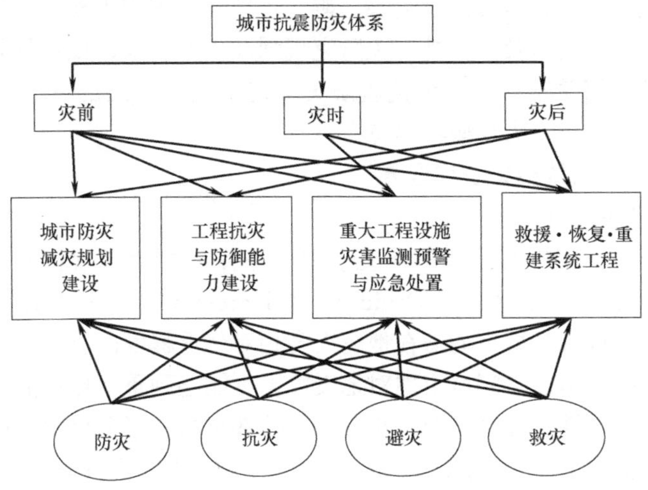

图1-1　城市抗震安全与减灾框图

力、使灾害损失降至最小；灾后的恢复重建实际上又进入了城市规划建设的进程之中。因此，城市的抗震防灾规划是保障城市综合抗震防灾能力的重要支柱。汲取近年来国内外地震灾害（2008 年 5 月 12 日汶川 8.0 级地震、2010 年 1 月 12 日海地 7.3 级地震、2010 年 2 月 27 日智利 8.8 级地震、2010 年 4 月 14 日玉树 7.1 级地震）教训和城镇建设的发展经验，提高城镇综合抗震防灾能力的根本途径有两条：一是通过采用诸如抗震设计等抗灾技术提高单体工程的抗灾能力，二是通过编制和实施防灾规划，实现防灾资源的合理优化配置，提高城镇的系统防灾能力和应急救灾能力，亦即常说的工程措施和非工程措施（规划措施），二者是局部和全局的关系，是密切相关的。本课题的研究为抗震防灾规划的具体实施提供依据，因此具有极其重要的意义。

1.2　城市抗震防灾系统与抗震防灾规划

1.2.1　城市抗震防灾系统

城市抗震防灾系统的研究对象是不断发展的城市系统，即研究区域内的与城市建设相关的地震地质和场地环境、建筑结构工程、城市基础设施等城市环境要素和建设要素以及由这些要素组成的复杂的、不断变化发展的城市复杂工程系统。

城市抗震防灾减灾不仅局限于单体工程设施的抗灾建设，还要充分考虑城市空间格局对救灾的作用，建设具有两道防线功能的城市抗震防灾系统。两道防线建设要充分发挥各自所承担的防灾功能，形成一个“预防为主，防、抗、避、救相结合”的防灾体系。第一道防线是指使区域内所有工程设施在预期的设防标准和目标下具有一定的抗灾能力；第二道防线是指为确保超过设防水平灾害影响区域内的救灾功能，将城市防灾关键节点与线状或网状的基础设施有机结合起来，形成由点-线-面构成的城市救灾空间格局。在此基础上，依据防灾、抗灾、避灾、救灾各个过程中涉及的抗震防灾内容与两道功能互补的防线相结合，得到城市抗灾系统和城市救灾系统具体研究内容，进而构建出城市抗震防灾系统，如图 1-2 所示。

城市抗震防灾系统涉及范围广，包含城市规划发展的防灾决策分析、工程抗震土地利用、基础设施、城区建筑、地震次生灾害、避震疏散和防灾据点建设、防灾规划信息管理系统等方面内容，而且还涉及国内外有关防灾规划和土木工程、城市规划、公共管理、运筹学、复杂性科学等相关学科。城市抗震防灾系统不同于一般的系统，它具有动态演化性、关联复杂性、多层次及大规模性等特点。

1.2.2　城市抗震防灾系统相关研究进展

1.2.2.1　系统整体研究进展

从系统角度，对城市抗震防灾的研究主要集中于对城市抗震防灾能力评估的研究。1997 年，美国斯坦福大学的 Rachel Davidson 和 Haresh C. Shah 首先提出了用地震灾害风险指数 EDRI 来评价各个城市的潜在地震灾害相对严重程度的方法，同时分析了不同因素对城市地震风险的贡献。它将城市内对地震灾害可能起到重要作用的各个因素组织合并起来，概括为地震危险性、震区资源、易损性、外部因素和紧急反映与恢复能力五个评价指标，并对每个指标加以详细考虑，形成了一个完整的评价体系框架。1988 年这个方案被 RADIUS 计划采纳，并用来对世界上约 50 个城市的地震风险进行比较，但是这种方法

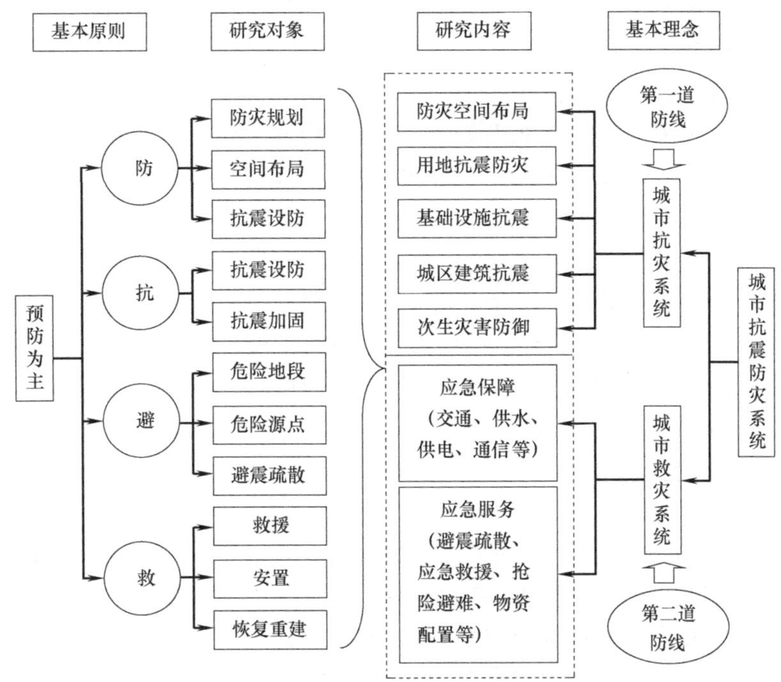

图 1-2 城市抗震防灾系统框架图

也有它的不足之处：①EDRI 指标的相对性，导致最后形成的 EDRI 值也是相对的，不能测定其绝对意义上的地震灾害风险；②EDRI 评价的局限性，EDRI 没有涉及城市内地域的风险分布情况；③地震灾害风险指数的非实用性，其不能直观且量化的指出需要采用何种措施来减少城市地震灾害风险的大小，或者是应减少的程度。日本学者 Kunihiro Amakuni 等（2000 年）基于对阪神地震震害分析后，建立了以自然条件、空间结构、社会特性、救灾资源和风险管理能力等相关指标体系，进而对城市抗御地震的能力或城市地震易损性进行评估。

张风华，谢礼立（2002 年，2004 年）首先提出了城市防震减灾能力的概念，采用人员伤亡、经济损失和震后恢复时间作为衡量城市防震减灾能力强弱的 3 个最基本准则和 6 大因素构建了城市防震减灾能力评价指标体系的框架；其次利用层次分析法计算了 3 个评价准则相对于城市防震减灾能力目标的权数和影响城市防震减灾能力的 6 大因素相对于每个评价准则的权数；最后用灰色关联分析方法将 3 个评价准则综合成 1 个防震减灾能力指数。以张风华，谢礼立研究为基础，郑宇（2003 年）从可持续发展的视角，建立了城市综合防震减灾能力评价指标体系和评价方法。熊国锋（2007 年）探讨城市防震减灾能力评价体系各指标的权值和定量分取值方法，并以上海市浦东新区进行了防震减灾能力计算。刘莉等（2009 年）通过运用经济学和运筹学基本原理，改进和完善了原有城市防震减灾能力的评价方法，用改进的层次分析法，得到了更为全面和准确的 3 大准则和 6 大因素指标的权重。何萍等（2010 年）利用现有的地震应急基础数据库数据项，提出一个简化的城市防震减灾能力指标体系进而快速评价城市的防震减灾能力。王威等（2010 年）为有效解决城市抗震减灾能力综合评价中由于一些基础资料不能被准确提供而造成分析指标和评价结果中存在的模糊性和随机性问题，提出了基于云模型理论的城市抗震减灾能力综合评价方法。李智等（2011 年）通过对影响减灾能力的因素分析，建立了区域地震减灾能力层次分析模型。

从以上看出城市防震减灾能力评价体系是以张风华，谢礼立提出的 3 大准则和 6 大因素指标体系为主，或在其基础上加以改进，主要评价方法是层次分析法。主要优点是可以较为全面地概述城市防震减灾体系，用层次分析法可以较为宏观的评定城市防震减灾能力。总结可得：①城市抗震防灾系统的评价指标体系具有数量大、复杂度高、难以量化的特点。②城市抗震防灾系统是一个动态系统，主要表现在指标间的关联耦合性、因果反馈性，随时间的变更性。应用层次分析法得到的层次分析模型展现的是一个静态过程，忽略了城市防震减灾体系的动态性，分析结果不能形象化。最终看到的是一个综合结果，不能直观地看到系统评价指标间内部的耦合互动性及反馈性。

1.2.2.2　子系统研究进展

1. 城市抗灾系统

(1) 防灾空间布局研究

对于城市防灾空间的研究，国内外已经取得了一些相关进展。国外一些大城市（美国加州圣安德烈斯大断层上的旧金山、洛杉矶等，日本东京地震圈及阪神地震带）已采用城市防灾空间的建设来减轻灾害所造成的人员伤亡、财产损失和社会影响。黄东宏（1995 年）、吕元（2004 年）、王薇（2007 年）等对城市防灾空间的定义、内容、划分等进行了进一步完善。综合以上研究，王志涛（2009 年）从防灾角度定义城市抗震防灾空间为包含点状空间、线状空间和面状空间的城市空间。徐姗（2014 年）对城市抗震防灾空间内部子系统的具体内容进行了探究。

(2) 城市用地抗震防灾研究

国外大多对土地适宜性的研究是从生态，景观，农业，经济，社会等角度进行的，专门针对城市土地抗震防灾适宜性的较少。国内针对土地防灾利用的研究大多也是针对土地防灾适宜性研究，主要根据城市自然、社会、经济环境条件，从防灾的角度，提出城市建设用地的适用性、制约因素及改进方法的研究。2007 年，我国发布了《城市抗震防灾规划标准》GB 50413—2007，规定了城市用地防灾适宜性的分类及具体要求。董亮（2007 年）分析北京市地震烈度对土地影响的基础上，建立线性规划目标函数，对土地利用的数量结构和空间结构进行了优化。

(3) 建筑物和基础设施抗震研究

我国自 1976 年唐山地震来，建筑物实施抗震设计已 30 多年。抗震标准、防灾体系、抗震和加固技术等日趋完善。有关建筑物和基础设施震害程度、震害损失的研究甚多，因涉及面广，在此不作详述。

(4) 次生灾害研究

地震次生火灾是地震次生灾害中的主要灾种。国际上，在地震次生火灾的研究上，美国和日本因所处环境，研究较多。国内外关于次生火灾的研究主要集中在次生火灾数量预测、火灾的蔓延、危险性分析、灾害模拟、震后火灾评估、灾害应对对策等。

目前，国内外关于城市火灾风险的研究已经取得了一些成果，日本的“城市等级法”，美国的“灭火分级制”等，都是根据区域建筑物、环境密度等来确定区域风险等级，进而设置消防设施。我国近年才展开了对城市火灾风险评估的研究，主要方法有统计分析法、指数法、专家调查法、层次分析法等，但以上这些理论与方法大多是针对城市常规火灾风险或危险评估，对地震次生火灾不是十分适用。

由于地震次生灾害的种类繁多，除了次生火灾外，还有滑坡、崩塌、爆炸、瘟疫等，在此不做过多叙述。

2. 城市救灾系统

城市救灾系统是在城市抗灾系统的基础之上实施的，其涉及灾前、灾时、灾后的整个过程，涉及领域众多，同时也包括了城市系统的各个方面。限于篇幅，仅对本研究主要涉及方面的发展进行简要说明。

（1）避震疏散

目前国内外关于避震疏散方面的研究主要集中于人员避震疏散行为关系的研究和模拟、疏散场所规划的指标体系、疏散路径优化选取、避难场所布局、避难场所性能评估等。

针对城市层面的避震疏散能力的研究较少，管友海等（2010 年）综合考虑人口、建筑、绿地、疏散场所、道路和重大危险源等影响疏散能力的因素，采用疏散能力综合评价指数量化了街区避震疏散能力。刘朝峰等（2013 年）从城市防灾的角度，选取城市避震疏散指标体系，采用自主优势度概念和智能算法对城市避震疏散能力进行评价。目前大部分对城市避震疏散能力的研究还是基于指标体系的静态研究，疏散动态过程与城市规划结合的研究还有待进一步探索。

（2）应急救援

为了保障应急救援工作的顺利进行，美国、德国、澳大利亚等国家都成立了相应的应急管理组织，应急救援标准体系也相对完善。随着社会减灾意识的增强，我国的救援体系也有了很大的发展。但在地震应急救援方面，尚无统一规划的标准。目前，针对应急救援方面的研究主要集中于应急救援能力的评价，但大部分研究主要是依托指标体系进行的，对于规划应急救援体系的建设尚有一定差距。

3. 应急物资配置

目前，国内外针对应急物资的研究已经取得了不少成果，主要集中在应急物资储备、应急物资分类、应急物资需求、应急物资仓库选址、应急车辆调度等。目前学者对于突发事件灾前应急物资储备的研究较多的是一些定性的讨论，集中在应急物资储备方式、储备体制不足及其改进建议等，定量的方法研究较少，尤其是具体储备量的计算问题。而且这些研究结果几乎都建立在常规物资的实际储备量或正常生产量能满足震后突发需求的基础上，而震后对应急物资的需求量与常规物资储备量间的具体关系还有待进一步研究。

1.2.3 城市抗震防灾规划

城市抗震安全与减灾工作从对灾害应对的阶段可以划分为灾前、灾时、灾后三个阶段（图 1-3），灾前为城市的规划、建设、运营，主要目标和手段是通过抗震防灾规划和工程抗震设防使城市达致抵御地震灾害的抗震能力，是抗御地震灾害影响的核心途径；灾时和灾后则通过临震预警、紧急处置、应急响应和抢险救灾以充分发挥城市的抗震能力、使灾害损失降至最小；灾后恢复重建实际上又进入了城市规划建设的进程之中。因此，城市的抗震防灾规划是保障城市综合抗震防灾能力的重要支柱。

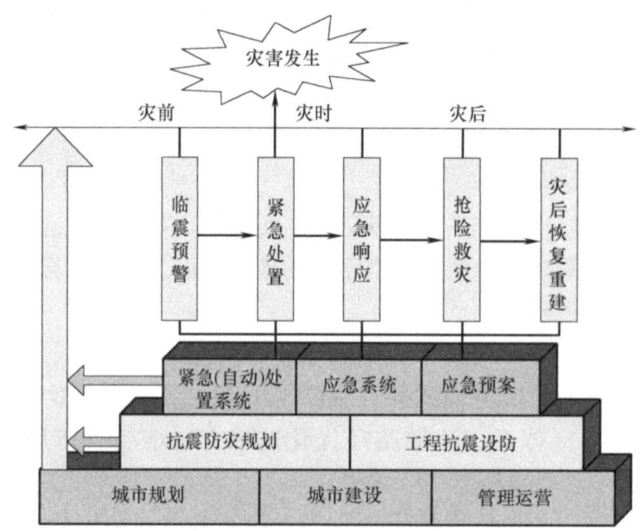

图 1-3　城市抗震安全与减灾框图

1.2.3.1　城市抗震防灾规划具体内容

城市抗震防灾规划应包括下列内容：

1. 总体抗震要求

(1) 城市总体布局中的减灾策略和对策；

(2) 抗震设防标准和防御目标；

(3) 抗震设施建设、基础设施配套等抗震防灾规划要求与技术指标。

2. 城市用地抗震适宜性

(1) 规划区内城市用地抗震类型分区、场地破坏影响（断裂、液化、滑坡等）及不利地形影响预估，危险地段划分；

(2) 土地利用防灾适宜性规划，包括用地布局，场地防灾适宜性（如适宜、不宜、危险建设场地等）评价，城市规划建设用地选择与相应的城市建设抗震防灾要求和对策。

3. 城市抗震防灾要求和措施

(1) 重要建筑、超高建筑的防灾要求和措施；

(2) 规划区新建工程建设防灾要求和措施；

(3) 基础设施规划布局、建设与抗震改造的规划要求和措施；

(4) 建筑密集或高易损性城区的改造要求和措施；

(5) 火灾、爆炸等次生灾害源的抗震防灾要求和措施；

(6) 避灾疏散场所及通道的布设、建设与改造规划要求与措施。

4. 规划的实施和保障

1.2.3.2　城市抗震防灾规划的重要性

地震是一种具有突发性、破坏性及不可预见性为特点的自然灾害，是人类面临的一大天灾。我国是地震灾害多发国和造成损失最大的国家之一，全世界因地震造成的人口伤亡我国占比达到50%以上。城市遭受地震影响造成的经济损失和人员伤亡占地震损失的绝大部分，城市经济、工程、人口的高度集中是其客观原因，工程抗震能力的薄弱、重点防御的无序和空间布局的不合理及分割防护的脆弱性是其主要原因。我国先后实施过四代地震动参数区划图和抗震设计规范，城市中仍存在着大量未抗震设防的建设工程和历史建筑，随着我国经济快速发展和城市化进程不断加快，城市市政基础设施工程抗震设防能力参差不齐，系统复杂度高，易损性高，重点设防不突出，城市抗震防灾形势也变得更加严峻复杂。如汶川大地震暴露出：①建筑、工程设施等承灾体的破坏是造成人员伤亡和经济损失的根本原因；②空间防护和分割不利是造成城市灾害规模效应突出的主要原因；③重点防御不到位，应急保障基础设施支撑能力弱是影响城市应急救灾能力和灾后恢复重建的重要原因；④救灾和疏散设施缺乏、空间布局不合理、抗灾能力差是造成灾后应对无序、互救自救能力差的重要因素。

国内外经验表明，工程抗震设防是通过提高单体工程的抗震能力减轻地震灾害的有效措施，是“目”，而编制和实施城市抗震防灾规划则是综合协调抗震设防目标，解决城市合理空间布局、采取有效分割防护措施、确定应急保障基础设施和重点防御布局及抗震措施、合理确定避难场所等应急救灾设施、统筹安排新建工程设防和抗震加固工作的主要途径，抗震防灾规划是全面解决现代化城市综合抗震防灾能力，减轻地震灾害的“纲”。纲举目张，相辅相成，构成了解决地震灾害防御问题的系统策略。我国对于地震灾害防治一直以来贯彻“预防为主，防、抗、避、救”相结合的方针。通过城市抗震防灾规划统筹考虑防灾资源的优化配置，构建全方位的抗震防灾体系则显得更加重要，而对于城市抗御特大地震灾害更是尤为重要。

1.2.3.3 城市抗震防灾规划的发展

我国城市进行抗震防灾规划的编制，从20世纪80年代开始试点编制城市抗震防灾规划，随着工程抗震技术的发展大体上可划分为四个阶段：20世纪80年代、90年代、2000年以来和2008年5月12日汶川8.0级特大地震发生以来。

1. 第一阶段：20世纪80年代，有关抗震防灾规划的工作开始得到研究。

(1) 1976年唐山地震后城市抗震防灾规划作为城市发展规划中一项专业规划开始确立；

(2) 1979年第三次全国抗震工作会议提出了编制城市抗震防灾规划的任务，并确定以烟台、徐州两市为试点；

(3) 1985年1月，城乡建设环境保护部发布了《城市抗震防灾规划编制工作暂行规定》；

(4) 1987年9月城乡建设环境保护部发布了《城市抗震防灾规划编制工作补充规定》，明确规定了城市抗震防灾规划的目标、内容和编制程序；

(5) 1988年在建设部科技司的支持下，提出了《城市抗震防灾规划编制指南》。

这几次全国性的大型抗震工作会议和建设部批准的一系列相关文件，对我国城市抗震防灾规划工作起了推动和指导作用，使我国的城市抗震防灾工作进入了一个新的、科学的发展阶段。从此，这项工作在全国的重要城镇、工矿企业全面开展，我国的抗震防灾工作进入了一个新的发展阶段。

2. 第二阶段：20世纪90年代，抗震防灾规划得到大力推广和实施。

(1) 1992年颁布了《城市抗震防灾规划的若干规定》和《县、镇抗震防灾规划编制工作暂行规定》；

（2）20世纪90年代中期，城市综合防灾规划开始探讨和研究，并于1994年开始试点和示范；

（3）1996年1月，建设部印发了《抗震设防区划编制工作暂行规定》；

（4）据不完全统计，“八五”和“九五”期间全国100多个城市不同程度的进行了城市抗震防灾规划工作。

虽然抗震防灾规划是一项编制和实施都较广的规划，开展震害预测、制定防震减灾规划和建立防震减灾计算机信息管理系统、数据库等为城市规划提供了大量的基础资料，但是在各灾种防灾规划中，除消防规划最早进行强制性编制外，抗震防灾规划研究成果纳入城市总体规划的实施仍缺乏各类机制的支持。城市抗震防灾规划编制思路和技术路线急需得到改进。

3. 第三阶段：2000年以来，抗震防灾规划逐步制度化、法制化。

（1）2003年厦门等城市先后开始研究和编制具有各自城市特点的综合防灾规划；

（2）2004年10月泉州市抗震防灾规划通过了省建设厅主持的最终评审，这项规划是我国最早按照建设部新规定进行编制的抗震防灾规划；

（3）2003年，建设部发布了《城市抗震防灾规划管理规定》（中华人民共和国建设部令第117号），明确提出了城市抗震防灾规划作为城市总体规划中的一个专项规划，与城市总体规划一并实施。依据此规定，我国大部分处于地震区的城镇均须编制相应的城镇抗震防灾规划，从而在法制上确立了抗震防灾规划的龙头地位；

（4）2004年，国家标准《城市抗震防灾规划标准》的编制工作基本完成；

（5）2007年11月1日《城市抗震防灾规划标准》GB 50413—2007开始实施，标志着城市抗震防灾规划的编制工作走向了制度化、法制化的轨道。

此后我国抗震防灾规划进入新一轮的研究和编制时期，南通市、海口市、徐州市、苏州市、合肥市、秦皇岛市、武汉市等城市抗震防灾规划相继开展。

4. 第四阶段：2008年5月12日汶川8.0级特大地震发生以来，汲取国内外特大地震灾害教训和经验，抗震防灾规划编制思路和技术进入反思完善阶段。

（1）2008年以来《城市抗震防灾规划标准》开始修编，《城镇综合防灾规划标准》和《城镇防灾避难场所设计规范》开始编制；

（2）2010年住房和城乡建设部把“秦皇岛市城市抗震防灾规划试点研究”作为汶川大地震后全国第一个采用新的编制模式和技术路线进行的大型抗震防灾规划编制项目，其成果总体达到国际先进水平。

1.3 城市抗震防灾与复杂性理论

目前，我国抗震防灾能力仍与经济社会发展不相适应。主要表现在：全国地震监测预报基础依然薄弱，科技实力有待提升，绝大多数破坏性地震尚不能作出准确的预报；全社会防御地震灾害能力明显不足，多数城市和重大工程存在很高的地震灾害潜在风险；防震减灾教育滞后，公众防震减灾素质不高，6.0级及以上地震往往造成较大人员伤亡和财产损失；各级政府应对突发地震事件的灾害预警、指挥部署、社会动员和信息收集发布等工作机制需进一步完善；抗震减灾投入总体不足，缺乏对企业及个人等社会资金的引导，尚未从根本上解决投入渠道单一的问题。如何在有效的时间、有效的资源下作出合理有效的决策，如何使城市的经济损失降到最小，使城市实现最好的抗震防灾效果成为关键问题。

1.3.1 城市抗震防灾系统的复杂性

1.3.1.1 城市抗震防灾系统的动态演化及反馈性

城市抗震防灾系统的系统构成，决定了其本身是一个随时间动态演化的系统。城市抗震防灾系统内子系统的完善度对城市抗震防灾能力的大小有决定性作用。从系统动力学的观点看，所谓动力学问题至少有两个特点。第一特点，它是动态演化的，即它所包含的量是随时间变化的。在城市抗震防灾能力评价过程中，GDP的增长，人口的增长，就业人数的增减，绿地面积的变化及对抗震防灾资金投入等都是动态问题，即城市抗震防灾系统的子系统都是随时间动态变化的。第二个特点，它包含了反馈概念。从系统的角度上看，在影响城市抗震防灾能力的因素中，往往有一些因素对衡量城市抗震防灾能力起着正负反馈的作用。在整个抗震防灾能力评价系统中，人口规模、社会财富对地震造成的灾害损失的反馈有两种：①负反馈。在同样的地震灾害条件下，受灾地区人口、社会财富多而集中，灾害的损失就严重。许多震害表明，城市的经济发展水平越高，相应的地震造成的经济损失就越大。②正反馈。GDP增长率决定着人口增长率、财富密度、防灾投入力度等动态性因素。在考察一个地区抗震防灾能力时，一方面由于人口和社会财富的集中会加剧城市的地震损失，另一方面，一个运行良好的经济体制，健康有序的社会结构，充足的资金、物质保证，有利于改善社会的抗震防灾体系，增强社会的抗震防灾能力。

在城市抗震防灾系统中，影响城市抗震防灾能力的各个因素并不是单独起作用的，它们经常交织在一起，互相补充影响，这就形成了很多的因果反馈回路。以最典型的城市生命线系统为例：①抗震能力的影响和制约。城市的消防能力受通信系统、交通系统、供水系统等部门，它们之间虽然各成网络且互相独立运行，但也存在无法回避的相关性，在灾害发生的过程中，各部门只有相互协作，才能达到最好的抗震防灾效果。②灾害形成的连锁。一个生命线系统遭受严重震害丧失机能后，一定会不同程度的影响其他的生命线系统，形成连锁性震害关系，如图1-4所示。2008年5月12日汶川地震后，由于通信、交通的破坏严重，导致灾区信息中断，救援延误，造成了巨大的灾害损失。

1.3.1.2 城市抗震防灾系统的关联复杂性

复杂性是城市抗震防灾系统的一个最重要的基本特征。城市抗震防灾系统涉及地震监测预报系统、工程防御系统、紧急疏散系统等众多子系统，其中的任何一个子系统都可逐层分解，形成了规模庞大的多层次结构。系统涉及的各个子系统都具有空间布局和结构形态的复杂性，这也决定了系统结构、功能和目的的复杂性。复杂性的表现主要是以下几点：

(1) 城市抗震防灾系统各要素之间或各子系统之间的关联形式多种多样。这样关联的复杂性表现在结构上是各种各样的非线性关系，表现在内容上是物质、能量和信息的交换。以生命线工程为例，如图1-5所示，地震工程中每个生命线子系统都具有与其自身功能特征相适用的复杂网络结构，并且不同生命线子系统间常常相互影响。生命线系统间的

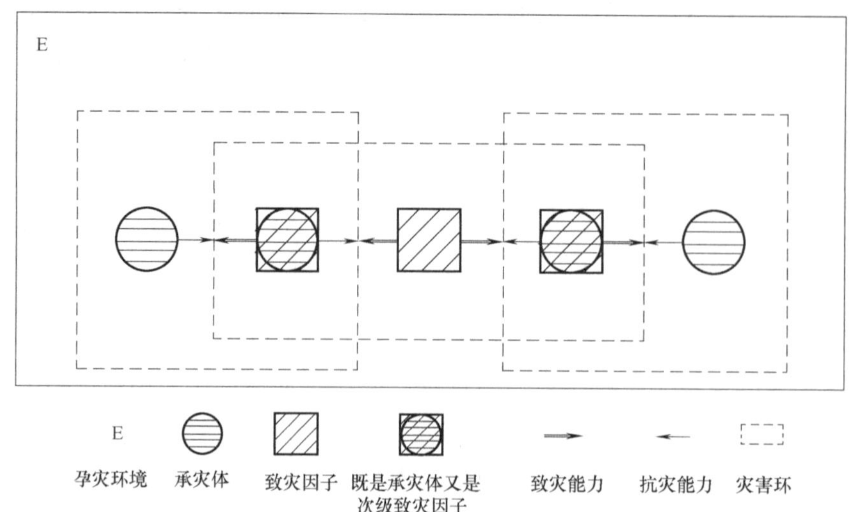

图 1-4　多态灾害链的最简结构

多态灾害链——一种致灾因子在不同条件下可能诱发不同灾害链的现象

相互影响表现为 3 种形式：①功能上的相互依赖性。即每个子系统在功能正常发挥的情况下，能量的供给和功能的输出与其他子系统功能的正常密不可分；②破坏后功能恢复、修复进程的相互影响，道路系统的破坏将制约包括生命线各子系统在内的整个救灾工作的开展，通信和电力的破坏将进一步加剧交通秩序的混乱等；③破坏的辐射。在生命线系统的建设过程中，出于经济、方便、快捷等方面的考虑，一些生命线的管道系统部分沿道路系统而建，因此，在道路破坏可能引起管道系统破坏，反过来，一些管道系统的破坏可能导致道路系统的破坏。

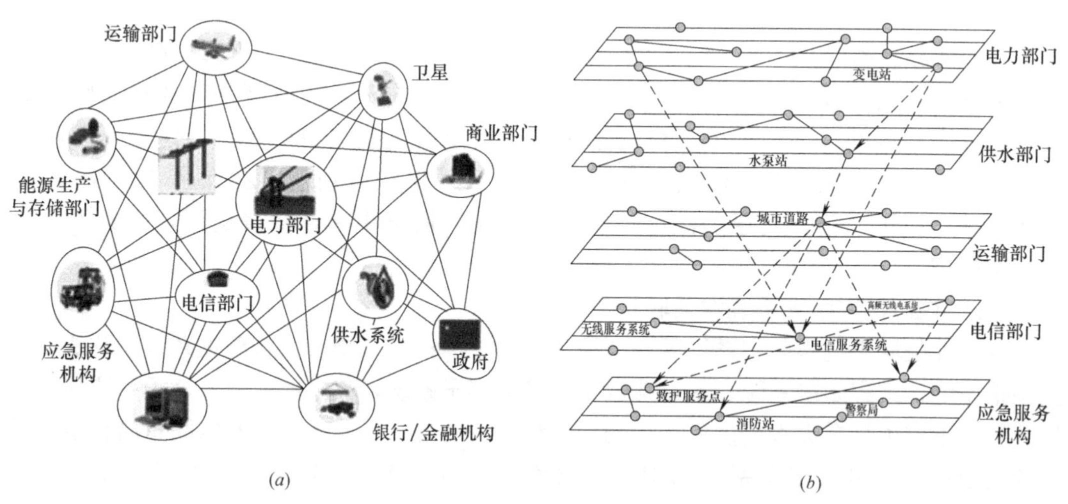

图 1-5　城市防灾基础设施及各部门之间的关联依赖关系

(2) 城市抗震防灾系统的开放性导致系统演化的复杂性。作为开放的系统，城市面积的扩展、基础设施的拓展、城区建筑物的新老更替以及社会经济发展的不断变化将导致系统的不断演化，这也是动态性发展的表现。系统在动态发展过程中会出现许多现象和问题，例如交通拥挤度的增加将导致灾害发生时不能有效疏散。

(3) 城市抗震防灾系统与人类社会的复杂性紧密相关。城市抗震防灾规划的目的就是以预防为主，防、抗、避、救相结合，最大限度地减少人员伤亡和经济损失，保证人类生活环境城市的可持续发展。人类社会活动本身就是一个复杂系统，这是城市抗震防灾规划系统复杂性的根本原因之一。

1.3.1.3 城市抗震防灾系统的多层次和大规模性

本节着重从三个层次描述城市抗震防灾系统的运行规律和特点。

第一层次是根据抗震防灾的过程把城市抗震防灾系统分成防震、抗震、避震、紧急救援与恢复 4 个过程，由这 4 个子系统构成一个多回路的复杂反馈系统（图 1-6），它的运行除受自身运行规律支配外，还将受到国民经济系统中与之相联系的其他子系统的制约，并影响其他子系统的运行。

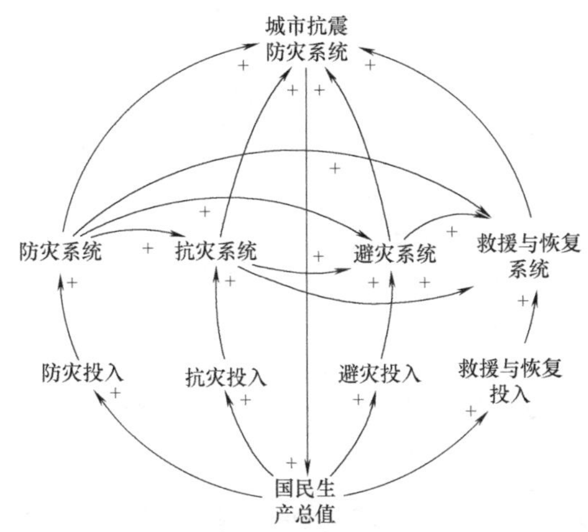

图 1-6 城市抗震防灾各分层目标因果关系图

第二层次重点描述构成城市抗震防灾系统的各子系统间的联系和相互作用。这种相互联系主要体现在两个方面：一是物质关联，主要分析社会经济系统本身可能积累资金数量，对各子系统投入资金数量是否能够满足各系统发展的需要，对各子系统发展的制约情况及各子系统间的关联性；二是信息关联，它包括方针和政策性的信息及对城市抗震子系统发展影响的相关信息等。在这个系统中有多个环形反馈关系，这些相互影响和相互作用关系使城市抗震防灾系统构成了一个密不可分的有机联系的整体，如图 1-7 所示。

第三层次重点描述城市抗震防灾各子系统内部各种因素之间的相互影响和相互作用。从社会、经济、环境三方面考虑，确定各子系统的边界系统，研究其内部存在的因果反馈关系（图 1-8）。

由图 1-6、图 1-7、图 1-8 可以看出，城市抗震防灾系统研究需要把城市宏观层次和微观层次相结合，才能较为真实的反映系统的运行。

城市抗震防灾系统的以上特性决定了必须用解决复杂问题的理论和方法进行分析研究。本章就是根据系统动力学理论，结合其他数学理论，尝试对城市抗震防灾系统中的关键问题从系统的角度上进行阐释和数学解析，以求在静态分析的基础上为建立科学合理的动态分析模型奠定基础。

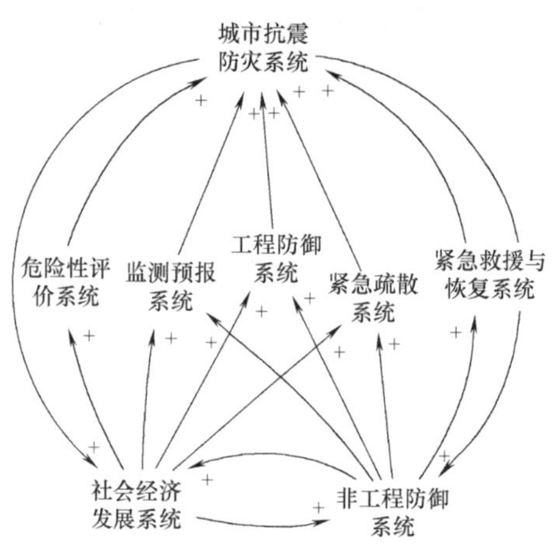

图 1-7 城市抗震防灾各子系统因果关系图

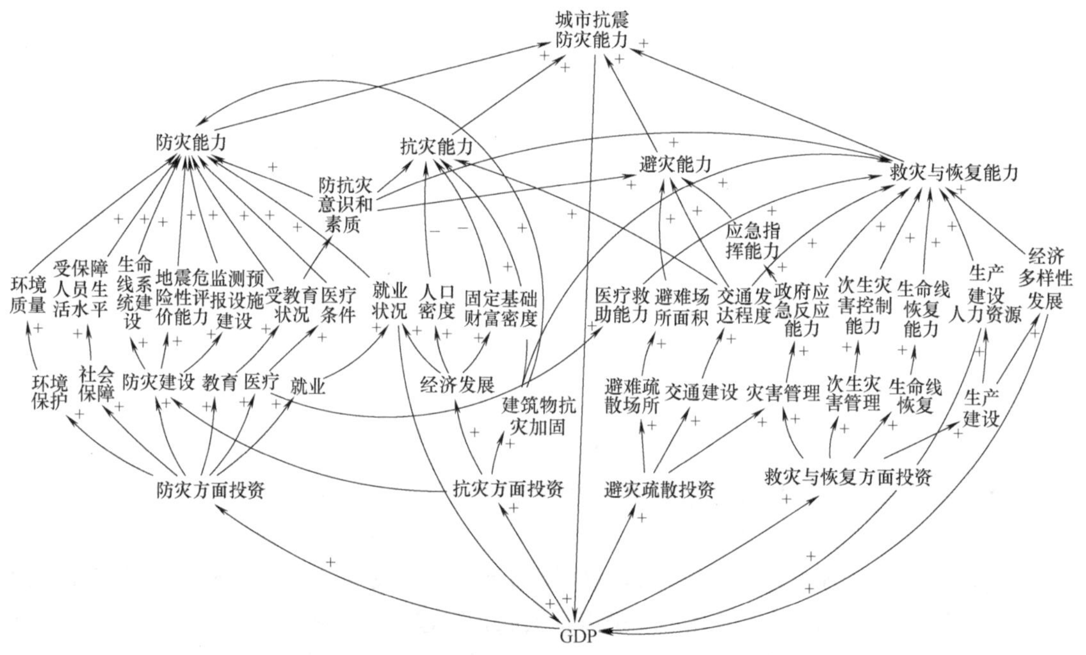

图 1-8 城市抗震防灾能力因果关系图

1.3.2 城市抗震防灾规划系统的复杂性

城市抗震防灾规划是在工程抗震设防的基础上，通过城市布局优化和建设用地选择、工程设施及其系统的抗震要求和措施、防灾减灾基础设施建设等手段，研究一个城市和组成城市各个区域的综合抗震防灾能力，通常是通过对大量的单个工程对象的抗震防灾评价和分区评价，研究整个城市系统抗御灾害的能力及其发展变化趋势。城市抗震防灾规划编制流程示意图如图 1-9 所示。

城市抗震防灾规划系统不仅涉及范围广，包含城市规划发展的防灾决策分析、工程抗震土地利用、基础设施、城区建筑、地震次生灾害、避震疏散和防灾据点建设、防灾规划信息管理系统以及迫切需要解决的城市规划建设中的其他抗震防灾问题，而且需要结合国

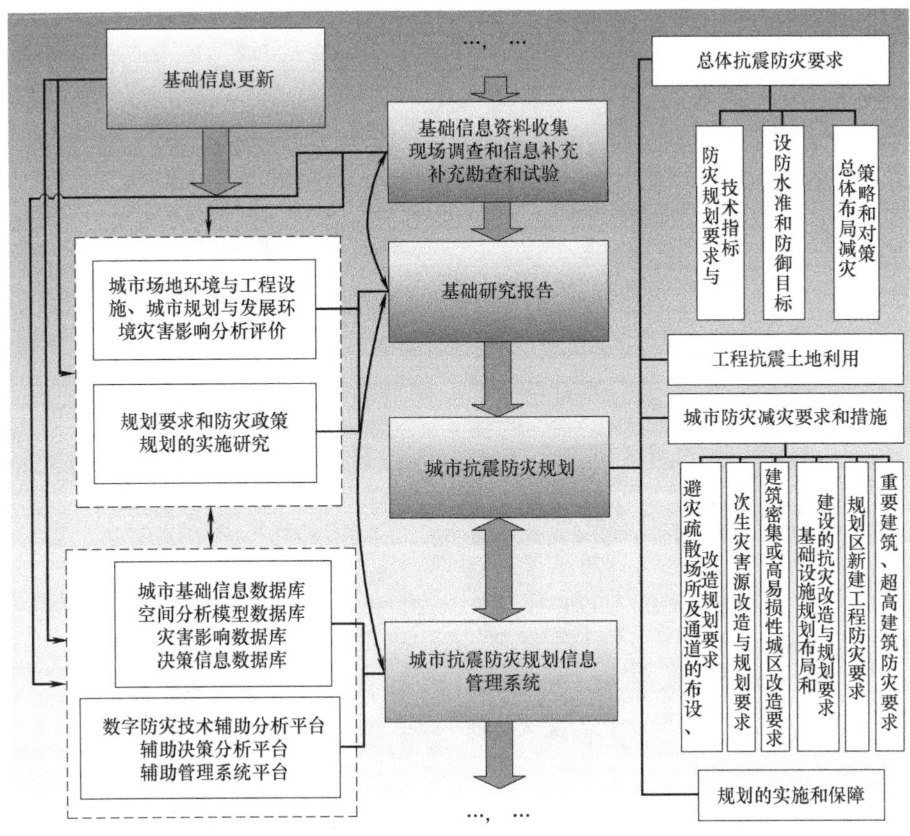

图 1-9 城市抗震防灾规划编制流程示意图

内外有关防灾规划和土木工程、城市规划、公共管理、运筹学、复杂性科学等相关多学科的成熟技术和最新科研成果综合应用。这些因素和特征不仅体现了城市抗震防灾规划系统编制的复杂性，而且也体现了相关评价技术综合应用的复杂性。城市抗震防灾规划评价技术流程图如图 1-10 所示。

复杂性是城市抗震防灾规划系统的一个最重要的基本特征，城市抗震防灾规划系统的复杂性表现在以下几个方面：

(1) 系统组成要素的多层次和大规模。城市抗震防灾规划系统涉及土地利用、基础设施、城区建筑、地震次生灾害、避震疏散以及社会经济等众多子系统，其中的任何一个子系统有都包含众多要素和下一级子系统。如此逐层分解，形成了规模庞大的多层次结构。

(2) 城市抗震防灾规划系统各要素之间或各子系统之间的关联形式多种多样。这样关联的复杂性表现在结构上是各种各样的非线性关系，表现在内容上是物质、能量和信息的交换。

(3) 城市抗震防灾规划系统的开放性导致系统演化的复杂性。作为开放的系统，基础设施的拓展、城区建筑物的新老更替以及社会经济发展的不断变化将导致系统的不断演化，这种演化一方面表现为系统从一种相对平衡状态向另一种相对平衡状态转化的过程，另一方面表现为系统功能、结构和目的的变化。系统在演化的过程中，会出现复杂系统演

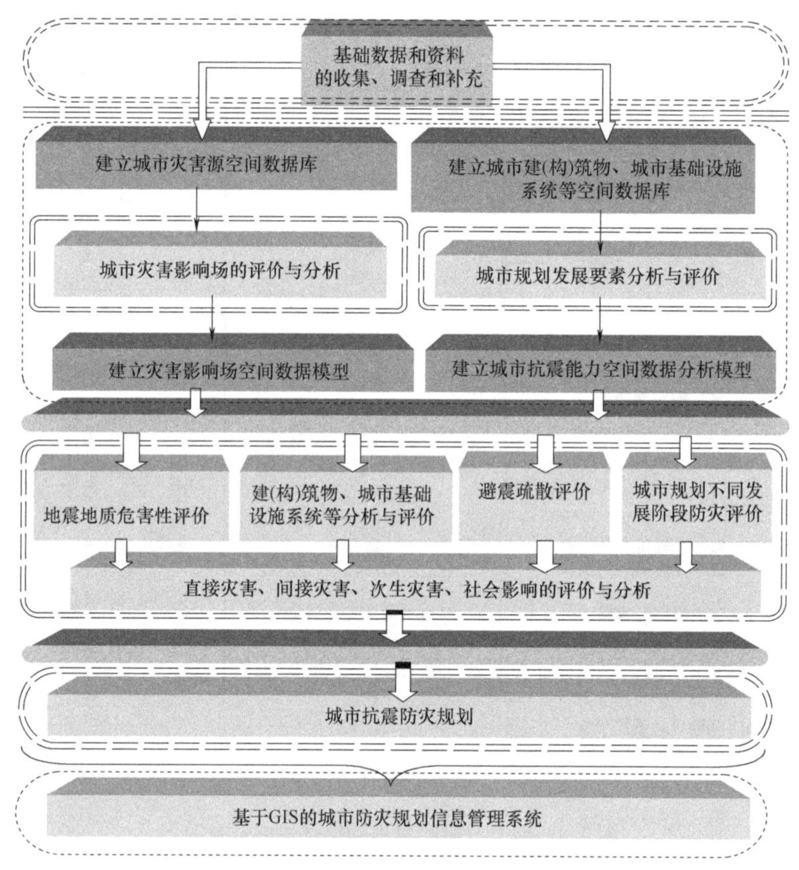

图 1-10 城市抗震防灾规划评价技术流程图

化特有的许多现象和问题。

（4）城市抗震防灾规划系统的空间布局和结构形态具有复杂性。系统涉及的各个子系统都具有空间布局和结构形态的复杂性，防灾区划、重要建筑物、避难场所、避难路线、救灾路线、防灾据点、给水管网以及供电通信网络等各种防灾资源的空间布局和结构形态是城市抗震防灾规划系统优化配置的重要目的之一，因此各子系统的空间结构复杂性决定了系统结构、功能和目的的复杂性。

（5）城市抗震防灾规划系统与人类社会的复杂性紧密相关。城市抗震防灾规划的目的就是以预防为主，防、抗、避、救相结合，最大限度地减少人员伤亡和经济损失，保证人类生活环境城市的可持续发展。人类社会活动本身就是一个复杂系统，这是城市抗震防灾规划系统复杂性的根本原因之一。

（6）以上几个方面因素的综合作用，最终形成了城市抗震防灾规划系统的复杂性。

城市抗震防灾规划系统的复杂性决定了必须用解决复杂问题的理论和方法进行分析研究。本节就是根据复杂性理论最新的发展理论和方法，尝试对城市抗震防灾规划系统的复杂性问题进行新的阐释和数学解析，以求在定性分析的基础上为建立科学合理的定量分析模型奠定基础。

1.3.3 城市抗震防灾规划相关评价方法

城市抗震防灾规划的基础和核心内容之一是地震灾害预测和评价。广义的地震灾害预测和评价包括地震危险性的估计、场地震害分析、建（构）筑物与生命线工程震害预测等多方面的内容。

自1968年，美国学者康奈尔（Cornell C A）率先提出了地震危险性分析的点源模型。该模型认为地震发生是一种随机事件，即未来地震发生的大小、时间、地点都是不确定的。此后，基于概率论方法的各种数学模型已经越来越广泛地应用到地震灾害的模拟、预测、评价和规划的各个领域。近40年来，地震灾害预测和评价模型与方法得以不断发展的根本原因在于：第一，从认知的角度，数学模型和方法体现了人们对地震灾害环境系统复杂行为的综合理解；第二，从实用的角度，只有数学模型方法才能对复杂地震灾害环境系统进行定量的描述和预测。

在地震灾害预测和评价模型的发展初期，人们并没有意识到数学模型复杂性的存在。直至20世纪80年代，McGuire、胡聿贤等在与地震危险性估计有关的模型中提出了不确定性和误差分析的概念，是地震灾害预测和评价模型不确定性分析的起点，1986年，朱莉、胡聿贤在《地震危险性分析中的不确定性分析》中对地震危险性分析模型的不确定性研究进行了系统的总结，并对不确定性产生的原因、不确定性的参数识别和减少不确定性进行了系统的分析和阐述。

20世纪80年代中期至今，不确定性理论（随机理论、模糊理论、灰色理论、未确知理论、粗糙集理论、集对分析、物元模型、投影追踪模型、区间数理论、熵值理论等）在地震灾害预测和评价模型和方法研究中逐渐受到重视。基于不确定性理论的地震灾害预测和评价范围不断拓展。比如：数理统计和概率论等方法用来预测地震时砂土液化，贝叶斯方法、模糊类比方法、灰色理论、马尔可夫模型、粗糙集理论等方法预测建筑震害，SSP算法、Monte Carlo模拟法、模糊图分析法被用来计算生命线工程的地下管网抗震性能连通可靠性，等等。目前这些方法仍然处在不断的发展过程中。

与此同时，20世纪80年代以来，人工智能技术蓬勃发展，专家系统开始被广泛应用到各个专业领域。针对地震灾害预测和评价影响因素的多样性、复杂性、非线性和非确定性，非线性的智能研究方法（人工神经网络、支持向量机、混沌、遗传算法、范例推理、免疫优化算法、粒子群算法等）成为地震灾害预测和评价模型和方法以及相关优化问题研究的另一个热点。比如：人工神经网络被用来预测震害，支持向量机被用来预测地震后次生灾害，人工神经网络、范例推理技术等方法预测建筑震害，遗传-模拟退火算法被用来优化生命线抗震性能网络，投影追踪模型、粒子群算法、混沌优化算法、免疫优化算法被用来应急选址和避震疏散求解等。目前，与不确定性理论一样，非线性智能计算理论和方法仍然处在不断的探索和发展过程中。

随着人们对地震灾害环境系统的认识和了解，用于定量描述地震灾害预测和评价的模型变得愈趋复杂，基于不确定性理论和非线性理论的发展，极大地推动了地震灾害预测和评价模型的发展和完善。尽管许多决策者仍然习惯采用确定性的相关评价模型和分析方法，然而由于人们对复杂环境系统认识能力的局限性，复杂性（即不确定性和非线性）分析是唯一可以描述系统行为的表达方式，Klepper认为复杂性模型比确定性模型更为准确。

近年来，复杂性科学的发展为城市抗震防灾规划基础震害评价和预测研究提供了新的理论基础。城市抗震防灾规划系统复杂性的研究，以其鲜明的前沿性、交叉性和挑战性成为当今城市抗震防灾规划系统理论研究的一个热点。复杂性理论为城市抗震防灾规划中新出现的比较重要的若干问题提供了新的理论平台和基础。基于此，本节依托多项国家十一五科技支持项目和多个城市抗震防灾规划实际编制项目，基于复杂性理论，拟对城市抗震防灾规划相关评价的区域地震灾害易损性评价、重要建筑物地震损伤综合性能评价、群体建筑物震害预测、不完备信息下生命线工程的震害分析、城市基础设施关键管网的确定、城市避震疏散的优化、不确定环境下最优路径的选择以及避震疏散场所的决策等问题建立的一些新理论、新方法进行探索性研究，为城市抗震防灾规划相关预测、评价、规划和管理提供理论依据和技术支持。

1.4 城市抗震防灾与计算机仿真

目前，依托计算机基于相关智能算法或仿真软件对城市抗震防灾的相关问题进行研究已然成为城市抗震防灾体系理论研究的重要方式。计算机仿真模拟是运用计算机科学和技术的发展成果建立需仿真对象的模型，并在某些限定的实验条件下对模型进行动态实验的一门综合性技术。运用计算机仿真技术具有高效、经济、安全、可控制、受环境条件件的约束少等优点。随着计算机科学技术的发展和进步，计算机仿真模拟方法在各个领域得到了深入的运用，并已成为分析、设计、运行、评价、培训系统的重要工具。

在城市抗震防灾系统中的建筑结构工程领域，运用计算机仿真技术模拟建筑结构实验已成为一种非常重要的研究方法。国内外许多研究成果已经表明，运用计算机仿真技术能够得到与实际情况较为符合的结果。

在城市抗震防灾人员疏散方面，计算机仿真也在大量地应用。疏散仿真是以避难疏散原理为基础，结合计算机的高效性，产生的一种新的研究方法。疏散仿真过程为把影响疏散的各种因素整合、量化，导入到软件中，借助计算机的运算能力和软件的运算原理，视觉化的表现人员疏散的过程及导出数据性结果。通过计算机仿真避难疏散过程，既能够加强研究的效率、节省资源，开阔研究思路，进行传统理论的扩展研究，也能从仿真的特性进行新思路的探索。

疏散仿真模型的研究主要集中在建筑火灾疏散和交通流疏散方面。从室内疏散开始，研究的重点逐渐从群体行为向个体行为研究，从物理学角度向心理学角度扩展。英、美、德、日等国家对人员疏散仿真进行了一系列专项研究，并取得了一定的成果，如表 1-1 所示。

国外相关研究概况 **表 1-1**

国家	研究人员或机构	研究成果
英国	SERT 中心的 Sime 等	主要研究阻塞情况下人员的心理状态，并提出 ORSET 模型概念，并把心理、建筑、管理、火灾报警、疏散指示等学科融合到一起，统一进行研究分析，计算最短疏散时间，指导人员疏散
美国	NIST 等	针对疏散安全对很多领域进行了研究，包括最短疏散时间、最优模型建立、火灾下人员决策、对环境的反应、灾害影响评估方法，尤其研究了火灾危险下人员的自理反应

续表

国家	研究人员或机构	研究成果
日本	—	研究重点放在火灾角度，重心在人员行为统计、火灾危险性评估、人员疏散安全评估方法等内容，并把它们结合起来研究，为 2000 年日本性能化设计规范在日本执行作出了重要贡献
匈牙利	交通流专家 Helbing	对人员心理作用重点研究，称为社会力，作为作用力研究其在人员疏散过程中发挥的作用，并取得了重大的进展，体现了“群体效应”和“快即是慢”效应等常见到的经典疏散理论

疏散模型及人员疏散逐渐成熟，出现了一批较为成熟的疏散软件，如 Simulex，Exitt，Building Exodus，Exit89 等，能够全过程模拟人员疏散，直观化观察到疏散结果，为性能化设计提供指导。

在不同因素对疏散的影响方面，Marcelo C Toyama 等基于元胞自动机原理，提出了一个 Agent 模型，对性别、认知、速度、羊群行为以及避障行为等因素对疏散的影响。Yu 等借助仿真行人通道中发生逆流情况，并引入交感半径描述环境对行人的影响，行人在收集当前环境信息后才决定疏散到哪个方向。

国内人员仿真疏散研究起步虽然比较晚，其中东北大学，中国科学技术大学，武汉大学及中国建筑科学研究院等学校及科研院所等技术人员，经过努力研究出了一些有影响力的研究成果。总的来说，目前我国在这方面的研究还处于起步阶段。总体情况是研究的人员少，研究的内容引进国外的多，自己创新的结果少，研究成果应用也不广泛。

城市区域范围下避难疏散模拟的研究还比较少，但也有我国相关科研工作者在这方面进行了探索，如表 1-2 所示，列出了部分研究成果。

国内相关研究概况　　表 1-2

序号	研究人员	研究成果
1	邹亮、任爱珠、张新	把风灾作为灾害条件研究其疏散模拟方法。把微观离散模型与宏观交通流模型结合，使用 LW 宏观交通流理论和元胞自动机理论，建立城市区域疏散模型和应急服务规划模型，对人和车辆的疏散进行模拟分析，并以此为基础，开发了基于 GIS 的灾害疏散模拟及救援调度系统
2	王新平、葛学礼	建立了有组织疏散和无组织疏散两种计算模型，利用计算机来进行避震疏散模拟，并编制了地震疏散模拟应用软件
3	郭丹等	采用系统理论，主要研究大规模人群的时空变化，采用高、中、低三种分辨率视角建立了不同的城市人群疏散体系及模型，并可视化的实现城市人群的疏散仿真
4	张高峰等	基于网络结构疏散场景模型，构建基于动态网络流的多层网络疏散仿真模型，分析疏散场景多尺度问题，实现跨层次校园疏散系统，并完成疏散仿真软件

1.5　本书的内容与结构

本书结合城市抗震防灾工作中防灾、抗灾、避灾、救灾的具体过程，以人、物、环境承灾体为研究对象，整体构架以风险评价为基础，防灾与救灾相结合，解析城市抗震防灾系统中的重要内容，针对城市抗震防灾系统中地震灾害风险评估、防灾用地优化、避难疏散优化、应急物资优化、压埋人员伤亡评估等关键问题，耦合城市抗震防灾系统中次生灾害风险、城市用地特征、人员疏散特性、避难场所分布、建筑物倒塌、应急处置、物资供应等模块，应用智能算法或仿真软件，建立了相应数值模拟或动态仿真模型。最终模拟结果为城市抗震防灾能力的评估和城市抗震防灾规划的具体实施提供一定依据，本书思路及技术路线如图 1-11 所示。

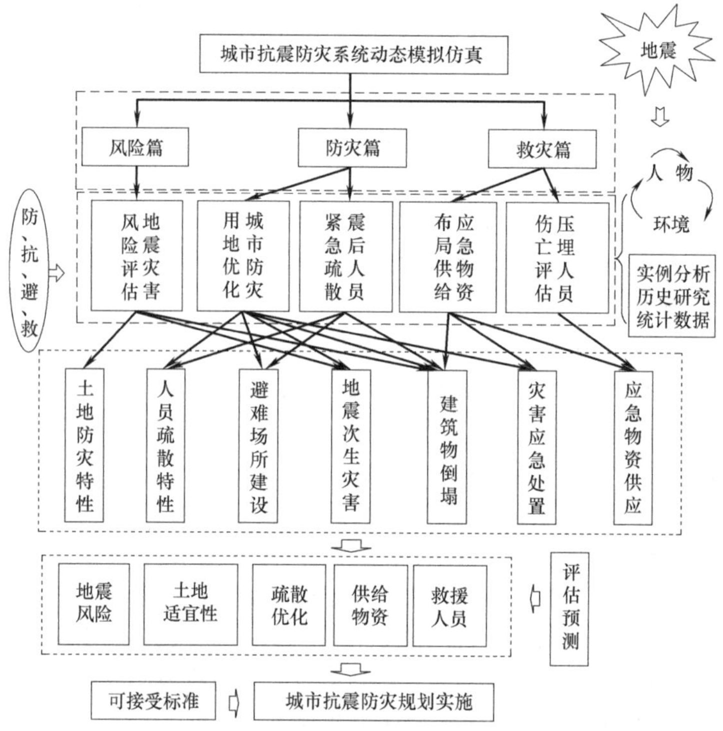

图 1-11　本书研究思路和技术路线

风　险　篇

第 2 章　城市地震灾害风险与综合承灾能力评价模型

近年来，国际城市防灾减灾能力评价主要以灾害风险指标计划（DRI）、多发展指标计划（Hotspots）和美洲计划的（American Programme）等多个自然灾害风险评估计划为代表。与此同时，国内谢立礼院士和张风华等定义了城市防震减灾能力的含义，建立了评估指标体系以及相应综合指数评估方法。在此基础上，郑宇建立了基于可持续发展观念建立了城市综合防震减灾能力评价指标体系和相应的加权平均评估方法；王威，郭章林等分别利用云模型和模糊综合评判法分别对该问题做了进一步的探讨。杨挺、王飞根据 EDRI 思想对城市地震危害性进行了评价。黄崇福利用模糊数学对自然灾害风险进行深入研究；高庆华、葛全胜等分灾种、分区域对我国防灾减灾能力进行了全面的研究。张明媛以防灾能力、抗灾能力、救灾能力和在后恢复能力构建了城市承灾能力评价指标体系，并基于模糊评价对其进行了等级划分。其中，基于综合评判模型的层次分析法和模糊综合评判法等，对于数据不充分、信息不完全的模糊系统，发挥人的主观优势是可行的，而对于数据量充分、影响因素明确的准真系统，如果仍旧采用上述方法，在人的定性思维转化为复杂系统的定量标定过程中，有可能造成主、客观的偏差。由于城市防震减灾能力评价指标类别多，指标数量大，指标间关系复杂，而且指标信息又多具有随机性、模糊性、灰色性、不完全性、不相容性等不确定性特征。因此，现有的城市防震减灾能力相关评价技术仍缺乏较为完善的定量分析模型与方法，仍需进一步探讨。

基于以上研究，利用复杂性理论相关技术，从城区地震灾害风险和城市综合承灾能力两个角度建立相应的评价模型和方法来刻画了城市局部与整体的防震减灾水平或能力，主要研究内容如下：

（1）从地震危险性、暴露性、易损性和防灾减灾能力 4 个方面阐述了城市地震灾害风险评价内容；在此基础上，提出了基于蚁群算法的城市地震灾害风险评价普适模型。

（2）针对城市灾害综合承载能力评价的多因素影响问题，为避免诸如各评价因素权重确定的人为任意性，建立了城市灾害综合承载能力评价的 SA-PPE 方法，该方法能利用一个综合反映多因素之间复杂关系的特征指标给出相应的评价等级结果。

2.1 基于蚁群算法优化的城市地震灾害风险评价普适模型

2.1.1 城市地震灾害风险评价指标系统

地震灾害系指地震变异超过一定的程度，对人类和社会经济造成损失的事件。地震灾害风险指未来若干年内可能达到的灾害程度及其发生的可能性。如图 2-1 所示，目前比较公认的地震灾害风险形成机制，一定区域地震灾害风险是由地震灾害危险性（hazard）、暴露（exposure）或承灾体、承灾体的脆弱性或易损性（vulnerability）3 个因素相互综合作用而形成的，如表 2-1 所示。除了上述的 3 个因素外，防灾减灾能力也是制约和影响地震灾害风险的因素，如图 2-1 所示。

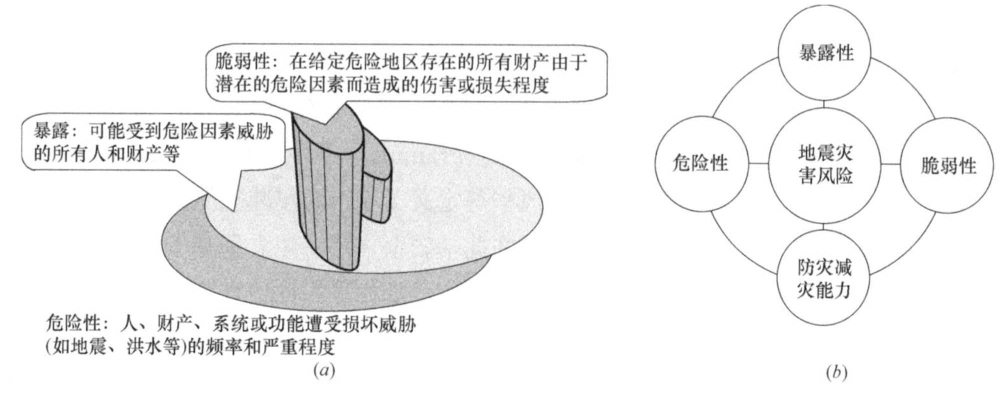

图 2-1 地震风险形成机制和组成要素示意图

（a）风险形成机制；（b）要素

灾害风险的概念模型 **表 2-1**

研究结构和学者	风险概念模型
Smith,1996	风险＝发生概率×损失;致灾因子＝潜在的危险
IPCC,2001	风险＝发生概率×不同影响强度
Morgan 和 Henrion,1990 Random House,1966	风险就是可能受到灾害影响和损失的暴露性(exposure)
Jones 和 Boer,2003 (Helm,1996)	风险＝发生概率×灾情;致灾因子:一个潜在可能导致灾情的事件
Downing et al,2001	在一定时间和区域内某一致灾因子可能导致的损失(死亡、受伤、财产损失、对经济的影响);致灾因子:一定时间和区域内的一个危险事件,或者一个潜在破坏性现象出现的概率
Downing et al,2001	风险＝致灾因子出现的概率;致灾因子＝对人身和社会安全的潜在威胁
Adams,1995	一种与可能性和不利影响大小相结合的综合度量
Crichton,1999	风险是损失的概率,取决于 3 个因素:致灾因子、脆弱性和暴露性
Stenchion,1997	风险是不受欢迎(undesired)事件出现的概率,或者某一致灾因子可能导致的灾难;以及对致灾因子脆弱性的考虑

续表

研究结构和学者	风险概念模型
UNDHA，1992	在一定时间和区域内某一致灾因子可能导致的损失(死亡、受伤、财产损失、对经济的影响)；可以通过数学方法，从致灾因子和脆弱性两方面计算
Carreno et al，2000	风险＝硬件风险(对物质基础设施和环境的潜在破坏)×软件风险(对社会群体和机构组织的潜在社会经济影响)
Carreno et al，2004	风险＝物质破坏(暴露性和物质易损性)×影响因子(社会经济脆弱性和应对恢复力)
UNDRO，1991 extended from Fournierd Albe，1979	风险＝致灾因子×风险要素×脆弱性
Wisner，2001	风险＝(致灾因子×脆弱性)－应对能力(Coping capacity)
Wisner，2000	风险＝(致灾因子×脆弱性)－减缓(Mitigation)
De La Cruz Reyna，1996 Yurkovich，2004	风险＝(致灾因子×暴露性×脆弱性)/备灾(Preparedness) 风险＝致灾因子×暴露性×脆弱性×相互关联性(Inter-connectivity)
UN，2002	风险＝(致灾因子×脆弱性)/恢复力(Resilience)

地震灾害危险性，是指造成灾害的地震灾害变异的程度，主要是由灾变活动规模（强度）和活动频次（概率）决定的。一般灾变强度越大，频次越高，灾害所造成的破坏损失越严重，灾害的风险也越大。

暴露或承灾体，是指可能受到危险因素威胁的所有人和财产，如人员、房屋、农作物、生命线等。

一个地区暴露于各种危险因素的人和财产越多即受灾财产价值密度越高，可能遭受潜在损失就越大，地震灾害风险越大。

承灾体的脆弱性或易损性，是指在给定危险地区存在的所有任何财产由于潜在的危险因素而造成的伤害或损失程度，其综合反映了地震灾害的损失程度。一般承灾体的脆弱性或易损性愈低，灾害损失愈小，灾害风险也愈小，反之亦然。承灾体的脆弱性或易损性的大小，既与其物质成分、结构有关，也与防灾力度有关。

防灾减灾能力表示地震受灾区在长期和短期内能够从灾害中恢复的程度，包括应急管理能力、减灾投入、资源准备等。防灾减灾能力越高，可能遭受潜在损失就越小，灾害风险越小。

综上所述，城市地震灾害风险（Urban earthquke disaster risk，UEDR）是危险性（H）、暴露性（E）、脆弱性（V）和防灾减灾能力（ER）四个因素相互综合作用的产物。本节基于地震灾害风险形成原理及城市地震灾害的特点，遵循指标体系确定的科学性、规范性、代表性、简明性、全面性及可操作性原则，将城市地震灾害风险评价指标体系分为目标层、准则层和指标层；将城市地震灾害风险评价等级划分为五个级别：Ⅴ级（风险很高）、Ⅳ级（风险较高）、Ⅲ级（风险一般）、Ⅱ级（风险较低）、Ⅰ级（风险很低），并给出了参考评价分级标准，如表2-2所示。

城市地震灾害风险评价指标系统　　表 2-2

目标层	准则层	指标层	单位	参考评价分级标准				
				Ⅰ	Ⅱ	Ⅲ	Ⅳ	Ⅴ
城市地震灾害风险评价指标	危害性	土地适宜性指数		0.1	0.3	0.5	0.7	0.9
		易燃易爆源存在程度	t/km^2	1	2	3	4	5
		重点防火区密度	个/km^2	1	3	5	7	10
		次生水灾危害度		0.12	0.18	0.25	0.35	0.7
	暴露性	人均建设用地面积	m^2/人	100	300	600	1000	2000
		人均住房面积	m^2/人	5	8	12	15	20
		人口密度	人/km^2	50	150	275	425	550
		<14 或≥65 岁比例=1－劳动人口比例	%	30	42	48	60	70
		经济密度	元/km^2	50	200	350	500	700
		人均道路面积	m^2/人	2	4	7	10	15
		用水普及率	%	30	50	93	96	100
		通信(电话)覆盖率	%	1	3	6	15	30
		用气气化率	%	10	30	62	70	100
		万元产值耗能	kW·h/万元	1	2	6.67	10	20
	易损性	建筑物抗震性能指数		0.9	1.8	3.5	7	10
		道路抗震性能		0.05	0.36	0.64	0.8	1
		供水抗震性能	泄漏点个数/km	0.1	0.2	0.4	0.8	1.2
		燃气抗震性能	泄漏点个数/km	0.1	0.2	0.4	0.8	1.2
		电力抗震性能		0.1	0.2	0.38	0.55	0.85
	防灾减灾能力	万人病床数	张	90	70	50	30	15
		万人医生数	人	30	25	20	15	10
		人均 GDP	万元	5	3	1	0.8	0.5
		道路密度	km/km^2	5	4	3	2	1
		人均公共绿地面积	m^2/人	30	15	10	5	2
		区域消防能力		9	7	5	3	1
		应急预案完善程度		9	7	5	3	1

注：为参考评价分级标准的取值具有一致性，土地适宜性指数可参考第二章表 2-4 土地利用防灾适宜性的分级体系，在取值的时候，Ⅰ与Ⅴ、Ⅱ与Ⅳ的值进行了互换。

2.1.2　城市地震灾害风险评价的指数普适模型

1. 城市地震灾害风险分类指数普适模型

从表 2-2 城市地震灾害风险评价指标体系的选择可以看出，城市地震灾害风险程度的变化与城市社会、经济的可持续发展有很大的关联性。一般说来都会经历缓变、快速和趋于稳定（饱和）这样一个发展进程，其规律可采用 S 形生长曲线函数来描述城市地震灾害风险程度的变化。另外，对于地震灾害风险评估而言，在很低到较低范围，评估指标数值变化很小，地震灾害风险程度很轻微，且差异不大，因此用来刻画受损地震灾害风险程度的评估指数变化应平缓；在较高到很高范围，尽管评估指标数值变化大，但就地震灾害风险程度而言，区别不明显，因此评估指数变化也应趋于平缓；而在从“很低—一般—很高”范围内，评估指标数值从较小变化到很大，地震灾害风险程度变化差异大，故评估指数亦应有很大变化。反映评估指数的“缓慢—快速—缓慢”变化规律宜采用S形曲线的指数公式。在适当设定城市地震灾害风险评价指标的“参照值”情况下，将S形曲线表示式中的指标实测值用其相对值代替，则表示式中的待定参数可认为不与指标特征有关，因此，可采取相关优化算法进行参数选择，得到对多项指标都适用的评价城市地震灾害风险的指数公式。在此，将危险性（H）、暴露性（E）、脆弱性（V）和防灾减灾能力（ER）的各分类单项指标的变化指数均可用以下公式表示：

$$PI_i=\frac{1}{1+a_i\mathrm{e}^{-b_ic_i}} \tag{2-1}$$

式中　c_i——指标 i 的值；

a_i、b_i——与指标 i 特征有关的参数。

对于选定的26个指标，分别选取适当的“参照值”c_{i0}对指标值进行规范化处理，即用相对于c_{i0}的指标 i 的相对值x_i替换式（2-1）中的c_i。当为正向指标时，$x_i=c_i/c_{i0}$；当为负向指标时，$x_i=c_{i0}/c_i$。

因为规范化后不同指标的同级标准的数值差异不大（一般以不超过1个数量级为宜），则可以认为式（2-1）中的c_i用相对值x_i代替后，公式中的参数a_i、b_i不与指标特性有关，而可以用与指标特征无关的参数a、b代替，因而可得到城市地震灾害风险评价普适模型公式为：

$$PI_i=\frac{1}{1+a\mathrm{e}^{-bx_i}} \tag{2-2}$$

式中　PI_i——指标 i 的评价指数值；

a、b——待优化确定的参数；

i——取值1，2，3，4，分别代表了危险性（H）、暴露性（E）、脆弱性（V）和防灾减灾能力（ER）四类指标。

2. 城市地震灾害风险综合指数普适模型

由于危险性（H）、暴露性（E）、脆弱性（V）的指数值越大，城市地震灾害风险水平越高；而防灾减灾能力（ER）指标则是指数值越小，城市地震灾害风险水平越低，因此当用上述四类指数值合成综合指数时，可用以下公式表示四者之间协调的城市地震灾害风险综合指数普适模型公式：

$$PI=c\cdot\mathrm{e}^{-d\frac{PI_4}{PI_1PI_2PI_3}} \tag{2-3}$$

式中　c、d——待优化确定的参数。

若取c和d的初始范围为［0，1］；PI_1、PI_2、PI_3和PI_4分别为危险性（H）、暴露性（E）、脆弱性（V）和防灾减灾能力（ER）的分类指数值，由式（2-3）可知，PI的取值范围为$0\leqslant PI\leqslant c$。

2.1.3　多参数优化的蚁群算法步骤及模型理论应用

1. 蚁群算法的基本原理

蚁群优化算法（也称蚂蚁优化算法，ant colonyoptimization algorithm，ACA or AA）是意大利学者多里戈等人于20世纪90年代初期提出的一种新型的全局搜索算法。该算法综合运用了正反馈、分布式计算和贪婪式启发搜索技术，可用于求解一般形式的非凸、非线性约束优化问题。由于该算法不涉及目标函数的偏导数计算，且能够克服其他算法容易陷入局部最优的缺点，因而具有较强的适应性。

仿生学家经过大量研究发现，蚂蚁个体之间是通过一种被称为信息素（pheromone，又称外激素）的物质进行信息传递的。蚂蚁在运动过程中，能够在它所经过的路径上留下这种物质，而且能够感知该物质的存在，并以此指导自己的运动方向。因此，由大量蚂蚁组成的蚁群的集体行为便表现出一种信息正反馈现象：某一条路径上走过的蚂蚁越多，则后来者选择该路径的概率就越大。蚂蚁个体之间就是通过这种信息的交流达到搜索食物的目的。可以用图 2-2 来形象地说明蚁群优化算法的基本原理，其中竖线代表一只蚂蚁经过的由蚁穴 E 到食物 A 的路径，而水平线 ch 代表在某一个时刻突然出现的障碍物。障碍物的出现使得蚂蚁能根据各路径上信息素的浓度自动地改变行进路径，其路径演化过程为：图 2-2（a）→图 2-2（b）→图 2-2（c）。

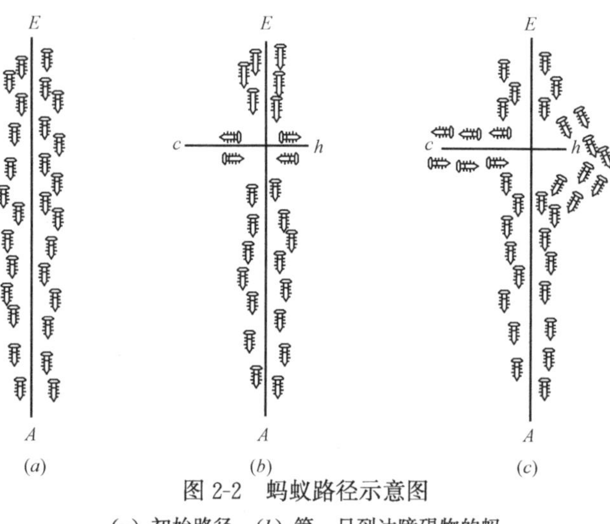

图 2-2　蚂蚁路径示意图

（a）初始路径；（b）第一只到达障碍物的蚂蚁路径选择；（c）一段时间后的路径

设对每个蚂蚁 i，定义其评价函数为相应的目标函数 F_i，定义转移概率 P_{ij} 为：

$$P_{ij} = \frac{\tau_j^a \Delta F_{ij}^\gamma}{\sum_k \tau_k^a \Delta F_{ik}^\gamma}, \Delta F_{ij} = F_i - F_j \tag{2-4}$$

式中　τ_i——蚂蚁 i 的半径为 r 邻域内的信息素数量；

a、γ——蚂蚁在运动过程中所积累的信息和启发因子在蚂蚁路径选择中所起的不同作用，即各自的重要程度，均为非负参数。

蚁群优化算法的搜索过程如下：

(1) 设置有关参数，如蚂蚁个数 N_{ant}、最大迭代次数 $s_{\max}$、初始邻域半径 $r=r^{(0)}$（上标括号内数字为迭代次数，开始取为 0）、信息素的保持率 ρ、蚂蚁 i 邻域内的初始信息素的数量 $\tau_i=\tau_i^{(0)}=c$（c 为一很小的正数）、信息素增量 $\Delta\tau_i^{(0)}=0$、单位蚂蚁遗留的信息素数量 Q 以及 a 和 γ。将给定个数的蚂蚁按随机原则散布在解的定义域内，记录具有最好评价函数值的精英蚂蚁。

(2) 按式（2-4）计算得到的转移概率移动各蚂蚁并嵌入邻域搜索机制以寻找更好解。具体地说，就是对于蚂蚁 i，如果 $\Delta F_{ij}>0$，则蚂蚁 i 以概率 P_{ij} 移至蚂蚁 j；否则，以邻域半径 $r=r^{(s)}$ 进行邻域搜索，即：在邻域内搜索比当前点更优的解，若在指定的次数内找到了更优解，则将原解替换并按式（2-4）计算的转移概率移动蚂蚁；反之则保留原解不变，进入下一轮计算。

(3) 按信息素更新规则进行轨迹更新。不同的更新规则对应于不同的蚁群优化算法，如基本蚁群算法（ACA）、最大最小蚂蚁系统（MMAS）算法、蚁群系统（ACS）算法等。例如：采用ACA，相应的更新规则为

$$\tau_i=\tau_i^{(s+1)}=\rho\tau_i^{(s)}+\Delta\tau_i^{(s+1)} \tag{2-5}$$

其中，$\tau_i^{(s+1)}=\Delta\tau_i^{(s)}+Q$，为信息素增量。更新完成后令 $\Delta\tau_i^{(s+1)}=0$。

(4) 按比例收缩邻域半径，通常取 $r^{(s+1)}=0.99\gamma^{(s)}$，并令迭代次数 s 累加1。

(5) 判断终止条件，终止条件可以有2种选择：一是给定迭代搜索次数；二是给定收敛精度。一般取前后2次迭代结果指标之差的绝对值不大于0.01即可。通常的做法是两者结合使用，既限定迭代搜索次数，同时给出迭代收敛误差，当满足其中之一时即停止计算。

不断地重复步骤(2)～(5)，使算法能找到问题的最优解或较好解。

2. 实数编码的小生境蚁群算法

对于多模态函数优化问题，蚁群算法和粒子群算法一样，具有高效的信息共享机制，但是这种机制导致蚂蚁在寻优时过分集中，最后可能使蚂蚁都移向全局最优点，不能用于多模态函数优化。而小生境蚂蚁算法（NACA）采用实数编码，很好地避免了算法参数对具有优化目标的敏感性以及第一收敛情况的发生。

多模态函数优化问题可以模拟这样一个场景：一群蚂蚁在随机寻找峰值（这里峰值指食物）。在这个区域里有多个峰值，峰值有高低之分。所有的蚂蚁都不知道峰值的具体位置。但是它们知道肯定能找到最近的峰值所在的位置。那么每个蚂蚁都能快速地找到最近的峰值，同时又具有找到全局最高峰值趋势的最优策略中最简单有效的方法就是每个蚂蚁根据转移概率的大小来决定是进行局部寻优还是全局寻优，蚂蚁每移动到一个新位置前，他都会比较新的位置会使信息素（函数值）是增强还是减弱，如果增强就移动到新位置，同时向环境释放新位置的信息素（与函数值成正比），否则继续试探别的方向。这种新模型与传统模型相比，弱化了蚂蚁之间“信息交流”，增强了蚂蚁进行局部搜索能力，从而以蚂蚁为中心形成许多小区域，即小生境。

小生境蚁群算法的基本思路是：随机产生 N 个蚂蚁的初始群体，使蚂蚁均匀分布在函数可行域上，根据优化函数计算每个蚂蚁的初始信息素，信息素正比于函数值，根据每个蚂蚁的当前信息素和全局最优信息素求出蚂蚁的转移概率，根据转移概率更新每个蚂蚁的位置，新位置限制在函数可行域内，蚂蚁移动到新位置后就立即更新自己的信息素。其算法伪代码描述如下：

```
P0=0.7;%P0 为全局转移概率
P=0.3;%P 为信息素蒸发系数
For each ant
    X[i]=(start+(end-start)) * rand(1);%随机产生蚂蚁的初始位置(限制在可行
域内[start,end])
    T[i]=k * f(X[i]);%计算每个蚂蚁的初始信息素(正比于函数值),k 为比例常数
End
Do %循环迭代
    T_Best=max(T);%求出最大信息素
    For each ant
```

```
        Prob[i]=(T_Best_T[i])/T_Best;%求每个蚂蚁的下一转移概率
    End
    For each ant
        If Prob[i]<P0
            Temp=X[i]+min_step*(rand(1)-0.5);%局部搜索
        Else
            Temp=X[i]+max_step*(rand(1)-0.5);%全局搜索
        End
          %把 Temp 限制在可行域内[start,end]
          If f(Temp)>f(X[i])%目标函数值比较
            X[i]=Temp;%更新蚂蚁的位置成功
        End
    End
For each ant
    T[i]=(1-P)*T[i]+k*f(X[i]);%更新每个蚂蚁的信息素
End
While(设定的最大迭代次数)
```

3. 基于 NACA 的普适模型参数优化

用 NACA 优化式（2-2）中的参数 a、b 过程中，需要构造目标函数

$$\min f(x)=\frac{1}{K\cdot M}\sum_{k=1}^{K}\sum_{i=1}^{M}[PI_k(i)-PI_k(e)]^2 \tag{2-6}$$

式中 K——评价分级标准数目，由表 2-2 可知共分了 5 个风险评价等级，故 $K=5$；

M——选定的 26 项指标在 4 类评价指数中的分布数目；

PI_k——由式（2-2）计算出指标 i 的 k 级标准评价指数值；

PI_k（e）——与指标 i 无关的 k 级标准的目标指数值。因为由式（2-2）计算出的 $PI_i\in[0, 1]$，故Ⅰ至Ⅴ级标准目标值 PI_k（e）可分别设定为：0.1、0.3、0.5、0.7、0.9。

根据目标函数式（2-6），用小生境蚁群算法对式中的 a、b 进行优化，并应用 Matlab 编程实现。采用 NACA 的主要参数为：蚂蚁规模 100；迭代次数 50；全局转移概率为 0.7；信息素蒸发系数为 0.3；$a\in[0, 20]$、$b\in[0, 20]$。

在对式（2-1）进行规范化处理时，“参照值” c_{i0} 分布选取各个指标的最大值，然后按照正向指标 $x_i=c_i/c_{i0}$ 进行计算，将规范化处理的城市地震风险评价指标数据代入目标函数式（2-2）中，然后利用 NACA 进行优化，分别得到危险性（H）、暴露性（E）、脆弱性（V）和防灾减灾能力（ER）四类指标的风险公式指数为：

$$PI_1(H)=\frac{1}{1+9.3717e^{-4.3324x_i}} \tag{2-7}$$

$$PI_2(E)=\frac{1}{1+6.5333e^{-3.5529x_i}} \tag{2-8}$$

$$PI_3(V)=\frac{1}{1+6.1042e^{-3.8841x_i}} \tag{2-9}$$

$$PI_4(ER)=\frac{1}{1+8.4379e^{-3.9618x_i}} \tag{2-10}$$

表 2-3 给出了优化四类指标的目标函数结果的相关参数；图 2-3 给出了 NACA 优化危险性评价函数时蚂蚁位置分布的变化过程。

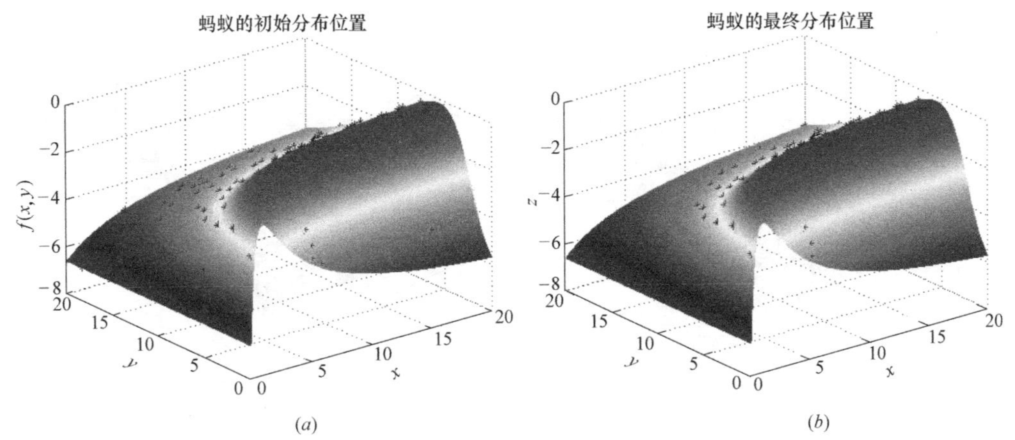

图 2-3 NACA 优化危险性评价函数时蚂蚁位置分布

(a) 蚂蚁的初始分布位置；(b) 蚂蚁的最终分布位置

NACA 优化参数结果 **表 2-3**

优化目标	a	b	$f(x)$
危险性(H)	9.3717	4.3324	0.0062
暴露性(E)	6.5333	3.5529	0.0165
脆弱性(V)	6.1042	3.8841	0.0055
防灾减灾能力(ER)	8.4379	3.9618	0.0104

分别将表 2-2 中规范化处理后各类指标的各分级标准值 x_{ik} 代入式（2-7）～式（2-10），并求得各类指标的各级均值分别为$\overline{PI}_1(H)$、$\overline{PI}_2(E)$、$\overline{PI}_3(V)$、$\overline{PI}_4(ER)$，如表 2-4 所示。

分类指标和综合指数的参考分级标准 **表 2-4**

指标类型	参考评价分级标准				
	Ⅰ	Ⅱ	Ⅲ	Ⅳ	Ⅴ
$\overline{PI}_1(H)$	0.1685	0.3036	0.4869	0.6752	0.8904
$\overline{PI}_2(E)$	0.2163	0.3167	0.4861	0.6330	0.8424
$\overline{PI}_3(V)$	0.1859	0.2827	0.4566	0.7078	0.8885
$\overline{PI}_3(ER)$	0.8617	0.6695	0.4645	0.3029	0.1851
PI	0.0019	0.2419	0.6342	0.7415	0.7673

同理，对于地震风险综合指数，可将各类指标的各级平均值代入式（2-3），并满足优化目标函数：

$$\min f(x)=\frac{1}{4\times5}\sum_{k=1}^{5}(PI_k-PI_{k0})^2 \tag{2-11}$$

式中 k——评价等级；

PI_{k0}——五级标准目标值分别设定为：0.1、0.3、0.5、0.7、0.9。

同样利用小生境蚁群算法 NACA 对式（2-3）中的 c、d 进行优化，得到优化后的参数 $c=$

0.7775，$d=0.0474$，$f(x)=0.0025$，图 2-4 给出了 NACA 优化城市地震灾害风险综合评价函数时蚂蚁位置分布的变化过程。故可以得到城市地震灾害风险的综合指数普适公式为：

$$PI=0.7775\mathrm{e}^{-0.0474\frac{PI_4}{PI_1PI_2PI_3}} \tag{2-12}$$

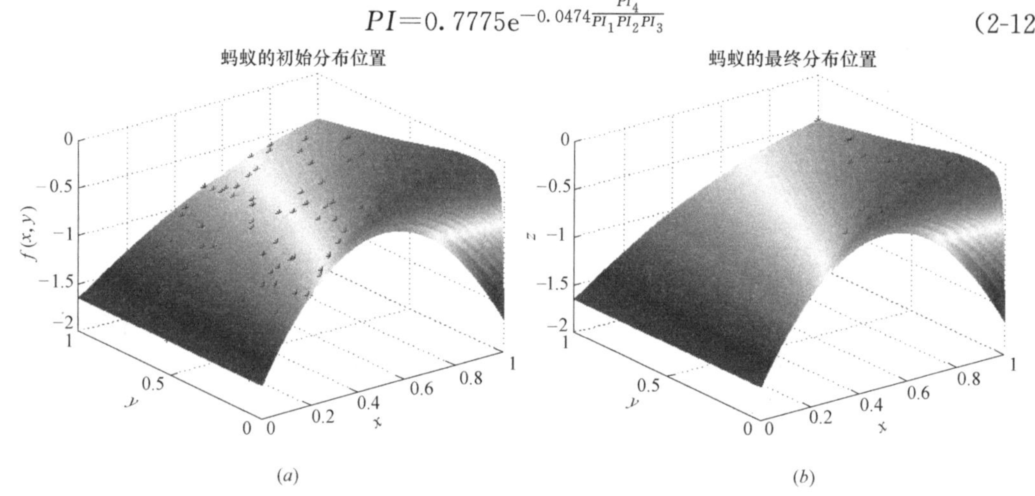

图 2-4　NACA 优化综合评价函数时蚂蚁位置分布

(*a*) 蚂蚁的初始分布位置；(*b*) 蚂蚁的最终分布位置

4. 应用算例

某城市位于我国东南沿海地区，为评价该城市地震灾害风险，对其进行网格划分，共划分了 71 个网格单元，根据本节提出的城市地震灾害风险评价普适模型进行计算，得到该城市在基本烈度下的地震灾害风险区划图，具体情况如图 2-5 所示。

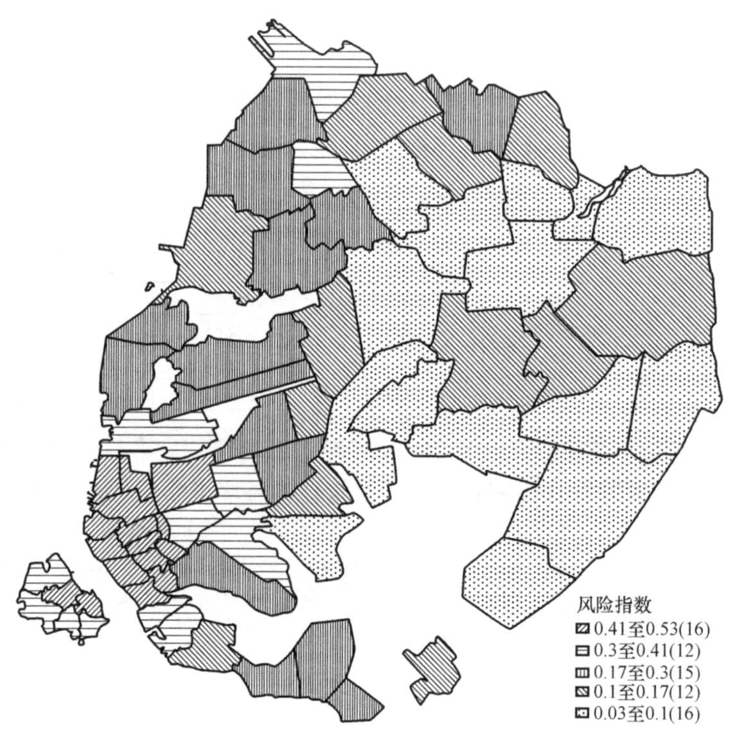

图 2-5　某城市地震灾害风险评价区划图

可以看出，该城市大部分地区面临的地震灾害风险水平属于第Ⅲ等级，即绝大多数网格风险指数低于0.6342（风险指数为中等）；旧城区和鼓浪屿部分地区（图中左下部分）面临的地震灾害风险水平相对较高，根据现场调查结果可以发现，由于旧城区和鼓浪屿地区建筑物普遍比较陈旧、多数建筑为抗震性能较差的石结构、砖石结构和老旧民房，基础设施老化，人员集中等抗震不利的现状，造成该区域地震灾害风险相对较大，此部分区域应是今后抗震防灾工作的重点区域。

2.2　基于SA-PPE模型的城市灾害综合承载能力评价

一般情况下，对于数据不充分、信息不完全的模糊系统，发挥人的主观优势是可行的，而对于数据量充分、影响因素明确的准真系统，如果仍旧采用模糊、随机等方法，在人的定性思维转化为复杂系统的定量标定过程中，有可能造成主、客观的偏差。采用数理统计工具更能表征系统的客观性。投影寻踪分类模型（Projection Pursuit Evaluation Model，PPE模型）作为数理统计聚类分析的一种方法，能很好地实现客观赋权、客观评判的功能。本节在建立城市承灾能力评价体系基础上，以投影寻踪模型作为理论依据，建立城市承灾能力评价的投影寻踪模型，并借助模拟退火算法（Simulated Annealing Algorithm，SAA）来实现模型求解，为城市承灾能力评价提供了一种新的研究思路。

2.2.1　城市灾害综合承载能力

依据承灾能力和易损性的思想，定义城市灾害综合承载能力：灾害背景下，相对于城市自身发展水平的城市发展过程中，城市复杂系统的防灾能力、抗灾能力、救灾能力和恢复能力，反映了城市复杂系统抗御灾害的整体水平，是其处理灾害事件的社会和经济能力的综合量度，主要表现为城市复杂系统中的行为主体—人的防灾、抗灾、救灾能力，社会经济子系统承灾、救灾及灾后恢复正常经济发展水平的能力，以及资源环境子系统抵御灾害破坏继续维持其健康的能力，是城市复杂系统对灾害危险的敏感性和人类对这种危险的响应能力的有机结合。同时城市灾害综合承载能力评价也充分体现了城市抗震防灾规划贯彻“预防为主，防、抗、避、救相结合”的方针。城市灾害综合承载能力评价将是未来城市抗震防灾规划发展完善的一个重要方向。因此，本节对城市灾害综合承载能力评价进行初步探讨是非常必要的。

城市灾害综合承载能力评价受诸多因素影响，张明媛在其博士论文中以防灾能力、抗灾能力、救灾能力和灾后恢复能力构建了城市灾害综合承载能力评价指标体系，如表2-5所示。

城市灾害综合承载能力评价指标　　**表2-5**

总目标层	分目标层	功能层	指标层	指标计算说明
城市灾害综合承载能力评价指标体系	防灾能力	社会因素	就业	就业人数/人口
			教育	人均教育费用支出
			医疗	人均医疗卫生费用支出
			社会保障	人均抚恤和社会福利救济费
		经济因素	防灾投入力度	—
			监测预报设施	—
		环境因素	环境保护力度	—

续表

总目标层	分目标层	功能层	指标层	指标计算说明
城市灾害综合承载能力评价指标体系	抗灾能力	社会因素	人口密度	人口密度
			人口状况	人口密度
		经济因素	固定基础财富密度	—
		工程抗震能力	建构筑物抗灾能力	—
			生命线各子系统抗灾能力	—
			生命线系统关联度	—
	救灾能力	社会因素	医疗救助能力	病床、医生/每十万人
			政府应急反应能力	—
		经济因素	生命线恢复能力	—
			内外交通发达度	公路网综合能力
			排水设施情况	排水管道网密度
			次生灾害	—
		环境因素	救灾临时集散中心	人均园林绿地面积
	恢复能力	社会因素	生产建设人力资源	中青年所占比重
		经济因素	经济多样性	第二、第三产业构成比
			财富储蓄	人均年末储蓄余额
			保险	保费收入
		环境因素	环境质量	环境质量参数

对于城市灾害综合承载能力评价指标的研究，涉及表 2-5 中多数研究对象。

2.2.2 投影寻踪基本原理

1. 基本思路

投影寻踪的基本思想是利用计算机技术，把高维数据通过某种组合，投影到低维（1 维～3 维）子空间上，并通过极小化某个投影指标，寻找出能反映原高维数据结构或特征的投影，在低维空间上对数据结构进行分析，以达到研究和分析高维数据的目的。本节为了增强方法的实际应用能力，避免复杂计算和编程，应用了基于模拟退火算法来优化投影方向的 PP 方法。

2. 投影指标函数

城市灾害综合承载能力 PP 评价方法就是把 n 个具有 p 维的评价样本 X（$X_i \in X^p$）综合成投影方向 a 的一维投影值 z 来综合分析样本，为确保局部投影点尽量密集，整体上投影点团尽可能散开的目标，城市灾害综合承载能力的投影指标函数 $Q(a)$ 如下：

$$Q(a)=S(a)D(a) \tag{2-13}$$

$$S(a) = \left\{\sum_{i=1}^{n}[z(i)-E(a)]^2/(n-1)\right\}^{0.5} \tag{2-14}$$

$$D(a) = \sum_{i=1}^{n}\sum_{j=1}^{n}(R-r_{ij}).I(R-r_{ij}) \tag{2-15}$$

$$z(i)=\sum_{j=1}^{p}a(j)x(i,j),i=1,2,\cdots,n \tag{2-16}$$

式中 $S(a)$、$D(a)$——分别为 a 投影方向的投影值 $z(i)$ 的数据散布特征和低维数据点的局部密度；

$E(a)$——a 投影方向投影值的均值；

R——估计局部密度的宽度指标，可由数据特征来确定；

I——单位阶跃函数，当 $R \geqslant r_{ij}$ 时，I 取值 1，否则为 0；

r_{ij}——距离，$r_{ij}=|z(i)-z(j)|$。

3. 投影方向优化目标函数

不同投影方向反映不同的数据结构特征，最佳投影方向可通过投影指标函数的最大化来求解，则其数学规划模型为：

最大化目标函数：
$$M_{\min}:Q(a)=-S(a)D(a) \tag{2-17}$$

约束条件：
$$\text{s.t.}:\sum_{j=1}^{p}a^2(j)=1,0\leqslant a(j)\leqslant 1 \tag{2-18}$$

4. 综合评价

将优化所得最佳投影方向代入式（2-16）即可求得各评价样本投影值，就可反映城市灾害综合承载能力可能性水平，并将投影值应用于 GIS 可视化。基于模拟退火算法的城市灾害综合承载能力投影寻踪综合评价可视化主要步骤如下：

（1）数据输入及归一化处理；

（2）构造城市灾害综合承载能力评价投影指标函数；

（3）基于模拟退火算法优化投影方向；

（4）计算基于最佳投影方向的评价样本的投影值及综合评价；

（5）基于地理信息系统可视化管理、空间分析评价结果、支持决策和输出。

可见，该模型的关键在于城市灾害综合承载能力评价的投影指标函数构造和投影方向的优化。

2.2.3 利用模拟退火算法求解投影方向

1. 模拟退火算法基本原理

模拟退火算法实质是基于 Monte Carlo 迭代求解策略的一种随机寻优算法，其出发点是基于物理中固体物质的退火过程与一般组合优化问题之间的相似性。模拟退火算法在某一初温下，伴随温度参数的不断下降，结合概率突跳特性在解空间中随机寻找目标函数的全局最优解，即在局部优解能概率性地跳出并最终趋于全局最优。

模拟退火算法是一种通用的优化算法，其主要计算步骤如下：

步骤 1：选取初值点 x_0，估计最小值区间的下边界 l，上边界 u，选定最大迭代次数 $k_{\max}>0$，退火因子 $q>0$（退火速度较快时，因子较大），以及相应的函数值浮动误差容许值 ε_f。

步骤 2：令 $x=x_0$，$x^0=x$，$f^0=f(x)$。

步骤 3：k 循环，从 $k=0$ 到循环到 $k=k_{\max}$

{生产一个在［0，1］上服从均匀分布的 $N\times 1$ 的随机向量 y，y 与 x 大小相同。利用 μ^{-1} 定理计算 Δx：

$$\Delta x=(u-l)*g_{\mu}^{-1}(y),g_{\mu}^{-1}(y)=\frac{(1+\mu)^{|y|-1}}{\mu}sign(y),\mu=100^{100}(k/k_{\max})^{q}$$

然后在（l，μ）区间内确定点：$x_1=x+\Delta x$

如果 $\Delta f=f(x_1)-f(x)<0$ 或者在［0，1］上生产的均匀分布的随机数 $z<p$（步长为 $\Delta x)=\exp(-(k/k_{\max})^{q}\Delta f/|f(x)|/\varepsilon_{f})$，则令 $x=x_1,f(x)=f(x_1)$。

如果 $f(x)=f^0$，则令 $x^0=x,f^0=f(x^0)$。

步骤 4：可知由以上步骤所得的 x^0 接近全局最小值点，从而可以设定 x^0 为初值，并运用任何一种求局部最优化的算法来寻找 $f(x)$ 的最小值点。

2. 约束条件的处理

在实际的优化问题中一般都含有一定的约束条件，对约束条件的处理，惩罚函数法（SUMT）是应用较多的一种有效方法，它通过对约束条件加权将约束优化问题转化为无约束优化问题求解，所以惩罚函数法又称序列无约束最优化方法。考虑以下的约束优化问题：

$$\min f=(x),x=[x_1,x_2,\cdots,x_n] \tag{2-19}$$

$$s.t.\begin{cases}g_i(x)\leqslant 0,i=1,2,\cdots,m\\ g_j(x)=0,j=1,2,\cdots,n\end{cases} \tag{2-20}$$

根据惩罚函数法，将约束最优化问题转化为增广目标函数极小值问题。

$$\min_{x\in R^n}F(x,r)=\min\{f(x)+rP(x)\} \tag{2-21}$$

$$P(x)=\sum_{i=1}^{m}[\max g_i(x),0]^2+\sum_{j=1}^{n}[h_i(x)]^2 \tag{2-22}$$

式中　r——惩罚因子；

$f(x)$——不加惩罚项的目标函数；

$P(x)$——惩罚函数；

$rP(x)$——惩罚项。

在 $P(x)$ 中不满足约束条件的点 x，$rP(x)>0$，这是对不满足约束条件时的一种惩罚。当 x 满足约束条件时，则 $rP(x)=0$，表明不受惩罚。

对上述投影寻踪模型中的优化问题，用 Matlab 语言编制目标函数，其中，约束条件已按罚函数法处理手段代入上述目标函数中，该目标函数具有通用性，只需要更换标准矩阵 **A** 和相应的变量维数，即可用于其他投影寻踪问题的目标函数的构建。为使目标函数值为正值，在原函数基础上加一常数 100，目标函数程序为：

```
function f=objfun (x)
A= [];%归一化后的评价集 m 为评价方案个数，n 为每个方案的指标个数
[m n] =size (A);
for i=1: m
    w (i) =sum (x. * A (i,:));
end
za=sum (w) /m;
```

```
for i=1: m
    b (i) = (w (i) -za) .^2;
    end
s=sqrt (sum (b) / (m-1));
for i=1: m
    for j=1: m
        r (i, j) =abs (w (i) -w (j));
    end
end
R=0.1. * s; bb=R-r;
for i=1: m
    for j=1: m
        if bb (i, j) >=0
            u (i, j) =1;
        else
            u (i, j) =0;
        end
    end
end
for i=1: m
    for j=1: m
        bbb (i, j) =bb (i, j) . * u (i, j);
    end
end
d=sum (sum (bbb)); r=50; ww=0;
for i=1: n
    ww=ww+x (i) .^2;
end
if (ww-1) ~=0
    f=- (s. * d) +100+r * (ww-1) .^2;
else
    f=- (s. * d) +100;
end
```

2.2.4 模型理论应用及分析

以全国 29 个省会城市和直辖市为研究对象，分别分析了它们的防灾能力、抗灾能力、救灾能力和恢复能力，最后综合成一个承灾能力进行比较，得出了各城市的排名，从中也获得了其承灾能力强或弱的原因。以表 2-5 中功能层的 12 个因素为例进行分析，归一化后的评价指数如表 2-6 所示。

城市综合承灾能力评价指标 **表 2-6**

序号	城市	城市承灾能力评价指标												投影值	评价等级	模糊评价结果
		防灾能力			抗灾能力			救灾能力			恢复能力					
		x1	x2	x3	x4	x5	x6	x7	x8	x9	x10	x11	x12			
1	北京	1	0.15	0.07	0.86	0.74	0.24	0.8	0.18	0.21	1	0.66	0.23	1.6051	Ⅰ	Ⅰ
2	天津	0.44	0.53	0.14	0.82	0.84	0.22	0.45	0.5	0.05	0.79	0.46	0.45	1.3650	Ⅱ	Ⅱ
3	石家庄	0.48	1	0.13	0	0	0.49	0.46	0.72	0.08	0.65	0.61	0.16	1.0934	Ⅲ	Ⅲ
4	太原	0.22	0.44	0.06	0.66	0.65	0.1	0.66	0.24	0.07	0.4	0.44	0	0.8191	Ⅳ	Ⅳ
5	呼和浩特	0.46	0.14	0	0.93	0.87	0.37	0.71	0.38	0.11	0.72	0.29	0.57	1.3648	Ⅱ	Ⅰ
6	沈阳	0.11	0.6	0.39	0.74	0.81	0.2	0.49	0.38	0.12	0.82	0.51	0.64	1.3927	Ⅱ	Ⅱ
7	长春	0.32	0.61	0.57	0.86	0.91	0.38	0.54	0.5	0.06	0.97	0.34	0.88	1.7669	Ⅰ	Ⅰ
8	哈尔滨	0.42	0.27	0.83	0.62	0.6	0.49	0.68	0.45	0.06	0.95	0.35	0.63	1.7108	Ⅰ	Ⅰ
9	上海	0.65	0.93	1	0.51	0.71	0.51	0.41	0.4	0.06	0.77	0.79	0.78	1.7744	Ⅰ	Ⅰ
10	南京	0.4	0.38	0.02	0.79	0.74	0.35	0.19	0.2	0.75	0.53	0.48	0.63	1.1545	Ⅲ	Ⅱ
11	杭州	0.45	0.39	0.09	0.76	0.76	0.63	0.58	0.28	0.09	0.59	0.7	0.61	1.3645	Ⅱ	Ⅱ
12	合肥	0.35	0.21	0.13	0.46	0.21	0.4	0.61	0.56	0.12	0.4	0.36	0.58	0.9410	Ⅳ	Ⅲ
13	福州	0.52	0.23	0.71	0.69	0.54	0.47	0.63	0.34	0.14	0.45	0.69	0.89	1.3649	Ⅱ	Ⅰ
14	南昌	0.23	0.55	0.94	0.33	0.59	0.27	0.48	0.55	0.09	0.39	0.29	0.73	1.1548	Ⅲ	Ⅲ
15	济南	0.36	0.34	0.85	0.82	0.86	0.32	0.54	0.3	0.07	0.6	0.36	0.18	1.3649	Ⅱ	Ⅱ
16	郑州	0.39	0.26	0.04	0.51	0.49	0.42	0.8	0.48	0.06	0.35	0.43	0.69	1.0019	Ⅲ	Ⅲ
17	武汉	0.24	0.9	0.1	0.85	0.98	0.29	0.39	0.35	0	0.48	0.35	0.35	1.1546	Ⅲ	Ⅲ
18	长沙	0.37	0.63	0.19	0.25	0.23	0.58	0.92	0.41	0.12	0.53	0.35	0.35	1.1547	Ⅲ	Ⅲ
19	广州	0.59	0.34	0.06	0.71	0.51	0.18	0.61	0.23	1	0	0.73	0.72	1.3764	Ⅱ	Ⅰ
20	南宁	0.49	0.21	0.05	0.87	0.83	0.21	0.79	0.26	0.16	0.35	0.17	0.91	1.1112	Ⅲ	Ⅱ
21	海口	0.33	0	0.03	0.92	0.95	0.2	0.52	0.41	0.04	0.24	0.23	1	0.9478	Ⅳ	Ⅲ
22	重庆	0.56	0.29	0.12	0.73	0.85	0.76	0.27	0.25	0.01	0.56	0.24	0.3	1.3157	Ⅱ	Ⅲ
23	成都	0.35	0.36	0.32	0.58	0.46	0.54	0.66	0.32	0.1	0.5	0.55	0.71	1.2377	Ⅲ	Ⅱ
24	贵阳	0.38	0.51	0.81	0.87	0.89	0.29	0.46	0.19	0.57	0.1	0.31	0.92	1.1544	Ⅲ	Ⅳ
25	西安	0.16	0.29	0.21	0.73	0.87	0.2	0.27	0.22	0	0.51	0.4	0.39	1.0016	Ⅲ	Ⅳ
26	兰州	0.43	0.61	0.06	0.78	0.77	0.1	0.58	0.23	0.02	0.43	0.37	0.14	0.9787	Ⅳ	Ⅳ
27	西宁	0.34	0.44	0.05	0.41	0.47	0.14	0.6	0.45	0.03	0.36	0.17	0.44	0.8197	Ⅳ	Ⅳ
28	银川	0.33	0.24	0.1	0.95	0.9	0.33	0.82	0.19	0.19	0.23	0.41	0.6	1.0226	Ⅲ	Ⅱ
29	乌鲁木齐	0.3	0.38	0.02	1	0.99	0.31	0.93	0.03	0.07	0.39	0.24	0.55	1.1543	Ⅲ	Ⅲ

采用模拟退火算法，参数选取如下：搜索区间下界 $l=0$；搜索区间上界 $u=1$；最大迭代次数 $k_{max}=10000$；退火因子 $q=0.8$；函数的误差阈值 $\varepsilon_f=1e^{-9}$。经计算，得出最大投影指标值的优化结果 0.6425 作为参考，各个状态变量的最佳投影方向 $a^*=\{0.2564, 0.1592, 0.2640, 0.2210, 0.1465, 0.3874, 0.1397, 0.0005, 0.0369, 0.7520, 0.0029, 0.1798\}$。根据最佳投影方向，可以进一步分析各个指标对评价结果的直接影响

程度，即最佳投影方向数值较大者对评价结果影响就越大。将 a^* 代入（4）式可得各城市的投影值，见表 2-6 和图 2-6（a）所示。将投影值按升序排列，可得投影值的散点图，如图 2-6（b）所示。

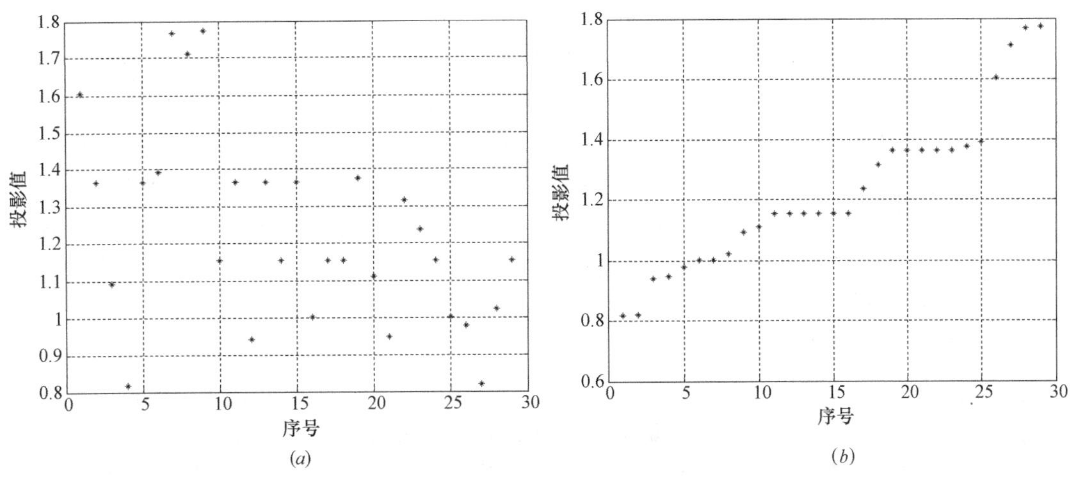

图 2-6　各城市承灾能力水平投影值示意图

（a）投影值离散图；（b）排序后投影值离散图

根据图 2-6（b）可以看出，各城市综合承灾能力水平等级可划分为四个等级：

Ⅰ（投影值位于 1.60～1.80，相对属于最强）的城市有：上海、长春、哈尔滨、北京；

Ⅱ（投影值位于 1.30～1.60，相对属于较强）的城市有：沈阳、广州、天津、福州、济南、呼和浩特、杭州、重庆；

Ⅲ（投影值位于 1.00～1.30，相对属于中等）的城市有：成都、南昌、长沙、武汉、南京、贵阳、乌鲁木齐、南宁、石家庄、银川、郑州、西安；

Ⅳ（投影值位于 0.70～1.00，相对属于最低）的城市有：兰州、海口、合肥、西宁、太原。

将计算结果按地区划分，可以判断得到相应的相对承灾能力强弱结果为：从东部沿海至中部地区再到西部地区，城市的综合承灾能力逐渐降低，且中国的一些重点大城市如北京、上海、天津的综合承灾能力相对较强。这与已有结论基本相符。产生出入的原因在于三点：研究对象的范围不同；考察的综合承灾能力的构成要素不同；数据获取的来源和口径不同。该分析结果与指数法和模糊可识别方法的计算结果基本一致，验证了基于模拟退火优化算法的城市综合承灾能力投影寻踪评价方法是有效、可行的。

本节采用最新的高维降维技术——投影寻踪评价模型，通过把城市综合承灾能力的多维评价指标综合成一维投影值，根据投影值的大小对 29 个城市综合承灾能力水平进行了等级划分，避免了模糊综合评判等方法专家主观赋予权重系数的干扰，较为客观真实地反映了各评价指标的贡献率和方向性；将模拟退化算法与 PPE 模型联系在一起，为解决具有模糊性、不确定性的高维数据的综合评判、排序、寻优提供了一条新的方法与思路，适用性和可操作性较强。

由于数据来源、资料的选取、评价指标的确定存在不完整性，因此可能还不能全面反映各地区之间的整体水平，同时由于一些指标由于资料收集比较困难，没有被列入考核评价指标，因此各地区排序仅供参考。

2.3 基于云模型的城市防震减灾能力综合评估方法

根据《国家防震减灾规划（2006—2020年）》，“到2020年，我国基本具备综合抗御6.0级左右、相当于各地区地震基本烈度的地震的能力，大中城市和经济发达地区的防震减灾能力达到中等发达国家水平。”这对全社会提出了如何评估城市防震减灾能力的要求。近年来，谢立礼院士和张风华等定义了城市防震减灾能力的含义，建立了评估指标体系以及相应综合指数评估方法。在此基础上，郑宇建立了基于可持续发展观念建立了城市综合防震减灾能力评价指标体系和相应的加权平均法评估方法；王威，郭章林等利用模糊综合评判法分别对该问题做了进一步的探讨。虽然取得了一些进步，但是由于城市防震减灾是一个复杂系统，影响因素众多，且具有模糊性和随机性的特点，其中的许多评价指标很难进行量化并提供切实可行、一目了然的评判标准和最终评价值；另外，在城市抗震减灾能力分析时，由于一些基础资料不能够被准确提供，会造成评价结果的模糊性和随机性。为此，本节应用在传统模糊集理论和概率统计的基础上提出的定性定量不确定性转换模型——云模型，对城市防震减灾能力进行综合评估，并通过实例分析，探讨了具体的实施步骤和方法。

2.3.1 云模型的自然语言表述

1. 云的基本概念

云是用语言值描述的某个定性概念与其数值表示之间的不确定性转换模型，是定性定量间转换的不确定性模型。设 U 是一个论域 $U=\{x\}$，T 是与 U 相联系的语言值。U 中的元素 x 对于 T 所表达的定性概念的隶属度 $C_T(x)$（或称 x 与 T 的相容度）是一个具有稳定倾向的随机数，隶属度在论域上的分布称为隶属云，简称为云。$C_T(x)$ 在［0，1］中取值，云是从论域 U 到区间［0，1］的映射，即：

$$C_T(x):U\rightarrow[0,1],\forall x\in U,x\rightarrow C_T(x)$$

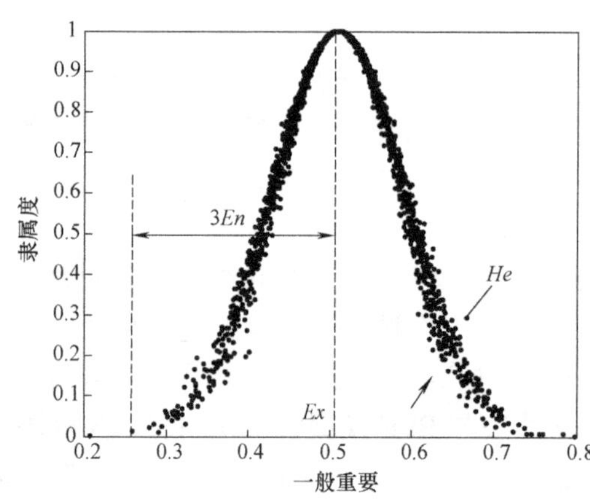

图 2-7 云的数字特征值的示意图

2. 云的数字特征和正态云

云的数字特征用期望值 Ex、熵 En、超熵 He 3个数值来表征（图 2-7）。期望值 Ex：是概念在论域中的中心值，是最能代表这个定性概念的值；熵 En：是定性概念模糊度的度量，反映了在论域中可被这个概念所接受的数值范围，体现了定性概念亦此亦彼性的裕度，熵越大，概念所接受的数值范围也越大，概念越模糊；超熵 He：可谓熵 En 的熵，反映了云滴的离散程度，超熵越大，云滴离散度越大，隶属度的随机性越大，云的“厚度”也越大。由此可见，云模型的3个数字特征值把模糊性（定性概念的亦此亦彼性）和随机性（隶属度的随机性）完全集成到一起，构成定性和定量相互间的映射，作为知识表示的基础。

正态云在表达最基本的语言值——语言原子时最为有用，因为社会科学和自然科学的各个分支都已经证明了正态分布的普适性。下面给出正态云发生器 CG（Ex，En，He，n）的实现算法：

输入：数字特征（Ex，En，He），生成云滴的个数 n；

输出：n 个云滴 x 及其确定度 μ（也可表示为 drop（x_i，μ_i），$i=1$，2，…，n）。

算法步骤：

1）产生一个均值为 En，标准差为 He 的正态随机数 $En_i'=\text{NORM}(En, He^2)$；

2）产生一个均值为 Ex，标准差为 En'_i 的正态随机数 $x_i=\text{NORM}(Ex, En_i'^2)$；

3）计算 $\mu_i=\exp(-(x_i-Ex)^2/2(En_i')^2)$；

4）具有确定度 μ_i 的 x_i 成为数域中的一个云滴；

5）重复步骤1）～4），直至产生要求的 n 个云滴为止。

3. 云的算术运算规则

设给定论域上云 C_1（Ex_1，En_1，He_1）、C_2（Ex_2，En_2，He_2），C_1 和 C_2 算术运算的结果为 C（Ex，En，He）。运算规则如表2-7所示。

上述运算所涉及的云运算必须在同一论域下才有意义。当其中某一云的熵和超熵均为0值，上述代数运算转化为云与精确数值的运算。

云算术运算规则　　**表2-7**

算法	Ex	En	He
+	Ex_1+Ex_2	$\sqrt{En_1^2+En_2^2}$	$\sqrt{He_1^2+He_2^2}$
−	Ex_1-Ex_2	$\sqrt{En_1^2+En_2^2}$	$\sqrt{He_1^2+He_2^2}$
×	$Ex_1\times Ex_2$	$Ex_1Ex_2\sqrt{\left(\frac{En_1}{Ex_1}\right)^2+\left(\frac{En_2}{Ex_2}\right)^2}$	$Ex_1Ex_2\sqrt{\left(\frac{He_1}{Ex_1}\right)^2+\left(\frac{He_2}{Ex_2}\right)^2}$
÷	$\frac{Ex_1}{Ex_2}$	$\frac{Ex_1}{Ex_2}\sqrt{\left(\frac{En_1}{Ex_1}\right)^2+\left(\frac{En_2}{Ex_2}\right)^2}$	$\frac{Ex_1}{Ex_2}\sqrt{\left(\frac{He_1}{Ex_1}\right)^2+\left(\frac{He_2}{Ex_2}\right)^2}$

2.3.2　基于云模型的城市抗震减灾能力综合评估方法

由于城市抗震减灾能力评估中的固有不确定性和模糊性，用语言值描述、用隶属云表示和运算是一种比较好的方法。基于云模型的城市抗震减灾能力综合评估方法，就是运用云模型刻画定性指标，依据系统指标分层结构，综合评估系统的性能。云模型刻画定性指标，克服模糊数只表征定性指标的模糊性，而不能表征随机性的不足。评估时选取系统的关键性指标，再将定性指标用正态云表述出来，并依据系统指标分层结构，最终给出综合评价结果。该方法有三个关键因素：指标集（U）、权重因子集（W）和评价集（V）。评价指标按需要划分为多级层次树结构，那么每一层都有隶属于本层的指标集、权重因子集和评价集。只有同一层的指标间才具有可操作性和可比性，且低层次向高层次进行结果传递。根据需要从系统指标层次树的第 n 层开始，运用云评判法进行评判，并将评估结果传递给第（$n-1$）层。再依次分层进行评估，直至得到需要评价的那一层指标的评估结果。权重因子集和评价集中的元素都能够用云来表示。

1. 建立评价对象的指标集 U

假设评判对象的指标集：$U=\{U_1, U_2, \cdots\cdots, U_n\}$，其中 U_i（$i\in[1, n]$）是 U 中的一个指标。而 $U_{ij}=U_{ij}$ $\{U_{ij1}, U_{ij2}, \cdots\cdots, U_{ijm}\}$ 是 U 子指标 U_i 中第 j 个指标的指标集，U_{ijk} 是该子指标集中的一个指标。

根据地震灾害对城市造成的破坏和损失的特点，目前国内外比较公认的衡量城市对地震的安全性的准则包括以下三条：一次地震中人员伤亡的数量；一次地震中的经济损失的多少；震后为了恢复社会正常的生产和生活秩序所必需的恢复时间长短。围绕这三条准则，遵循系统性、简明性、独立性及可操作性原则，某研究给出城市防震减灾能力评价多指标评价体系，如图 2-8 所示。

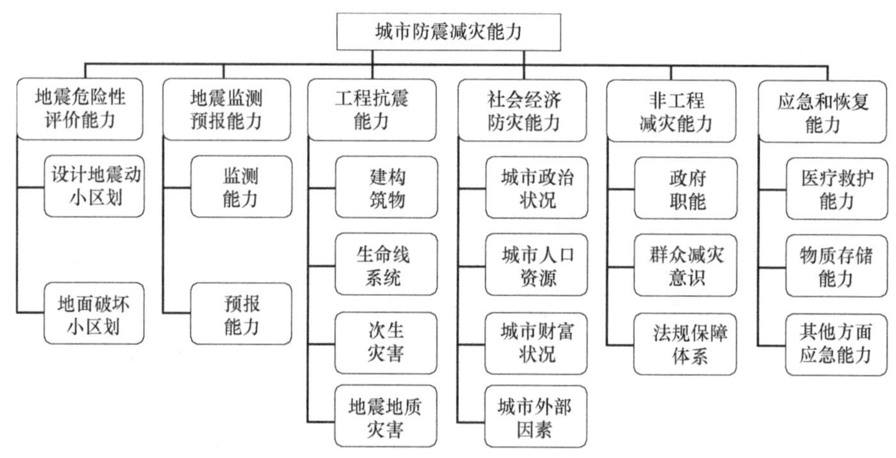

图 2-8　城市防震减灾能力指标体系框架

2. 建立指标的权重因子集 W

采用专家咨询的方法，为各层指标建立权重因子，这些权重因子全部用定性语言表述。再将其转化为正态云来表述，用不同的正态云图来表示其重要的不同程度。不失一般性，可以将权重因子集描述为 $W=\{W_1, W_2, \cdots\cdots, W_n\}$。通常权重因子集的等级不低于 3 级，不高于 9 个等级。

表 2-8 根据专家意见给出了评价因素权重 5 个等级的数值分布范围及对应的定性语言描述。专家群体对给定的定级因素体系进行强度等级打分，这种定性的自然语言具有模糊性和随机性，更符合人类的认识规律。在专家打分的基础上，运用云发生器进行定性定量的相互转换，然后采用均值法逆向云发生器算法生成云模型的数字特征，再由正向云发生器产生云图，多次反复，逐级可视化控制专家经验的收敛速度和质量。

定级因素权重数值分布范围及定性语言描述　　表 2-8

权重范围	0～0.25	0～0.48	0.27～0.75	0.51～0.99	0.76～1.00
重要等级	不重要	次重要	一般重要	较重要	很重要
Ex	0.01	0.24	0.51	0.75	1.00
En	0.080	0.080	0.080	0.080	0.080
He	0.002	0.005	0.005	0.005	0.002

确定因素权重方法如下：$Ex=\bar{x}$；$En=\sqrt{\frac{\pi}{2}}\times\frac{1}{n}\sum_{i=1}^{n}|x_i-Ex|$；$He=\sqrt{\frac{1}{n-1}\sum_{i=1}^{n}(x_i-\bar{x})^2-En^2}$。其中，$Ex$、$En$、$He$ 分别是确定某因素权重的总体评估结果的期望、熵、超熵。

以权重等级语言值“次重要”的确定为例进行说明。在第一轮专家意见征询中，专家群体对城市抗震减灾能力定级的涵义、各定级因素影响程度的理解有待加强，信息比较分散，熵和超熵都较大，每个数值隶属于相应语言值的隶属度的随机性变化也较大。利用这时的期望、熵、超熵，通过正向云发生器得到的云滴的离散度比较大，云图整体呈现雾状，表明专家还未统一认识，见图 2-9（*a*）。在第二轮征询时，将第一轮专家打分的信息经过筛选分类和归纳整理反馈给专家，专家根据大部分专家的意见，调整自己的打分结果，熵和超熵开始减小，利用这时的期望、熵、超熵通过正向云发生器得到的云图由雾状开始向云凝聚，表示概念开始形成，见图 2-9（*b*）。将第二轮专家打分的结果归纳整理后再次反馈以指导专家，进行第三轮专家意见征询，熵和超熵再次减小，利用这时的期望、熵、超熵通过正向云发生器得到的云图凝聚性再次增强，表示概念形成，见图 2-9（*c*）。第三轮结束后，确定指标的权重等级，云表示的权重等级如图 2-10 所示。

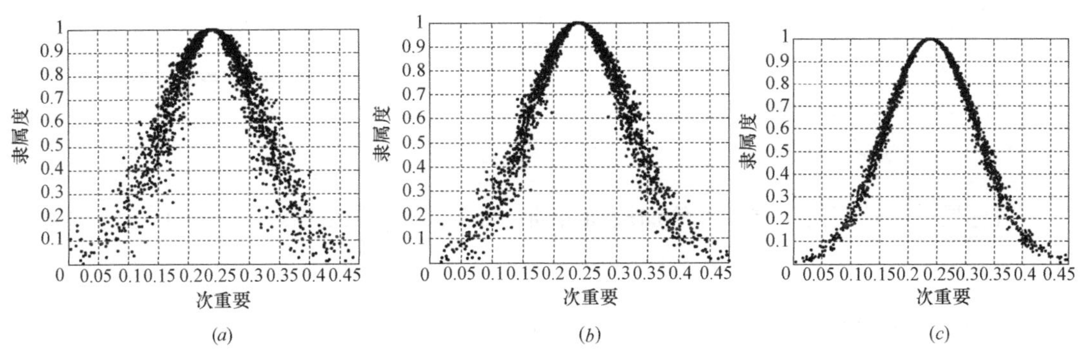

图 2-9　Delphi 法商服中心因子权重云

（*a*）第一轮权重云；（*b*）第二轮权重云；（*c*）第三轮权重云

3. 构建评判模型各指标对应的评价集 V

通常，采用由 m 个评语所组成的评价集来评价第 i 层指标：$V_i=(V_{i1}, V_{i2}, \cdots\cdots, V_{im})$。本节对城市抗震减灾能力评价结果采用语言值：强、较强、中等和差。采用正态云来描述每个评语。对存在双边约束［$C_{\min}$，$C_{\max}$］的评语，可利用如下公式计算云的数字特征：$Ex=(C_{\min}+C_{\max})/2$，$En=(C_{\max}-C_{\min})/6$ 和 $He=k$。其中，k 为常数，可根据评语本身的模糊程度来具体调整。对于只有单边约束 $C_{\min}$ 或 $C_{\max}$ 的评语，可以先确定缺省期望值，再按上述方法计算云参数，用半升半降云来描述。表 2-9 根据专家意义给出了评价结果 4 个级别的数值分布范围及对应的定性语言描述，云表示的评价结果等级如图 2-11所示。

评价结果数值分布范围及定性语言描述　　表 2-9

等级范围	0～0.385	0.225～0.975	0.405～1.00	0.625～1.00
评价结果	差	中等	较强	强
Ex	0.01	0.60	0.78	1.00
En	0.125	0.125	0.125	0.125
He	0.002	0.005	0.005	0.002

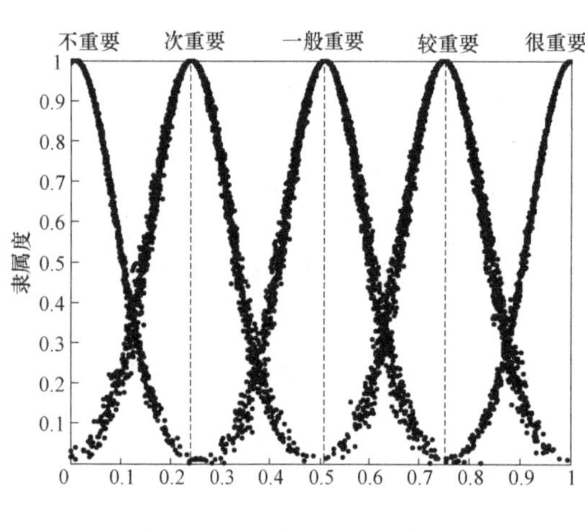

图 2-10　云表示的权重等级

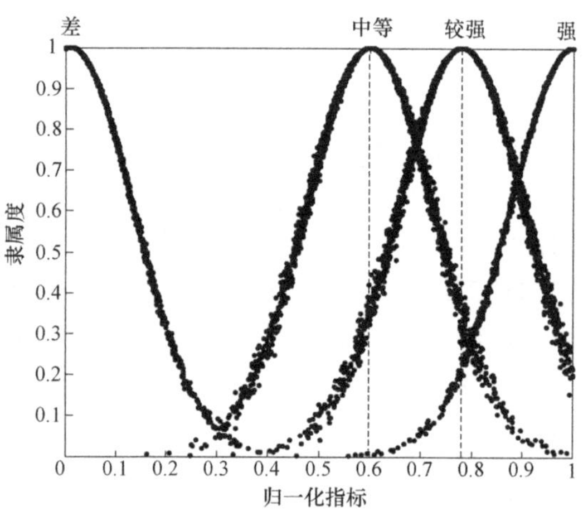

图 2-11　云表示的评价结果等级

4. 确定目标层评价集 V

目标层的评价集由底层各评价加权和得到，即 $V_i = \sum_{j=1}^{n} V_{ij} W'_j$ ，其中 W'_j 为子层第 j 个目标的组合权重。

5. 计算顶层指标值，并输出评估结果云集 A

首先，对指标值进行归一化处理。在指标层次树中，各项指标的物理属性区别较大，一般分为三种类型：第一类是无量纲指标；第二类是有量纲指标；第三类是定性指标。第三类指标可用一个云表示。第一、二类指标要先规一化，再用云表示。从指标体系最底层到目标层分层进行评价，并将评价结果传递给上一层评价结果集 $A_i=(a_1, a_2, \cdots, a_s, \cdots, a_k)$，直至顶层为止。其中，$a_s = \sum_{j=1}^{p} b_{sj}\omega'_{sj} / \sum_{j=1}^{p} \omega'_{sj}$ ，k 为第 i 层的指标个数，b_{sj} 表示第 i 层指标 s 的第 j 个子指标的评估值，ω'_{sj} 表示对应的组合权重因子。

2.3.3　模型理论应用及分析

以某城市抗震防灾规划修编项目为例，说明利用云模型对城市防震减灾能力综合评价的步骤。为了能更好地说明问题，忽略其他因素。在基础资料收集和分析的基础上，同时考虑各专业学科专家的建议，讨论确定各指标的权重及评价结果，表 2-10 给出该城市在遭遇基本烈度时的权重及评价结果。

权重及评价结果表　　表 2-10

城市防震减灾能力	影响因素	评价结果	云模型表示
地震危险性评价能力▲	设计地震动小区划完善程度☆	较强	(0.74，0.012，0.005)
	地面破坏小区划完善程度▲	较强	(0.81，0.013，0.005)
地震监测预报能力●	监测能力●	中等	(0.54，0.017，0.005)
	预报能力●	中等	(0.56，0.017，0.005)
工程抗震防御能力★	建(构)筑物抗震能力★	强	(0.87，0.015，0.005)
	生命线系统抗震能力★	强	(0.92，0.015，0.005)
	城市抗御次生灾害能力☆	中等	(0.62，0.014，0.005)
	地震防御地质灾害能力☆	较强	(0.77，0.015，0.005)
社会、经济防灾能力●	城市政治状况▲	较强	(0.84，0.017，0.005)
	城市人口资源●	中等	(0.66，0.013，0.005)
	城市财富状况●	差	(0.22，0.015，0.005)
	城市外部因素▲	中等	(0.56，0.009，0.005)
非工程防御能力●	政府职能☆	较强	(0.75，0.012，0.005)
	群众减灾意识●	差	(0.14，0.015，0.005)
	法规保障体系▲	强	(0.90，0.015，0.005)
应急和恢复能力☆	应急救助能力●	较强	(0.79，0.015，0.005)
	恢复和重建能力●	中等	(0.54，0.017，0.005)

注：★——很重要；☆——较重要；●——一般重要；▲——次重要；△——不重要。

最后利用云评估算法得出该市城市抗震减灾能力的最终评估结果（表 2-11 和图 2-12）趋于“中等”。结果分析：从本例中可以看到，当遭遇基本烈度的地震时，该城市具有一定的抗震减灾能力，但由于经济发展水平不高，导致抗震防灾资源配置相对不足或不尽合理，再加上城市民众对地震知识的了解不多，缺乏地震避险、自救互救的知识和技能，使得该城市整体的抗震减灾能力趋于中等，甚至从图中可以看到，城市抗震减灾能力在“中等”和“较强”之间，略趋向于“中等”。这要求该城市，在以后的工作中，要特别注重加大对城市抗震减灾的资金投入，加快抗震技术和设备的开发研制速度。建立城市抗震减灾基金和相关的保险机制，多渠道筹集资金，以减轻灾害损失、加快灾后恢复重建速度，保障灾后的社会安定和正常生产、生活秩序。这样才能更好地提高该城市整体的抗震减灾能力。

云模型表示的评价结果　　表 2-11

评价对象	评价结果	评价对象	评价结果
地震危险性评价能力▲	(0.76，0.124，0.009)	地震监测预报能力●	(0.55，0.087，0.007)
工程抗震防御能力★	(0.81，0.053，0.004)	社会、经济防灾能力●	(0.52，0.086，0.006)
非工程防御能力●	(0.57，0.082，0.006)	应急和恢复能力☆	(0.67，0.106，0.008)
城市防震减灾能力	(0.66，0.063，0.004)		

本节提出的云评估方法是以云模型为基础，构成定性和定量之间的映射，通过其期望值、熵和超熵三个数字特征表征，将模糊性和随机性集成在一起，以实现定性和定量之间

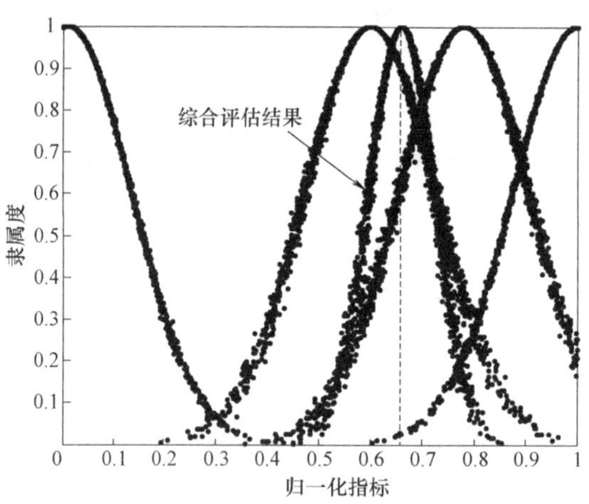

图 2-12　云表示的实例评估结果

的随时互换。该评估方法以不确定性为出发点，在理论上借鉴了层次分析法的某些处理手段，可以较好地处理指标体系中广泛存在的泛层次树形结构现象。实践表明，该方法对于复杂系统的综合评价更为方便、可行。

2.4　本章小结

（1）从地震危险性、暴露性、易损性和防灾减灾能力 4 个方面阐述了城市地震灾害风险评价内容；在此基础上，提出了基于蚁群算法的城市地震灾害风险评价普适模型。该方法借鉴城市可持续发展的思想，建立城市地震灾害风险分类指数普适公式和综合指数公式，并利用蚁群算法优化模型参数，得出优化后适用于多项指标的城市地震灾害风险综合评价普适指数公式，该公式指标类别和数目多少的限制，计算简便、快速，具有可比性、通用性和实用性。

（2）针对城市灾害综合承载能力评价的多因素影响问题，建立了城市灾害综合承载能力评价的 SA-PPE 方法。该方法依据样本自身的数据特性，利用模拟退火算法寻求投影寻踪评价模型的最佳投影方向，并通过投影方向计算反映评价样本综合特征信息的投影特征指标，然后再根据投影特征指标值进行城市综合承灾能力评价分析，因而避免了诸如各评价因素权重确定的人为任意性。实例分析结果与各城市灾害综合承载能力实际状态基本一致，显示了该方法能利用一个综合反映多因素之间复杂关系的特征指标给出相应的评价等级结果，且根据计算结果还可以分析影响城市灾害综合承载能力的主要因素，为城市灾害综合承载能力评价提供了一种计算过程简单、直观的新方法，分析结果可为提高我国城市灾害综合承载能力水平提供决策依据。

（3）提出云评估方法是以云模型为基础，构成定性和定量之间的映射，通过其期望值、熵和超熵三个数字特征表征，将模糊性和随机性集成在一起，以实现定性和定量之间的随时互换。该评估方法以不确定性为出发点，在理论上借鉴了层次分析法的某些处理手段，可以较好地处理指标体系中广泛存在的泛层次树形结构现象。实践表明，该方法对于复杂系统的综合评价更为方便、可行。

第 3 章　地震次生灾害风险相关评价模型

3.1　基于可变模糊集的地震崩塌危险性评价

中国疆域辽阔、地形复杂、气候多样，一旦发生地震，极易诱发崩塌灾害，且灾情严重。“5·12”汶川特大地震引发了大量的崩塌地质灾害，造成交通基础设施损毁，损失巨大，仅在四川省 21 条高速公路、16 条国道省干线公路等结构物就遭受到不同程度损毁，给震时疏散和震后的救援带来极大的困难。根据震害调查表明，地震除了直接诱发斜坡岩体崩塌，还会引起大量“震裂山体”。震裂山体即在后期余震、温差、降雨及重力作用下变形不断发展，有可能引发再次崩塌，即“震后崩塌”，给区域震后恢复重建带来巨大隐患，由此看出研究潜在地震崩塌危险性的必要性。

迄今，国内外对地质灾害的危险性进行了大量研究，常用的评价方法有物元可拓法、集对分析法、层次分析法、综合指数法、模糊数学评价法、神经网络法、主成分分析法、GIS 计算机技术分析法等，但由于地震崩塌危险性评价本身是一个复杂的问题，包含大量模糊不确定信息，影响因素众多，目前尚无有效的方法对其进行准确预测。因此，为了科学地对地震崩塌危险性进行评价，使评价过程可操作性强，本节提出了可变模糊集评价方法，该方法能够科学、合理地确定样本指标对各级指标标准区间的相对隶属度和相对隶属函数，且通过变化模型及其参数，将地震崩塌危险性进行线性与非线性的组合评价，合理地确定出样本地震崩塌危险等级，提高对样本危险等级评价的可信度。由于崩塌危险性评价指标受地质条件、气象水文等自然因素的影响，评价指标中很多数据观测值与区域特征有一定关联，针对这一特点，引入离差最大化赋权方法。离差最大化法是根据评价对象属性值偏差值的大小确定权重，其优势是根据实际应用中评价样本的具体特征确定赋权，使得评价结果更加客观、可靠、稳定，为地震崩塌危险性评价提供一种新的思路。

3.1.1　可变模糊评价原理及方法

1. 可变模糊集原理

根据可变模糊集，提出描述事物质变界的概念：事物 u 具有对对立模糊概念或对立的两种基本模糊属性 $\underset{\sim}{A}$ 与 $\underset{\sim}{A}^c$ 的相对隶属度 $\mu_{\underset{\sim}{A}}(u)$ 与 $\mu_{\underset{\sim}{A}^c}(u)$ 达到动态平衡，即 $\mu_{\underset{\sim}{A}}(u)=\mu_{\underset{\sim}{A}^c}(u)$。当 $\mu_{\underset{\sim}{A}}(u)>\mu_{\underset{\sim}{A}^c}(u)$ 时，事物 u 以属性 $\underset{\sim}{A}$ 为主要特性，$\underset{\sim}{A}^c$ 为次要特性；当 $\mu_{\underset{\sim}{A}}(u)<\mu_{\underset{\sim}{A}^c}(u)$ 时，则相反，且 $\mu_{\underset{\sim}{A}}(u)+\mu_{\underset{\sim}{A}^c}(u)=1$，$0\leqslant\mu_{\underset{\sim}{A}}(u)\leqslant 1$，$0\leqslant\mu_{\underset{\sim}{A}^c}(u)\leqslant 1$。当事物 u 从 $\mu_{\underset{\sim}{A}}(u)>\mu_{\underset{\sim}{A}^c}(u)$ 转化为 $\mu_{\underset{\sim}{A}}(u)<\mu_{\underset{\sim}{A}^c}(u)$，或相反转化，即事物 u 发生渐变式质变时，必通过渐变式质变界 $\mu_{\underset{\sim}{A}}(u)=\mu_{\underset{\sim}{A}^c}(u)$，$M$ 为渐变式质变点。这一渐变式质变界的概念，可表达如式（3-1）：

$$\underset{\approx}{A}=\{u,\mu_{\underset{\sim}{A}}(u),\mu_{\underset{\sim}{A}^c}(u)\mid u\in U\} \tag{3-1}$$

$\underset{\approx}{A}$称为 u 的对立模糊集。

2. 可变模糊集评价模型

由可变模糊集、相对差异函数等相关概念的定义，给出可变模糊评价模型在地震崩塌灾害危险性评价中的具体应用步骤：

步骤一：待评对象的 m 个指标特征值向量 $\boldsymbol{X}$ 及 c 个级别的指标标准区间 I_{ab} 矩阵确定。

$$\boldsymbol{X}=\begin{pmatrix} x_{11} & x_{12} & \cdots & x_{1n} \\ x_{21} & x_{22} & \cdots & x_{2n} \\ \cdots & \cdots & & \cdots \\ x_{m1} & x_{m2} & \cdots & x_{mn} \end{pmatrix} \tag{3-2}$$

x_{ij} 为第 j 个崩塌点的第 i 个指标的特征值，$i=1,2,\cdots,m$；$j=1,2,\cdots,n$。

$$I_{ab}=\begin{pmatrix} [a_{11},b_{11}] & [a_{12},b_{12}] & \cdots & [a_{1c},b_{1c}] \\ [a_{21},b_{21}] & [a_{22},b_{22}] & \cdots & [a_{2c},b_{2c}] \\ \cdots & \cdots & \cdots & \\ [a_{m1},b_{m1}] & [a_{m2},b_{m2}] & \cdots & [a_{mc},b_{mc}] \end{pmatrix}=([a_{ih},b_{ih}]) \tag{3-3}$$

其中：$i=1,2,\cdots,m$；$h=1,2,\cdots,c$。对越大越优型指标 $a>b$，对越小越优型指标 $a<b$。前者为递减型指标，后者为递增型指标。

步骤二：根据标准值区域矩阵 I_{ab} 建立各评判等级的范围值区间矩阵 I_{cd}。

步骤三：根据矩阵 I_{ab}，按物理分析与实际情况确定区间 $[a,b]$，中点值矩阵 M。

M_{ih} 是一个重要参数，M_{ih} 的点值模型为：

$$M_{ih}=\frac{c-h}{c-1}a_{ih}+\frac{h-1}{c-1}b_{ih} \tag{3-4}$$

式（3-4）满足三个条件：（1）当 $h=1$ 时，$M_{ih}=a_{i1}$；（2）当 $h=c$ 时，$M_{ih}=a_{ic}$；（3）当 $h=l=\frac{c+1}{2}$ 时，$M_{il}=\frac{a_{il}+b_{il}}{2}$，且对递减指标（$a>b$，越大越优）、递增指标（$a<b$，越小越优）均可适用。

步骤四：采用离差最大化法计算危险性评价权重向量 w。

离差最大化方法的原理：若待评价对象 A_j 在评价指标 x_i 下的属性值差异越小，则说明该属性值对评价对象与排序的重要度比较小；反之，则说明该指标值重要度比较大。因此，评价对象属性值偏差越大的属性应该赋予越大的权重。若所有待评价对象 A 在评价指标 x_i 下的属性值无差异，则该指标的相对权重为 0。

假设规划方案评价指标 x_i，权重为 $w=(w_1,w_2,\cdots,w_m)$，$w_i\geqslant 0$，$i\in m$，设 $V_{ij}(w)$ 表示评价对象 A_j 与其他所有待评价对象关于指标 x_i 之间的离差，公式为：

$$V_{ij}(w)=\sum_{j=1}^{n} r_{ij}w_i-r_{ij}w_i, i\in m, j\in n \tag{3-5}$$

令
$$V_i(w)=\sum_{j=1}^{n} V_{ij}(w)=\sum_{j=1}^{n}\sum_{i=1}^{m}|r_{ij}-r_{kj}|w_i \tag{3-6}$$

r_{ij} 为评价对象指标归一化值。

$V_i(w)$ 表示对评价指标 x_i 而言评价对象与其他评价对象的总离差。综上分析，加权

向量 w 的选择应使所有属性对所有评价对象的总离差最大，构造最优化模型如下：

$$\begin{cases} \max \quad V(w) = \sum_{j=1}^{n}\sum_{k=1}^{m}\sum_{i=1}^{m} |r_{ij} - r_{kj}| w_i \\ s.t. \quad \sum_{i=1}^{m} w_i = 1, w_i \geqslant 0 \end{cases}$$

应用拉格朗日最小二乘法得最优解，且归一化后为：

$$w_i = \frac{\sum_{k=1}^{m}\sum_{i=1}^{m} |r_{ij} - r_{kj}|}{\sum_{j=1}^{n}\sum_{k=1}^{m}\sum_{i=1}^{m} |r_{ij} - r_{kj}|}, i \in m \tag{3-7}$$

步骤五：根据相对差异模型计算相对隶属度矩阵。

当 x_{ij} 落在 M 值的左侧

$$\begin{cases} \mu_A(x_{ij})_h = 0.5\left(1 + \dfrac{x_{ij} - a_{ih}}{M_{ij} - a_{ih}}\right), x_{ij} \in [a_{ih}, M_{ij}] \\ \mu_A(x_{ij})_h = 0.5\left(1 - \dfrac{x_{ij} - a_{ih}}{c_{ij} - a_{ih}}\right), x_{ij} \in [c_{ih}, a_{ih}] \end{cases} \tag{3-8}$$

当 x_{ij} 落在 M 值的右侧

$$\begin{cases} \mu_A(x_{ij})_h = 0.5\left(1 + \dfrac{x_{ij} - a_{ih}}{M_{ij} - a_{ih}}\right), x_{ij} \in [a_{ih}, M_{ij}] \\ \mu_A(x_{ij})_h = 0.5\left(1 - \dfrac{x_{ij} - a_{ih}}{c_{ij} - a_{ih}}\right), x_{ij} \in [c_{ih}, a_{ih}] \end{cases} \tag{3-9}$$

步骤六：计算第 j 个样本对级别 h 的综合相对隶属度${}_ju'_h$。

$${}_ju'_h = \left\{1 + \left[\frac{\sum_{i=1}^{m}[w_i(1 - \mu_A(x_{ij})_h)]^p}{\sum_{i=1}^{m}[w_i\mu_A(x_{ij})_h]^p}\right]^{\frac{\alpha}{p}}\right\}^{-1} \tag{3-10}$$

式中　α——优化准则参数，$\alpha=1$ 为最小乘方准则，$\alpha=2$ 为最小二乘方准则；

　　p——距离参数，$p=1$ 为海明距离，$p=2$ 为欧氏距离。

α、p 称为可变模型参数，通常有四种组合：（1）$\alpha=1$，$p=1$；（2）$\alpha=1$，$p=2$；（3）$\alpha=2$，$p=1$；（4）$\alpha=2$，$p=2$。

步骤七：对综合相对隶属度${}_ju'_h$进行归一化处理得到最终的归一化的综合相对隶属度向量${}_j\boldsymbol{U}$。应用级别特征值公式，计算第 j 个崩塌点的级别特征值向量 $\boldsymbol{H}_j$，根据 $\boldsymbol{H}_j$ 对样本进行综合判断。

$${}_j\boldsymbol{U} = ({}_ju_h / \sum_{h=1}^{c} {}_ju_h) \tag{3-11}$$

$$H_j = (1, 2, \cdots, c) \cdot ({}_jU') \tag{3-12}$$

大于两级别中点值时取较大级别为最终级别，反之取较小级别为最终级别。另一种算法是采用置信度准则评价样本等级：

$$\boldsymbol{H}_j = \min(k: \sum_{h=1}^{k} {}_ju'_h \geqslant \lambda), (1 \leqslant k \leqslant c) \tag{3-13}$$

λ 为置信度，$0.5 \leqslant \lambda \leqslant 0.7$，值越大越趋向于保守。

3.1.2 理论应用及分析

汶川地震后，形成了大量的震后崩塌，尤其是穿地震断裂带区域，地震地质灾害最为发育，危险性极高。研究区域选择震害较为严重的映秀至耿达段公路两侧崩塌点作为评价对象进行危险性评价。

1. 指标体系建立

统计资料表明，地震崩塌危险性与地震烈度大小、地质条件、气象水文及人类活动强度等有关。由以往研究确定指标体系及评价标准分级，如表 3-1 所示。危险等级Ⅳ＞Ⅲ＞Ⅱ＞Ⅰ。

指标体系评价标准分级 **表 3-1**

类别	因素	危险等级			
		Ⅰ	Ⅱ	Ⅲ	Ⅳ
地形地貌	边坡坡形	凸型坡(1) (0.5～1.5)	直线坡(2) (1.5～2.5)	凹型坡(3) (2.5～3.5)	折线型坡(4) (3.5～5)
	边坡坡向	阴坡(1～2)	阴坡(1～2)	阳坡(3～4)	阳坡(3～4)
	边坡坡度(°)	平缓(0～20)	缓倾(20～40)	中等倾(40～60)	陡倾(60～90)
	边坡坡高(m)	低(0～50)	较低(50～100)	中等(100～150)	高(150～650)
地震地质	地震烈度(度)	弱(0～3)	较弱(3～5)	较强(5～8)	强(8～10)
	细观构造(发育度)	不发育(0～1.5)	较不发育(1.5～2.5)	较发育(2.5～3.5)	发育(3.5～5)
	出露结构面	不发育(0～1)	较不发育(1～3)	较发育(3～5)	发育(5～7)
地层	地层岩性(坚硬度)	坚硬岩石 (0～1.5)	胶结好半坚硬 (1.5～2.5)	胶结差半坚硬 (2.5～3.5)	较弱松散岩 (3.5～5)
	软弱夹层(明显度)	不明显 (0～1.5)	较不明显 (1.5～2.5)	较明显 (2.5～3.5)	明显 (3.5～5)
	软弱面与临空面关系	逆向坡 (0.5～1.5)	横交坡 (1.5～2.5)	斜交坡 (2.5～3.5)	顺向坡 (3.5～4.5)
气象水文地质条件	多年平均降雨量(mm)	小(0～500)	较小(500～1000)	较大(1000～1500)	大(1500～2000)
	降雨冲刷作用(m)	弱(<0.1)	较弱(0.1～0.3)	较强(0.3～0.5)	强(0.5～1)
其他因素	植被覆盖率(%)	好(30～100)	较好(15～30)	较差(5～15)	差(0～5)
	岩石风化程度(%)	未(0～5)	微(5～10)	中等(10～30)	强烈(30～100)
	人类活动强度	小(0～3)	较小(3～5)	较大(5～7)	大(7～10)

2. 权重系数的确定

样本崩塌点影响因子取值情况，如表 3-2 所示。

崩塌危险性评价指标调查统计 **表 3-2**

崩塌编号	x_1	x_2	x_3	x_4	x_5	x_6	x_7	x_8	x_9	x_{10}	x_{11}	x_{12}	x_{13}	x_{14}	x_{15}
BT05	1	3	70	73	9	1	3	3	1	4	1253	0.2	6	7	2
BT13	3	3	69	105	9	1	4	2	1	3	1253	0.2	20	6	2

续表

崩塌编号	x_1	x_2	x_3	x_4	x_5	x_6	x_7	x_8	x_9	x_{10}	x_{11}	x_{12}	x_{13}	x_{14}	x_{15}
BT33	1	1	48	119	9	1	2	2	1	1	1253	0.2	25	6	2
BT49	2	1	70	189	9	1	4	3	1	3	1253	0.2	8	9	2
BT58	2	3	28	314	9	1	3	2	1	4	1253	0.2	25	15	2
BT70	1	3	68	66	9	1	2	3	1	2	1253	0.2	25	40	2
YBT03	3	3	42	83	9	1	3	4	1	3	1253	0.2	8	15	2
W17	4	1	50	162	9	1	1	3	1	3	1253	0.2	12	25	2
W33	2	3	72	28	9	1	1	3	1	4	1253	0.2	6	25	2

基于离差最大化原理，由表 3-2 看出，由于所取崩塌点区域背景相同，x_5，x_8，x_{10}，x_{11}，x_{14}，x_{15}即地震烈度、地质构造、气象降水、人为强度各崩塌点的取值相同，故相对权重为 0。经计算，剩余因子的权重向量为：(w_1，w_2，w_3，w_4，w_7，w_8，w_{10}，w_{13}，w_{14})=(0.1304，0.1632，0.0991，0.0892，0.1075，0.1217，0.0941，0.1025，0.0923)。

3. 评价计算过程

参考指标的物理意义及式（3-3）和式（3-4），在此基础上确定潜在地震崩塌危险性评价的吸引域矩阵 I_{ab}，范围域矩阵 I_{cd} 以及点值矩阵 M。

根据表 3-2 中指标原始值与 I_{ab}，范围域矩阵 I_{cd}，以及点值矩阵 M 的关系，利用式(3-8)、式（3-9）计算出指标观测值隶属于等级 h 相对隶属度。

模糊可变评价模型中取 $a=2$，$p=2$ 为例，并结合表 3-2 中 9 个崩塌点数据说明综合相对隶属度矩阵求导过程。由式（3-9）解得综合相对隶属度，并归一化处理，得标准综合隶属度矩阵。

$$U=\begin{bmatrix} 0.088 & 0.021 & 0.367 & 0.052 & 0.046 & 0.154 & 0.0007 & 0.077 & 0.098 \\ 0.224 & 0.314 & 0.46 & 0.316 & 0.388 & 0.31 & 0.226 & 0.228 & 0.179 \\ 0.382 & 0.449 & 0.165 & 0.409 & 0.349 & 0.301 & 0.493 & 0.42 & 0.383 \\ 0.306 & 0.217 & 0.008 & 0.223 & 0.217 & 0.235 & 0.28 & 0.275 & 0.34 \end{bmatrix}$$

根据式（3-12）可求得地震崩塌点灾害危险性在模型参数 α、p 取不同值时的特征值向量，取均值后由判别准则可得危险性等级，如表 3-3 所示。对 9 个崩塌点的危险度度进行排序，从大到小依次为 YBT03，W33，BT05，W17，BT13，BT49，BT58，BT70，BT33。

崩塌灾害危险等级评价结果 **表 3-3**

崩塌点	可变模糊集理论						未确知测度理论		
	$a=1$ $p=1$	$a=1$ $p=2$	$a=2$ $p=1$	$a=2$ $p=2$	H_0均值	评价等级	级别特征值 H_0	评价等级	置信度 $\lambda=0.6$
BT05	2.789	2.718	3.023	2.907	2.86	Ⅲ	2.53	Ⅲ	Ⅲ
BT13	2.791	2.77	2.841	2.862	2.8	Ⅲ	2.52	Ⅲ	Ⅲ
BT33	1.936	2.014	1.773	1.814	1.88	Ⅱ	1.91	Ⅱ	Ⅱ
BT49	2.753	2.693	2.854	2.804	2.78	Ⅲ	2.56	Ⅲ	Ⅲ
BT58	2.669	2.663	2.615	2.737	2.67	Ⅲ	2.47	Ⅱ	Ⅲ
BT70	2.568	2.561	2.606	2.617	2.59	Ⅲ	2.44	Ⅱ	Ⅱ
YBT03	3.002	2.988	3.035	3.052	3.02	Ⅲ	2.59	Ⅲ	Ⅲ
W17	2.804	2.717	3.004	2.893	2.85	Ⅲ	2.52	Ⅲ	Ⅲ
W33	2.834	2.743	3.136	2.966	2.9	Ⅲ	2.5	Ⅲ	Ⅲ

通过可变模糊集理论判断得到的地震崩塌点危险性评价等级，与采用未确知测度理论得到的崩塌危险性等级对比分析，其中采用未确知测度理论对崩塌危险性进行综合评价时采用求特征值向量［式（3-12）］和置信度准则［式（3-13）］两种计算方法计算危险性等级，取较不利等级（$\lambda=0.6$ 时）判定的危险性等级为最终等级，判定结果如表 3-3 所示。通过两种方法结果对比分析可知，两种方法结果相同率达到 90%。由于本节中通过可变评价模型参数的变化实现对地震崩塌危险性进行线性与非线性组合评价，比采用未确知测度理论对崩塌危险性评价稳定性更好；采用离差最大化方法侧重对属性值变化较大指标的权重，使得结果具有更好的离散性，同时验证了基于可变模糊集对地震崩塌危险性评价的可行性。

3.2 基于证据理论和熵权灰色关联的地震滑坡危险性评价

地震滑坡现象中各评价因子具有多源模糊特性，为了更好地预测地震滑坡的危险性，针对地震滑坡危险性评估中的特点，根据信息融合选取证据理论和熵权灰色关联法作为基础模型提出一种评估思路，设计并建立耦合式地震滑坡危险等级预测模型。

3.2.1 证据理论函数构造及体系建立

1. 基本原理

设待评定问题 q 所有可能的结果集合为 $\Theta=\{A_1, A_2, A_3, \cdots, A_d\}$，其中 Θ 为别框架；设影响待评定问题 q 判定结果的因素集合为 $E=\{E_1, E_2, E_3, \cdots, E_d\}$，$E_i$ 为证据体；设某集函数 m：$2^{\Theta}\rightarrow[0, 1]$ 满足 $m(\Phi)=0$，$\sum\limits_{A\subseteq\Theta}m(A)=1$ 且 $\mathrm{Bel}(A)=\sum\limits_{B\subseteq A}m(B)$，则称函数 m 为识别框架 Θ 上的一个基本概率分布函数，又称 Mass 函数；$m(A)$ 为命题 A 的基本信度；Bel 称为识别框架 Θ 上的信度函数；Bel（A）称为命题 A 的信度。

故在全部证据体作用下 A 的基本信度 $m(A)$ 为：

$$m(A)=m_1(A)+m_2(A)+\cdots m_n(A)=\frac{1}{k}\sum_{A_1\cap A_2\cap\cdots\cap A_n=A}m_1(A_1)m_2(A_2)\cdots m_n(A_n) \tag{3-14}$$

其中：

$$k=\sum_{A_1\cap A_2\cap\cdots\cap A_n\neq\varphi}m_1(A_1)m_2(A_2)\cdots m_n(A_n)$$
$$k=1-\sum_{A_1\cap A_2\cap\cdots\cap A_n=\varphi}m_1(A_1)m_2(A_2)\cdots m_n(A_n) \tag{3-15}$$

式中　k——归一化系数。

证据理论是根据最终合成信度进行决策分析，由 Dempster 合成法则和证据理论的基本原理可以看出，运用证据理论决策的重点是对基本信度分配函数的合理构建。

2. 基本信息分配函数构造

证据体产生的信度受信息源可靠性和自身量值的影响，信息源的可靠性可以通过其确

定信度 s_i 和不确定信度 $m_i(\delta)$ 来显示，其中确定信度表示对象被辨识的概率，确定信度愈大，信息源愈可靠，信度愈高；证据体自身的量值可以通过基础值与证据体量值间的相对距离来体现。证据体分为正指标和逆指标两类，正指标的特点是随着指标值的增大，事件发生的概率越大，其信度越高；逆指标的特点与之相反，即随着指标值的增大，事件发生的概率越小，其信度越低。

假设某问题一共有 n 种分类，其归类结果受 d 种证据影响，称 R（+）为不同分类对应的评价指标区间上限值所组成的矩阵，R（—）为评价指标区间下限值所组成的矩阵：

$$R(+)=\begin{pmatrix} x_1^{1+} & x_2^{1+} & x_3^{1+} & \cdots & x_d^{1+} \\ x_1^{2+} & x_2^{2+} & x_3^{2+} & \cdots & x_d^{2+} \\ x_1^{3+} & x_2^{3+} & x_3^{3+} & \cdots & x_d^{3+} \\ \vdots & \vdots & \vdots & \vdots & \vdots \\ x_1^{n+} & x_2^{n+} & x_3^{n+} & \cdots & x_d^{n+} \end{pmatrix} \tag{3-16}$$

$$R(-)=\begin{pmatrix} x_1^{1-} & x_2^{1-} & x_3^{1-} & \cdots & x_d^{1-} \\ x_1^{2-} & x_2^{2-} & x_3^{2-} & \cdots & x_d^{2-} \\ x_1^{3-} & x_2^{3-} & x_3^{3-} & \cdots & x_d^{3-} \\ \vdots & \vdots & \vdots & \vdots & \vdots \\ x_1^{n-} & x_2^{n-} & x_3^{n-} & \cdots & x_d^{n-} \end{pmatrix} \tag{3-17}$$

设 p_i 为证据体 x_i 所产生的信度，基本信度分配为：

$$\begin{cases} m_i(A_i)=s_i p_i \\ m_i(\delta)=1-s_i \end{cases} \tag{3-18}$$

其中，对应的正指标为：

$$p_i=\begin{cases} 0, p_i\leqslant 0 \\ 0.5+\dfrac{x_i-x_i^{1+}}{2(x_i^{n+}-x_i^{1+})}, 0<p_i<1 \\ 1, p_i\geqslant 1 \end{cases} \tag{3-19}$$

对应的逆指标为：

$$p_i=\begin{cases} 0, p_i\leqslant 0 \\ 0.5+\dfrac{x_i^{1-}-x_i}{2(x_i^{1-}-x_i^{n-})}, 0<p_i<1 \\ 1, p_i\geqslant 1 \end{cases} \tag{3-20}$$

3. 评价体系确立

将式（3-16）和式（3-17）中各分类等级临界处的相应指标代入式（3-18），由此得到各指标分级界限信度 M 为：

$$M=\begin{cases} m_1(A_1) & m_2(A_1) & m_3(A_1) & \cdots & m_d(A_1) \\ m_1(A_2) & m_2(A_2) & m_3(A_2) & \cdots & m_d(A_2) \\ m_1(A_3) & m_2(A_3) & m_3(A_3) & \cdots & m_d(A_3) \\ \vdots & \vdots & \vdots & \vdots & \vdots \\ m_1(A_{n-1}) & m_2(A_{n-1}) & m_3(A_{n-1}) & \cdots & m_d(A_{n-1}) \end{cases} \tag{3-21}$$

将矩阵 M 中所有行向量和不确定信度 $\{m_1(\delta), m_2(\delta), m_3(\delta), \cdots, m_d(\delta)\}$ 代入式(3-22)，合成后得各等级的综合指标临界信度：

$$p=\{p^1, p^2, p^3, \cdots, p^{n-1}\} \tag{3-22}$$

最后根据待评定对象 q 的合成信度落入的不同区间对其进行等级分类。

3.2.2 基于熵权灰色关联法的确定信度计算

对信度分配函数的结构进行分析可以看出，在进行基本信度分配的过程中，最重要一步是确定各证据体确定信度。因此，为了客观合理地确定其确定信度，本节采用熵权灰色关联法，首先应用熵理论求解各指标的权重，再利用灰色关联法确定各指标的信度。

1. 熵理论确定指标权重

在复杂的灾害环境中，影响滑坡危险性的因素很多，本节选取的评价指标为岩石风化系数、地震烈度、断裂带密度、河网密度、相对高度、山体坡度。在实际的地震滑坡危险性评价中，通过各种方法得到上述各指标数据信息，从而结合相应目标参数，求出目标 i 在指标 j 下的隶属度指标 g_{ij}，构成目标隶属度矩阵 $G=(g_{ij})_{m\times n}$。

对各指标权重的确定采用熵理论，对有 i 个目标和 j 个指标的对象进行评估的过程如下。

归一化目标隶属度矩阵 $G=(g_{ij})_{m\times n}$ 得：

$$Y=(y_{ij})_{m\times n}=\left(\frac{g_{ij}}{\sum_{i=1}^{m} g_{ij}}\right)_{m\times n} \tag{3-23}$$

指标 j 的熵为：

$$E_j=-1/[(\ln n\sum_{i=1}^{m} y_{ij})(\ln y_{ij})] \tag{3-24}$$

指标 j 的权重为：

$$\omega_j=(1-E_j)/n-\sum_{j=1}^{n} E_j \tag{3-25}$$

其中：$0\leqslant\omega_j\leqslant 1$ 且 $\sum_{j=1}^{n}\omega_j=1$。将求得的指标 j 的权重 ω_j（$j=1, 2, \cdots, n$）代入 $(y_{ij})_{m\times n}$ 中，从而得到加权隶属度矩阵：

$$X=(x_{ij})_{m\times n}=(\omega_j\cdot y_{ij})_{m\times n} \tag{3-26}$$

2. 灰色关联法确定基本信度分配函数

在通过证据理论进行决策分析时，需要融合不同指标下的各目标的信息，故基本信度分配函数是融合的基础，而对于不同指标的确定信度的计算是得到基本信度分配函数的重要一步。

设 r_{ij} 为综合灰色关联系数，本节采用综合关联法计算关联系数，避免单独采用最优和最劣关联得到的失真结果，增加了灰色关联的精度。r_{ij} 的计算过程如下：

最优关联系数 r_{ij}^{+} 为：

$$r_{ij}^{+}=\frac{\min_i\min_j|x_{ij}-X^{+}|+\xi\max_i\max_j|x_{ij}-X^{+}|}{|x_{ij}-X^{+}|+\xi\max_i\max_j|x_{ij}-X^{+}|} \tag{3-27}$$

最劣关联系数 r_{ij}^{-} 为：

$$r_{ij}^{-}=\frac{\min_i\min_j|x_{ij}-X^{-}|+\xi\max_i\max_j|x_{ij}-X^{-}|}{|x_{ij}-X^{-}|+\xi\max_i\max_j|x_{ij}-X^{-}|} \tag{3-28}$$

其中：$X^{+}=\max\limits_{\substack{1\leqslant i\leqslant m\\1\leqslant j\leqslant n}} x_{ij}=\{x_1^{+},\cdots,x_n^{+}\}$ 为理想最优序列；$X^{-}=\max\limits_{\substack{1\leqslant i\leqslant m\\1\leqslant j\leqslant n}} x_{ij}=\{x_1^{-},\cdots,x_n^{-}\}$ 为理想最劣序列。取 $\xi=0.5$，综合灰色关联系数为：

$$r_{ij}=\frac{1}{\left(1+\frac{r_{ij}^{+}}{r_{ij}^{-}}\right)^2} \tag{3-29}$$

将 r_{ij} 代入式（3-30），可得各指标下的不确定信度 D（I_j），相应确定信度为 $1-D$（I_j）。

指标 j 下的 q 阶不确定信度为：

$$D(I_j)=\frac{1}{m}\left|\sum_{i=1}^{m}(r_{ij})^q\right|^{\frac{1}{q}} \tag{3-30}$$

其中，取 $q=2$。各指标下不同目标的基本信度分配函数为：

$$m_j(i)=[1-D(I_j)]y_{ij} \tag{3-31}$$

其中，$m_j(i)$ 为指标 j 作用下目标 i 的基本信度分配函数，且 $\sum\limits_{i=1}^{m}m_j(i)<1$，即表示存在整体认识的确定性与不确定性，把这部分基本信度分配函数赋给识别框架 Θ，表示对所有目标的确定程度。因此，得到指标 j 下确定信度和不确定信度分别为：

$$s_i=\sum_{i=1}^{m}m_j(i) \tag{3-32}$$

$$m_i(\delta)=m_j(i+1)=1-\sum_{i=1}^{m}m_j(i) \tag{3-33}$$

3. 算法流程

采用熵权灰色关联法获取各证据体确定信度的具体过程如下：

(1) 运用熵理论求得各指标权重 ω_j（$j=1, 2, \cdots, n$），从而得到加权隶属度矩阵 $(\boldsymbol{x}_{ij})_{m\times n}$；

(2) 计算加权隶属度矩阵 $(\boldsymbol{x}_{ij})_{m\times n}$ 的综合灰色关联系数 r_{ij}，从而由式（3-30）得到指标 j 下的确定信度 $1-D(I_j)$ 和不确定信度 D（I_j）；

(3) 由式（3-31）计算基本信度分配函数 $m_j(i)$，式（3-32）和式（3-33）计算整体的确定信度 $s_i=\sum\limits_{i=1}^{m}m_j(i)$ 和不确定信度 $m_j(i+1)$。

3.2.3　理论应用及分析

1. 滑坡机理分析与指标选取

地震滑坡是一种机理极其复杂的动力破坏灾害，影响其发生的因素很多，大致可分为地震因子、地形因子和地质因子。综合理论分析和工程实践，本节选用岩石风化系数、地震烈度、断裂带密度、河网密度、相对高度、山体坡度这 6 项指标作为证据体，其中岩石风化系数反映地质影响因子，地震烈度和断裂带密度反映地震影响因子，河网密度、相对高度、山体坡度反映地形影响因子。这 6 项指标相互独立又互为补充，综合 6 项指标可以对地震滑坡发生的危险性进行较全面地描述。

将滑坡危险等级从弱至强分为无滑坡（Ⅰ级）、轻微滑坡（Ⅱ级）、中等滑坡（Ⅲ级）和严重滑坡（Ⅳ级）。在基于证据理论的分析下，滑坡预测的识别框架为 $\Theta=\{\mathrm{I},\mathrm{II},\mathrm{III},\mathrm{IV}\}$，证据体为$\{\mu_1,\mu_2,\mu_3,\mu_4,\mu_5,\mu_6\}$。刘丽等经过大量统计，确定了滑坡危险等级与 6 类证据体的对应关系，如表 3-4 所示。

地震滑坡危险性等级与证据体对应关系 **表 3-4**

参评因素	Ⅰ	Ⅱ	Ⅲ	Ⅳ
岩石风化系数 μ_1	≤1.8	1.8～1.9	1.9～2.0	≥2.0
地震烈度 μ_2	≤6	6～7	7～8	≥8
断裂带密度 μ_3	≤50.0	50.0～73.3	73.3～96.7	≥96.7
河网密度 μ_4	≤0.3	0.3～0.4	0.4～0.5	≥0.5
相对高度 μ_5	≤1250	1250～1500	1500～1750	≥1750
＞25°山坡面积分数 μ_6(%)	≤30	30～40	40～50	≥50

由表 3-4 可见，地震滑坡危险等级随 6 项指标增大而增大，故 μ_1，μ_2，μ_3，μ_4，μ_5 和 μ_6 均属于正指标，根据式（3-16）和式（3-17），由表 3-4 构造滑坡危险性评价标准分级矩阵如下：

$$R(+)=\begin{pmatrix}1.8 & 6 & 50.0 & 0.3 & 1250 & 30\\ 1.9 & 7 & 73.3 & 0.4 & 1500 & 40\\ 2.0 & 8 & 96.7 & 0.5 & 1750 & 50\\ 2.1 & 9 & 120.0 & 0.6 & 2000 & 60\end{pmatrix}$$

$$R(-)=\begin{pmatrix}1.7 & 5 & 26.7 & 0.2 & 1000 & 20\\ 1.8 & 6 & 50.0 & 0.3 & 1250 & 30\\ 1.9 & 7 & 73.3 & 0.4 & 1500 & 40\\ 2.0 & 8 & 96.7 & 0.5 & 1750 & 50\end{pmatrix}$$

2. 确定信度计算

通过 7 组滑坡实例数据构造样本的数据空间，采用熵权灰色关联法获取各证据体确定信度，具体的样本数据如表 3-5 所示。

预测区各县（市）参评因素值 **表 3-5**

参评因素	昭通	鲁甸	巧家	盐津	绥江水富	镇雄	彝良
岩石风化系数 μ_1	1.86	1.99	2.02	1.85	1.70	1.89	1.92
地震烈度 μ_2	7	6	6	7	6	6	8
断裂带密度 μ_3	49.76	74.72	120.17	72.42	47.69	60.44	55.10
河网密度 μ_4	0.47	0.37	0.45	0.41	0.51	0.34	0.35
相对高度 μ_5	1250	1500	2250	1400	1175	1000	1450
＞25°山坡面积分数 μ_6(%)	22.1	30.9	56.0	53.9	45.6	35.5	39.5

采用上述滑坡危险性评价等级和影响因子进行其确定信度的计算，滑坡预测的识别框架为 $\Theta=\{Ⅰ, Ⅱ, Ⅲ, Ⅳ\}$，据式（3-26），由隶属度函数计算可得加权隶属度矩阵：

$$\begin{bmatrix} 0.2247 & -0.4846 & -0.0856 & -1.0132 & 0.6489 & 0.0193 \\ 0.4073 & -0.2423 & -0.1784 & -0.6379 & 1.2978 & 0.0995 \\ 0.4495 & -0.2423 & -0.3464 & -0.9381 & 2.5955 & 0.3282 \\ 0.2107 & -0.4846 & -0.1697 & -0.7880 & 1.0382 & 0.3092 \\ 0.0006 & -0.2423 & -0.0779 & -1.1633 & 0.4542 & 0.2334 \\ 0.2669 & -0.2423 & -0.1254 & -0.5254 & 0.0026 & 0.1415 \\ 0.3090 & -0.7269 & -0.1053 & -0.5629 & 1.1680 & 0.1779 \end{bmatrix}$$

根据熵权灰色关联法，通过式（3-32）和式（3-33）的计算可以得到各证据体确定信度及其不确定信度，如表 3-6 所示。

证据体信度分配　　**表 3-6**

证据体	μ_1	μ_2	μ_3	μ_4	μ_5	μ_6
s_i	0.7616	0.7793	0.7685	0.7574	0.6736	0.7533
$m_i(\delta)$	0.2384	0.2207	0.2315	0.2426	0.3264	0.2467

3. 识别框架构建

将表 3-6 的数据代入式（3-18）构建基本信度分配函数，再将滑坡危险等级分级界限处的指标值代入式（3-18）进行计算，由式（3-14）进行合成后得到各级滑坡对应不同的信度区间，即滑坡危险等级Ⅰ，Ⅱ，Ⅲ和Ⅳ级相应的信度区间分别为 $(-\infty, 0.499]$，$(0.499, 0.9191]$，$(0.9191, 0.9938]$ 和 $(0.9938, +\infty]$。

4. 模型评价及预测流程图

根据上述的步骤，本节应用若干组地震滑坡实例对模型进行了试验和分析，其提出的地震滑坡危险等级划分标准可对试验区范围进行不同危险等级区划，如表 3-7 所示。地震滑坡危险性的预测结果经过多次与主要地震区和影响区的现存滑坡分布、规模和数量进行比对，本节提出的分析方法从宏观监督的角度考虑基本符合实际情况，且能客观地反映地震滑坡的发展趋势。

预测地区危险性评价对应信度和等级划分　　**表 3-7**

地区	对应信度	评价等级	地区	对应信度	评价等级
昭通	0.7450	Ⅱ	永善	0.9732	Ⅲ
鲁甸	0.8736	Ⅱ	绥江、水富	0.7312	Ⅱ
巧家	0.9972	Ⅳ	镇雄	0.6457	Ⅱ
盐津	0.9399	Ⅲ	彝良	0.9141	Ⅱ
大关	0.9867	Ⅲ	威信	0.6879	Ⅱ

基于证据理论和熵权灰色关联的地震滑坡危险性预测流程示意，如图 3-1 所示。

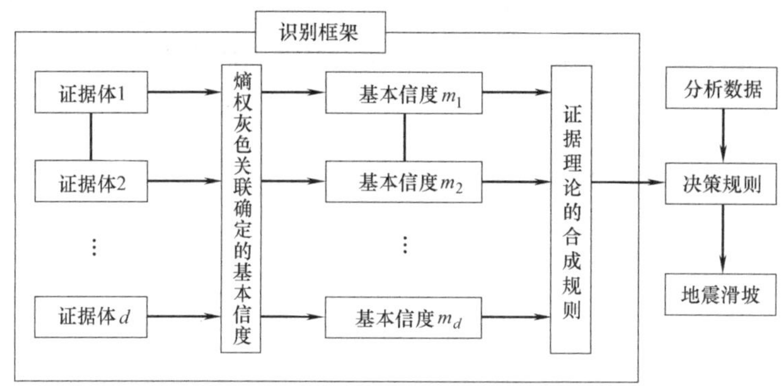

图 3-1　基于证据理论和熵权灰色关联的地震滑坡预测流程图

3.3　城市地震潜在次生火灾风险属性区间识别模型

地震发生后，极易引发次生灾害，地震次生灾害防御是城市抗震防灾“防灾”中的重点。现代城市是区域政治、经济和文化中心，燃气管道、压力管道、城市电网等各种管道错综复杂，这都将使人口集中、建筑物集中、生产经营集中、财富集中的现代化城市更容易在震后集中发生特大火灾和燃爆事故，有时甚至超过地震直接损失。城市地震潜在次生火灾是地震次生灾害最重要的方面，因此应当引起高度重视。为了有效地减轻地震次生火灾灾害，减少火灾损失，有必要进行地震次生火灾风险性分析及风险性区划的基础性研究工作。

城市抗震防灾规划中的抗震薄弱区多指城市中未改建的老城区，房屋多为 20 世纪 60～70 年代或之前的老旧多层砖砌房屋，尚未加固，因线路或设备老化，极易在地震发生后，因结构的破坏或倒塌而引发次生火灾，进而产生更为严重的财产和人员损失。薄弱区建筑倒塌严重、次生灾害易引发、道路疏散能力差等始终是比较棘手的问题。在以往的研究中，尚未有考虑地震次生火灾蔓延影响下道路人群的疏散研究，考虑到地震次生火灾对道路疏散能力的影响度，开展地震次生火灾下道路的疏散研究是非常有必要和急切的。

3.3.1　城市地震火灾风险评价思路

城市地震火灾风险分析是对致灾因子和孕灾环境的危险性、承灾体的易损性和暴露性、城市抗灾防灾能力的分析。以往研究的主要特点是，确定区域灾害风险评价的指标，通过数学处理手段进行综合得到风险评价结果。然而，如何解决灾害风险指标的不确定性及其间的相互影响仍值得进一步研究，也是关系到风险评价结果准确性的一个重要问题。属性区间识别理论模型是一种以最小代价原则、最大测度原则、置信度准则和评分准则为基础的综合评价方法，同时最大熵原理可排除人为因素、风险因素等的干扰，最大化反映评价对象的客观信息。目前以城市区域为研究对象，以区域地震次生火灾风险评估为研究内容，建立针对区域地震次生火灾风险评估模型，还没有完整的、现成的方法可供使用。基于以上，本节提出了基于属性区间识别理论对城市地震潜在次生火灾风险进行评价与分析，详细技术路线如图 3-2 所示。

3.3.2　属性区间识别理论模型

在城市地震潜在次生火灾风险评价中，已知 n 个评价单元的 m 个指标 $X=(x_1，x_2，\cdots x_m)$，根据 k 个风险等级构造区间矩阵 $I_{ab}=([a，b]_{jk})$，式中 $j=1，2，\cdots，m$；

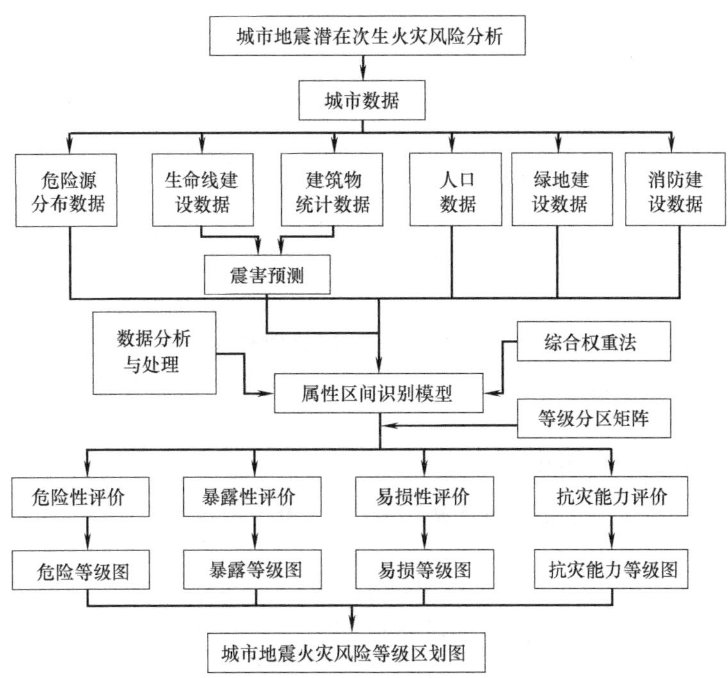

图 3-2　城市地震火灾风险评价技术路线

$k=1, 2, \cdots, K$。j 和 k 分别是地震潜在次生火灾风险评价指标数目和风险等级评价级别数目。上界风险矩阵为 $A=[a]_{jk}$，下界风险矩阵为 $B=[b]_{jk}$。

步骤一：建立上下界标准隶属度矩阵 $S=[s_{jk}]_{m\times K}$ 和样本值相对于上下界的隶属度矩阵 $F=[f_{jk}]_{n\times m}$。具体计算如下：

$$s_{jk}=(a_{jk}-a_{j1})/(a_{jK}-a_{j1-}) \tag{3-34}$$

正指标：

$$f_{ij}=\begin{cases}0, x_{ij}<a_{j1}\\(x_{jk}-a_{j1})/(a_{jK}-a_{j1\_}), a_{j1}\leqslant x_{ij}\leqslant a_{jK}\\1, x_{ij}>a_{jK}\end{cases} \tag{3-35}$$

负指标：

$$f_{ij}=\begin{cases}1, x_{ij}<a_{j1}\\(x_{jk}-a_{j1})/(a_{jK}-a_{j1\_}), a_{j1}\leqslant x_{ij}\leqslant a_{jK}\\0, x_{ij}>a_{jK}\end{cases} \tag{3-36}$$

其中：$i=1, 2, \cdots, n$；$j=1, 2, \cdots, m$；$k=1, 2, \cdots, K$。

步骤二：采用层次分析法和熵权法相结合的综合权重法确定危险、暴露、易损、抗灾防灾能力等级权重向量。

$$\omega_j=\eta\alpha_j+(1-\eta)\beta_j \quad (j=1,2,\cdots,n) \tag{3-37}$$

式中　ω_j——各项评价指标的权重；

α_j、β_j——分别为第 j 个评价指标的主、客观权重；

η——各评价指标主、客观权重的偏好系数，$0\leqslant\eta\leqslant1$。

且满足 $\sum_{j=1}^{m}\omega_j = 1, \omega_j \geqslant 0$ 。

步骤三：属性测度区间计算。为消除随机性和模糊性，引入最大熵原理计算得到的$\underline{\mu_{ik}}$和$\overline{\mu_{ik}}$：

$$\underline{\mu_{ik}} = \exp\left[-B * \sum_{j=1}^{m}(\omega_j \mid \underline{f_{ij}} - \underline{s_{jk}} \mid)\right] / \sum_{k=1}^{K}\exp\left[-B * \sum_{j=1}^{m}(\omega_j \mid \underline{f_{ij}} - \underline{s_{jk}} \mid)\right] \quad (3\text{-}38)$$

$$\overline{\mu_{ik}} = \exp\left[-B * \sum_{j=1}^{m}(\omega_j \mid \overline{f_{ij}} - \overline{s_{jk}} \mid)\right] / \sum_{k=1}^{K}\exp\left[-B * \sum_{j=1}^{m}(\omega_j \mid \overline{f_{ij}} - \overline{s_{jk}} \mid)\right] \quad (3\text{-}39)$$

B 一般取 10。

步骤四：综合属性测度计算。采用均化系数对属性测度区间进行转换，得到样本 x_i 属于第 k 类的综合属性测度。

$$H_{ik} = \alpha\mu_{ik} + (1-\alpha)\overline{\mu_{ik}} \quad (3\text{-}40)$$

式中 α——属性测度区间均化系数。

步骤五：评价样本类别识别。为有效获得样本评价等级，采用特征值式（3-40）计算：

$$H_i = \sum_{k=1}^{K} k\mu_{ik} \quad (3\text{-}41)$$

另一种算法是采用置信度准则评价样本等级：

$$H_i = \min(k: \sum_{i=1}^{k}\mu_{il}) \geqslant \lambda(1 \leqslant k \leqslant K) \quad (3\text{-}42)$$

式中 λ——置信度，值越大越趋向于保守。

3.3.3 城市地震潜在次生火灾风险指标体系

城市地震潜在次生灾害风险评价涉及致灾因子、孕灾环境及承灾体等众多因素。且由于许多因子无统一定量标准，使得评价指标体系很复杂，难以操作。从灾害风险生成的动力学角度看，防灾减灾能力与灾害风险生成的作用方向是相反的，即特定地区的防灾减灾能力越强，灾害危险性、易损性和暴露性生成灾害风险的作用力就越会受到限制。本节基于灾害系统理论，从致灾因子、孕灾环境、承灾体、抗灾能力出发，遵循系统性、易量化、可操作、普适性的原则，构建了城市地震潜在次生火灾风险综合评价指标体系，如图 3-3 所示。

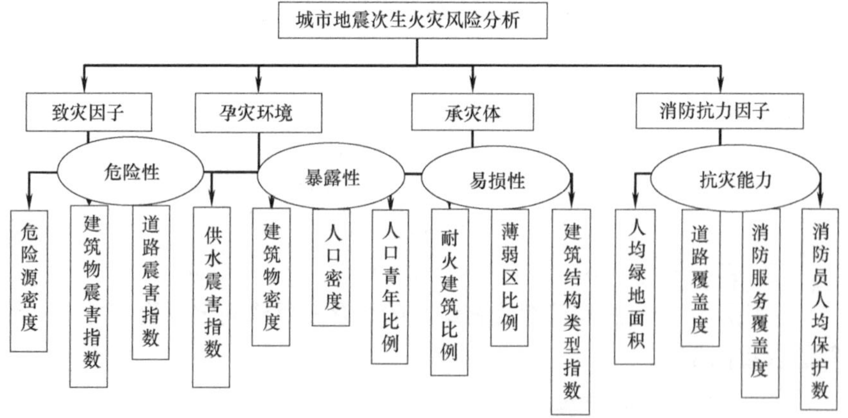

图 3-3 城市地震风险评价指标体系

（1）危险性指标。地震发生造成的建筑物倒塌、危险品泄露是引发次生火灾的主要原因，而交通系统和供水系统的震害程度影响到次生火灾救援的便利性，震害指数越大，救援的不利因素越多，火灾蔓延速度越大，故选取危险源密度、建筑物震害指数和主要生命线系统震害指数作为危险性评价指标。危险源的级别不同造成灾害程度不同，重大危险源主要是指有危险品仓库的化工企业、加油站等，一般危险源主要是指民用危险源。建筑物震害指数是根据建筑物可能遭遇的震害程度与不同结构震害矩阵的乘积来确定的。

（2）暴露性指标。城市地震火灾承灾体的暴露性主要体现在人和财富上，所以选取人口密度和建筑物密度为暴露性因子。

（3）易损性指标。易损性主要是体现承灾体的易损程度，同暴露性承灾体一样，是人和建筑物。易损性人口因子选取人口老少比例（年龄中大于65岁，小于14岁人口所占总人口比例），建筑物因子选取建筑结构类型指数、薄弱区比例（多为1～3层的老旧民宅）、3级、4级或无耐火建筑比例为易损性指标。其中建筑结构类型指数是由各类建筑结构类型指数乘以相应建筑面积所占权重所得。综合考虑建筑物的耐火等级及抗倒塌能力所得各类建筑结构类型指数，如表3-8所示。

各类建筑结构类型指数　　**表3-8**

结构类型	钢筋混凝土	砖结构	钢结构	石结构	木结构
类型指数	0.1	0.3	0.5	0.7	0.9

（4）抗灾能力指标。绿地对次生火灾的蔓延具有阻力作用，道路的等级及覆盖度对震后火灾救援具有重要意义。消防能力的大小取决于消防有效覆盖度及消防人员的数量，根据易量化原则，选取人均绿地面积、道路覆盖度、消防覆盖度（消防服务面积所占区域面积比）、消防员人均保护数量为抗灾防灾因子，其中道路覆盖度取决于区域单元内道路等级、道路宽度、道路冗余度。城市地震潜在次生火灾风险评价指标尚无明确的统一标准，在参考国家、行业及地方规定或颁布的有关标准基础上，引用相关文献中确定标准的方法，结合研究区域经济发展及次生火灾源的实际情况和特点，将地震次生火灾危险、暴露、易损、风险、抗灾能力等级均分为极低、低、中等、高、极高5个等级，具体等级区间值如表3-9所示。

城市地震潜在次生火灾风险指标分区标准　　**表3-9**

指标	影响因子	A	B	C	D	E
危害性因子	重大危险源密度(个/km^2)	<0.1	0.1～0.5	0.5～1.0	1.0～2.5	>2.5
	一般危险源密度(个/km^2)	<100	100～500	500～1000	1000～2000	>2000
	燃气管网密度(km/km^2)	<1	1～4	4～7	7～10	>10
	建筑震害指数	≤0.1	0.1～0.3	0.3～0.55	0.55～0.85	>0.85
	交通震害指数	≤0.2	0.2～0.4	0.4～0.6	0.6～0.8	>0.8
	供水震害指数	≤0.1	0.1～0.3	0.3～0.5	0.5～0.7	>0.7
暴露性因子	建筑物密度	<0.1	0.1～0.15	0.15～0.25	0.25～0.35	>0.35
	人口密度(万人/km^2)	<0.1	0.1～0.5	0.5～1.0	1.0～2.5	>2.5
易损性因子	老少比例	<0.1	0.1～0.15	0.15～0.2	0.2～0.3	>0.3
	建筑结构类型指数	<0.25	0.25～0.35	035～0.45	0.45～0.55	>0.55
	薄弱区比例	<0.002	0.005～0.01	0.015～0.03	0.03～0.06	>0.06
	3、4级或无耐火建筑比例	<0.25	0.25～0.35	0.35～0.45	0.45～0.6	>0.6
抗灾防灾因子	人均绿地面积(m^2/人)	>4.5	3.5～4.5	1.5～3.5	0.5～1.5	<0.5
	消防覆盖度	>0.75	0.55～0.75	0.35～0.55	0.15～0.35	<0.15
	道路覆盖度	>0.9	0.8～0.9	0.6～0.8	0.4～0.6	<0.4
	消防员人均保护数	<1000	1000～2500	2500～4000	4000～5500	≥5000

3.3.4 理论应用及分析

1. 模型建立

以某城市为研究对象，为综合考虑城市区域自然环境和建设环境特点、行政管理权限，从抗震防灾的角度，将该城市划分为110个疏散分区，如图3-7所示，城市潜在次生火灾源分布如图3-4所示。因为划分单元数量过多，根据建设用地功能的不同，选取不同功能用地作为示例单元进行计算说明：8-4工业区、9-6居住区、12-13风景旅游区、13-3商贸区。示例单元及所取值如表3-10所示。

示例单元地震潜在次生火灾风险指标取值　　表3-10

指标	影响因子	8—4	9—5	12—13	13—3
危害性因子	重大危险源密度(个/km^2)	0.43	1.01	0.13	0.16
	一般危险源密度(个/km^2)	2752.29	126.98	52.91	2752.29
	燃气管网密度(km/km^2)	0.63	1.17	0.21	0.98
	建筑震害指数	0.15	0.15	0.10	0.10
	交通震害指数	0.15	0.17	0.12	0.11
	供水震害指数	0.16	0.12	0.16	0.12
暴露性因子	建筑物密度	0.15	0.80	0.10	0.70
	人口密度(万人/km^2)	0	1.38	0.063	0.026
易损性因子	老少比例	0.10	0.18	0.10	0.18
	建筑结构类型指数	0.27	0.22	0.38	0.27
	薄弱区比例	0.016	0.02	0	0.098
	3、4级或无耐火建筑比例	0.245	0.21	0.31	0.245
抗灾防灾因子	人均绿地面积(m^2/人)	6	0.18	0	307.8
	消防覆盖度	0.05	0.9	0	0
	道路覆盖度	0.30	1.0	0.60	0.50
	消防员人均保护数	1000	10000	6666.7	1111

2. 地震次生火灾危险性评价

按照前述属性区间识别模型的计算步骤首先进行危险性计算。首先可判断评价样本数目n=110、指标数目m=6以及评价等级K=5。因为不同的地震烈度导致不同的建筑震害指数、交通震害指数、供水震害指数，按照层次分析法和熵权法组合权重法，参考相关文献确定η=0.6，可以得到不同地震烈度下危险性指标权重，如表3-11所示。采用式(3-37)～式(3-41)计算各评价样本的μ_{ik}和$\overline{\mu}_{ik}$，取均化系数为0.5，得到综合属性测度，并根据式(3-41)和式(3-42)确定样本所属危险等级，其中取置信度为0.5，同理可得暴露性、易损性、抗震防灾能力等级，详细计算结果如表3-12所示。

不同烈度下危险性指标权重　　表3-11

危险性指标 / 地震烈度	重大危险源密度(个/km^2)	一般危险源密度(个/km^2)	燃气管网密度(km/km^2)	建筑震害指数	交通震害指数	供水震害指数
Ⅵ	0.164	0.168	0.201	0.172	0.158	0.137
Ⅶ	0.168	0.173	0.204	0.167	0.153	0.132
Ⅷ	0.170	0.175	0.205	0.166	0.152	0.131

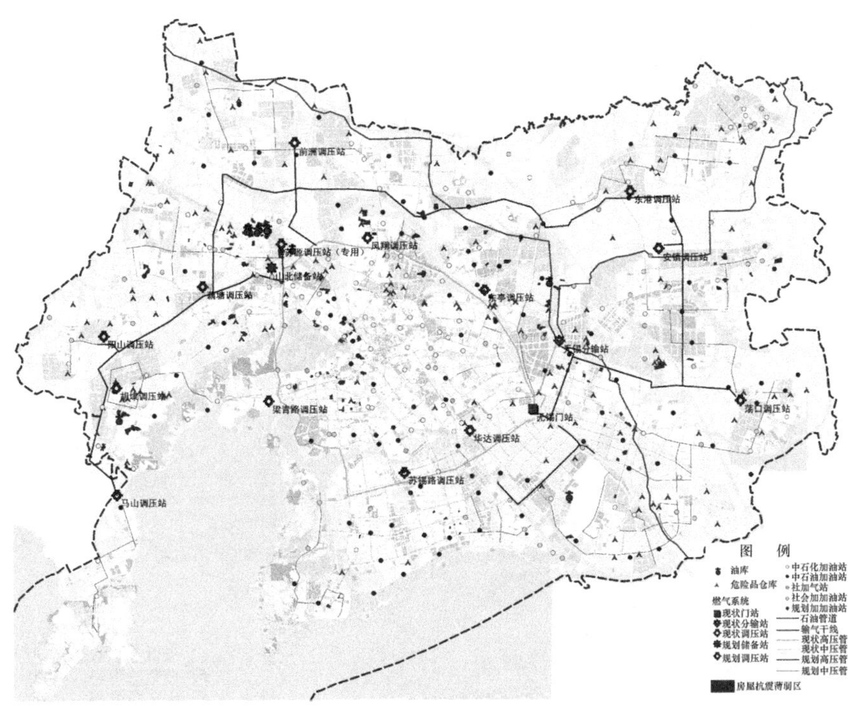

图 3-4　城市潜在次生火灾源分布

基于属性区间识别模型危险性评价结果　　　**表 3-12**

一级指标		计算单元	综合属性测度					特征值	置信度准则	等级
			1	2	3	4	5	式(3-41)	式(3-42)	
危险性	Ⅵ度	8-4	0.385	0.467	0.134	0.013	0.000	1.777	2	低危险
		9-5	0.233	0.287	0.291	0.163	0.026	2.462	2	低危险
		12-13	0.536	0.421	0.040	0.003	0.000	1.512	1	极低危险
		13-3	0.406	0.479	0.106	0.008	0.000	1.717	2	低危险
	Ⅶ度	8-4	0.209	0.593	0.175	0.023	0.000	2.012	2	低危险
		9-5	0.083	0.402	0.329	0.163	0.023	2.642	3	中等危险
		12-13	0.396	0.530	0.067	0.007	0.000	1.685	2	低危险
		13-3	0.257	0.603	0.127	0.012	0.000	1.894	2	低危险
	Ⅷ度	8-4	0.074	0.199	0.449	0.267	0.011	2.941	3	中等危险
		9-5	0.018	0.087	0.334	0.453	0.108	3.545	4	高危险
		12-13	0.181	0.387	0.344	0.086	0.003	2.343	2	低危险
		13-3	0.084	0.316	0.468	0.128	0.004	2.652	3	中等危险

由结果绘制Ⅵ、Ⅶ、Ⅷ度下该城市地震潜在次生火灾的危险性专题图，如图 3-5 所示。

根据Ⅵ、Ⅶ、Ⅷ度下城市地震火灾危险等级图的对比，可得到各烈度下各危险等级的单元个数及危险区域所占面积比，如表 3-13 所示。极高风险等级单元个数均为 0，在此不列出。

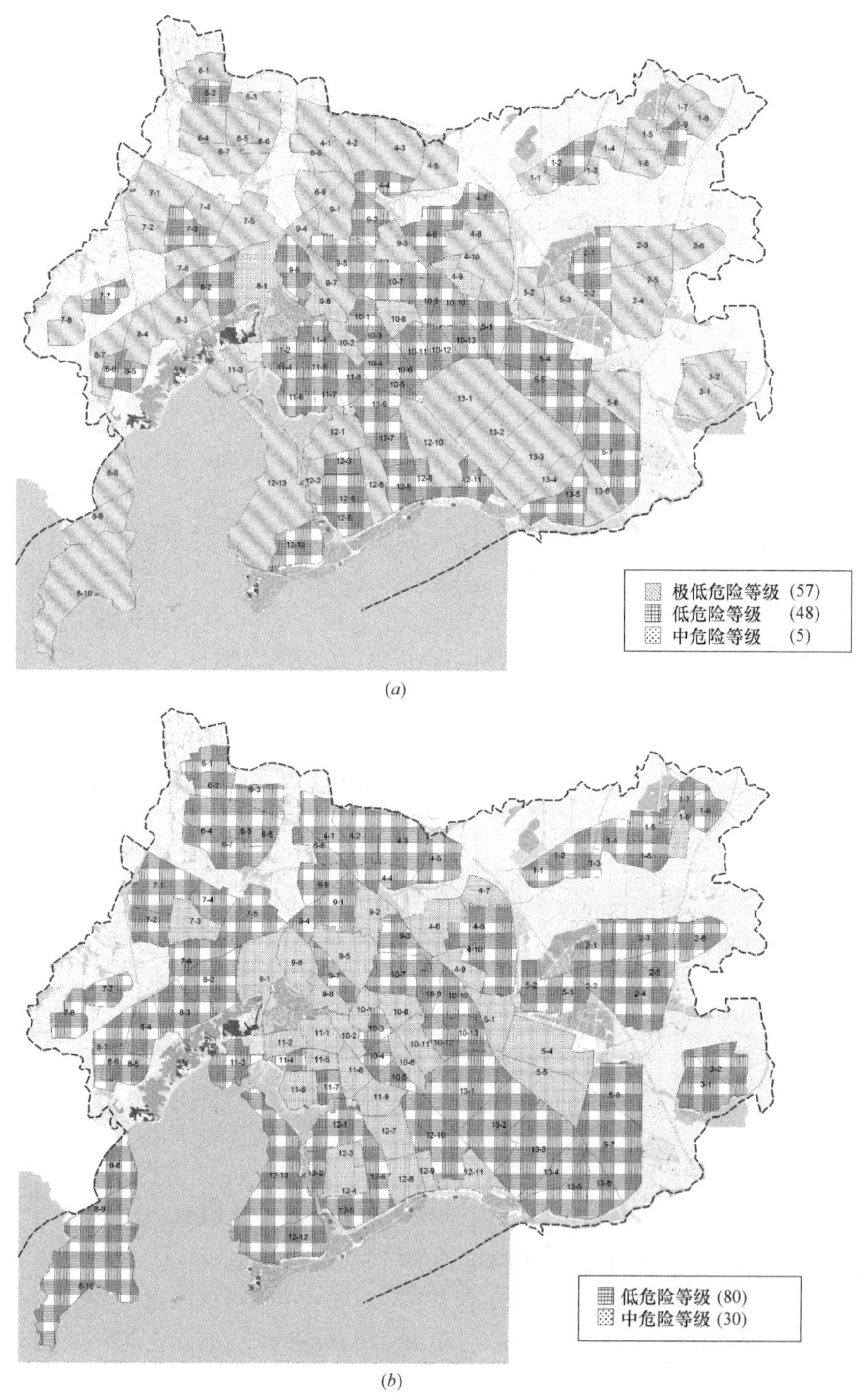

图 3-5　城市火灾危险性分区图（一）
（*a*）Ⅵ度；（*b*）Ⅶ度

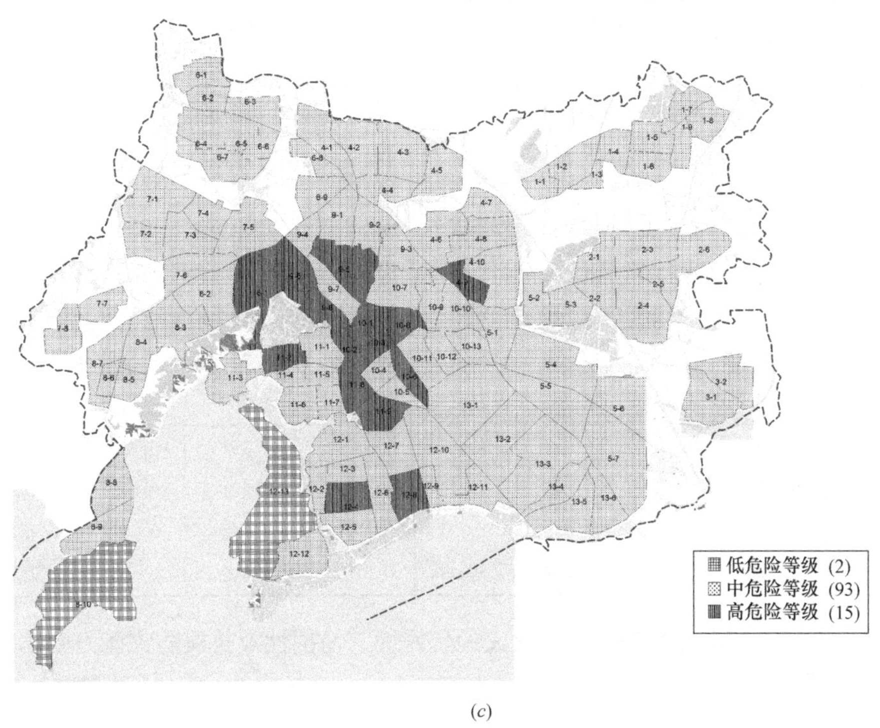

(c)

图 3-5　城市火灾危险性分区图（二）

（c）Ⅷ度

不同烈度下城市地震潜在次生火灾危险等级分区数对比　　表 3-13

单元对比		极低危险	低危险	中等危险	高危险
Ⅵ度	单元个数	57	48	5	0
	面积所占比	59.4%	37.2%	3.4%	0
Ⅶ度	单元个数	0	80	30	0
	面积所占比	0	77.0%	23.0%	0
Ⅷ度	单元个数	0	2	93	15
	面积所占比	0	7.1%	82.7%	10.2%

由图 3-5 及表 3-13 可看出Ⅵ度时，区域灾害危险性主要集中在低危险等级以下，Ⅶ度时，危险等级高的单元个数及危险区域面积明显增加，低危险等级区域占 77%，中等危险等级区域达到 23%。Ⅷ度时，中等危险等级以上区域已经达到 93%，其中 3-9、8-1、9-5、9-6、9-8、10-1、10-2、10-3、10-6、10-8、11-2、11-8、11-9、12-4、12-8 均为高危险区，主要原因是其所属为老城区，老旧房屋、道路失修所占比例多，建筑、道路震害指数大且一般危险源数目较多导致危险等级较高，属于重点防范区。

3. 地震潜在次生火灾暴露性、易损性、抗震防灾能力评价

同理可得基于属性区间识别模型的暴露性、易损性、抗震防灾能力的计算结果，如表 3-14 所示。

暴露性、易损性、抗震防灾能力评价结果　　表 3-14

一级指标	计算单元	综合属性测度					特征值	置信度准则	等级
		1	2	3	4	5	式(3-41)	式(3-42)	
暴露性	8-4	0.702	0.280	0.016	0.002	0.000	1.317	1	极低暴露
	9-5	0.004	0.057	0.381	0.457	0.102	3.595	4	高暴露
	12-13	0.744	0.241	0.014	0.001	0.000	1.273	1	极低暴露
	13-3	0.206	0.326	0.308	0.147	0.013	2.434	2	低暴露
易损性	8-4	0.434	0.457	0.094	0.014	0.001	1.689	2	低易损
	9-5	0.391	0.440	0.139	0.029	0.001	1.809	2	低易损
	12-13	0.210	0.502	0.243	0.043	0.002	2.126	2	低易损
	13-3	0.335	0.419	0.202	0.042	0.002	1.957	2	低易损
抗震防灾能力	8-4	0.590	0.373	0.035	0.003	0.000	1.451	1	极低抗灾能力
	9-5	0.185	0.342	0.342	0.129	0.002	2.421	2	低抗灾能力
	12-13	0.287	0.411	0.242	0.059	0.001	2.078	2	低抗灾能力
	13-3	0.004	0.024	0.147	0.806	0.019	3.812	4	高抗灾能力

由结果绘制该城市地震潜在次生火灾的暴露性、易损性及抗震防灾能力专题图层，如图 3-6～图 3-8 所示。

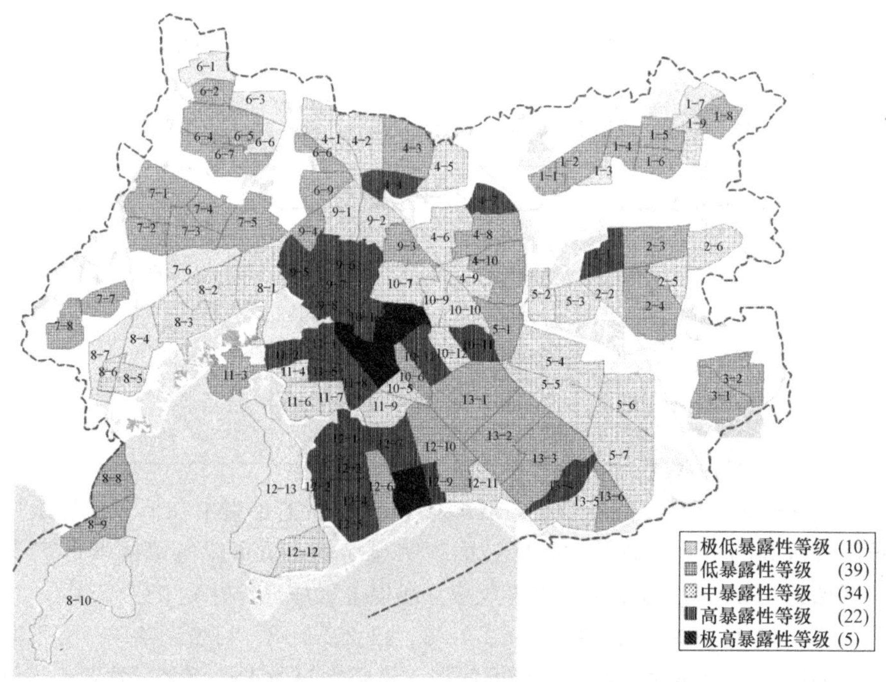

图 3-6　城市地震潜在次生火灾承灾体暴露性等级图

从图 3-6 中可以看出，由于老城区的人口集中和建筑物密度大，导致老城区分区单元的暴露性较高。其中 10-1、10-3、10-4、10-8、12-8 属于极高暴露性等级区域，应采取相应措施降低人口及建筑物密度；2-1、3-4、3-7、9-5、9-6、9-8、10-1、10-11、10-13、

11-2、11-1、11-5、11-8、12-1、12-2、12-3、12-4、12-5、12-7、12-9、13-4 属于高暴露等级区，需要重点防范。

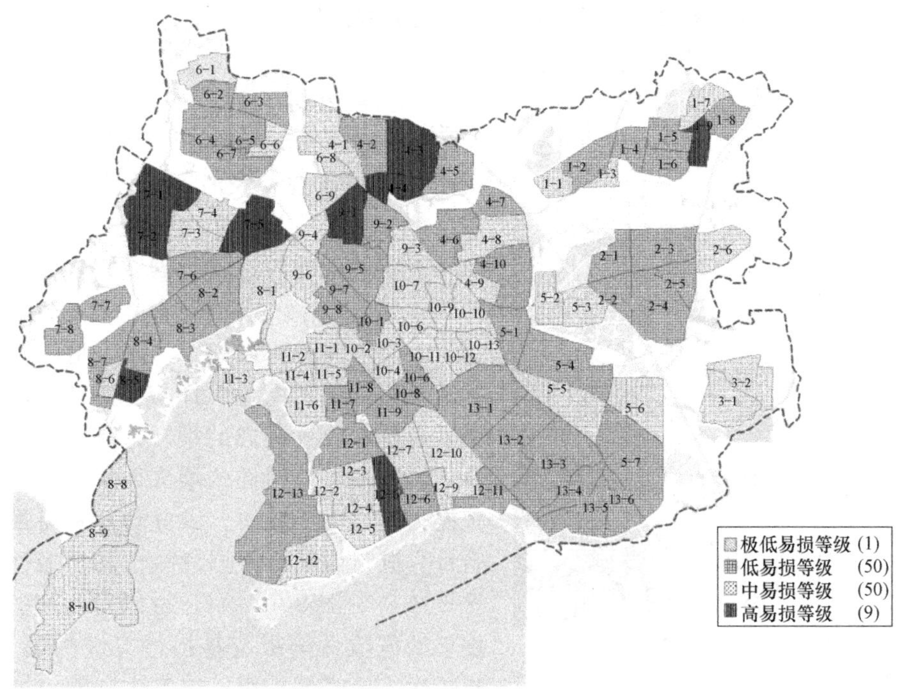

图 3-7　城市地震潜在次生火灾承灾体易损性等级图

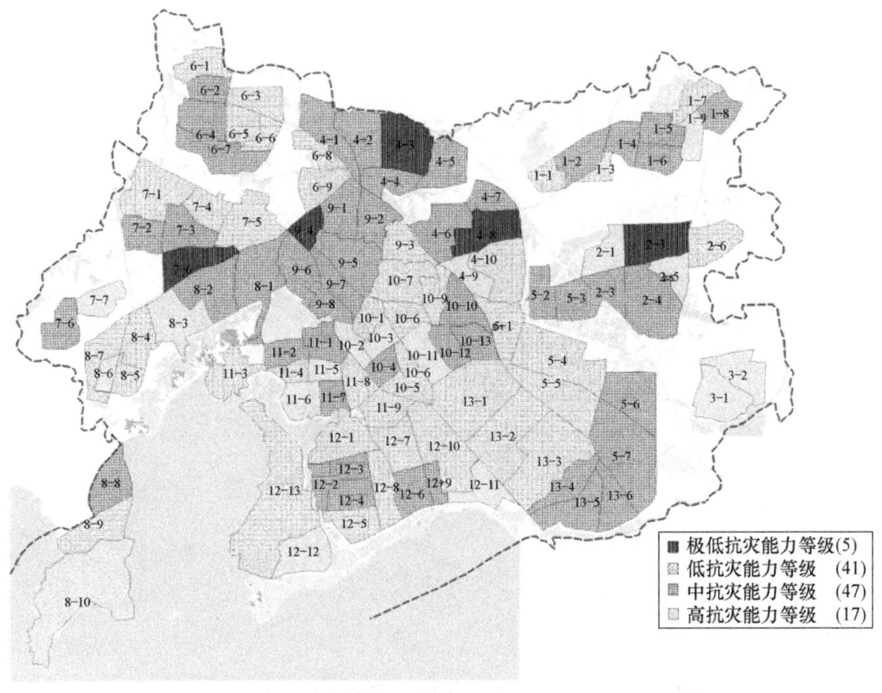

图 3-8　城市地震潜在次生火灾抗灾防灾能力示意图

由图 3-7 可以看出，1-9、3-3、3-4、7-1、7-2、7-5、8-5、9-1、12-6 为高易损性等级区，主要是因为城中经济较为发达，导致大量青年进城工作，城市外围的老少人口较多，且较不发达地区的房屋多为砖混结构，建筑结构类型指数高、耐火等级低导致这些区域单元易损性高。

由图 3-8 可以看出，2-3、3-3、3-8、7-6、9-4 抗灾防灾能力较差，主要原因是道路等级低导致的道路救援有效覆盖度不够；消防设置不完善而引起的消防能力及消防服务范围的不足。

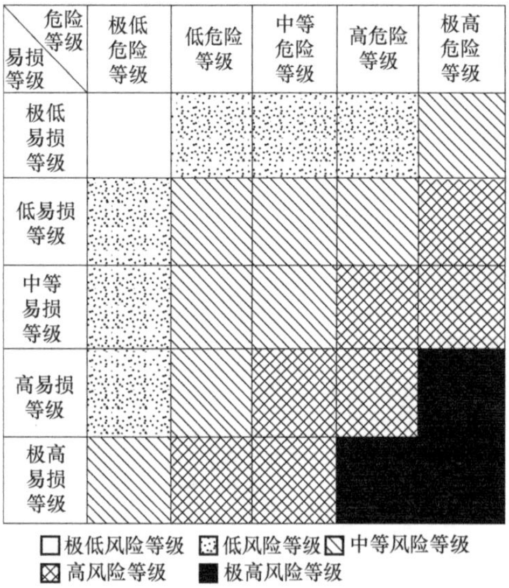

易损等级 \ 危险等级	极低危险等级	低危险等级	中等危险等级	高危险等级	极高危险等级
极低易损等级	极低风险等级	低风险等级	低风险等级	低风险等级	中等风险等级
低易损等级	低风险等级	中等风险等级	中等风险等级	中等风险等级	高风险等级
中等易损等级	低风险等级	中等风险等级	中等风险等级	高风险等级	高风险等级
高易损等级	低风险等级	中等风险等级	高风险等级	高风险等级	极高风险等级
极高易损等级	中等风险等级	高风险等级	高风险等级	极高风险等级	极高风险等级

□极低风险等级 ▨低风险等级 ▧中等风险等级 ▩高风险等级 ■极高风险等级

图 3-9　城市地震潜在次生火灾灾害风险等级分区矩阵

4. 城市地震潜在次生火灾风险评价

灾害风险的表达式为 $R=(H\cdot E\cdot V)/C$，R 为风险，H 为危险性，E 为暴露性，V 为易损性，C 为抗灾防灾能力。城市地震潜在次生火灾风险等于区域危险性与承灾体暴露性、易损性及抗灾防灾能力的耦合，且风险值随危险性、暴露性、易损性的增大而增大，随抗灾防灾能力的增大而减小。以危险性和易损性的耦合计算进行说明，根据危险性和易损性等级分区矩阵，如图 3-9 所示，可以得到Ⅵ、Ⅶ、Ⅷ度下的危险性等级与易损性等级的耦合等级。再依次与暴露性等级、抗灾防灾能力等级进行耦合，最终得到各评价单元的风险等级，由计算结果绘制的风险专题图层，如图 3-10 所示。

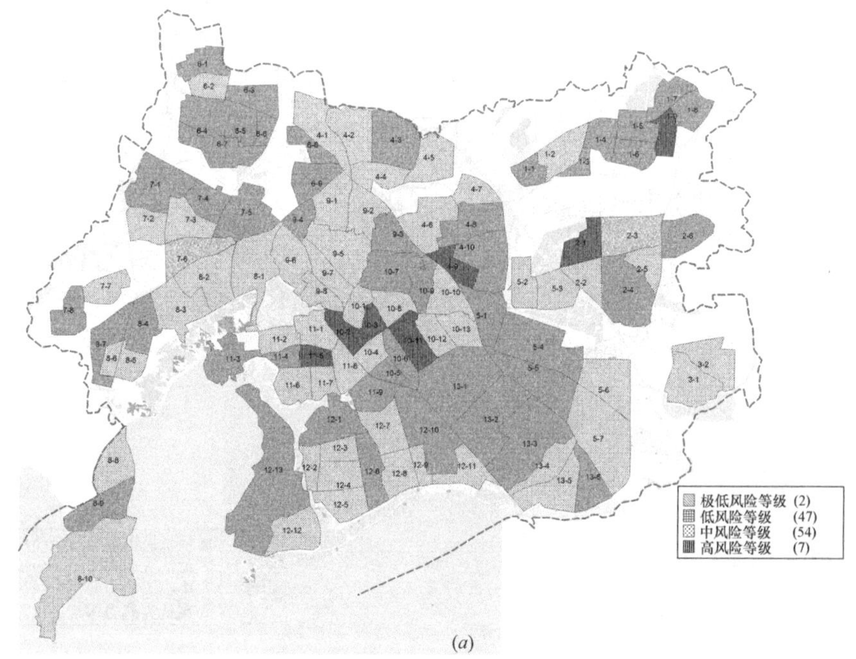

图 3-10　城市地震潜在次生火灾风险分区图（一）

(a) Ⅵ度

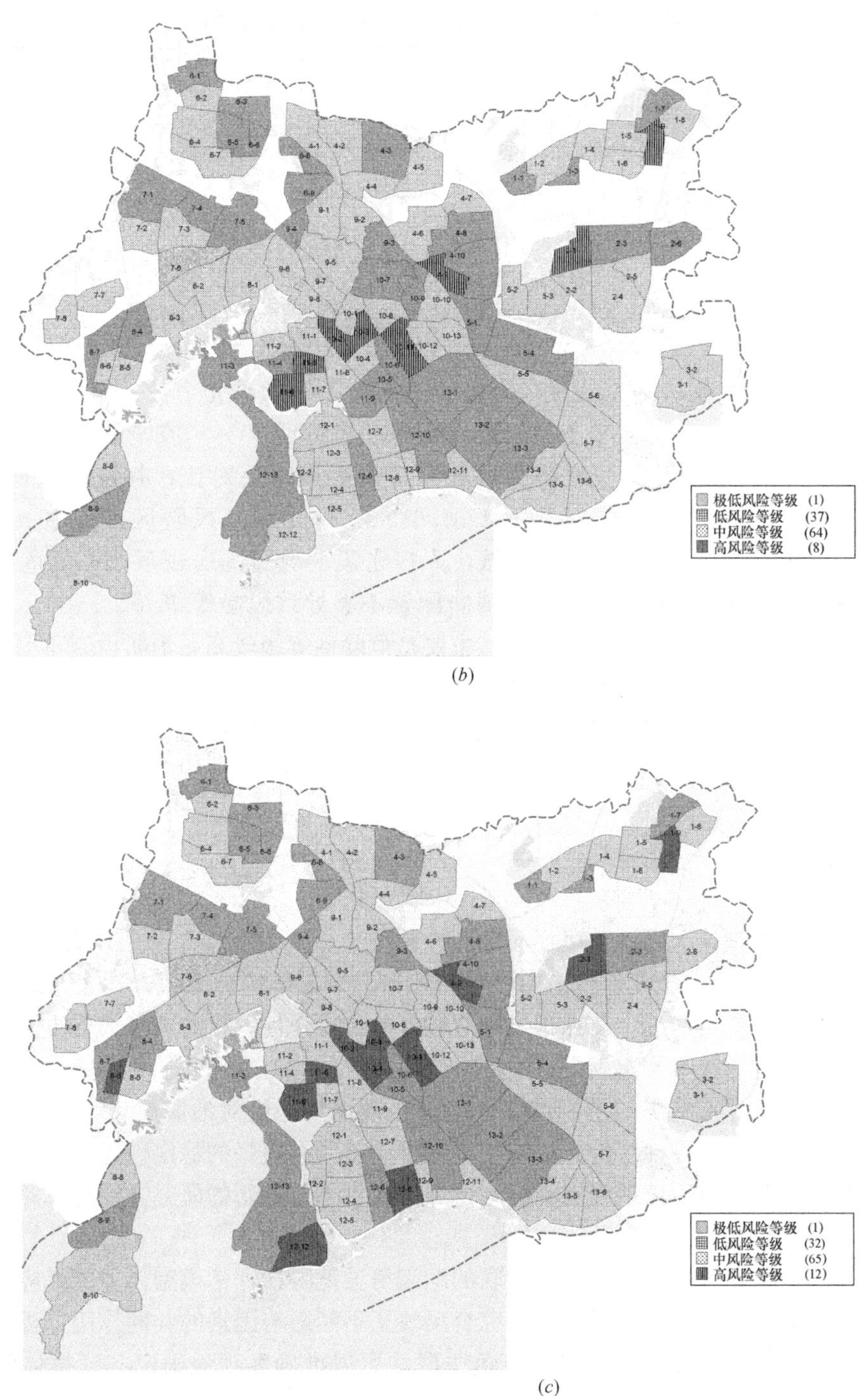

(*b*)

(*c*)

图 3-10　城市地震潜在次生火灾风险分区图（二）

（*b*）Ⅶ度；（*c*）Ⅷ度

根据Ⅵ、Ⅶ、Ⅷ度下城市地震潜在次生火灾风险等级图的对比，可得到各烈度下各风险等级的单元个数及各风险等级面积所占比，如表 3-15 所示。极高风险等级单元个数均为 0，在此不列出。

不同烈度下城市地震潜在次生火灾风险等级对比　　表 3-15

单元对比		极低风险	低风险	中等风险	高风险
Ⅵ度	单元个数	2	47	54	7
	面积所占比	1.9%	47.9%	46.3%	3.9%
Ⅶ度	单元个数	1	37	64	8
	面积所占比	0.6%	38.3%	56.5%	4.6%
Ⅷ度	单元个数	1	32	65	12
	面积所占比	0.6%	34.4%	57.6%	7.3%

如表 3-15 所示，随着地震烈度的增加，高风险等级的单元个数及所占面积比增加，当地震烈度为Ⅷ度时，中等及以上风险等级面积已经达到 60%。该城市地震潜在次生火灾风险等级较高，经过烈度下地震次生火灾风险等级结果对比，判定 1-9、2-1、3-9、8-8、10-2、10-3、10-11、11-5、11-6、12-8、12-12 单元为高风险区，其中 3-9、10-2、10-3、10-11、11-5、11-6、12-8 属于老城，人口密集、老旧民房较多，一般危险源数目多，危险性、暴露性、易损性等级高，消防配置不够导致风险等级高。1-9、2-1、8-8 为工业区或新建区，重大危险源数目较多，主要是危险性等级较高，消防设施不完善导致的风险等级高。根据分区图采取相应措施降低灾害的危险性、承灾体的暴露性与易损性，提高城市的抗震防灾能力，进而降低城市地震潜在次生火灾风险。对于中等风险区，也应采取相应的措施进一步防范。

3.4　本章小结

将可变模糊集理论应用到地震崩塌危险性评价中，从实际地质条件出发，考虑影响崩塌危险性的 15 项因素，建立评价指标体系和各指标标准等级分级值，比较系统地反映了岩质边坡地震崩塌真实情况，使评价过程有较好的可操作性；将离差最大化方法应用于指标赋权过程中，利用样本指标实际值的特征来实现指标的重要度排序，使得权重更为客观、合理，提高了评价结果的准确度；采用可变模糊集理论对地震崩塌点进行危险性评价，丰富了地震崩塌危险性评价方法，使得评价结果具有更好的稳定性与可靠性，也更加符合实际情况，为岩质边坡地震崩塌危险性评价提供了一种新的研究方法与思路，具有一定的理论与现实意义。

建立了基于证据理论和熵权灰色关联的地震滑坡危险性评估模型，主要是应用证据理论对各种信息源的证据体进行了融合，综合反映了不同影响因素的共同作用，提高了地震滑坡危险性预测的精确度。应用熵权灰色关联法可以准确客观地确定各证据体的确定信度，体现了证据体重要性之间的差异。综合考虑了地震滑坡的主要影响因素，选取岩石风化系数、地震烈度、断裂带密度、河网密度、相对高度、山体坡度这 6 项指标作为证据体，较全面地反映了地震滑坡发生所需的地质条件、地震条件和地形条件。采用证据理论和熵权灰色关联构建的地震滑坡危险性预测模型对试验区的预测结果同实际情况相吻合，说明该模型切实可行，能满足防灾规划的需要。

探讨了属性区间识别理论在城市地震潜在次生火灾风险评估中的应用。在深入分析城市地震潜在次生火灾风险成因的基础上，从城市地震发生后的致灾因子、孕灾环境的灾害状况、承灾体和抗灾防灾能力四个方面构建了城市地震潜在次生火灾风险评价指标体系。以某城市为例，运用基于最大熵理论的属性区间识别理论模型对城市分区单元不同地震烈度下危险等级、暴露性等级、易损等级、抗灾防灾能力等级做出科学合理的计算，并由风险等级分区矩阵得到各评价单元的风险等级，评价结果为下一步高风险区道路疏散的模拟提供基础。根据结果找出区域潜在火灾高风险区，与实际情况也较为吻合，提高了风险评价结果的稳定性和可靠性，为城市地震潜在次生火灾风险评估提供一种易操作且可行的方法。

防　灾　篇

第 4 章　场地连续化分类与防灾用地适宜性评价

4.1　场地分类及防灾适宜性研究概况

场地类别划分是土地利用防灾适宜性评价的基础工作之一。根据国内外大量震害调查、地震记录及其理论分析表明，场地土对地震动频谱特征有着重要影响，工程中常常通过对场地进行分类的方法来表征不同场地条件对地震动的影响。场地分类恰当与否直接影响到地震反应谱特征周期及地震作用确定的合理性，并将间接影响到工程结构形式选择、地震作用分析、构造措施处理等方面的恰当性及工程造价的高低。因此，依据场地条件对场地的类别进行划分并合理地规定其设计反应谱是当前工程抗震研究领域的一项关键工作。

土地利用防灾适宜性评价是城镇土地利用中对各类用地的灾害影响、防灾措施和适宜性建设要求进行评价的统称。它属于土地适宜性评价的范畴，其主要技术路线是依据影响城镇规划建设的各类主要灾害对场地危害性影响，针对城镇各类用地对建设条件要求的特点，进行适宜性分类评价。进行土地利用适宜性评价是进行城镇土地规划和城镇规划建设的基础，是城镇建设用地选址的关键环节。“5・12”汶川 8.0 级特大地震中，因大量建设用地不符合土地利用防灾适宜性评价标准，选址不利，地震破坏非常严重，图 4-1 为北川老城区，因未能避开龙门山中央断裂带主断层映秀—北川断裂带建设，形成近 100m 宽的完全毁灭地带；图 4-2 为北川县老城区西面大部分建筑物被滑坡体所掩埋的惨状；北川中

图 4-1　北川县城的地震断裂及损毁情况

图 4-2　滑坡摧毁房屋，加重地震灾害

学（新区）位于县城东部，坐落在陡峭的山坡西侧，地震触发学校东侧山体发生巨大滑坡，摧毁了北川中学（新区）几乎所有的房屋，校园内部仅残留了半个篮球场，造成了巨大的人员伤亡。

目前，关于场地分类的分析方法主要有：规范法、模糊综合评判法、灰色关联分析法、场地指数法、隶属函数法、贝叶斯法等。这些方法从不同角度对场地类别划分进行了探讨，尽管一些方法考虑了场地的模糊性特征，基本解决了传统分类方法及其反应谱的粗糙、跳跃与不连续性等问题，实现了场地与特征周期或反应谱的连续化，其结果更符合场地条件变化及其对地震动影响的实际情况，但是还存在一些方法所确定的表征各分类指标相对重要程度的权重具有明显的主观经验性和静态性，在考虑各指标对分类的综合影响时，仅简单地考虑了其线性加权综合，未能考虑场地土的动力特征参数的随机性和指标间复杂耦联性的影响，同时，一些方法虽能体现分类指标对场地分类与特征周期的复杂耦联影响，但其未构成场地分类与特征周期的连续化函数，不便表征与处理场地分类和特征周期的不确定性特征，也不便于工程人员利用信息技术手段自动处理场地分类及其相关方面的问题。而土地是一个多层次、多维因子构成的非常复杂的物质系统，土地适宜性评价的目的就是要分析论证土地对某种利用类型或方式是否适宜及适宜程度，并做出评价。目前在城镇土地规划建设中，土地利用防灾适宜性评价影响因素对其评价结果具有较强的限定性，一般评价方法不能为其评价提供支撑。即在这些评价因素中高危险度的强震地面断裂、崩塌滑坡为永久不适宜场地，而不能按照权重影响进行综合评价，即使场地条件、地质灾害等其他因素条件再好，也不能使其适宜性评价等级变好。同样的问题，对于严重砂土液化场地，其适宜性等级为差。在防灾减灾综合评价问题中，存在着很多类似的问题，当某一灾害的危险性变得严重时，对评价结果具有很强的限定性。实际上这反映了当因素属性值发生变化时，其权重也发生变化的问题。如何解决这个问题，一般是对各个适宜性分级类别分别建立权重评价体系，针对每个适宜性分级类别评判出给定场地的评价指标值，并进行对比判定属于哪一个类别。常用的有经验判断法、极限条件法、回归分析法、综合指数法、模糊综合评价法、AHP、ANN 方法等，诸多方法均各有利弊，如极限条件法以某个单项评价结果最低值作为评价结果，过于简单和谨慎；经验指数法综合考虑了各参评因子的作用，但指数加和过程中较多的参评因子削弱了重要因子的作用；基于知识的逻辑推理方法不具有自学习性，对知识的依赖使得该类方法受人为影响较大；ANN 不能有效地利用已有的专家知识，并且其推理过程过于复杂，对其获取的规则进行解释很困难；现有的模糊神经网络模型，当系统输入变量较多、模糊集划分较多时，则会产生规则组合爆炸，导致系统过于庞大以至于在现有的软硬件环境下无法正常工作，称为“规则灾”问题等。

基于此，本章针对场地连续化分类和土地利用防灾适宜性评价问题，研究思路如下：

(1) 首先分析了场地土及其分类的模糊性和随机性特征，并在综合考虑现行建（构）筑物抗震规范场地分类特征的基础上，利用定性定量间的不确定转换模型——云模型，分别构建了等效剪切波速和覆盖层厚度隶属云的数字特征期望值 Ex、熵 En 和超熵 He，并给出了场地分类的二维云模型示意图，实现了场地分类边界不确定性划分，集中体现了其影响因素的模糊性和随机性特征；其次设计了场地分类的二维多规则定性推理生成器，探讨了具体实现步骤，将其应用于场地类别和特征周期的识别过程中，实现了场地分类和特征周期的连续化，克服了在分类边界处易出现类别跳跃等不合理现象，基本实现了现行建(构)筑物抗震规范在场地分类方面的统一；最后利用该方法对 74 个实例进行分析，结果显示：场地分类的正确率达到 96.3%，场地特征周期分布与现行建筑抗震规范给出的特征周期等值图吻合也较好。

(2) 构建了基于广义动态模糊神经网络（Generalized Dynamic Fuzzy Neural Networks，GD-FNN）的土地利用防灾适宜性评价方法。其研究思路是首先从城镇规划与建设的角度，给出了与目前对场地灾害科学认识水平相适应的、满足城镇土地利用防灾适宜性评价需要的分级体系以及评价参数属性估算的方法；其次，介绍了基于椭圆基函数(Ellipsoidal Basis Function，EBF) 的广义动态模糊神经网络，以及 GD-FNN 的结构和动态学习算法，并分析了利用 GD-FNN 用于土地利用防灾适宜性评价的可行性；最后，以某城市中心城区为例，结合 GIS 系统平台，给出了土地利用防灾适宜性评价的技术路线、实现步骤以及相关评价结果的分析。

4.2 基于二维多规则云模型定性推理的场地连续化分类方法

4.2.1 场地土及其分类的不确定性描述

场地是由场地岩土及各种地质构造组成的复杂的地质体，不均一性、非线性和不连续性是工程场地在介质的力学性质方面表现出来的突出特点，这样使得诸如剪切波速、各土层厚度及覆盖层厚度等各指标的值不是确定的，除具有模糊性外，尚具有随机性，在一定范围内变动。场地土的动力特征参数的随机性主要来源于场地土试样是否能代表该场地土的不充分性和试验过程中的随机性以及场地土的复杂性。在实际测定时，若用大量钻孔势必花费大量的人力、物力，况且钻孔也不可能太密，只能选择一些控制性钻孔测定，这样得到的各指标值反映的不是场地的完备信息，而是场地的不确定信息，例如：大量实测结果统计表明，土层剪切波速的变异系数常在 30%左右，有的甚至更高。但是相关规范把场地分类指标值用确定的数进行处理，偏离场地的实际情况较大。所以用不确定性理论和方法来表达场地分类指标的信息，更能反映场地土的实际情况。

国内外已建立了上百种的场地分类方法。相关文献在对包括 33 个国家抗震规范在内的 50 个场地分类方案进行分析与总结后，发现诸方案分类指标差异较大，且主要涉及土质岩性、覆盖层厚、标贯击数、地下水位、快剪强度、卓越周期、相对密度、干容重、反应谱峰点、承载力及纵横波速等诸多影响因素，这些指标或因素均对地震动及场地分类有着直接或间接及或大或小的影响。场地分类影响因素的复杂性及工程界要求分类方法方便有效等客观情况，决定了需在低维的影响因素或分类指标空间内，分析表征具有复杂耦联性的多维影响因素给地震动所带来的综合影响。此时，即使明确的分类指标与方法也会使分类变得具有不确定性；同时，由固、液、气三相组成的场地土，常因三相比例及固体颗粒的形状、矿物成分、粒径分布与级配等的变化，而表现出极其复杂的多种性能特征，使场地土本身具有亦此亦彼的不确定性能特征；再加上场地类别概念内涵不精确与外延不清晰所带来的模糊性等，这些均决定了场地的分类与辨识具有明显的不确定性特征。

4.2.2　场地类别划分的二维云模型描述

1. 云的基本概念

定义1：云是用语言值描述的某个定性概念与其数值表示之间的不确定性转换模型，或者简单地说，云模型是定性定量间转换的不确定性模型。设 U 是一个论域 $U=\{x\}$，T 是与 U 相联系的语言值。U 中的元素 x 对于 T 所表达的定性概念的隶属度 $C_T(x)$（或称 x 与 T 的相容度）是一个具有稳定倾向的随机数，隶属度在论域上的分布称为隶属云，简称为云。

$C_T(x)$ 在［0，1］中取值，云是从论域 U 到区间［0，1］的映射，即：

$$C_T(x):U\rightarrow[0,1],\forall\ x\in U,x\rightarrow C_T(x)$$

图4-3显示了土层剪切波速对应土的类型语言值“中软土”的一维正态云描述图。云的几何形状对理解定性与定量间转换的不确定性有很好的帮助。第一，所有 $x\in U$ 到区间［0，1］的映射是一对多的转换，x 对于 T 的隶属度是一个概率分布而非固定值，从而产生了云，而不是一条明晰的隶属曲线。第二，云由许许多多的云滴组成，一个云滴是定性概念在数量上的一次实现，单个云滴可能无足轻重，在不同的时刻产生的云的细节可能不尽相同，但云的整体形状反映了定性概念的基本特征。云滴的分布类似天上的云，远看有明确的形状，近看没有确定的边界，这就是用“云”来命名它的原因。第三，云的数学期望曲线（Mathematical Expected Curve，MEC）从模糊集理论的观点来看是其隶属曲线。第四，云的“厚度”是不均匀的，腰部最分散，“厚度”最大，而顶部和底部汇聚性好，“厚度”小。云的“厚度”反映了隶属度的随机性的大小，靠近概念中心或远离概念中心处隶属度的随机性较小，而离概念中心不近不远的位置隶属度的随机性大，这与人的主观感受相一致。

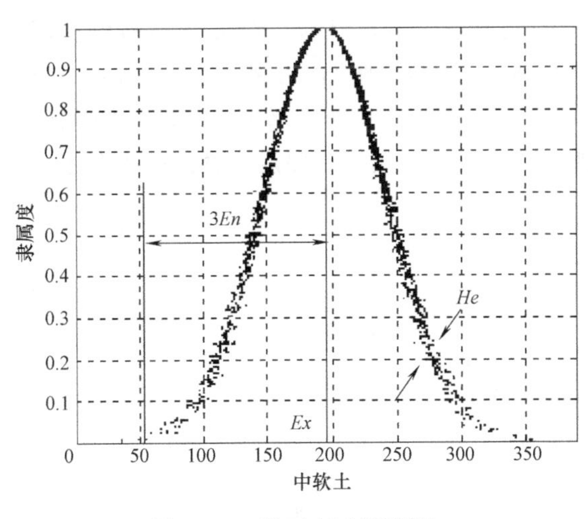

图4-3　一维正态云描述图

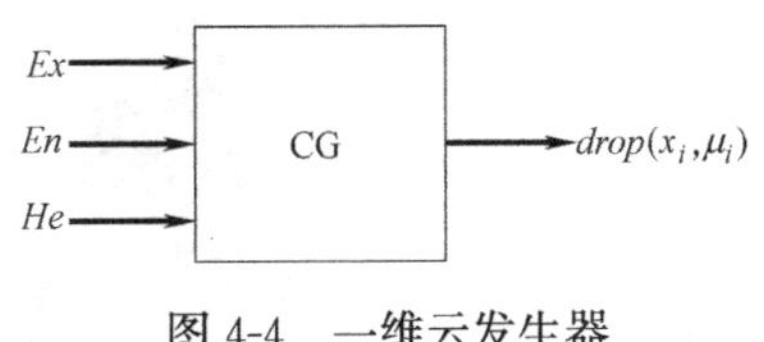

图4-4　一维云发生器

2. 云的数字特征与正态云算法

云的数字特征用期望值 Ex（Expected Value）、熵 En（Entropy）、超熵 He（Hyper Entropy）3个数值来表征，如图4-3所示。期望值 Ex：是概念在论域中的中心值，是最能代表这个定性概念的值，换句话说，Ex 是100%隶属于这个定性“中软土”概念；熵

En：是定性概念模糊度的度量，反映了在论域中可被这个概念所接受的数值范围（根据概率与统计学知识，在 En 的左右各 $3En$ 的范围内应覆盖 99%的可被概念接受的元素），体现了定性概念亦此亦彼性的裕度，熵越大，概念所接受的数值范围也越大，概念越模糊；超熵 He：可谓熵 En 的熵，反映了云滴的离散程度，超熵越大，云滴离散度越大，隶属度的随机性越大，云的"厚度"也越大。由此可见，云模型的 3 个数字特征值把模糊性（定性概念的亦此亦彼性）和随机性（隶属度的随机性）完全集成到一起，构成定性和定量相互间的映射，作为知识表示的基础。

正态云在表达最基本的语言值——语言原子时最为有用，因为社会科学和自然科学的各个分支都已经证明了正态分布的普适性。下面给出正态云发生器 CG（Ex，En，He，n）（图 4-4）的实现算法：

输入：数字特征（Ex，En，He），生成云滴的个数 n；

输出：n 个云滴 x 及其确定度 μ [也可表示为 drop（x_i，μ_i），$i=1$，2，…，n]。

算法步骤：

(1) 产生一个均值为 En，标准差为 He 的正态随机数 $En'_i=\text{NORM}(En, He^2)$；

(2) 产生一个均值为 Ex，标准差为 En'_i 的正态随机数 $x_i=\text{NORM}(Ex, En'^2_i)$；

(3) 计算 $\mu_i=\exp[-(x_i-Ex)^2/2(En'_i)^2]$；

(4) 具有确定度 μ_i 的 x_i 成为数域中的一个云滴；

(5) 重复步骤 (1) 到 (4)，直至产生要求的 n 个云滴为止。

3. 二维云描述

定义 2：设 X 是一个普通集合 $X=\{(x_1, x_2)\}$，称为论域。关于论域 X 中的模糊集合 $\widetilde{A}$，是指对于任意元素（x_1，x_2）都存在一个有稳定倾向的随机数 $\mu\widetilde{A}$（x_1，x_2），叫作（x_1，x_2）对 $\widetilde{A}$ 的隶属度。如果论域中的元素是简单有序的，则 X 可以看作是基础变量；如果论域中的元素不是简单有序的，而根据某个法则 f，可将 X 映射到另一个有序的论域 X' 中，X' 中的一个且只有一个（x'_1，x'_2）和（x_1，x_2）对应，则 X' 为基础变量。隶属度在基础变量上的分布称为云。例如"剪切波速，覆盖层厚度"就是一组合定性语言值，如图 4-5 所示，属于场地类别Ⅱ。

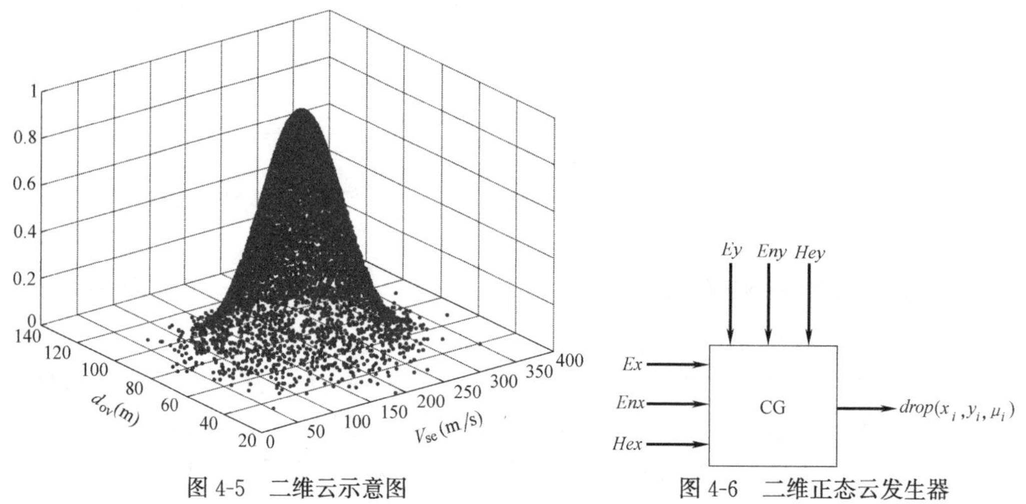

图 4-5　二维云示意图

图 4-6　二维正态云发生器

给定二维正态云的数字特征：期望值（Ex，Ey）、熵（Enx，Eny）和超熵（Hex，Hey），可以通过二维正向正态发生器生成云滴，如图 4-6 所示，具体算法如下：

输入：数字特征（Ex，Ey，Enx，Eny，Hex，Hey），生成云滴的个数 n；

输出：n 个云滴 x 和 y 及其确定度 μ [也可表示为 drop(x_i，y_i，μ_i)，$i=1$，2，…，n]。

算法步骤：

（1）产生一个期望值为（Enx，Eny），标准差为（Hex，Hey）的二维正态随机数（Enx'_i，Eny'_i）；

（2）产生一个期望值为（Ex，Ey），标准差为（Enx'_i，Eny'_i）的二维正态随机数（x_i，y_i）；

（3）计算 $\mu_i=\exp\{-[(x_i-Ex)^2/2(Enx'_i)^2+(y_i-Ey)^2/2(Eny'_i)^2]\}$；

（4）令（x_i，y_i，μ_i）为一个云滴，它是该云表示的语言值在数量上的一次具体实现，其中（x_i，y_i）为定性概念在论域中这一次对应的数值，μ_i 的（x_i，y_i）属于这个语言值的程度的量度；

（5）重复步骤（1）到（4），直至产生要求的 n 个云滴为止。

4. 场地分类指标的不确定描述

现行国家标准《建筑抗震设计规范》GB 50011 主要是根据场地的覆盖层厚度和等效剪切波速来进行场地类别的划分，如表 4-1 所示，并根据地震动强度和场地类别来确定设计反应谱。为了表述方便，有利于从大量的数据实例和经验中提取较少的定性规则来描述表 4-1 中的场地类别，本节首先对 2 个指标定性表述，如表 4-2 所示，将场地的覆盖层厚度分为 9 个语言描述等级，将等效剪切波速分为 4 个语言描述等级。需要说明的是，指标的语言值描述并不代表实际情况，仅仅是为等级的划分，方便从大量数据实例和经验中进行聚类归纳。通过分析，得到表 4-2 中 2 种指标对应的 10 条定性推理规则。

if 场地的覆盖层厚度无　and 等效剪切波速很大，then 场地类别为Ⅰ；
if 场地的覆盖层厚度很薄　and 等效剪切波速中，　then 场地类别为Ⅰ；
if 场地的覆盖层厚度很薄　and 等效剪切波速小，　then 场地类别为Ⅰ；
if 场地的覆盖层厚度较薄　and 等效剪切波速大，　then 场地类别为Ⅰ；
if 场地的覆盖层厚度薄　and 等效剪切波速小，　then 场地类别为Ⅱ；
if 场地的覆盖层厚度一般　and 等效剪切波速中，　then 场地类别为Ⅱ；
if 场地的覆盖层厚度较厚　and 等效剪切波速大，　then 场地类别为Ⅱ；
if 场地的覆盖层厚度厚　and 等效剪切波速小，　then 场地类别为Ⅲ；
if 场地的覆盖层厚度很厚　and 等效剪切波速中，　then 场地类别为Ⅲ；
if 场地的覆盖层厚度极厚　and 等效剪切波速小，　then 场地类别为Ⅳ。

各类建筑场地的覆盖层厚度（m）　　**表 4-1**

等效剪切波速 v_{se} (m/s)	场地类别			
	Ⅰ	Ⅱ	Ⅲ	Ⅳ
$v_{se}>500$	0	—	—	—
$500\geqslant v_{se}>300$	<5	≥5	—	—
$250\geqslant v_{se}>140$	<3	3～50	>50	—
$v_{se}\leqslant 140$	<3	3～15	15～80	>80

等价转换后的场地类别划分和指标的语言值描述　　表 4-2

等效剪切波速	场地覆盖层厚度								
	无	很薄	较薄	薄	一般	厚	较厚	很厚	极厚
很大	Ⅰ								
大			Ⅰ				Ⅱ		
中		Ⅰ			Ⅱ			Ⅲ	
小		Ⅰ		Ⅱ		Ⅲ			Ⅳ

场地分类指标和场地类别的不确定概念描述值　　表 4-3

数字特征	场地覆盖层厚度								
	无	很薄	较薄	薄	一般	厚	较厚	很厚	极厚
Ex	0	1.5	7.5	9	26.5	46.5	57.5	75	90
En	0	1.27	7.12	5.09	19.94	26.58	40.31	21.21	8.4853
He	0.2	0.5	0.5	0.5	0.5	0.5	0.5	0.5	0.2
数字特征	等效剪切波速				数字特征	场地类别			
	小	中	大	很大		Ⅰ	Ⅱ	Ⅲ	Ⅳ
Ex	70	195	375	600	Ex	1	2	3	4
En	59.45	46.71	106.17	84.93	En	1/3	1/3	1/3	1/3
He	1	2	2	1	He	0.02	0.05	0.05	0.02

参考现行国家标准《建筑抗震设计规范》GB 50011 给出场地类别划分依据，将定性语言值表达的定性知识转化为云对象表达的定量知识。取等效剪切波速的上限值为 800m/s；场地覆盖层厚度的总范围为（0～100)m；场地类别按照数字 1、2、3 和 4 为均值进行转换，两边为半云模型；当等效剪切波速处于（0～70)m/s 和（600～800)m/s，覆盖层厚度为（90～100)m 时，取云模型表示的隶属度为 1，属于梯形云模型。在物理量范围的边界值介于二者之间时，隶属度为相同值 0.5。经过云对象处理后的数字特征和特征参数，如表 4-3 所示。图 4-7 为等效剪切波速的云模型表示示意图，图 4-8 为场地类别的云模型表示示意图。

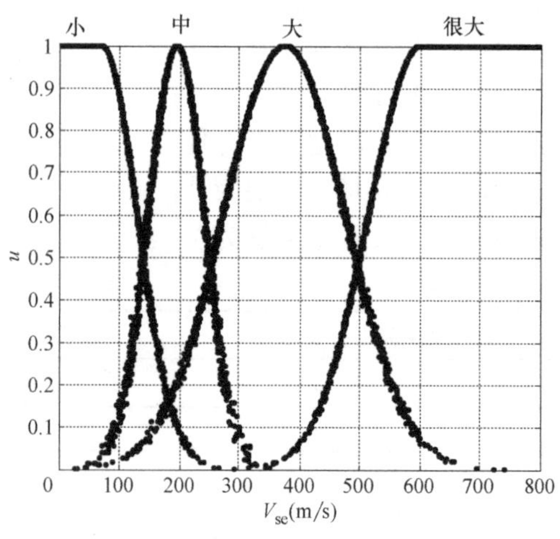

图 4-7　等效剪切波速的云模型描述

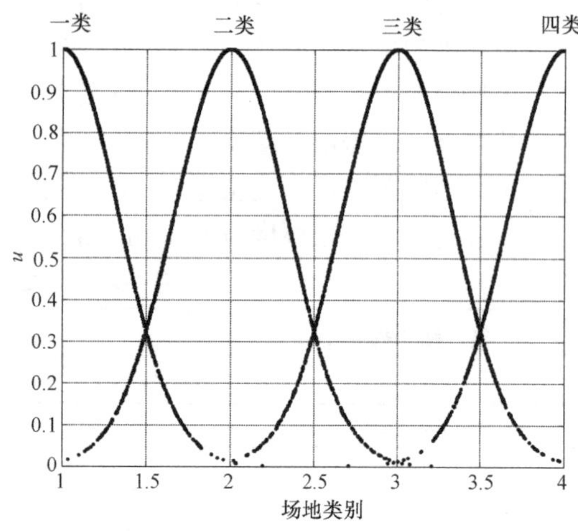

图 4-8　场地类别的云模型描述

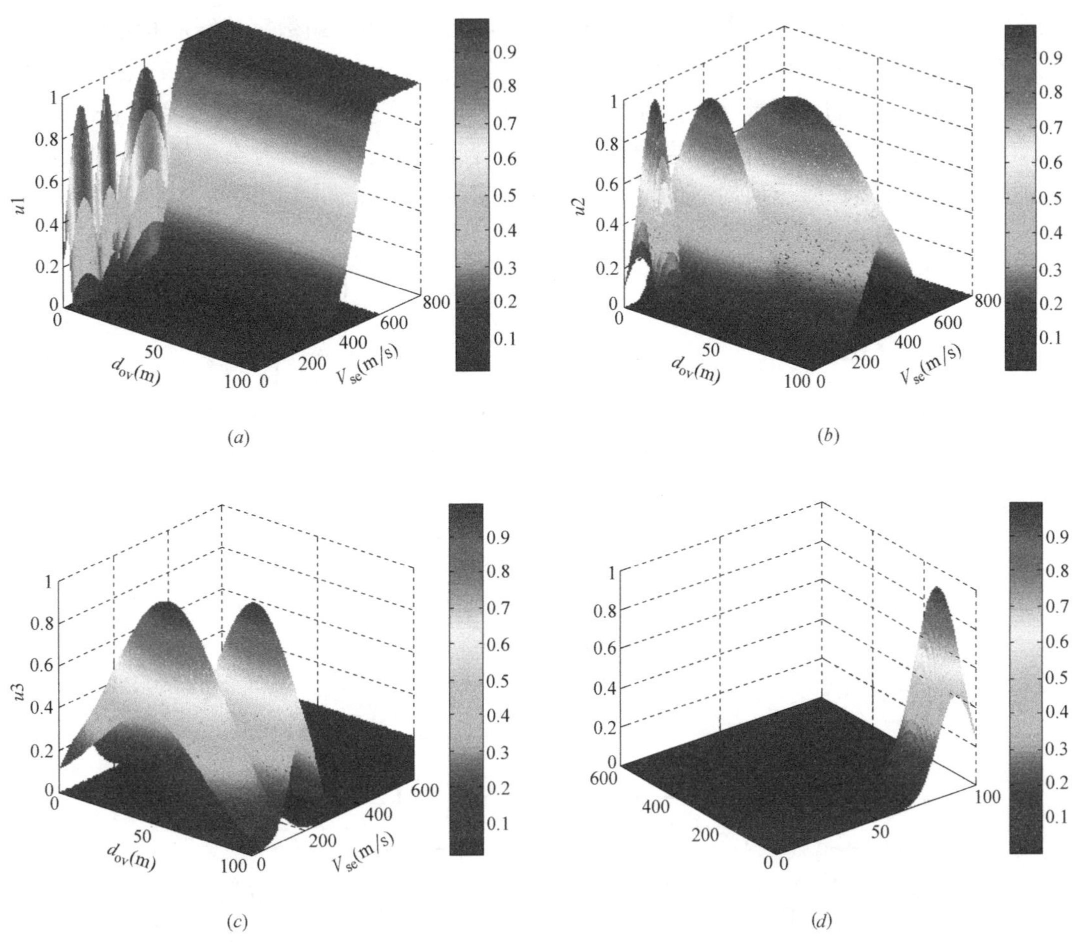

图 4-9　利用二维云模型描述的场地类别空间分布图

(a) μ_1；(b) μ_2；(c) μ_3；(d) μ_4

5. 基于二维云模型的场地类别空间分布

通过对场地类别指标的不确定描述以及云对象处理，得到指标云模型表达的数字特性，在一定程度上兼顾了场地类别划分存在的模糊性和随机性特征，反映了其之间的复杂非线性关系，并且也实现了场地分类边界上的模糊化和联系性，充分利用了最新抗震规范和文献的分类结果和思想，依次进行场地分类更能可观地反映实际情况。图 4-9 为利用二维云模型描述的场地类别空间分布图。其中，$\mu_i(V_{se}, d_{ov})$ 为第 $i(i \in [1,4])$ 类标准场地的隶属云函数，V_{se}和 d_{ov}可参考表 4-3 中的数据。

4.2.3　场地分类的二维云多规则定性推理算法与理论应用

对于如上的一条不确定规则，用 X 条件云和 Y 条件云发生器来构造规则生成器，这样，当确定一个输入值，就将得到一个规律性的结果。通过所归纳出 10 条不确定规则，利用单规则或多规则生成器，通过对输入不确定概念的操作，可得到场地类别的分类结果。

1. 二维云的分类

除了上述已经描述的正向二维云以外（可参见第 4.2.2 节），二维云还有 X 条件云、

Y 条件云和二维逆向云。X 条件云：通过 2 个方向给定云的 3 组数字特征和特定的（X_1，X_2）值 $X_1=U_1$，$X_2=U_2$，产生满足上述条件的云滴 drop(μ_1，μ_2，y_i)；Y 条件云：通过 2 个方向给定云的 3 组数字特征和特定的值 $Y=V_1$，产生满足条件的云滴组 drop(x_{1i}，x_{2i}，v_1)，如图 4-10 所示；二维逆向云：给定符合某一正态二维云分布规律的 1 组云滴作为样本，产生描述二维云所对应的定性概念的数字特征，如图 4-11 所示。

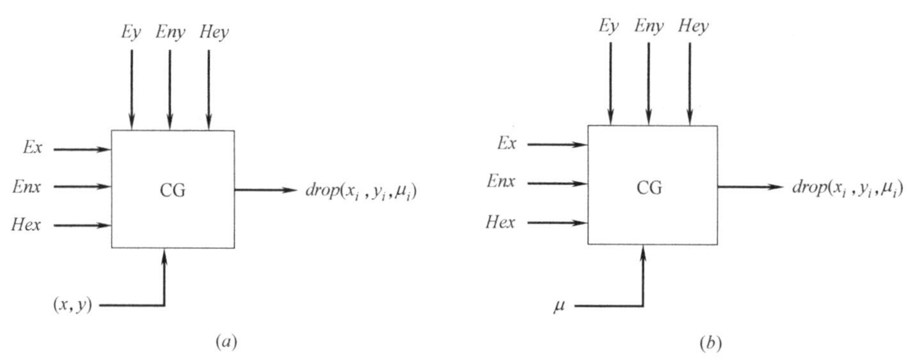

图 4-10 条件云发生器

（a）x，y 条件；（b）μ 条件

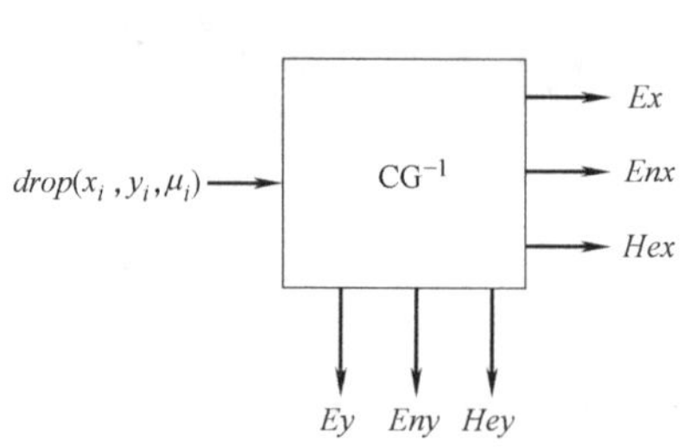

图 4-11 二维逆向云发生器

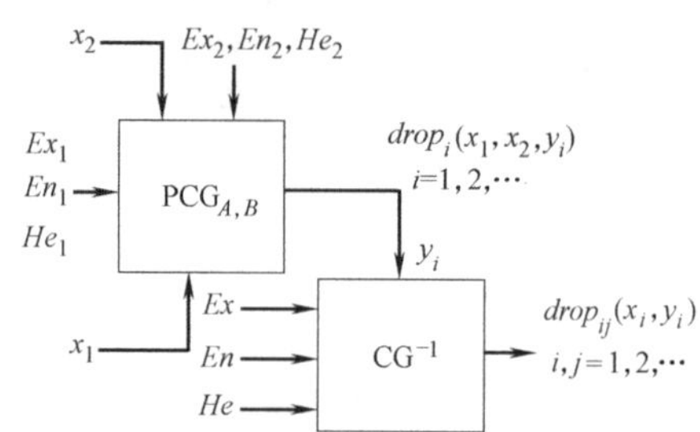

图 4-12 二维单规则云发生器

2. 二维多规则生成器的定性推理机制

用二维 X 条件云发生器和一维 Y 条件云发生器构造如下不确定规则生成器，IF A and B then C，如图 4-12 所示。当多个这样的二维云单规则生成器组合起来作用时，就构成了本节所需要的场地类别划分定性推理机制，如图 4-13 所示。根据上述提取的 10 条定性规则集，依据图 4-13 的云模型定性推理机制，可以以给定的场地分类指标等效剪切波速和覆盖层厚来判断该场地的类别，具体的推理过程如下：

(1) 给定各个带条件隶属云对象的参数；

(2) 对每一条单规则，以（En_1，En_2）为期望，（He_1，He_2）为方差，生成符合二维正态分布的 1 个二维随机值（En_{1i}，En_{2i}）；

(3) 根据给定的场地等效剪切波速和覆盖层厚（μ_1，μ_2），由步骤 2 中的（En_{1i}，En_{2i}）求出各个单规则生成器的前条件中输入（μ_1，μ_2）值所得到的激活强度，即隶属度 $\mu_i=e^{-\left(\frac{(\mu_1-Ex_1)^2}{2En_{1i}^2}+\frac{(\mu_2-Ex_2)^2}{2En_{2i}^2}\right)}$；

(4) 取 μ_i 中最大 μ_1 和次大的 μ_2，其相应的 2 条单规则，根据给定后条件的 (En_3，He_3) 随机生成以 En_3 为期望值、He_3 为方差的一维正态随机值 En_{31}，En_{32}；

(5) 根据 $\mu_1=e^{-\left(\frac{(y_1-Ex_3)^2}{2En_{31}^2}\right)}$ 和 $\mu_2=e^{-\left(\frac{(y_2-Ex_3)^2}{2En_{32}^2}\right)}$，反计算求得在 μ_1，En_{31} 条件下的 2 个 y_1 和 μ_2，En_{32} 条件下的 2 个 y_2；

(6) 取选取最外侧的 2 个云滴 (y_1，μ_1) 和 (y_2，μ_2)，用几何的方法构建一个虚拟的概念。该虚拟云的数字特征为 (Ex，En，He)，暂定其中的超熵 $He=0$，通过几何的方法求解方程组，可得虚拟云的期望 $Ex=\frac{y_1\sqrt{-2\ln(\mu_2)}+y_2\sqrt{-2\ln(\mu_1)}}{\sqrt{-2\ln(\mu_2)}+\sqrt{-2\ln(\mu_1)}}$ 和熵 $En=\frac{|y_1-y_2|}{\sqrt{-2\ln(\mu_2)}+\sqrt{-2\ln(\mu_1)}}$，也可取较近的 2 个云滴进行计算。反计算出经过此两点的正态曲线的期望值 Ex，以之作为一结果输出，亦可返回步骤 (2)，循环若干次，得到所有云滴值的输出集合和集合代表的定性语言值，作为定性的预测结果。

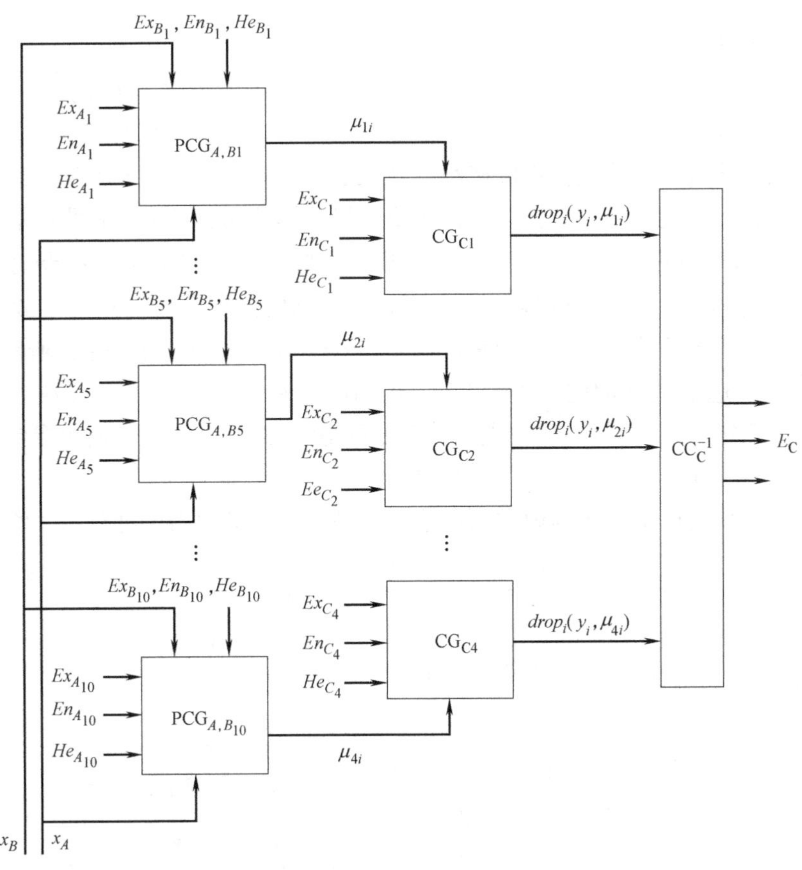

图 4-13　二维云多规则定性推理发生器

根据上述二维云多规则定性推理算法，将第 4.2.2 节中的场地分类指标 v_{se} 和 d_{ov} 的云模型数字特征作为输入参数进行推理计算，可得到场地连续化分类的空间和平面分布图，如图 4-14 所示。

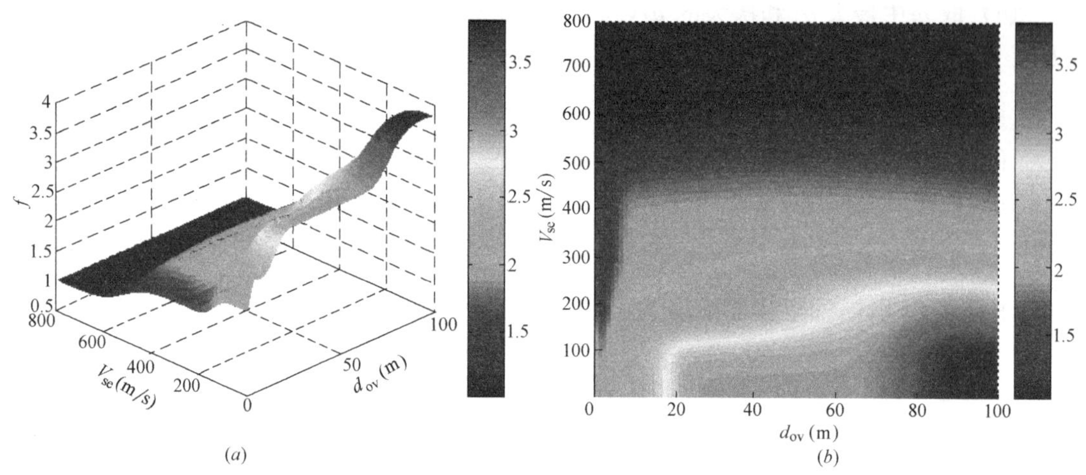

图 4-14　场地连续化分类的空间和平面分布图

(a) 空间分布图；(b) 平面分布图

3. 应用实例分析

相关文献通过各种途径收集了一些场地条件资料，共 24 个城市或地区的 79 个典型工程钻孔资料，资料选取的地点北到大庆，南到海口，西到兰州，东到山东，分布在全国各地。本小节从中选取场地等效剪切波速小于 800m/s 且覆盖层厚度不大于 100m 的 74 组数据对本节提出的方法进行验证分析。以位于第一设计地震分组区的 71 号数据为例进行说明。将其 $v_{se}=198.8$m/s，$d_{ov}=57.9$m 输入图 4-13 的二维云多规则生成器时，它将激活前件 10 个定性规则中的第 6 条和第 8 条规则，激活强度分别为最大 $\mu_1=0.5793$ 和次大的 $\mu_2=0.4149$，对应到后件云发生器中将各生成 2 个云滴，如图 4-15 (a) 所示的 a、b、c 和 d 四个云滴。选取最外侧的 a (1.5579，0.4149) 和 d (6.3483，0.5793) 两个云滴，按照上述云模型定性推理步骤 (6) 进行运算，可得到 $Ex=7.5594$。而可参考图 4-8 中场地类别的云模型描述，期望值代表的定性语言值属于“场地类别为Ⅲ”，识别结果与规范方法一致。这样就完成了一次场地类别识别，帮助工程人员利用信息技术手段自动处理场

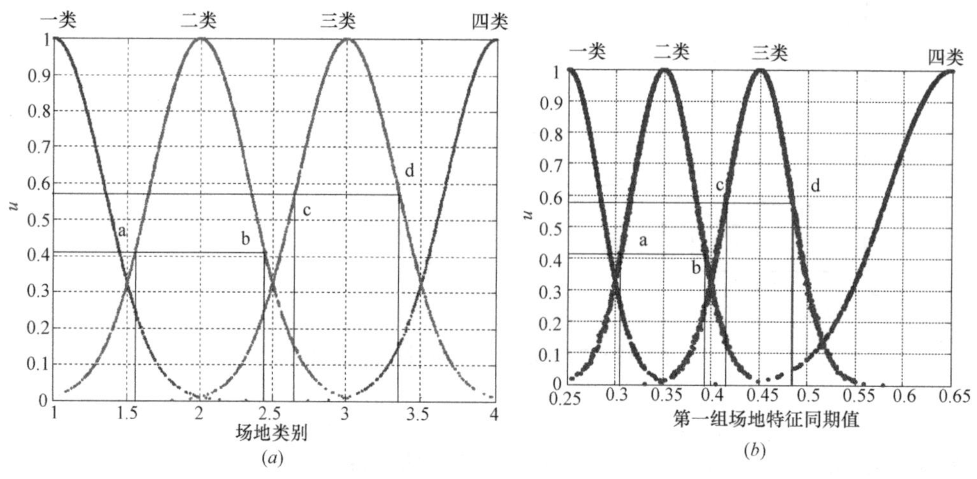

图 4-15　规则后件定性概念及虚拟云的云图

地分类及其相关方面的问题。而利用相关文献中的模糊综合评判法得到的隶属度为［0，0.5195，0.4803，0.003］，属于场地类别Ⅱ，结果判断错误。同理，可对剩余的其他数据进行定性推理分析，场地类别的正确率达 96.3%，结果显示了该方法的有效性和可行性。

4.2.4　场地特征周期连续化的云模型

利用上述场地分类方法虽可帮助设计人员依据场地的不确定性或连续化分类信息，对结构的抗震构造等措施采取必要的调整或实现其连续化，但依据其所确定场地类别很难合理利用现行抗震规范的离散化反应谱进行地震作用计算。鉴于规范主要以场地特征周期的形式考虑场地对反应谱影响的客观情况，为保持与规范的一致性，可根据上述场地分类的二维云多规则定性推理机制，仅需将规则后件定性概念改为规范中设计地震分组相对应的场地类别特征周期值的云模型表达形式即可［（图 4-15（b）为设计地震分组为第一组的规则后件云定性概念，按照第 4.2.3 节中定性推理机制，可得到与 71 号分析实例对应的场地特征周期 $Tg_1=0.4059$s，相对于相关文献利用模糊综合评判法的 0.3981s，更贴近规范值 0.45s］，这样就可以得到与连续化场地分类相对应的连续化特征周期，从而实现反应谱的连续化。图 4-16 给出了第一类设计地震分组的特征周期的分布图，可以看出特征周期具有较好的空间连续性，并与现行抗震规范给出的特征周期等直线有较好的吻合。

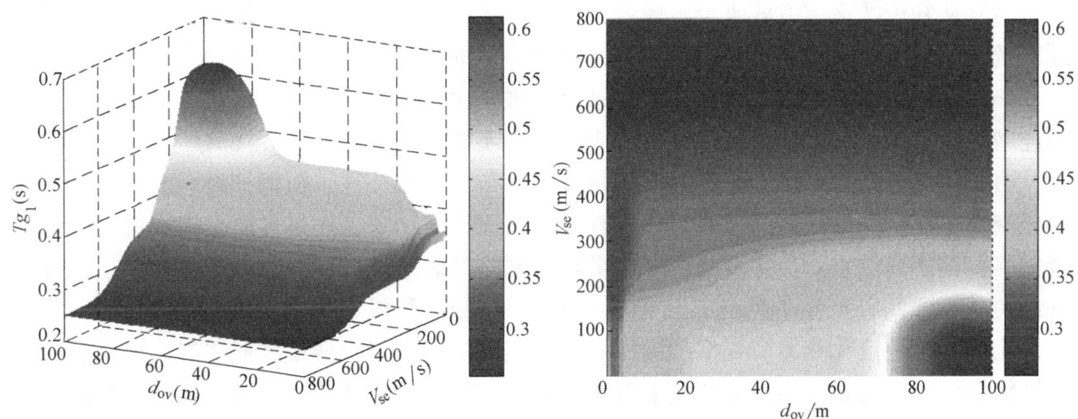

图 4-16　第一类设计地震分组的特征周期分布图

本节阐述了场地土及其分类的不确定性特征，首次将云模型理论引入到土木工程应用中，用云的数字特征期（Ex，En，He）表征定性概念，将定性定量转换中的模糊性和随机性集成到一起，克服了模糊集理论中隶属函数的固有缺陷，使云理论为场地分类和其他土木工程类似问题提供了新的解决方法。通过理论分析和实例计算，取得了如下成果和结论：探讨了利用云模型描述场地分类指标选择与分类等级确定的原则；以现行建（构）筑物抗震规范场地分类的标准为基础，给出了场地覆盖层厚度和等效剪切波速的参考云表示的数字特征，并建立了与规范四类场地土相对应的二维云空间分布图；设计了场地类别划分的二维云多规则定性推理发生器，介绍了基于云模型的定性推理机制和步骤，得到了场地连续化分类的空间分布图，较好地考虑了场地及其分类的不确定性特征，综合反映了 d_{ov}及 v_{se}对场地分类的复杂非线性影响，避免了现行建（构）筑物抗震规范利用基于 2 个一维隶属函数线性加权的场地指数来进行分类时权重确定的主观性及其在局部边界场地类别的跳跃性；同时，也实现了与设计地震分组对应的现行建筑抗震设计规范的连续化场地特征周期空间分布图，其结果表明与现行建筑抗震设计规范的特征周期等值图有较好的一致性，为工程实际中更客观合理地确定结构地震作用提供了可能。

4.3 基于广义动态模糊神经网络的土地利用防灾适宜性评价

模糊系统、神经网络及遗传算法是目前公认的人工智能、软计算和数据挖掘的主要内容。模糊神经网络集模糊系统知识的明显表达和神经网络强大的学习功能于一体，具有诸多优点：

(1) 模糊系统试图描述和处理人的语言和思维中存在的模糊性概念，从而模仿人的智能。神经网络则是根据人脑的生理结构和信息处理的过程来构造人工神经网络，其目的也是模仿人的智能。

(2) 从知识的表达方式来看，模糊系统可表达人的经验性知识，便于理解；而神经网络只能描述大量数据之间的复杂函数关系，难于理解。

(3) 从知识的存储方式来看，模糊系统将知识存储在规则集；神经网络将知识存储在连接权重，具有分布存储的特点。

(4) 从知识的运用方式来看，模糊系统和神经网络都具有并行处理的特点，模糊系统同时激活的规则不多，计算量小；而神经网络涉及的神经元很多，计算量大。

(5) 从知识的获取方式来看，模糊系统的规则由专家提供或设计，难于自动获取；而神经网络的权重系统可由输入输出样本中学习，不需人为设置。

由此可见，模糊系统和神经网络的特点具有很强的互补性。模糊神经网络也因此成为该领域仅今年研究的热点。但是，模糊神经网络无论从结果上还是本质上来说就是一个神经网络，其研究的重点最主要集中在模糊神经网络的表达方式和参数确定上，一个不合理的结构会导致两种严重的问题：过拟合（overfitting）和过训练（overtraining），从而直接影响到系统的泛化能力。在实际应用时，从实际应用系统中搜集数据样本，选择模糊神经网络结构，并通过学习算法调整参数，再以测试样本检验系统泛化误差来决定所确定的系统是否合适。一旦确定好结构和参数，把这个训练好的模糊神经网络系统用于实际系统，并在运行中进一步调整参数，以达到所谓的自适应学习与控制。由此可知，这是一种试凑方法，具有很大的不确定性，并且该方法学习速度慢，容易陷入局部极小点。

基于上述背景，提出了利用 GD-FNN 来评价土地利用防灾适宜性评价。这里所谓的“广义”是具有两层含义，从原理上来说，与扩展径向基（Radial Basis Function，RBF）接收域相比，椭圆基函数（Ellipsoidal Basis Function，EBF）接收域提供了更灵活、更广泛的非线性变换来逼近任意一个非线性系统，因此算法上更为复杂，更具有一般性；从应用上来说，该算法提取的模糊规则具有很好的可理解性，因此，除作为建模工具外，还可作为知识提取的工具。“动态”是指：(1) 神经元具有动态特性；(2) 输入输出带反馈，即所谓反馈神经网络；(3) 神经网络层间带反馈。即模糊神经网络的网络结构不是预先设定的，而是动态变化的，即在学习开始前，没有一条模糊规则，其模糊规则在学习过程中逐渐增长而形成，学习速度较快，且模糊规则数并不随输入变量的增加而按指数增长，尤其是无须领域的专家知识就可以对系统自动建模及抽取模糊规则（知识）。

4.3.1　工程抗震土地利用适宜性评价体系

1. 土地利用防灾适宜性影响因素

各类灾害影响因素对城镇土地利用防灾适宜性影响机制和方式是不完全一致的。要考虑的主要灾害影响有：

（1）地震场地破坏效应方面：地震液化、震陷、地面断裂以及滑坡、崩塌等由地震引起的地震地质灾害。

（2）影响城镇规划建设的地质灾害方面：滑坡、崩塌、泥石流、地面塌陷、地裂缝、地面沉降等。

（3）洪水灾害的影响主要包括洪水淹没危险性、溢洪区和泄洪区影响等。

（4）另外对城市土地利用有影响的还有场地类别划分。

这些影响因素对城镇用地的影响方式和特点有差异，大致可描述如下：

（1）有些因素对城镇土地利用具有限制性，如地面断裂场地属于危险场地，不许进行工程建设，崩塌、滑坡危险区工程建设也应避开，Ⅳ类场地、严重液化场地等均为建设不利场地。不同因素的限制性程度不同，同一种因素不同危害程度对土地适宜性的限制也不尽相同。

（2）随着各种因素危害程度的高低不同，体现为对场地适宜性的不利影响到有利影响。

（3）在城镇建设中，不同区块的影响因素的重要性程度不尽一致，主导因素有时也有差异。

为此，在进行城镇土地防灾适宜性评定时，需要从下述几个方面考虑各灾害因素的影响，如表 4-4 所示：因素的类型，不同的因素对适宜性的影响是不同的；因素对工程建设的限制性；用地的重要性和影响后果。

2. 土地利用防灾适宜性评价分级体系

表 4-4～表 4-7 给出了土地利用防灾适宜性的分级体系。该分级体系从适宜性定义、地质地貌地形描述、对城镇规划建设影响、灾害影响限制因子四个方面给出了适宜性级别的分级分类标准，在灾害影响描述中，强震地面断裂等对城市规划建设限制性强的因子采用较为明确的描述，而对限制性较小的因素，其危害程度则多采用了定性语言，表示了其危程度对适宜性的影响具有相对性，对城市土地利用的强制性弱一些，在城镇进行土地利用规划时可根据整体情况进行调整。在表 4-4～表 4-7 中特别给出了有条件适宜的分类，应该说它不完全是一种单独的分级，因此并没有为之定义适宜性指数值，它是为了适应城镇土地利用中对一些风险不明确或者当前技术水平难以治理或治理起来代价太大的情况。为了进行防灾适宜性评价的方便，在表 4-4 中特别给出了适宜性指数的定义，便于不同地块的适宜性的比较。

土地利用防灾适宜性的分级体系（Ⅰ）　　表 4-4

类	级	适宜性指数 SI	适宜性定义
适宜 S	高度适宜 S1	0.8～1.0	灾害影响对城镇建设的土地持续利用没有限制，或即使有限制，但对工程建设的进行影响甚微，对工程建设投资影响也很小，且不会影响建成后的使用

续表

类	级	适宜性指数 SI	适宜性定义
适宜 S	基本适宜 S2	0.6～0.8	灾害影响对城镇建设的土地持续利用有一定限制，对工程建设的进行影响较小，但不会影响建成后的使用，可能需要采取治理措施抵御危害影响，工程建设可能需为此增加投资，但一般增加有限
	勉强适宜 S3	0.4～0.6	灾害影响对城镇建设的土地持续利用有较大限制，对工程建设的进行有一定影响，大致不会影响建成后的使用，工程建设需要采取较严格的场地治理措施抵御或消除危害影响，需为此增加相当的投资，但一般不致使投资提高到超出可接受的程度
	适宜性差 S4	0.4～0.4	灾害影响对城镇建设的土地持续利用有很大限制，对工程建设的进行影响很大，为不影响建成后的使用，工程建设需要采取严格的场地治理措施消除或防止危害影响，一般需要进行专门的技术治理及采取工程防治措施，需为此增加投资较多，是否超出可接受的程度需要根据具体情况确定
有条件适宜 Sc			灾害影响存在较大的不确定性，有理由支持该场地可能发生建设工程无法抵御的破坏或难以治理，是否可以利用需要进一步评价
不适宜 N	局限性不适宜 NR	0.1～0.2	造成危害严重(可能造成建筑工程难以抵御的危害)、危险性较高的场地，因对危险程度或危害程度的敏感性，某些(较重要的)城市建设土地用途不适宜，有些对危险或危害水准要求低(不太重要)的其他建设用途可以有条件使用
	永久不适宜 NP	0.0～0.1	危险场地(危害度高)，建(构)筑物一般无法或很难采取工程措施抵御可能造成的危害，工程建设应避让

土地利用防灾适宜性的分级体系（Ⅱ） **表 4-5**

类	级	适宜性地质、地形、地貌描述
适宜 S	S1	(1)属稳定基岩或坚硬土或开阔、平坦、密实、均匀的中硬土等场地稳定、土质均匀、地基稳定的场地； (2)地质环境条件简单，无地质灾害破坏作用影响； (3)无明显地震破坏效应； (4)地下水对工程建设无影响； (5)地形起伏即使较大但排水条件尚可
	S2	(1)属中硬土或中软土场地，场地稳定性较差，土质较均匀、密实，地基较稳定； (2)地质环境条件简单或中等，无地质灾害破坏作用影响或影响轻微，易于整治； (3)虽存在一定的软弱土、液化土，但无液化发生或仅有轻微液化的可能，软土一般不发生震陷或震陷很轻，无明显的其他地震破坏效应； (4)地下水对工程建设影响较小； (5)地形起伏虽较大但排水条件尚可
	S3	(1)中软或软弱场地，土质软弱或不均匀，地基不稳定； (2)场地稳定性差，地质环境条件复杂，地质灾害破坏作用影响大，较难整治； (3)软弱土或液化土较发育，可能发生中等程度及以上液化或软土可能震陷且震陷较重，其他地震破坏效应影响较小； (4)地下水对工程建设有较大影响； (5)地形起伏大，易形成内涝

续表

类	级	适宜性地质、地形、地貌描述
适宜S	S4	(1)场地不稳定：动力地质作用强烈，环境工程地质条件严重恶化，不易整治； (2)土质极差，地基存在严重失稳的可能性； (3)软弱土或液化土发育，可能发生严重液化或软土可能震陷且震陷严重； (4)条状突出的山嘴，高耸孤立的山丘，非岩质的陡坡，河岸和边坡的边缘，平面分布上成因、岩性、状态明显不均匀的土层(如故河道、疏松的断层破碎带、暗埋的塘滨沟谷和半填半挖地基)等地质环境条件复杂，地质灾害危险性大； (5)洪水或地下水对工程建设有严重威胁
有条件适宜	Sc	根据城镇土地利用情况确定，例如： (1)危险性不太明确的滑坡、崩塌、地陷、地裂、泥石流等场地 (2)稳定年限较短的地下采空区 (3)地质灾害破坏作用影响严重，环境工程地质条件严重恶化，难以整治 (4)地下埋藏有待开采的矿藏资源 (5)其他方面对土地利用的限制条件
不适宜N	NR	NP中危险和危害程度较低的场地
	NP	(1)可能发生滑坡、崩塌、地陷、地裂、泥石流等的场地； (2)发震断裂带上可能发生地表位错的部位； (3)其他难以整治和防御的灾害高危害影响区

注：1. 根据该表划分每一类场地工程建设适宜性类别，从适宜性最差开始向适宜性好依次推定，其中一项属于该类即划为该类场地。
2. 表中未列条件，可按其对场地工程建设的影响程度比照推定。

土地利用防灾适宜性的分级体系（Ⅲ）　　表4-6

类	级	城镇规划建设限制性要求
适宜S	S1	开挖山体进行建设时，应保证人工边坡的稳定性
	S2	根据情况适当采取措施或不处理，Ⅰ、Ⅱ级工程需要采取一定工程措施
	S3	结构体系的选择适当考虑场地的动力特性，需要采取一定的场地破坏工程治理措施，上部结构也需要采取一定工程措施抗御灾害的破坏，对于Ⅰ、Ⅱ、Ⅲ级工程需要采取更严格的工程措施
	S4	结构体系的选择需要考虑场地的动力特性，需要从治理场地破坏和上部结构加强两方面采取较完善的治理措施，对于Ⅰ、Ⅱ、Ⅲ级工程需要采取更严格(完全消除场地破坏影响)的工程措施。可选作EL类用地，不宜选作IBL1、IL1、PL1、ML1、DL1类用地
有条件适宜	Sc	暂时不宜作为EL之外的用地
不适宜N	NR	优先用作EL类用地，IBL1、IL1、PL1、ML1、DL1应避开，IBL2、IL2、PL2、ML2、DL2类用地不宜选择。IL1～2用地无法避开时，生命线管线工程应采取有效措施适应场地破坏作用
	NP	用作EL类用地，IL用地无法避开时，生命线管线工程应采取有效措施适应场地破坏作用

3. 影响因素参数评估

(1) 地震砂土液化分区

根据震害经验，现行国家标准《建筑抗震设计规范》GB 50011给出了一套判断砂土液化的经验方法。该方法可分为初判和详判两部分。

对可能产生液化的土层，应探明各液化土层的深度和厚度，按下式计算每个钻孔的液化指数，并按表4-8综合划分液化等级的判别和分区。

土地利用防灾适宜性的分级体系（Ⅳ） **表 4-7**

类	级	限制性	灾害影响限制性因子								
			地震破坏效应			场地类型	稳定性	地质灾害危险性		地质环境复杂程度	地形地貌
			液化	震陷	地面断裂			崩塌、滑坡、泥石流	其他		
适宜 S	S1	大←限制性→小					稳定				
	S2		轻微	轻微			较差		小	简单	
	S3		中等	中等		Ⅲ	差		中	中等	
	S4		严重	严重	三级	Ⅳ	不稳定	小	大	复杂	地震动效应大，场地明显不均匀
有条件适宜	Sc										
不适宜 N	NR				二级			中			
	NP				一级			大			

注：1. 崩塌、滑坡的危险性应评价地震动的影响。
2. 表中粗线所框的表示限制程度很强。
3. 表中未列出的灾害影响因子，可按其对场地工程建设的影响程度比照推定。
4. 场地稳定性、地质灾害危险性、地质环境复杂程度可参照地质环境评价结果进行确定。

$$I_{lE}=\sum_{i=1}^{n}\left(1-\frac{N_i}{N_{cri}}\right)d_iW_i \tag{4-1}$$

式中 I_{lE}——液化指数；

n——在判别深度范围内每一个钻孔标准贯入试验点的总数；

N_i、N_{cri}——分别为 i 点标准贯入锤击数的实测值和临界值，当实测值大于临界值时取临界值；

d_i——i 点所代表的土层厚度（m），可采用与该标准贯入试验点相邻的上、下两标准贯入试验点深度差的一半，但上界不高于地下水位深度，下界不深于液化深度；

W_i——i 土层单位土层厚度的层位影响权函数（单位为 m^{-1}）。若判别深度为 15m，当该层中点深度不大于 5m 时应采用 10，等于 15m 时应采用零值，5～15m 时应按线性内插法取值；若判别深度为 20m，当该层中点深度不大于 5m 时应采用 10，等于 20m 时应采用零值，5～20m 时应按线性内插法取值。

液化等级 **表 4-8**

液化等级	轻微	中等	严重
判别深度为 15m 时的液化指数	$0<I_{lE}\leqslant5$	$5<I_{lE}\leqslant15$	$I_{lE}>15$
判别深度为 20m 时的液化指数	$0<I_{lE}\leqslant6$	$6<I_{lE}\leqslant18$	$I_{lE}>18$

（2）软土震陷估计

在不同地震烈度地震作用下，按照《岩土工程勘察规范》GB 50021—2001（2009 年版）和《软土地区岩土工程勘察规程》JGJ 83—2011，震陷判别标准和震陷量大小判别详见表 4-9 和表 4-10。

软土震陷指标　　　表 4-9

地震烈度	7 度	6.5 度	8 度	8.5 度	9 度
地基承载力标准值 f_k(kPa)	<80	<100	<120	<140	<160
平均剪切波速(m/s)	<90	<115	<140	<170	<200

软土地基震陷量 (mm)　　　表 4-10

地基土条件	地震烈度				
	7	6.5	8	8.5	9
地基土受力深度内软土厚度>3m 地基土承载力标准值 f_k≤70kPa	≤30	90	150	250	>350

基于表 4-9 和表 4-10，进行软土震陷的判别并进行分区。目前软土震陷量的评价尚缺乏统一的标准方法，采用规范的方法，只能半定量地给出震陷量的大小，且无法考虑软弱土厚度及埋深、地下水位等因素，震陷区震陷量的大小可用震后软化模量的思想和分层总和的简化评估方法得到。

(3) 强震地面断裂震害的可能性估计

从国内外已有震害调查经验、理论分析和试验研究结果，活动断层对城镇规划与建设的影响有以下经验性结论：

1) 断裂对工程的影响包括地面断裂效应和地震动效应，地面断裂对于建筑物是难以抵抗的，因此在《建筑抗震设计规范》GB 50011—2010（2016 年版）中规定为危险地段，在建设时应予避开。而地震动效在确定抗震设防烈度或设计地震动参数时已给予考虑。

2) 并不是所有地裂均需考虑避开。发震断裂地震时与地下断裂构造直接相关的地表地裂位错带，是建筑工程遭受断裂破坏的主要因素，工程建设应予避开。与发震断裂间接相关的受应力场控制新产生的地裂（为分枝及次生地裂），对建筑物的剪切撕裂作用比较小，可以通过采用刚性地基和其他方式加以考虑，对经过正规设计建造的工业与民用建筑影响不是很大。

3) 地面断裂与震级、断层性质、破裂模式、覆盖层厚度、场地沉积环境等密切相关。通常，断层的覆盖层厚度越大，地表断裂发生的可能性就越低；倾滑型发震断层造成地表断裂的可能性、影响程度与范围均要比走滑型断层严重。

4) 中强震（6.5 级以下）的地震很少产生地面断裂，根据统计分析表明，6.5～7 级地震的地面断裂约为地震总数的 6%，4～6.5 级地震为 21%，6.5～ 8.0 级地震为 75%，而 8 级以上地震 100%伴随地面断裂。

5) 强震地面断裂既不是一条线，也不是一个断裂面，常常是一个断裂带。在场地选择和规划时，应予以避让；无法避开时，不能用加固地基和上部结构的方法来处理，而应采取能够适应断层错动变形的工程措施。

强震地面断裂（地表位错）对城镇土地利用影响甚大，在规划中应评价发震断裂的地面断裂危险性，为城市的土地利用提供依据。

相关文献给出了简化的强震地面断裂概率评价方法，并根据我国有关规范标准的规定，从城市规划建设角度出发，提出了强震地面断裂对建设场地的影响适宜性三级标准，如表 4-11、表 4-12 所示。

强震地面断裂对场地工程建设适宜性的影响 **表 4-11**

场地适宜性分级	场地特点	工程建设适宜性
一级	强震地面主干断裂影响场地	各类工程均不应建设;长大线状生命线工程无法避开时,应评定强震地面断裂影响,并需针对强震地面断裂作用进行规划、设计和评价
二级	强震地面分支或次支断裂影响场地	重要工程不应建设,其他各类工程均不宜建设;长大线状生命线工程无法避开时,应评定强震地面断裂影响,并采取适应地表破裂位移的措施
三级	其他类别断层破碎带	重要工程不宜建设,其他各类工程宜避开;长大线状生命线工程应采取适应地表破裂位移的措施

注：划分每一类场地工程建设适宜性类别，从适宜性最差开始向适宜性好推定。

强震地面断裂影响场地适宜性分级 **表 4-12**

断裂危险区域	断裂概率(50 年超越概率)		
	$P\geqslant10\%$	$10\%>P\geqslant3\%$	$3\%>P\geqslant1\%$
一级危险区域	一级	一级	二级
二级危险区域	二级	二级	三级
三级危险区域	三级		

(4) 崩塌、滑坡的危险性评估

崩塌、滑坡是山区地震常见的地面破坏和震害现象。“5·12”汶川地震中极震区陈家坝乡的一座山体发生了大面积的滑坡，山坡上的建筑物和植被已经完全消失。山体滑坡造成的直接灾害是山下的建筑几乎全部被滑下的土体淹没，至于崩塌体滚动数百米乃至上千米的现象是屡见不鲜的。崩塌滑坡危害包括源区、运动区和堆积区三个区段，每个区段都会造成灾害。有时可能是毁灭性的，所到之处工业民用建筑、城镇村落、道路桥梁、农田森林都很难幸免。经验表明，崩塌滑坡与地震强度和场地条件密切相关，明显受强烈差异性构造运动，尤其受活动强烈的断层控制。这是因为活动断裂通过处，岩石挤压破碎，节理裂隙发育，是崩塌、滑坡体的物质来源。而强烈的差异性构造活动往往形成悬崖峭壁和陡坎斜坡，是发生崩塌滑坡的有利地形条件，而强烈地震动又是破碎岩体失去稳定性造成崩塌和滑坡的强大动力。

强震崩塌滑坡的判定原则：

1) 在历史强震中崩塌滑坡的多发地段，以及非地震时崩塌滑坡的多发地段，可能也是未来强震崩塌滑坡的多发地段。

2) 地形起伏变化大的悬崖峭壁、陡坎、陡坡（>30°）等部位。岩石破碎、节理裂隙发育的场地不稳定地段，发生强震崩塌滑坡的可能性较大。

3) 6 级以上地震的震中区和地震烈度达 8 度以上的地区，活动断裂，尤其是发震断裂通过和交汇处的不稳定岩土发育部位，强震时发生崩塌滑坡的可能性较大。

上述三条原则，一般不孤立存在，而是错综复杂地交织在一起，当诸多不利因素组合在一起时，将增大强震崩塌滑坡的可能性。

除此之外，对于规划区存在的局部沟坎、可能坍塌场地及人工边坡等发生强震失稳的可能性和危害性进行评估。如冲洪积扇和阶地被溪流冲刷切割形成沟谷陡坎，红色砂质黏性土和黏质砂土遇水浸泡易开裂、坍塌，形成俗称的“崩岗”现象；强震下可能产生液化和震陷引起局部岸边滑移；江堤、路堤等软基人工边坡，因强震砂基液化也可能造成局部边坡坍塌滑移。采石场造成的基岩陡坎、废石料堆积陡坡等，在强震下也可能发生局部崩塌、滚石现象。

在开发建设中，应避免对自然边坡的破坏，保持天然状态下的边坡稳定性，对不稳定的自然和人工边坡要加强治理和防范，以减小地震边坡失稳造成的损失。

（5）地震工程地质分区

在进行地震工程地质评估时，应根据地质环境条件复杂程度（表4-13）、建设项目重要性（表4-14）、地质灾害的危害性（表4-15）和场地稳定性（表4-16）的分类或分级进行综合考虑确定，具体评价思路和算法可见相关文献。

地质环境条件复杂程度分类　　表4-13

复　杂	中　等	简　单
1. 地质灾害发育强烈	1. 地质灾害发育中等	1. 地质灾害一般不发育
2. 地形与地貌类型复杂	2. 地形较简单，地貌类型单一	2. 地形简单，地貌类型单一
3. 地质构造复杂，岩性岩相变化大，岩土体工程地质性质不良	3. 地质构造较复杂，岩性岩相不稳定，岩土体工程地质性质较差	3. 地质构造简单，岩性单一，岩土体工程地质性质良好
4. 工程地质、水文地质条件不良	4. 工程地质、水文地质条件较差	4. 工程地质、水文地质条件良好
5. 破坏地质环境的人类工程活动强烈	5. 破坏地质环境的人类工程活动较强烈	5. 破坏地质环境的人类工程活动一般

地质灾害危险性评估分级　　表4-14

项目重要性	地质条件		
	复杂	中等	简单
重要建设项目	一级	一级	一级
较重要建设项目	一级	二级	二级
一般建设项目	二级	三级	三级

地质灾害危险性分级　　表4-15

危险性分级	确定要素		
	稳定状态	危害对象	损失情况
危险性大	差	城镇及主体建筑物	大
危险性中等	中等	有居民及主体建筑物	中
危险性小	好	无居民及主体建筑物	小

场地稳定性分类　　表4-16

场地稳定性类别	动力地质作用的影响程度
稳定	无动力地质作用的破坏影响；环境工程地质条件简单
稳定性较差	动力地质作用影响较弱；环境工程地质条件简单，易于整治
稳定性差	动力地质作用较强；环境工程地质条件较复杂，较难整治
不稳定	动力地质作用强烈；环境工程地质条件严重恶化，不易整治

(6) 场地类别分区

场地类别分区评价可根据《构筑物抗震设计规范》GB 50191—93 的场地指数分段插值进行确定。表 4-17 为根据场地指数进行场地分类的标准。

场地指数与场地分类 **表 4-17**

场地指数	$1\geqslant\mu>0.8$	$0.8\geqslant\mu>0.35$	$0.35\geqslant\mu>0.05$	$0.05\geqslant\mu\geqslant0$
场地分类	硬场地	中硬场地	中软场地	软场地

4. 土地利用防灾适宜性评价技术路线

根据适宜性与限制性相结合、多宜性与主宜性相结合、综合分析与主导因素分析相结合并与城镇建设用地的要求密切结合的思路，坚持地域差异、可操作性和可持续利用原则对土地利用防灾适应性进行分析（图 4-17），可以划分为五个阶段：

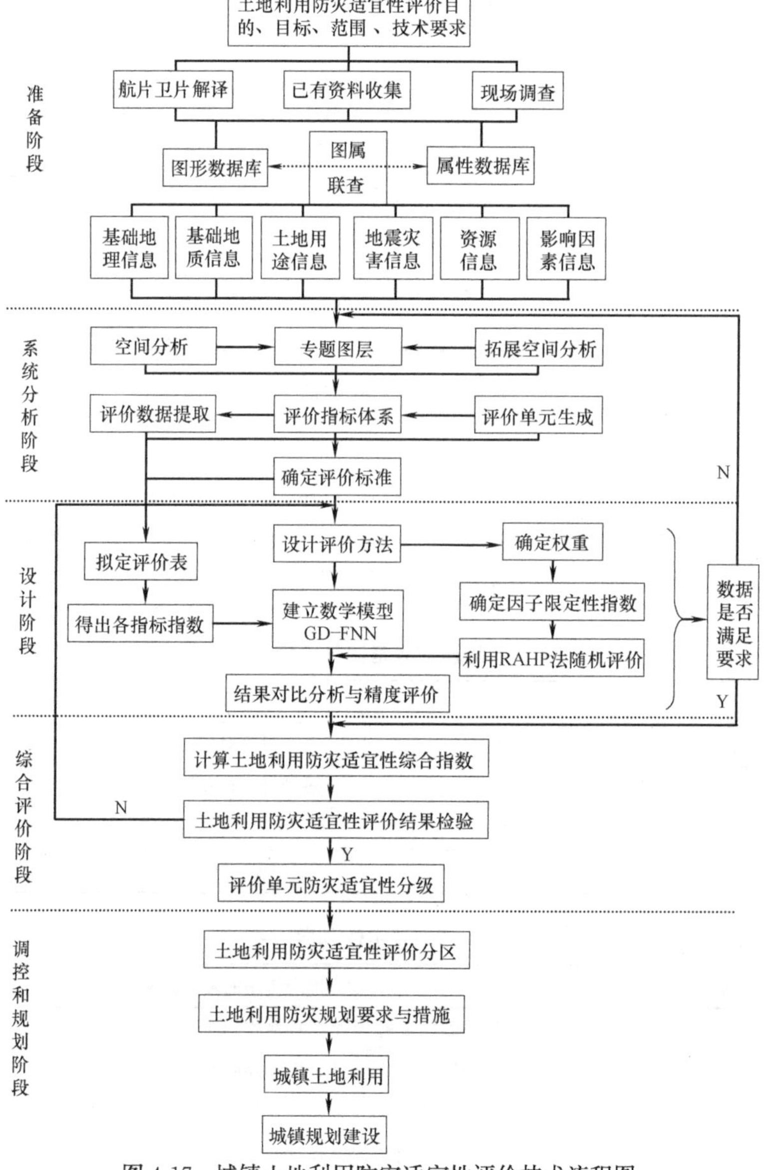

图 4-17 城镇土地利用防灾适宜性评价技术流程图

（1）制定土地利用防灾适宜性评价的目的、目标、评价范围和技术要求；

（2）收集相关基础资料，建立相关分析数据，可采用 GIS 数据库进行管理；

（3）分析城镇土地利用影响因素和土地用途构成，建立评价指标体系；

（4）进行土地防灾适宜性评价；

（5）根据适宜性评价结果提出有关土地利用建议和对策。

4.3.2　广义动态模糊神经网络结构

GD-FNN 的结构如图 4-18 所示，鉴于本书用于土地利用防灾适宜性评价为一个多输入单输出的结构。在此，仅考虑了多输入单输出系统（可以很容易地应用于多输入多输出系统）。

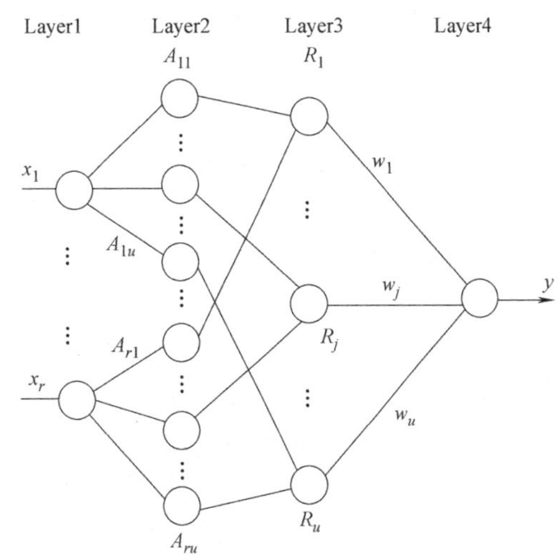

图 4-18　GD-FNN 的结构

该系统中，r 是输入变量数，并且每个输入变量 x_i（$i=1, 2, \cdots, r$）有 u 个隶属度函数，它们位于第 2 层，这些隶属函数都是高斯函数形式：

$$\mu_{ij}(x_i)=\exp\left[-\frac{(x_i-c_{ij})^2}{\sigma_{ij}^2}\right] \tag{4-2}$$

式中　μ_{ij}——x_i的第 j 个隶属函数（不同的输入变量 x_i有不同的隶属度函数数目，即某输入变量的隶属函数 A_{ij} 可能会有重复）；

c_{ij}、σ_{ij}——分别为 x_i的第 j 个高斯隶属函数的中心和宽度。

如果用于计算每个规则触发权的 T-范数算子是乘法，那么第 3 层的第 j 个规则 R_j（$j=1, 2, \cdots, u$）的输出是：

$$\phi_j(x_1, x_2, \cdots, x_r)=\exp\left[-\sum_{i=1}^{r}\frac{(x_i-c_{ij})^2}{\sigma_{ij}^2}\right] \quad j=1, 2, \cdots, u \tag{4-3}$$

式（4-3）可以表示每条模糊规则的 T-范数，它可以看作是对角化的马氏距离（Mahalanobis），即：

$$\phi_j=\exp[-md^2(j)] \tag{4-4}$$

式中

$$md(j)=\sqrt{(X-C_j)^T\sum\nolimits_j^{-1}(X-C_j)} \tag{4-5}$$

是马氏距离，而 $X=(x_1, \cdots, x_r)^T\in\Re^r$，$C_j=(c_{1j}, c_{2j}, \cdots, c_{rj})^T\in\Re^r$，同时 $\sum_j^{-1}$ 为：

$$\sum\nolimits_j^{-1}=\begin{bmatrix}\frac{1}{\sigma_{1j}^2} & 0 & \cdots & 0\\ 0 & \frac{1}{\sigma_{2j}^2} & 0 & 0\\ 0 & 0 & \ddots & 0\\ 0 & \cdots & 0 & \frac{1}{\sigma_{rj}^2}\end{bmatrix} \quad j=1, 2, \cdots, u \tag{4-6}$$

这个模型的接收域是超椭球体而不是 RBF 单元中的超球体。

第 4 层的每个节点代表一个输入信号加权和的输出变量：

$$y(x_1, x_2, \cdots, x_r)=\sum_{j=1}^{u}\omega_j \cdot \phi_j \tag{4-7}$$

式中 y——一个输出变量的值；

ω_j——THEN 部分（结果参数）或者第 j 个规则的连接权。

对于 TSK 模型：

$$\omega_j=a_{0j}+a_{1j}x_1+\cdots+a_{rj}x_r \quad j=1, 2, \cdots, u \tag{4-8}$$

对应于一个模糊系统，该层执行去模糊化的功能，同时考虑了所有输出语言值的隶属函数的影响。式（4-3）～式（4-8）可以得到模糊系统与神经网络的函数等价值。

4.3.3 广义动态模糊神经网络的算法步骤

根据 GD-FNN 学习算法，其须完成的内容和基本步骤如下：

（1）初始化系统预定义的参数：模糊规则 ε-完备性的最小 $\varepsilon_{\min}$ 和最大 $\varepsilon_{\max}$ 设定值、理想误差精度 $e_{\min}$ 和最大误差 $e_{\max}$、控制相邻隶属函数的相似性常数 k_{mf}、调整隶属函数宽度时用的预设参数 k_{s} 和针对规则重要性而预设常数 k_{err}；

（2）由第一组样本数据产生第一条规则，并决定这一规则中的参数；

（3）从第二组样本数据开始，每来一组样本，分别计算出 md_k、系统误差 e^k，找出 $md_{k,\min}$；

（4）如果满足 $md_{k,\min}>k_{\mathrm{d}}$，转到（5），不满足则转到（6）；

（5）若满足 $e^k>k_{\mathrm{e}}$，则产生新规则，决定该规则的参数，计算出误差减小率和第 j 条规则的重要性 η_j（$j=1, 2, \cdots, u$），否则自动调整已存在的规则的后件参数；

（6）若满足 $e^k>k_{\mathrm{e}}$，则调整已存在规则前件参数中的宽度，再调整规则的后件参数，否则自动调整已存在的规则的后件参数；

（7）如果满足 $\eta_j>k_{\mathrm{err}}$，则删除第 j 条规则，否则自动调整已有规则的后件参数；

（8）判断观察是否结束，若没有，返回（3），否则结束整个学习过程。

整个算法的流程图如图 4-19 所示。

4.3.4 样本的收集和处理

影响土地利用防灾适宜性程度的因素很多，从目前已有的单项场地评价资料选择强震地面断裂（x_1）、崩塌滑坡（x_2）、场地液化（x_3）、场地震陷（x_4）、地震工程地质分区（x_5）和场地类型（x_6）6 个主要因素进行评价。

利用 GD-FNN 进行评价，其准确度建立在大量训练样本基础之上。只有通过大量训练样本的训练，GD-FNN 才能在工程实例参数与土地利用防灾适宜性指数之间建立起与实际吻合的对应关系。评价精度与训练样本的数量有关，训练样本太少则评价精度不高。为使所建立的 GD-FNN 在评价时更具有一般性，选取的 77 个训练样本（表 4-19）取自不同城市的工程抗震土地利用评价研究报告。由于样本来自不同场地，为使样本属性取值一致，按照适宜性指数的测度水准进行归一化，分别加以说明：

（1）根据表 4-11 和表 4-12 给出了强震地面断裂的适宜性评价分级标准，其对工程场地的影响共分为三级，对应一～三级相应属性值分别为 0.05，0.15 和 0.3。

（2）崩塌滑坡可在已有评价结果中给出危险区的划分，对位于危险区范围的地区统一

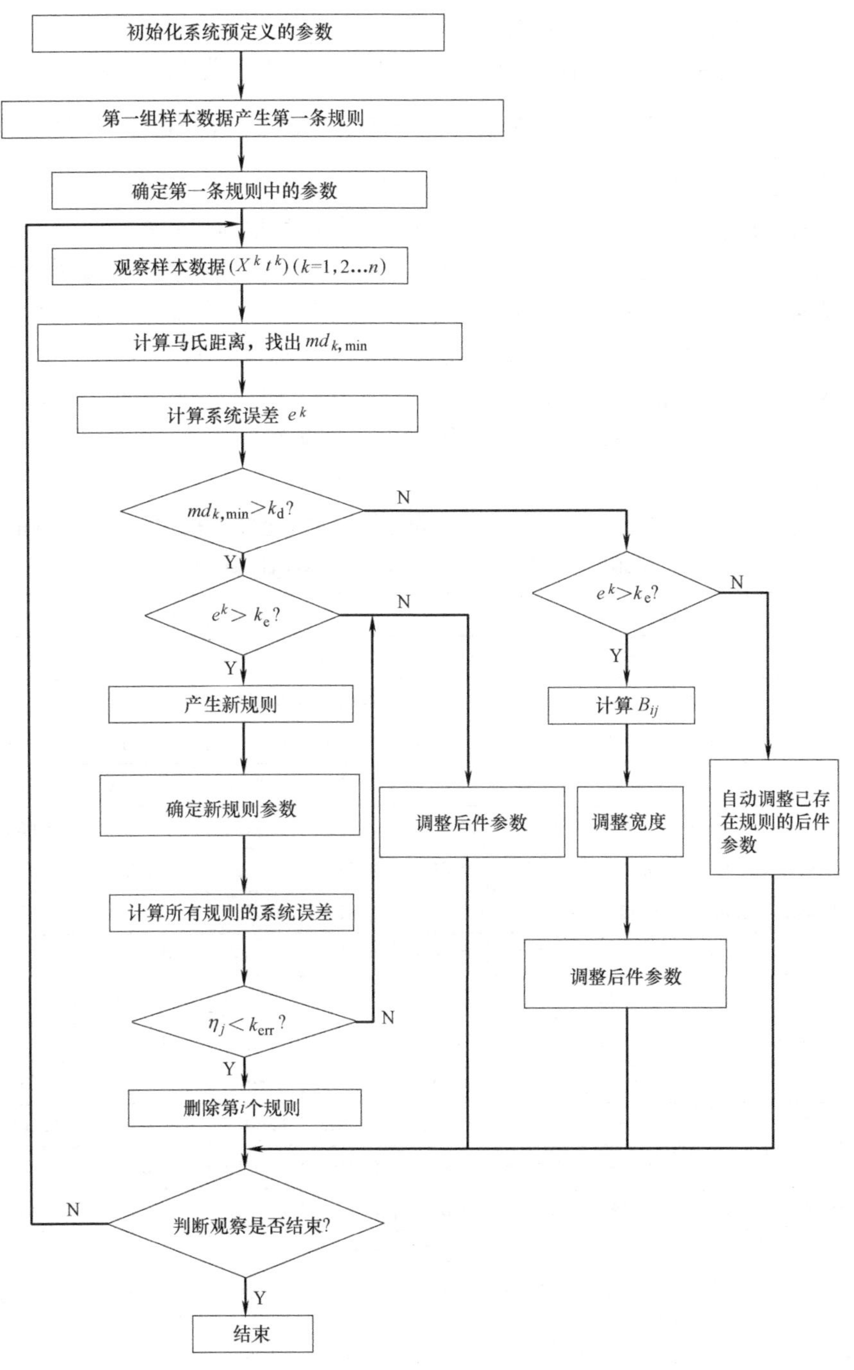

图 4-19　GD-FNN 的学习算法流程图

按 0.05 取值。

(3) 场地液化的分区研究是采用抗震规范规定的方法进行的，对每一个钻孔，经过两级判定，计算相应的液化指数，并据此区分为轻微液化、中等液化和严重液化，再分别在设防烈度和罕遇地震烈度下进行判定。适宜性属性值，根据表 4-8 中的液化指数，按照不同液化等级所对应的适宜性分类分段插值确定。

(4) 软土震陷可按照适宜性属性值采用震陷量作为属性指标，按照 $0.6\cdot\left(1-\frac{S_T}{S_{max}}\right)+0.2$ 确定，其中 S_{max} 为最大可能震陷值，取 0.15，当属性值大于 1 时取为 1。

(5) 从地震工程角度，开展了工程地质分区的研究。在广泛收集工程水文地质资料、现场踏勘和补充地质勘查的基础上，根据各城市规划区场地地形地貌、工程地质条件和岩土特性，以地震工程和抗震防灾规划的应用为目标，进行场地地震工程地质分区，一级分区以地形地貌特征为主，一般可将各城市规划区划分为 4 个一级地震工程地质分区（低山丘陵区Ⅰ、波状台地区Ⅱ、冲洪积平原区Ⅲ、滨海积平原区Ⅳ）；二级分区以岩土成因及工程特性为主，可根据城市具体情况进一步细化。在进行适宜性评价时，各类分区的适宜性属性值采用层次分析法进行分析，并确定以下对应关系：Ⅰ：0.8、Ⅱ：0.9～0.95、Ⅲ：0.7～0.85、Ⅳ：0.3～0.6。

(6) 场地类别分区适宜性属性值可按照表 4-18 的场地分类指数分段插值确定。

土地利用防灾适宜性评价训练样本和训练结果　　表 4-18

编号	x_1	x_2	x_3	x_4	x_5	x_6	评价值	GD-FNN 法	BP 法	ANFIS 法
1	0.1500	1.0000	0.5081	0.9472	0.8000	0.0497	0.0998	0.0998	0.1426	0.0998
2	1.0000	1.0000	0.6697	0.8678	0.6000	0.9186	0.7261	0.7261	0.7468	0.7261
3	0.1500	1.0000	0.2745	0.9389	0.9500	0.0337	0.0919	0.0919	0.1022	0.0919
4	1.0000	1.0000	0.3406	0.7286	0.9500	0.0257	0.2418	0.2418	0.2564	0.2418
5	1.0000	1.0000	0.9472	0.9024	0.8500	0.9392	0.9166	0.9166	0.9028	0.9166
6	1.0000	1.0000	0.8576	0.1500	0.8500	0.2923	0.2828	0.2828	0.2902	0.2828
7	0.3000	0.0500	0.1163	0.7857	0.5000	0.8186	0.0612	0.0612	0.0791	0.0612
8	0.1500	0.0500	0.2996	0.9023	0.3000	0.0642	0.0557	0.0557	0.0184	0.0557
9	0.3000	1.0000	0.4314	0.2756	0.6000	0.8443	0.2829	0.2829	0.2940	0.2829
10	0.3000	1.0000	0.2861	0.2779	0.6000	0.7327	0.2814	0.2814	0.2429	0.2814
…	…	…	…	…	…	…	…	…	…	…
70	1.0000	1.0000	0.6604	0.9574	0.9500	0.2648	0.5013	0.5013	0.5097	0.5013
71	0.3000	0.0500	0.2587	0.4076	0.9000	0.7095	0.0719	0.0719	0.0335	0.0719
72	0.3000	1.0000	0.7687	0.8059	0.8000	0.0099	0.1550	0.1550	0.1696	0.1550
73	1.0000	1.0000	0.8348	0.8396	0.6000	0.6635	0.7558	0.7558	0.7506	0.7558
74	0.3000	1.0000	0.7885	0.4293	0.4000	0.2580	0.2790	0.2790	0.2473	0.2790
75	1.0000	1.0000	0.6640	0.9462	0.8500	0.4894	0.6140	0.6140	0.6022	0.6140
76	1.0000	1.0000	0.8262	0.9042	0.9000	0.9476	0.8509	0.8509	0.8584	0.8509
77	1.0000	1.0000	0.6953	0.8450	0.8000	0.9265	0.7416	0.7416	0.7713	0.7416

4.3.5 理论应用及分析

为验证该模型在土地利用防灾适宜性评价中的可行性，本小节以表 4-18 中的样本数据进行训练，参数的选址如下：$\varepsilon_{min}=0.50$，$\varepsilon_{max}=0.80$，$e_{min}=0.85$，$e_{max}=0.50$，$k_{mf}=$

0.65、$k_s=0.90$ 和 $k_{err}=0.0002$。本书利用 Matlab 编写开发了 GD-FNN 界面程序，如图 4-20 所示。从图 4-20 中可以看到，经过 77 个训练数据，模糊规则数保持稳定，共产生了 13 条模糊规则，如表 4-19 所示。

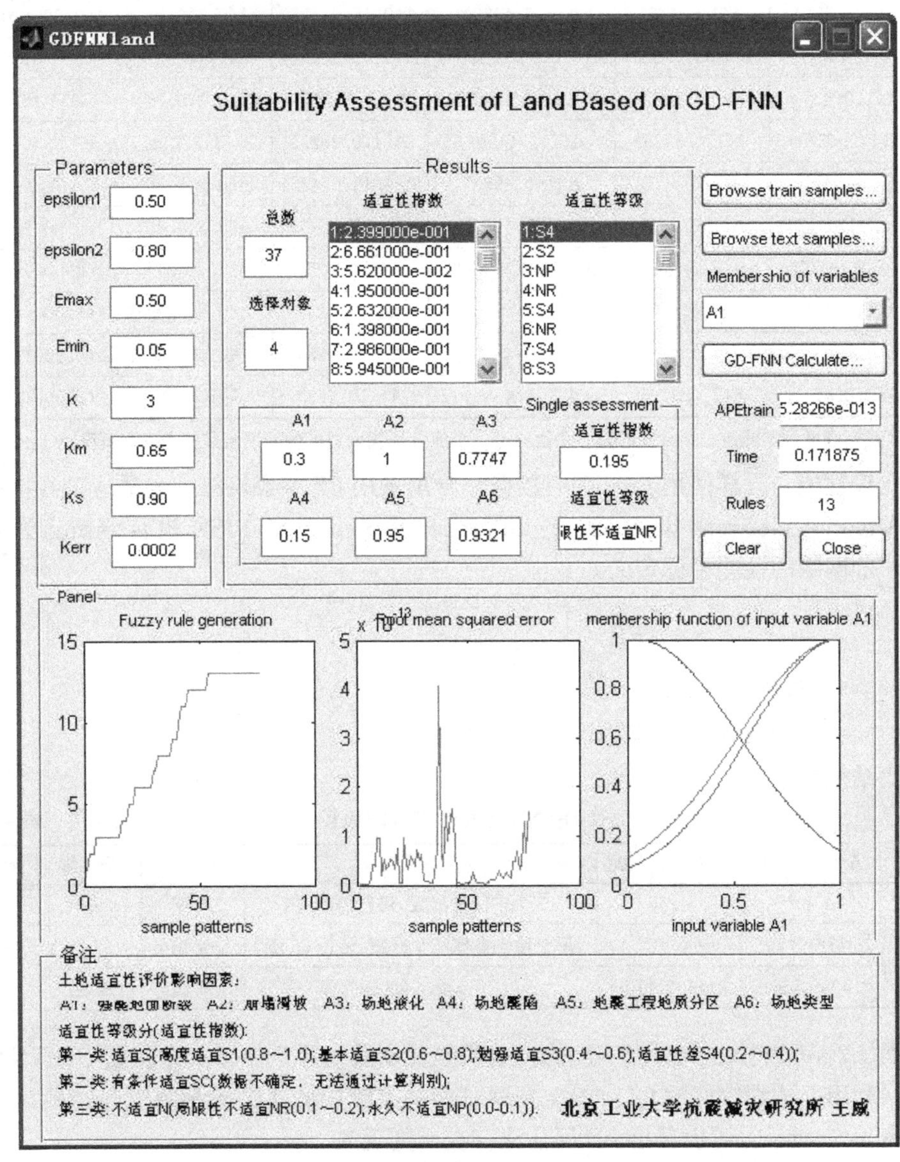

图 4-20　土地利用防灾适宜性评价的 GD-FNN 算法界面

用 GD-FNN 获取的模糊规则　　　　**表 4-19**

模糊规则	前提参数					
	x_1	x_2	x_3	x_4	x_5	x_6
1	$A(1,0.475)$	$A(1,0.475)$	$A(1,0.4983)$	$A(1,0.425)$	$A(0.3,0.35)$	$A(1,0.49995)$
2	$A(0.05,0.475)$	$A(1,0.475)$	$A(0.0034,0.4983)$	$A(1,0.425)$	$A(0.3,0.35)$	$A(0.0001,0.49995)$
3	$A(0.05,0.475)$	$A(1,0.475)$	$A(1,0.4983)$	$A(1,0.425)$	$A(0.3,0.35)$	$A(0.0001,0.49995)$

续表

模糊规则	前提参数					
	x_1	x_2	x_3	x_4	x_5	x_6
4	A(1,0.475)	A(1,0.475)	A(1,0.4983)	A(0.15,0.425)	A(0.3,0.35)	A(0.0001,0.49995)
5	A(0.05,0.475)	A(0.05,0.475)	A(0.0034,0.4983)	A(0.15,0.425)	A(1,0.35)	A(0.0001,0.49995)
6	A(1,0.475)	A(0.05,0.475)	A(0.0034,0.4983)	A(1,0.425)	A(0.3,0.35)	A(1,0.49995)
7	A(1,0.4275)	A(1,0.4275)	A(1,0.44847)	A(1,0.3825)	A(1,0.315)	A(1,0.44995)
8	A(1,0.475)	A(1,0.475)	A(1,0.4983)	A(0.15,0.425)	A(0.3,0.35)	A(1,0.49995)
9	A(0.05,0.475)	A(1,0.475)	A(1,0.4983)	A(0.15,0.425)	A(0.3,0.35)	A(0.0001,0.49995)
10	A(0.05,0.475)	A(1,0.475)	A(0.0034,0.4983)	A(1,0.425)	A(1,0.35)	A(0.0001,0.49995)
11	A(1,0.475)	A(1,0.475)	A(1,0.4983)	A(1,0.425)	A(0.3,0.35)	A(0.0001,0.49995)
12	A(0.05,0.475)	A(1,0.475)	A(1,0.4983)	A(1,0.425)	A(1,0.35)	A(0.0001,0.49995)
13	A(1,0.475)	A(1,0.475)	A(1,0.4983)	A(1,0.425)	A(1,0.35)	A(0.0001,0.49995)

注：A 是指高斯隶属函数，括号中的第一个值和第二个值分别代表对应的高斯函数的中心和宽度。

为比较性能，同样使用表 4-19 的数据，分别采用 BP 神经网络、自适应神经网络推理系统（Adaptive Network-based Fuzzy Inference System，ANFIS）进行分析。为方便对比，将评价网络的性能指标定义如下：

$$APE=\frac{1}{n}\sum_{i=1}^{n}|t(i)-y(i)|\times 100\% \tag{4-9}$$

式中　n——数据对的数目；

$t(i)$、$y(i)$——分别是第 i 个期望输出和实际输出。

对比结果如表 4-20 所示。

GD-FNN 与其他方法的比较　　表 4-20

模型	APE_{trn}(%)	APE_{chk}(%)	关键参数	训练集	测试集	运行时间
BP	1.97	4.66	13 个中间神经元，运行 1000 步	77 组	37 组	7.907s
ANFIS	4.1521×10^{5}	4.47	每个输入参数 3 个规则，运行 50 步	77 组	37 组	994.431s
GD-FNN	6.4295×10^{12}	8.1601×10^{13}	图 4-20	77 组	37 组	0.157s

从表 4-20 可以看出，GD-FNN 的性能明显优于其他两个模型。为验证 GD-FNN 的泛化能力，利用上述训练好的 GD-FNN 模型对相关文献中的 7 组场地数据进行测试，运行结果如表 4-21 所示，可以看出 BP 评估法存在错判现象。

7 组测试样本和评价结果　　表 4-21

场地编号	x_1	x_2	x_3	x_4	x_5	x_6	RAHP 评价值	GD-FNN 法	BP 法	ANFIS 法
1	0.0500	1.0000	0.8000	1.0000	0.8500	0.9000	0.0500	0.0500	0.7706	0.0166
2	1.0000	1.0000	0.8000	1.0000	0.7000	0.9000	0.8375	0.8375	0.8385	0.8589
3	0.1500	0.0500	0.8000	1.0000	0.8500	0.9000	0.0600	0.0600	0.2867	0.0041
4	1.0000	1.0000	0.3500	0.7000	0.6000	0.5000	0.4238	0.4238	0.5058	0.5121
5	1.0000	1.0000	0.9000	0.5500	0.5000	0.4000	0.5313	0.5313	0.5459	0.5944

续表

场地编号	x_1	x_2	x_3	x_4	x_5	x_6	RAHP评价值	GD-FNN 法	BP 法	ANFIS 法
6	1.0000	1.0000	0.9000	0.3600	0.5000	0.4000	0.4508	0.4508	0.4418	0.4144
7	1.0000	1.0000	0.5000	0.4500	0.5000	0.4500	0.4763	0.4763	0.4196	0.4570

注：RAHP 评价值是采用相关文献的公式加权和法计算的，可视化计算界面程序如图 4-21 所示。

根据上述分析结果可知，该 GD-FNN 泛化能力很高，并且预测结果较为理想，可以在实际工程中推广。为此，本书采用广义动态模糊神经网络分析法对秦皇岛市规划区的场地适宜性进行了分析，表 4-22 给出了 37 组场地数据的 GD-FNN 辨识值。

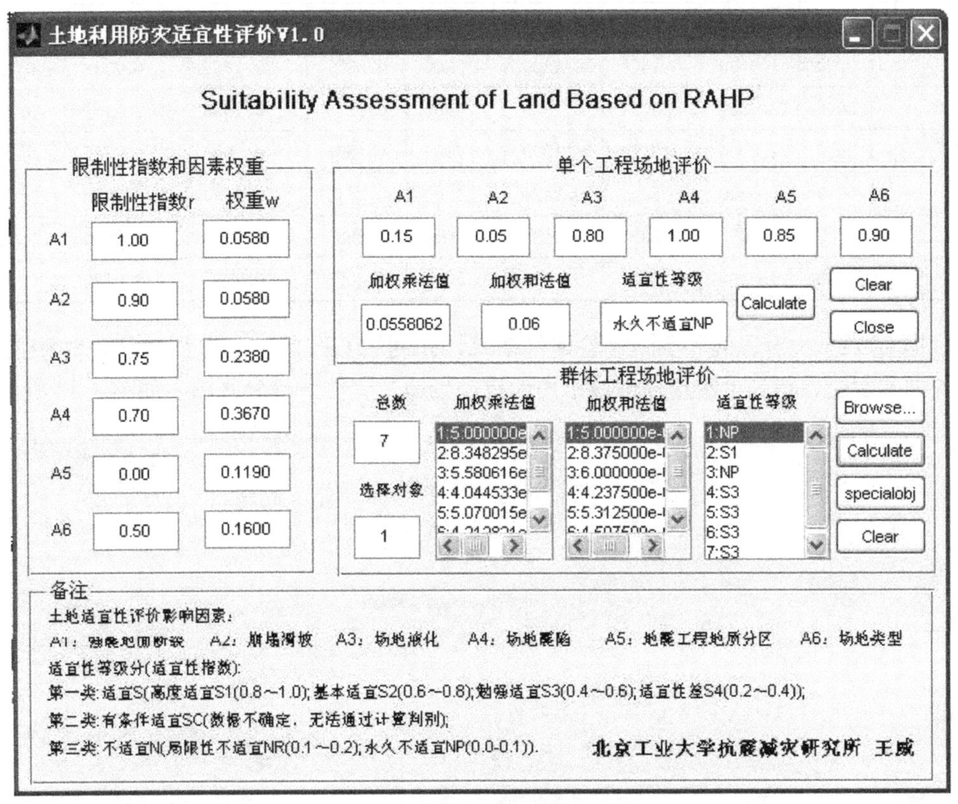

图 4-21　土地利用防灾适宜性评价的 RAHP 算法界面

土地利用防灾适宜性评价 37 组样本和评价结果　　**表 4-22**

场地编号	x_1	x_2	x_3	x_4	x_5	x_6	GD-FNN 法	BP 法	ANFIS 法
1	1.0000	1.0000	0.3642	0.1500	0.9000	0.4110	0.2399	0.2769	0.1951
2	1.0000	1.0000	0.5987	0.9711	0.8000	0.7568	0.6661	0.6329	0.6793
3	0.1500	1.0000	0.0249	0.5316	0.7000	0.5455	0.0562	0.2071	0.2263
4	0.3000	1.0000	0.7747	0.1500	0.9500	0.9321	0.1950	0.2392	0.1175
5	1.0000	1.0000	0.4595	0.1500	0.8500	0.4619	0.2632	0.2918	0.2198
6	1.0000	1.0000	0.0683	0.5922	0.5000	0.0498	0.1398	0.2068	0.1178
7	0.3000	1.0000	0.3290	0.9570	0.5000	0.2972	0.2986	0.2337	0.2152

续表

场地编号	x_1	x_2	x_3	x_4	x_5	x_6	GD-FNN 法	BP 法	ANFIS 法
8	1.0000	1.0000	0.8330	0.9446	0.9000	0.3239	0.5945	0.5994	0.6073
9	1.0000	1.0000	0.8413	0.1500	0.4000	0.2704	0.2777	0.2686	0.2541
10	0.1500	0.0500	0.0180	0.9474	0.7000	0.1341	0.0283	0.0143	-0.0044
…	…	…	…	…	…	…	…	…	…
28	1.0000	1.0000	0.5091	0.1500	0.9500	0.1784	0.2265	0.2449	0.2429
29	0.1500	0.0500	0.1963	0.8608	0.8000	0.8334	0.0600	0.0307	0.0381
30	1.0000	1.0000	1.0000	1.0000	1.0000	1.0000	1.0000	0.9206	1.0000
31	1.0000	0.0500	0.0213	0.8108	0.8500	0.0497	0.0387	0.0544	0.0048
32	1.0000	1.0000	0.1377	0.1500	0.5000	0.5301	0.1869	0.2418	0.1200
33	1.0000	1.0000	0.5734	0.1500	0.4000	0.0296	0.1693	0.2160	0.1635
34	1.0000	1.0000	0.0412	0.1500	0.7000	0.1556	0.1005	0.1819	0.1998
35	1.0000	1.0000	0.8195	0.8474	0.4000	0.8214	0.8290	0.7916	0.5480
36	0.1500	1.0000	0.3628	0.9134	0.9000	0.8895	0.1500	0.2950	0.0383
37	0.3000	0.0500	0.0143	0.3968	0.5000	0.0060	0.0177	0.0122	0.0050

根据 GD-FNN 辨识值和实际经验评价结果，并利用 GIS 的空间分析功能，对相关评价结果处理和制图，得到了秦皇岛市城市用地抗震场地适宜性评价分区图，如图 4-22 所示。

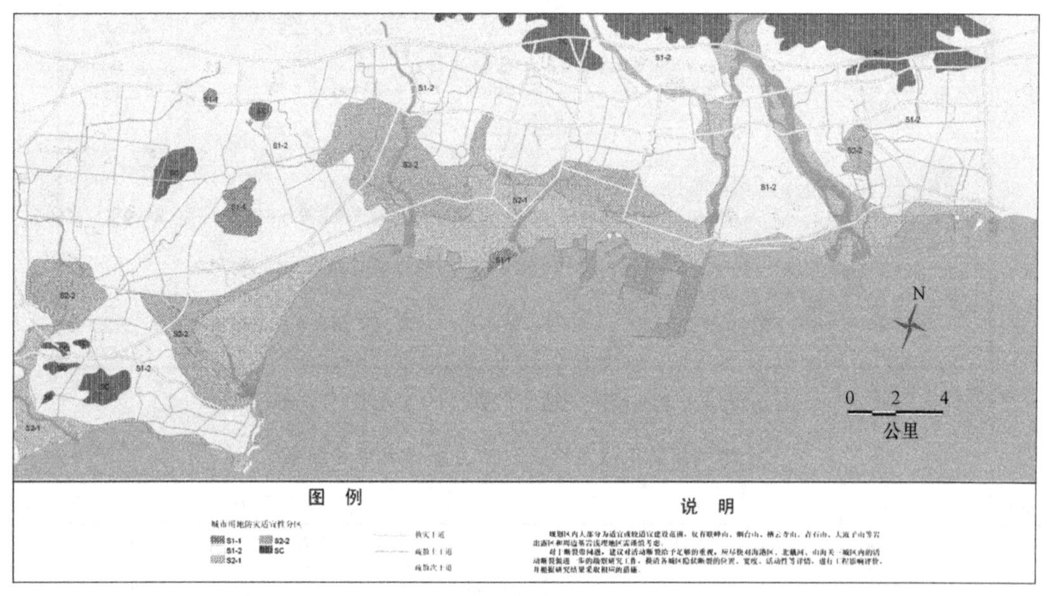

图 4-22 秦皇岛市城市用地利用防灾适宜性分区图

4.4 本章小结

土地利用防灾适宜性是一个多层次、多维因子构成的非常复杂的系统，各类灾害因素对评价目标的限定性不同，随着各类灾害因素属性值的变化，其对评价结果的贡献或者说权重也在变化。针对影响土地利用防灾适宜性因素的多样性、复杂性、非线性和非确定性特征，本章提出了基于 GD-FNN 的土地利用防灾适宜性评价方法。首先分析了土地利用防灾适宜性评价的影响因素和属性值的确定估计方法，并给出了城镇土地利用防灾适宜性评价的分级标准体系；其次介绍了基于椭圆基函数（Ellipsoidal Basis Function，EBF）的广义动态模糊神经网络，以及 GD-FNN 的结构、动态学习算法和算法实现步骤；最后，给出了土地利用防灾适宜性评价的技术路线。利用收集的 77 组场地数据建立了 GD-FNN 模型，提取了 13 条模糊规则。通过不同方法性能对比、与相关文献中的 7 组场地数据评价结果对比分析和验证，表明了该算法具有很好的稳定性和泛化能力，辨识结果较为精确。将该模型应该到某城市中心城区的 37 组数据评价和应用中，结合 GIS 系统平台，给出了某城市的土地利用防灾适宜性分区图。

第 5 章　城市建设用地结构动态优化模型

城市用地防灾利用研究是城市“防灾”过程中的重要研究内容，城市建设用地结构变化是一个动态演化的过程。以往大多数研究是针对城市用地防灾适宜性的研究，主要集中于对场地条件的评价。研究表明，城市地震灾害损失与用地类型关系密切，即城市潜在地震灾害损失度与城市建设用地结构有关。人口伤亡主要是由于房屋倒塌造成的，一般来说，在房屋建筑密集、人口密度大的地方，人口伤亡相对较多。也就是说，居住用地、公共设施用地、工业用地、特殊用地的人口易损性级别较高，因此需要从防灾的角度去调整这些用地比例。基于以上分析，本章考虑城市建设用地的防灾特征，从土地结构优化的角度对城市土地防灾效益进行研究，以达到城市抗震防灾土地结构优化的目的。

在以往的研究中，通常设定城市建设用地结构优化是为了达到一定的生态、经济目标，调控各类建设用地的供应，使有限的城市建设用地在空间尺度上进行安排、设计、组合和布局，以提高城市土地利用效率和效益，维持土地生态系统和相对平衡，实现土地资源的可持续利用。本章整合系统动力学模型与多目标优化模型，考虑除了以往模型中的经济、生态效益目标，同时考虑潜在震害风险对城市建设用地的影响，设定防灾效益目标函数，并采用遗传算法对多目标函数进行求解，最终建立了考虑用地防灾特征的城市建设用地结构动态优化 SD-MOP 整合模型。通过模拟，从抗震防灾的角度上，为城市建设用地的结构优化提供一定的参考。

5.1　系统动力学理论

5.1.1　系统动力学的基本原理及概念

1. 基本原理

系统动力学（System Dynamics，简称 SD）是一门分析研究信息反馈系统的学科，是一门探索如何认识和解决系统问题的学科，是一门综合性的学科。系统动力基于系统论、控制论和信息论的有关理论知识，将系统的构成要素分为基础单元、必要的信息流和单元与信息的运动。系统动力学核心思想认为，系统行为虽复杂多样，在外部环境的作用下千变万化，但其发生发展的模式与特性却主要取决于其内部的动态结构与反馈机制。即内因是系统存在、变化、发展的依据，外因是系统存在、变化、发展的客观条件，系统的演化方向由内、外因通过反馈机制共同决定。它强调系统的整体性和复杂系统的非线性特征，采用定性和定量相结合、整体思考与分析的方法来解决复杂系统的问题。根据 SD 理论和方法建立的模型，借助于计算机模拟可以定性和定量的研究分析复杂系统的各类问题。

系统动力学所研究的目标系统，如城市抗震防灾系统，是包含反馈环节及其调节作用的系统，要受自身历史行为的影响，把历史行为的后果回授给系统，以影响系统未来的行为。

2. 系统动力学的基本概念

（1）系统

一般认为，系统是由相互作用、相互依存的若干部分（即单元或要素）有机地联结在一起，为完成某一目的具有特定功能的有机整体。在自然界和人类社会，几乎所有的事物都可以看作是一个系统。系统是相对于所研究问题的实质和建模的目的而言的。对于给定的系统，它可以是其他系统的一个子系统，也可以按照一定的标准分解为诸多层次的子系统。

（2）反馈与反馈回路

反馈是指系统输出与来自外部环境的输入关系，即信息的传输与回授。系统动力学认为在每一个系统（研究对象）中都存在着信息反馈机制，反馈是系统最基本的属性。

反馈回路就是由一系列的因果与相互作用链组成的闭合回路，或者说是由信息与动作构成的闭合路径。

（3）因果关系与因果关系图

因果回路图是系统动力学最常用的图形化表达方法之一，是表示系统中反馈结构的重要工具。

因果关系是系统动力学建模的基础，是对系统内部结构关系的一种定性描述。通常因果关系是用箭头线表示，即 A→B，变量 A 表示原因，变量 B 表示结果，箭头线标是因果链，表示 A 至 B 的作用。

当 A 与 B 的变化方向相同，则称 A 至 B 有正因果关系，简称正关系，用“+”标在因果链上，即 $A \xrightarrow{+} B$。

当 A 和 B 的变化方向相反，则称 A 到 B 具有负因果关系，简称负关系，用“－”标在因果链上，即 $A \xrightarrow{-} B$，如图 5-1 所示。

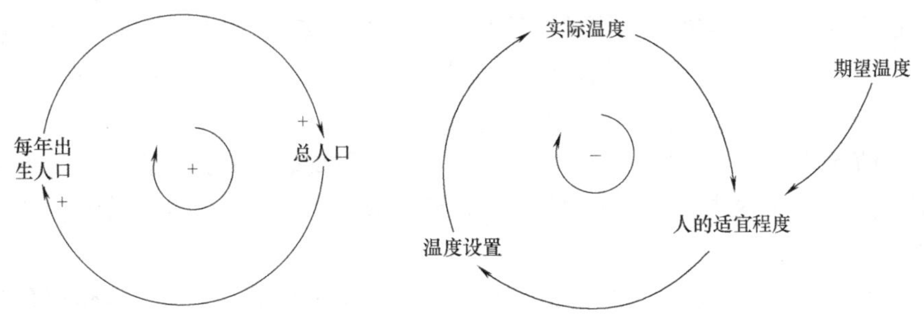

图 5-1　正反馈系统和负反馈系统因果反馈图

每条因果链都有极性，当独立变量变化时，相关变量会如何随之变化。若极性为正，表示在其他变量变化不大的情况下，独立变量越大，相关变量越大；若为负，则相反。因果回路即是反馈回路的图形化表达。反馈回路中因果符号链的乘积决定反馈回路的极性：若回路中负因果链为偶数，则其极性为正；若负因果链为奇数，则其极性为负。因此，反馈回路的极性取决于回路中因果链符号的乘积。

因果回路图用于表达系统内变量间的相关性和反馈关系，普遍用于构思目标系统模型的初始阶段。因果回路图使用图形表现方法形象化地让因和果在时间和空间上紧密联系，其中问题的表征和引起它的原因显而易见，能比较直观地描述模型结构。

(4) 流图

流图（存量流量图）是系统动力学的另一种图形化表示方法，能够较为有效地表征反馈系统中连续的、类似流体流动与积累的过程。因果回路图最主要的局限在于无法表达系统的存量和流量，而流图则能够量化表达系统的存量与流量情况（图 5-2）。

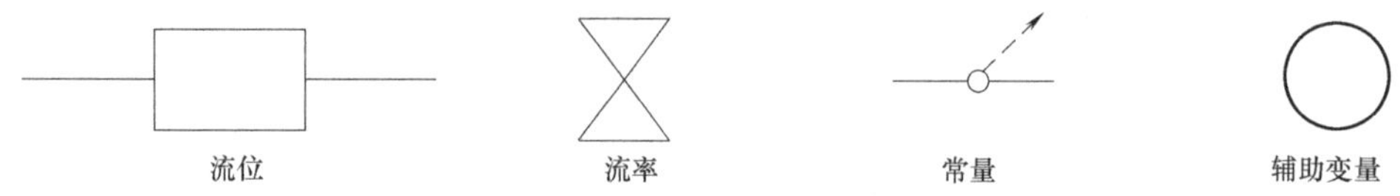

图 5-2 系统动力学流程图中流图符号

(5) 一阶正、负反馈系统

所谓系统的阶数就是系统状态变量的维数，在系统动力学中也就是流位的个数。在社会经济系统中高阶（可能是数百阶）系统到处可见。

一阶正反馈系统是指含一个流位的正反馈系统。正反馈系统行为的共同特征是指数式地趋于无穷。一阶正反馈系统的行为则是单调地指数式地趋于无穷。

二阶和高阶系统包含互相关联的多重反馈环，因而其行为比一阶系统复杂。在结构上，高阶系统可以看作是若干个典型的一阶结构或二阶结构相互连接而成。

3. 系统动力学函数及设置

系统动力学能处理复杂的系统问题，除以上介绍的相关概念可以描述系统内部关联外，还有一个重要原因就是系统动力学专用软件都设计了一系列通用的系统动力学函数，用以实现系统内部关联的量化设置。本节采用美国 Ventana Systems，Inc. 所开发的 Vensim PLE 软件，主要函数包括：

(1) 数学函数。主要有三角函数、指数函数、对数函数、开方及绝对值函数。

(2) 逻辑函数。主要包括：①最大函数 *MAX*（*P*，*Q*）。*MAX* 表示从两个量中选取较大者，*P* 和 *Q* 是被比较的两个量，结果也是在这两个量中选取。②最小函数 *MIN*（*P*，*Q*）。*MIN* 表示从两个量中选取较小者。③选择函数 *IF THEN ELSE*（*C*，*T*，*F*）。若 *IF THEN ELSE*（*C*，*T*，*F*），*C* 条件为真时（*C* 为逻辑表达式），答案是 *T* 所表达的式子；否则，为 *F* 所表达式子。*IF THEN ELSE* 函数常用于仿真过程中政策切换或变量选择，有时也叫条件函数。

(3) 测试函数。设计这一部分函数的目的主要是用于测试系统动力学模型有效性，所以称为测试函数。主要包括：

1) 阶跃函数 *STEP*（*P*，*Q*）

定义：若 *TIME*（*TIME* 为时间变量）$<Q$，$STEP(P,Q)=0$；若 $TIME \geqslant Q$，$STEP(P,Q)=P$。

其中，*P* 为阶跃幅度；*Q* 为 STEP 从零值阶跃变化到 *P* 值的时间，则 *STEP*（*P*，*Q*）为阶跃函数。

2) 斜坡函数 *RAMP*（*P*，*Q*，*R*）

定义：若 $TIME \leqslant Q$；$RAMP(P,Q,R)=P\times(TIME-Q)$，若 $R \geqslant TIME > Q$；$P\times(R-Q)$，若 $TIME \geqslant R$。

其中，*P* 为斜坡斜率，*Q* 为斜坡起始时间，*R* 为斜坡结束时间，则 *RAMP*（*P*，*Q*，*R*）为斜坡函数。

3）脉冲函数 *PULSE*（*Q*，*R*）

定义：若 *PULSE*（*Q*，*R*）随 *TIME* 变化产生脉冲。

其中，*Q* 为第一个脉冲出现的时间；*R* 为相邻两个脉冲的时间间隔脉冲宽度为仿真步长，则 *PULSE*（*Q*，*R*）为脉冲函数。

4）均匀分布随机函数 *RANDOM UNIFORM*（*A*，*B*，*S*）

定义：*RANDOM UNIFORM*（*A*，*B*，*S*）产生在区间（*A*，*B*）内的均匀分布随机数，*S* 给定随机数序列就确定，*S* 取不同的值产生随机数序列也不同。*RANDOM UNIFORM*（*A*，*B*，*S*）为均匀分布随机函数。

上面给出了四种测试函数，实际上还有前面数学函数 *SIN*（*X*）等也可以作为测试函数。

（4）表函数。自变量与因变量的关系通过列表给出的函数叫表函数。例如表 5-1 就确定了一个表函数。

表函数是系统动力学的一个重要特征，它用于建立两个变量之间的非线性关系，特别是软变量之间的关系。一般，将两个变量先归一化或者先规整化，再根据经验给出大致的关系图，这样设计的变量是无量纲量。在进入 Vensim PLE 软件 Equation Editor，即点图标 $Y=X^2$ 后，若方程还未定义，有 AS Graph 选项。选择此选项，会出现下面对话框，该对话框用于图形化定义，上例表函数可直接填入框中（图 5-3）。包括自变量和函数值即因变量值列举，自变量和函数的最大值等。当自变量为非已知统计点时，可用线性插值法取其近似值。用鼠标左键在图形框中点按，会自动构成图形。

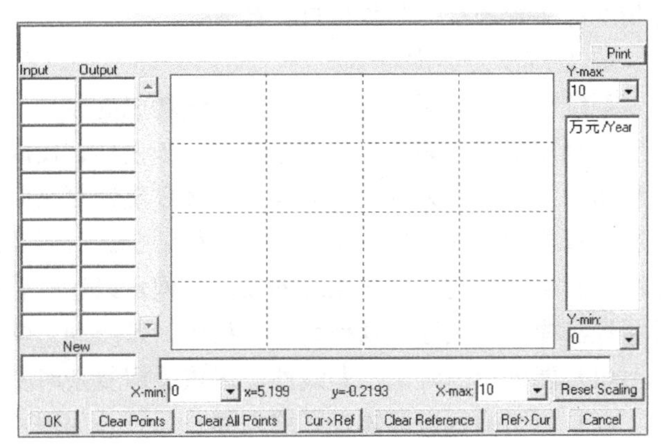

图 5-3　表函数图框

表函数设置值　　**表 5-1**

自变量 *X*	0	1	1.5	2	2.5
因变量 *Y*	0.5	2	3	7	10

Vensim PLE 软件中表函数表达形式还可通过选择方程类型 TYPE 中 Lookup 进行列举表出，即把表函数自变量，因变量最大值、最小值及一些自变量与因变量对应的点值列出。如上例描述的表函数可以在方程输入框写成：

[(0,0)-(10,10)](0,0.5)(1,2)(1.5,3)(2,7)(2.5,10) 其中 [ ] 中前面 ( ) 中 0，0 分别为自变量、因变量最小值，若自变量小于最小值，因变量取最小值，后面 ( ) 中 10，10 分别为自变量、因变量最大值，若自变量超出最大值，因变量取最大值，[ ] 后面 5 个

( ) 是已知自变量和因变量对值点，若自变量值不在给出点中，则自动用线性插值法求因变量对应值。

(5) 延迟函数。量变化需要经过一段时间的滞后才能得到响应，这种现象称为延迟。刻划延迟现象的函数称为延迟函数。发生的物流流线上的延迟称为物流延迟；发生在信息流线上的延迟称为信息延迟。

在 Vensim PLE 中其函数名有固定的表示形式，分别为 DELAY1、DELAY2、DELAY3 和 SMOOTH、SMOOTH3 等。

DELAY1I（{in}，{dtime}，{init}）；in 为要延迟的那个变量 dtime 为延迟时间；init 为变量的初始值。其他延迟函数类似设置，本节中多以 DELAY1I 设置延迟函数。

以上函数在本节所建立的模型中都有体现。系统动力学模型的建立是基于影响因素间因果关联的设置，系统的因果关联则通过系统动力学函数得以量化。系统动力学模型的基本结构是信息反馈，反馈模型的行为对参数的变化不太敏感，模型行为的模式与结果主要取决于模型结构而不是参数值的大小，但受具体模型精度的限制，仍需采用恰当的方法对参数进行估计。参数估计主要是对统计数据、经验数据、历史数据等进行数据模型化以满足模型需要，必要时采用专家或有关部门的估计决定参数的取值。参数值确定后，根据实际情况应用系统动力学函数进行输入。

4. 系统动力学优点

系统动力学运用系统结构决定系统功能的原理，将系统构成为结构与功能的因果关系模型，利用反馈、调节和控制原理进一步设计，反映系统行为的反馈回路，最终借助于计算机仿真定量研究高阶次、非线性、多重反馈复杂时变系统的系统分析技术，通过建立计算机仿真模型实现结构、功能、历史相结合。所以系统动力学解决问题的过程实质是寻优过程，其最终目的是寻找系统的较优结构，以达到较优的系统功能。与其他模型方法（如计量经济模型、线性规划模型等）相比，系统动力学有如下优点：

(1) 能处理高阶次、非线性、多重反馈复杂时变系统的问题；

(2) 能明确认识和体现系统内部、系统外部因素间的相互关联；

(3) 定性与定量结合统一，以定性分析为主，以定量分析为辅，两者相辅相成，螺旋上升，逐步深化；

(4) 可对系统设定各种控制因素，改变控制因素时，可以观察系统行为和变化趋势，为决策者提供有价值的信息；

(5) 可对系统进行动态模拟，以观察系统在不同的组织状态、不同的参数、不同的政策因素输入时所表现的行为和趋势；

(6) 是一种结构模型，对参数精度要求不高，不一定需要特别精确的数字，着重系统结构和动态行为；

(7) 可对系统的动态发展及趋势进行考察，可作系统长期的动态预测；

(8) 有专用 DYNAMO 软件，节省了用其他语言编程的工作量。

基于以上系统动力学的定性定量分析、实时反馈、适应动态变化等优点，可以将其应用到城市抗震防灾能力评估系统中，进而取得较理想结果。

5.1.2 系统动力学建模步骤及仿真实现

系统仿真（System Simulation），就是通过分析系统各个构成要素之间的因果关系，设计模型的基础单元、运动和信息流，建立整体系统并进行运行测试，通过对运行参数的比对修正，最终得到一个能正确描述现实的系统，并根据现实系统特点进行模拟运算。

系统动力学具有综合性、开放性、定性与定量性、规范性的特点。它强调系统的观点，联系、发展与运动的观点，认为系统的行为模式与特性主要根植于其内部的动态结构与反馈机制。通过系统分析、综合与推理的方法，把系统内部因素定性定量化，通过构建系统的因果反馈及动态流图预测模型实现对系统的动态模拟，其解决问题的主要过程和步骤，如图 5-4 所示。

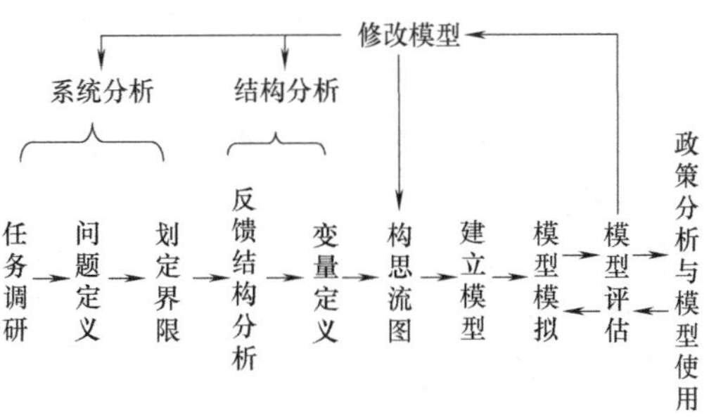

图 5-4　系统动力学解决问题的过程与步骤

Vensim PLE 是系统动力学专用软件之一，其可通过应用显性变量、隐性变量、各种函数及连接变量的箭头表示整个系统结构。Vensim 软件界面，如图 5-5 所示。

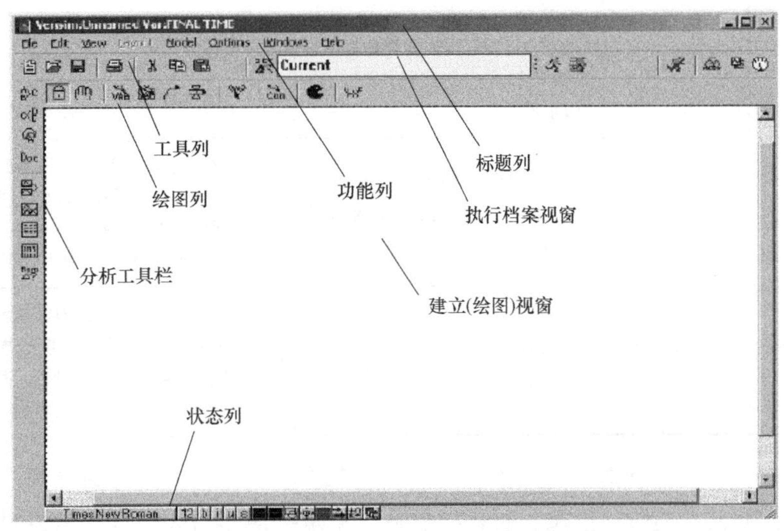

图 5-5　vensim 建模软件界面

该软件是一个基于视窗界面的系统动力学建模工具，提供了功能强大的图形编辑环境，具有以下特点：

（1）利用图示化编程建立模型，在 Vensim 中，“编程”实际上是建模，在模型建立窗口（Building）首先画出流图，再通过 Equation Editor 输入方程和参数，就可以直接进行动态模拟了。

（2）运行于 Windows 下，数据共享性强，其可提供丰富的输出信息和灵活的输出方式，其输出兼容性较强。

（3）可对模型提供多种分析方法。Vensim 可对模型进行结构分析和数据集分析。其中结构分析包括原因树分析（逐层列举作用于指定变量的变量）、结果树分析（逐层列举该变量对于其他变量的作用）和反馈列表。

（4）真实性检查。对于所研究的系统和模型中的重要变量，可依据常识和基本原则，预先对其正确性进行检验。

使用系统动力学软件模拟运行时，模型参数和模型组件一起储存在系统动力学的模型内，参数的输入和修改是通过软件所提供的输入工具来进行。系统动力学模型在模拟过程中，并不能从模型外部取得模拟数据，也不能将模拟结果（比如各变量在各期的值）储存在模型之外。在实际应用中，系统动力学模拟软件的封闭接口难以满足应用需求，所以，需要将系统动力学与数据库系统、GIS、专家系统等外部系统进行交互。

5.1.3 基于系统动力学的城市抗震防灾相关研究进展

系统动力学（System Dynamics，简称 SD）诞生于 1956 年，创始人为美国麻省理工学院的 Jay W Forrester 教授。SD 是通过建立流位、流率系来研究反馈系统的一门科学，是系统科学的一个重要分支。从诞生伊始，系统动力学就有独立的理论体系和科学方法。几十年来，系统动力学国际会议每年都会召开，这促进了系统动力学的不断发展。国内外系统动力学的发展概况如下：

国内外系统动力学研究进展　　表 5-2

时　　间	发展阶段	主 要 内 容	代　　表
20 世纪（50～60）年代	SD 的诞生	SD 创立时被称为工业动力学，首先应用于工业管理系统，研究诸如生产与雇员情况波动等问题	Forester 提出系统动力学基本原理与方法；Mass N J、Schroeder WW 等对系统动力学进行了扩充和研究
20 世纪（70～80）年代	SD 发展成熟	这一时期的标志性成果是系统动力学世界模型与美国国家模型的研究	WORLDⅡ模型及以此为基础的《世界动力学》，WORLD Ⅲ模型及以此为基础的《增长的极限》和《趋向全球的平衡》；Forester 领导 MIT 小组建立 的美国国家模型
20 世纪 90 年代—至今	SD 广泛应用与传播	在宏观领域、项目管理领域、学习型组织领域、物流与供应链领域等	Naill R F 用 SD 分析国家能源计划；Cooper K G 用 SD 来量化军事造船成本；英国 Cardiff 大学的物流系统动力学小组、意大利 Palermo 大学的 CUSA-系统动力学小组等小组的成立

系统动力学自创立以来，其理论、方法和工具不断完善，应用方向日益广泛，在处理工业、经济、生态、环境、能源、管理、农业、军事等诸多与人类行为相关的复杂问题中发挥了重要作用。随着现代城市复杂性、动态性、多变性等问题的逐步加剧，更加需要系统动力学这样的方法，综合系统论、控制论、信息论等理论，多学科交叉，使人们清晰认识和深入处理产生于现代社会的非线性和时变现象，作出长期的、动态的、战略性的分析与研究。

国内外学者基于系统动力学在规划、优化、拟定、更新等方面的反馈行为模式，具有非线性、高阶次、反直观、反映动力学特性等特点，通过应用系统动力学对城市抗震防灾相关研究的探索主要有：（1）灾害投资优化。高肖检等（1994 年）运用系统动力学对浙江省灾害预防和经济协调性进行了研究。宋清华，陈建宏（2014 年）基于层次分析法和系统动力学（SD）原理，应用 Vensim 软件构建了 EDEMA 建设系统动力学模型，对应急管理投资进行优化。（2）防灾方案的优化。陈式龙等（2000 年）提出运用系统动力学对西部的防灾减灾规划与优化进行研究的可行性。（3）灾害管理。赵黎明（2003 年）运用系统动力学的理论和方法构建了减灾系统动力学模型。（4）城市承载力。张明媛（2006 年）运用系统动力学对城市复合承灾系统的三个承载体社会子系统、经济子系统、环境子系统之间相互协调性是否促进了当前复合系统的稳定和发展进行了研究。(5) 紧急疏散。基于系统动力学的人员的紧急疏散亦属于城市抗震防灾的一个微观方面，肖国清等（2004年）基于建筑物火灾疏散中人的行为的特点，应用系统动力学的理论建立了其数学模型。王付明等（2008年）针对我国人员紧急疏散效率低，紧急疏散动员机制和组织指挥体系不能满足现实需要等问题，建立了人员紧急疏散系统动力学仿真结构模型。Sajjad Ahmad等（2001年）为分析人的行为对灾害紧急疏散计划的影响，从最初的因素、社会因素、外部因素和心理因素4个方面基于系统动力学建模思想构建了系统动态反馈模型。(6) 次生灾害。谢自莉，马祖军（2012年）基于城市地震次生灾害的发生机理，应用软件 Vensim PLE 绘制了地震次生灾害演化的因果反馈图和存量流量图，并进行了模型验证及仿真。(7) 震后应急资源配置。储文功，黄文龙，刘照元等（2010年）为了解决汶川地震等突发事件中药品供应存在的问题，对应急药品供应系统进行了动态分析，构建了应急药品供应系统 SD 模型，并以汶川地震中胶体输液供应为例进行了模拟。刘旭（2012年）针对抗震救灾医疗后送系统的复杂性，通过分析抗震救灾医疗后送系统相关影响因素的分析，构建了抗震救灾医疗后送系统的系统动力学模型。彭岷（2012年）基于系统动力学对震后救援的动态环境作出量化描述，并以瓶装水和常规医疗用品为例，建立了震后动态环境中应急物资供应问题的系统动力学模型，并考虑了人为抉择对系统优化的影响。王琪（2013年）针对地震发生之后的救援人员配置问题，结合交通运输、应急供应链、地震环境和伤亡预测等领域的研究成果，利用系统动力学方法构建了考虑路况动态变化条件下人员投入决策的地震救援动力学模型，对不同灾情灾区道路运力的动态变化情况进行了模拟。(8) 灾害救援。Rudolph 和 Repenning（2002年）基于系统动力学刻画了巨灾来临时政府应急管理的滞后过程，对几种组织形态下政府对巨灾管理的响应方式的影响。张忠斌和周雨花（2008年）应用系统动力学分析了震区道路物资运输系统内部道路环境、物资人员需求、应急管制间的动态关系。Besiou 等（2011年）讨论了应用系统动力学研究灾害救援的优点，基于系统动力学视角对资源调度、环境变化、救援物资管理、车队内部管理几个方面的内部关联及对救援方案的影响。

总体而言，基于系统动力学对城市抗震防灾相关研究已经引起了国内外学者的关注，在整个抗震防灾过程中的相关问题上，都已经有了一些探索，虽然相关机理的研究已经展开，但近几年日益频繁的地震灾害，迫切需要对这些研究在数量和深度上进一步加强。

5.1.4 城市抗震防灾系统 SD 模型的可行性研究

城市抗震防灾系统的 SD 建模是基于系统动力学原理对城市抗震防灾系统子系统的分析。首先建立系统内部的因果关系图，进而建立流位流率对，逐步添加变量枝而累加成一个复杂的流图结构模型，具体思路如图5-6所示。在城市抗震防灾系统的活动矩阵中，规划、优化、拟定、更新等相互影响，紧密联系。在研究城市抗震防灾系统反馈行为模式中，非线性、高阶次，反直观的实际，是系统动力学的研究对象。基于以上系统动力学的定性定量分析、实时反馈、适应动态变化等优点，可以将其应用到城市的抗震防灾能力评价系统中，进而取得较理想结果。

城市抗震防灾系统 SD 模型是反馈理论、控制理论、信息论、非线性系统理论、大系统理论、系统学理论借助计算机模拟技术和灾害科学融合发展的结果，能够实现对城市空间系统灾害管理和时空分析，将那些通常设定为静态的系统，从多个角度、多个变量、多

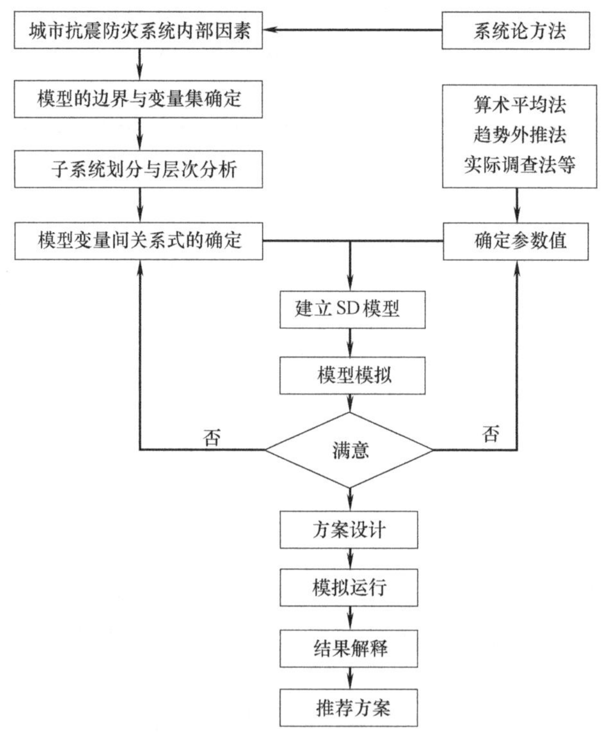

图 5-6　基于系统动力学理论的城市抗震防灾 SD 模型建立基本思路

个系统出发，构建其因果模型、预测模型。通过仅改变相关因素和条件，就可以进行多方案、重复性的仿真实验，以一种安全和经济的方法对城市总体的抗震防灾能力进行评价，也可根据具体要求对各个系统，各个阶段进行抗震防灾的模拟，这种随时间变化而对城市抗震防灾系统进行动态模拟，常常能够发现隐藏的事实，为具体城市提高自身抗震防灾能力提供理论依据和技术支持。

1. 城市抗震防灾系统 SD 模型构建是必要的

城市地震灾害具有人员伤亡多、经济损失大、次生及衍生灾害严重、修复难度大等特点。因此，有必要从系统的角度开展城市抗震防灾能力评价研究。而其中的重中之重就是做好把城市抗震减灾系统与计算机仿真软件的相融合。仿真技术不受空间尺寸和时间长短的限制，可代替一些无法进行的现场试验，能够节省大量的人力物力和时间，直观的表现城市抗震防灾能力相关因素的数据和图形，更加有效地找出城市抗震防灾的薄弱环节，为提高其抗震防灾能力提供决策支持。

2. 城市抗震防灾系统 SD 模型的构建是可及的

城市抗震防灾系统是一个可分的层次系统，而且各系统间有相互关联性，系统间的反馈机制容易形成。抗震防灾系统各层次间是随时间发展的一个动态过程。这些都是建立一个动态模型的必备条件。Vensim PLE 是一个基于视窗界面的系统动力学建模工具，提供了功能强大的图形编辑环境，具有编程简易性、输出分析多样性、可进行真实性检验等优点。虽然城市抗震防灾系统的构成及影响因素还需要不断发展和完善，但在研究具体的结构仿真时，只需考虑其中的内部影响因素，明确系统的边界。

3. 城市抗震防灾系统 SD 模型具有独立性和开放性

(1) 独立性表现在地震灾害的仿真模型与数据是相互独立的，这样就可以把城市抗震防灾能力评价系统分解成许多部分，可进行单个子系统或子阶段的模拟。如受各种因素的限制，可以单独研究某一单个系统或阶段仿真，在必要的时候进行组装和扩充。

(2) 开放性表现在SD模型强调联系、发展、运动的观点，随时容纳新的信息技术，城市抗震防灾能力评价系统仿真的内容可以结合实际情况进行开放式的组装和扩充。

4. 城市抗震防灾系统SD模型具有重构性

重构是指在不改变系统行为的前提下，重新调整、优化系统的内部结构以减少系统复杂性、增加灵活性和提高系统性能。这里有两层含义：

(1) 通过灾害的动态仿真模拟，重现现实世界的灾害发展过程，通常所说的重现即为重构的一种表示方式。

(2) 单一灾种的仿真模型与数据是相互独立的，灾害数字仿真问题可以分解成类似组件式的许多部分，不同地区有着不同的灾害现象，如受各种因素的限制，可以单独研制某一灾害数字仿真，在必要的时候进行组装和扩充。

5.2　考虑防灾特征的城市建设用地结构优化SD-MOP模型

本章所建立城市建设用地结构优化模型是综合应用系统动力学模型（SD）和多目标规划模型（MOP）的结果。系统动力学模型具有动态性、仿真模拟性、易操作性，对数据的要求不严格等特点，其通过规划目标与规划因素之间的因果关系建立信息反馈机制，模型的行为模式与结果主要取决于模型结构而不是参数值大小，较容易反映系统的非线性和延期等特性，并可通过应用其内部自带函数来反映难以表达的过程。但系统动力学模型主要侧重于系统行为研究，在预测方案的最优设计上，提供的答案往往不是最优解。为了改进系统动力学模型的缺陷，增强模型在城市建设用地结构优化过程中决策的准确性和科学性，将其与多目标规划模型（MOP）结合起来，取长补短，优势互补，构成比较完整适用的模型体系，从而有助于城市建设用地结构的优化。

运用系统动力学模型和多目标规划模型来研究并解决问题，是根据系统动力学和多目标规划理论、原理与方法对实际系统进行分析，建立定量与定性相结合的SD-MOP整合模型，决策者在专家们的帮助下借助计算机模拟技术，进行定性与定量相结合地研究社会、经济系统问题。本方法是一个循序渐进、多次反复循环、螺旋上升的过程，逐步达到预定目标和满足要求的过程，具体的研究过程和思路如图5-7所示。

5.2.1　城市建设用地结构优化SD模型构建

1. 系统目标和建模目的

结合城市建设用地各类用地的特征，通过对城市建设用地结构、各行业用地比例及系统复杂行为的动态模拟，依据计算机运算后得到的一系列模拟仿真结果和各种变量数据，分析城市建设用地构成和人口以及土地系统内部之间的关系，将三种目标函数下得到的城市建设用地敏感性参数输入模型，并将最终优化结果与城市用地分类与规划建设用地标准中规划建设用地结构做比较，进而帮助观察和掌握考虑防灾特征的城市建设用地利用结构优化系统行为的动态趋势和客观规律。最终从抗震防灾的角度为城市相关规划决策部门制定建设方案、研究城市建设用地的合理性，为调整用地结构以及制定土地开发和供应政策

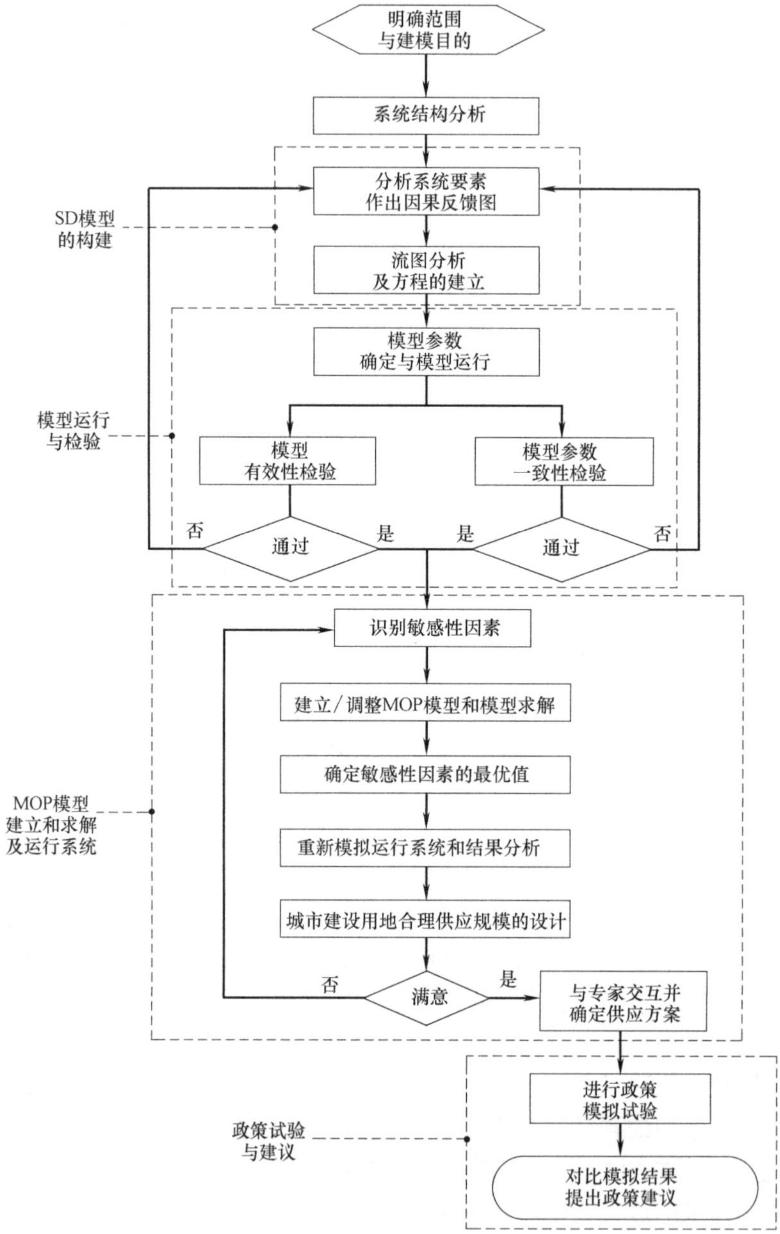

明确范围
与建模目的
系统结构分析
分析系统要素
作出因果反馈图
SD模型
的构建
流图分析
及方程的建立
模型参数
确定与模型运行
模型运行
与检验
模型
有效性检验
模型参数
一致性检验
否
通过
是
是
通过
否
识别敏感性因素
建立/调整MOP模型和模型求解
确定敏感性因素的最优值
MOP模型
建立和求解
及运行系统
重新模拟运行系统和结果分析
城市建设用地合理供应规模的设计
否
满意
是
与专家交互并
确定供应方案
进行政策
模拟试验
政策试验
与建议
对比模拟结果
提出政策建议

图 5-7　城市建设用地 SD-MOP 结构优化整合模型流程图

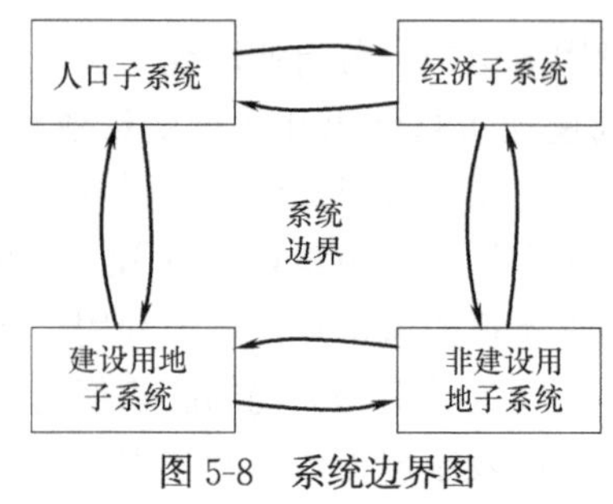

图 5-8　系统边界图

等问题提供信息和定量化参考。

2. 系统模型结构和因果关系图

在城市建设用地利用结构优化的系统动力学模型中，主要是描述人口变化、经济发展、土地利用结构改变及各行业用地需求量的内在联系，模拟未来各类城市建设用地的发展趋势及相互间的动态反馈关系。因此，建立模型时，系统边界包含人口、经济、城市建设用地和非建设用地四大子系统，如图 5-8 所示。其系统整体因果关系如图 5-9 所示。

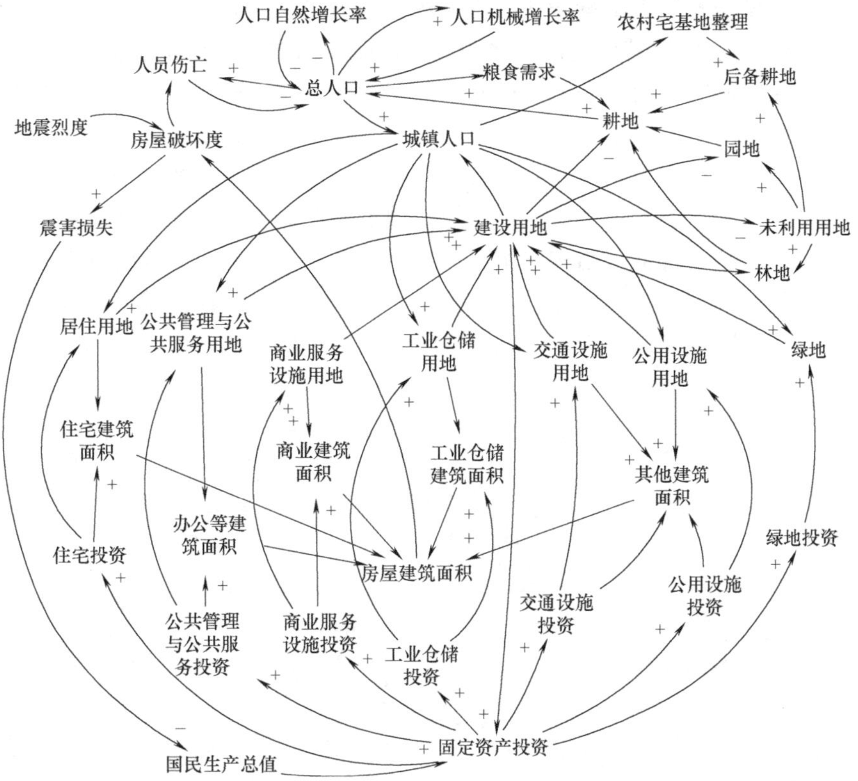

图 5-9　城市建设用地结构优化 SD 模型因果关系图

模型主要因果关系有：

模型主要因果关系有：随着人口的增加，对农产品的需求增加，因而对耕地的需求也增多，形成正反馈关系：人口+→粮食需求+→耕地需求量+→人口+。

随着城市化的推进，农村人口减少，农村宅基地整理量增加，耕地面积增加，形成正反馈关系：城镇化水平+→农村人口-→农村宅基地整理量+→耕地面积+→城镇化水平+。

随着人口的增多和经济的发展，导致各类建设用地需求量增加，形成正反馈关系：人口、经济+→建设用地需求+→固定资产投资+→建设用地+→人口、经济+。

由于建设用地的发展必将占用耕地，从而导致耕地面积及未利用土地的减少，形成负反馈关系：建设用地+→耕地占用+→耕地-→建设用地-；建设用地+→开垦用地+→未利用土地-→后备土地-→建设用地-。

随着人口、经济的增长，建设用地的增加，同时会导致城市潜在地震风险的增加，存在的反馈关系有：

正反馈：GDP+→固定资产投资+→建设用地+→房屋建筑面积+→GDP+。

负反馈：建设用地增长率+→房屋建筑面积增长率+→潜在震害损失+→GDP 增长率-→建设用地增长率-。

上述整体存在主要的因果反馈关系包括：1）随着人口增加、城镇化及经济的发展，导致各类城市建设用地的需求量增加，从而对人口增加特别是城镇人口增加产生正的影响，由于城市建设用地的需求量增加，各类建设用地投资增加，进而使城市 GDP 得到增长，GDP 的增加也会促进城市建设用地的增加，如此构成了一个正反馈回路。2）上述正反馈过程不会无限制的发展下去，这里考虑两种状态下的负反馈：①平时。城市发展规模会受到耕地等土地资源的约束，建设用地的增加会减少耕地和未利用土地等其他土地的减少，进而影响到人口和经济，从而使得城市建设用地不能无限制的增加；②灾时。各类建设用地的易损性不同，随着各类用地的增加，城市潜在地震风险会不断增加，城市用地的风险与各类用地的防灾特征、结构比例有关系。一旦发生地震，造成的震害损失会对城市的恢复发展起到反作用，震害程度的大小决定了恢复时间。潜在的城市地震风险对城市的发展起到了一定的限定作用。最终使系统达到一种相对稳定的平衡状态。系统动力学流图如图 5-10 所示。

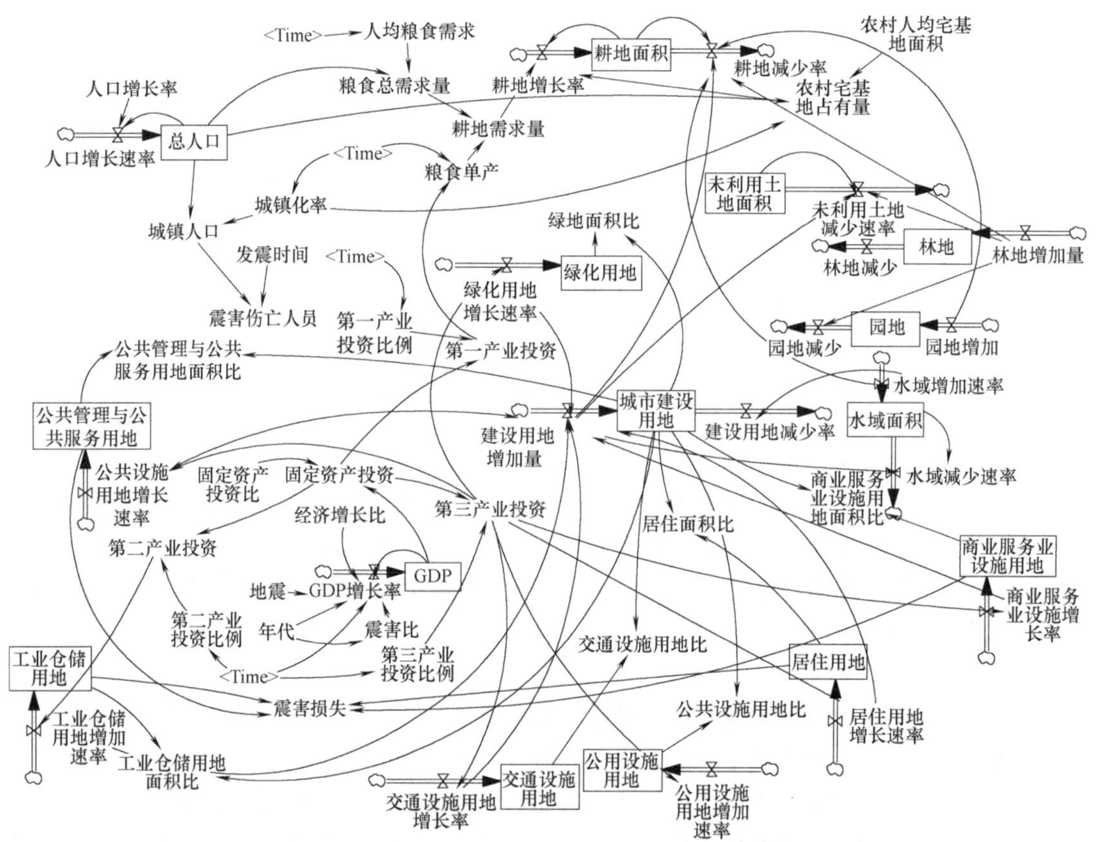

图 5-10　城市建设用地结构优化系统流图

3. 模型运行和检验

系统动力学模型不是真实系统的复制品，是在既定研究目标和要求的条件下对真实系统简化的结果。为了能保证模型能满足既定的条件和目标，必须对模型进行必要的测试，以保障和提升模型稳健性、有效性，使得所构建的模型能为决策提供科学、可靠的参考。系统动力学流图、动力学方程及参数确定后，对模型的有效性进行检验包括结构的适合性检验、模型结构与实际系统的一致性检验以及模型行为与实际系统的一致性检验。其中模型的结构性检验是最基础也是最重要的检验，主要检验量纲是否一致、变量与变量之间的关系是否正确，模型界限是否合适；模型结构与实际系统的一致性检验，一看模型中的流位变量、流率变量与反馈结构是否合理的拟合了实际系统；二看参数含义和数值是否与实际系统的具体含义相一致；模型行为与实际系统的一致性检验主要就是历史性检验，利用实际历史数据与模型仿真运行结果的相对误差来检验模型的有效性，视其偏差程度（偏离度）大小，从而验证模型是否有效。偏离度计算公式为：

$$D=\frac{Y_{仿真}-Y_{实际}}{Y_{仿真}}\times 100\% \tag{5-1}$$

模型的有效性得到验证后，设定好相关变量的初值及仿真运行参数（如运行时间、步长等)，便可以运行模型进行初始仿真模拟了。然而，系统动力学模型的基本结构是信息反馈，因此，反馈模型的行为对参数的变化是不敏感的。此外，该模型主要用于复杂大系统的长期动态行为趋势的研究，而城市建设用地结构优化迫切需要解决近期现实问题，所以，为了提高模型对近期预测的准确度，需要对模型结构、相关参数等进行修正或改进，且运用多目标规划模型对敏感性参数进行优化，以进一步使模型更接近于真实系统。

4. 原始系统动力学模型敏感性因素识别

在确定系统因果关系基础上，绘制系统流图，然后确定系统参数，根据确定的参数在流图中编写动力学方程，进而运行系统，并就人口增长率、城镇固定资产投资占 GDP 的比率、经济增长率、三类产业投资比、耕地年减少率、园地增加率、林地增加率、进行敏感性因素分析，从而识别对系统发展影响较大的敏感性因素。灵敏度分析公式为：

$$S(t)=\left|\frac{\Delta Y(t)/Y(t)}{\Delta X(t)/X(t)}\right| \tag{5-2}$$

分析上述因素对各类城市建设用地的变动程度，变化显著的，需要对敏感性因素进行进一步优化，以提高模型预测的可信度和准确度。

5.2.2 MOP 优化模型构建及遗传算法求解

1. 多目标规划模型

考虑防灾特征的城市建设用地结构优化模型涉及社会、经济、生态环境、防灾等多方面的整体目标优化，最终目标就是要通过土地利用的经济效益、生态环境效益和防灾效益三个方面来综合体现的，即力争经济和生态效益极大化，震害损失最小化。多目标优化决策方法在解决土地供应及利用优化问题上获得了广泛应用。模型具体表示如下：

$$\begin{cases} opti: \quad Z=\sum_{i=1}^{n}P_i(w_i^+d_i^+ + w_i^-d_i^-) \\ s.t.: \quad f_i(x)+d_i^+-d_i^-=b_i \\ \qquad x_j,P_i,d_i^+,d_i^-,w_i^+,w_i^-\geqslant 0 \\ \qquad i=1,2,\cdots,m;j=1,2.\cdots,n \end{cases} \tag{5-3}$$

式中 x_j——j 个决策变量；

d_i^+ 和 d_i^-——分别为正偏差变量和负偏差变量；

P_i——第 i 个约束条件的优先级；

w_i——同一优先级中不同目标的权系数。

多目标规划模型具有较大灵活性，克服了线性规划中目标函数唯一性，以及可行解区域局限性的弊病；建立多目标规划时，选取的目标个数不同，赋予各目标不同的优先级，计算出来的结果就不一样，从这个意义上讲，多目标规划具有可调性和可控性。但它不能解决城市建设用地供应过程中的动态性要求。此外，模型具有典型的线性特征，无法解决高阶非线性问题。

2. 优化模型建立

(1) 决策变量

变量选取是否合理对优化模型的构建起到关键作用。在选择变量时既要符合土地利用规划的要求，符合土地利用现状分类体系，又要能反映地震风险对土地利用结构优化的影响。变量要依据国家标准《土地利用现状分类》GB/T 21010—2017 进行设置，能够反映研究区的土地利用现状。

(2) 目标函数

在前文中已经提出，考虑防灾特征的城市建设用地结构优化的目标就是要在保障经济、生态、防灾效益的最大化，模型设计也以此为目标。

目标函数：

$$\max G_n(x_1, x_2 \cdots, x_n) \tag{5-4}$$

式中 G——优化目标函数，包括生态效益目标、经济效益目标、防灾效益目标等；

x_1，$x_2\cdots$，x_n——优化模型中的决策变量。

(3) 约束条件

要达到预定的目标函数，就必须依靠约束条件。对于约束条件的指标，主要选择关系震后土地优化以及土地利用结构条件的内容。内容有三个方面：生态安全要求、土地资源状况、社会和经济发展需求。约束条件要根据研究区的具体情况进行设置，具体建立限制条件如下：

约束条件：
$$y_j=(x_1, x_2, x_3\cdots x_i)\leqslant b_i, \ i=1, 2\cdots i \tag{5-5}$$

总面积约束：
$$y_1=(x_1, x_2, x_3\cdots x_i)\leqslant b_1 \tag{5-6}$$

各类土地面积之和应等于研究区面积，且建设用地范围应在规划范围内。

耕地面积约束：
$$y_2=(x_1, x_2, x_3\cdots x_i)>b_2 \tag{5-7}$$

耕地面积大于耕地保有量。

绿地面积约束：
$$y_3=(x_1, x_2, x_3\cdots x_i)>b_3 \tag{5-8}$$

绿地面积约束考虑抗震防灾规划中人员疏散对绿地的需求。

3. 遗传优化配置操作

遗传算法是由美国 Michigan 大学的 Holland 教授于 1969 年提出，后经 DeJong、Goldberg 等人归纳总结所形成的一类模拟进化算法。它来源于达尔文的进化论、魏茨曼的物种选择学说和孟德尔的群体遗传学说。遗传算法是模拟自然界生物进化过程与机制求解极值问题的一类自组织、自适应人工智能技术，其基本思想是模拟自然界遗传机制和生物进化论而形成的一种过程搜索最优解的算法，具有坚实的生物学基础。遗传算法广泛应用于自动控制、计算科学、模式识别、工程设计、智能故障诊断、管理科学和社会科学等领域，适用于解决复杂的非线性和多维空间寻优问题。

遗传算法作为一种自适应全局优化搜索算法，使用二进制遗传编码，即等位基因 $\Gamma=$

{0，1}，个体空间 $H_L=\{0,1\}^L$，且繁殖分为交叉与变异两个独立的步骤进行。其基本执行过程如下：

（1）初始化。确定种群规模 N、交叉概率 P_c、变异概率 P_m 和设置终止进化准则；随机生成 N 个个体作为初始种群 $X(0)$；设置进化代数计数器 $t\to0$。

（2）个体评价。计算或估价 $X(t)$ 中各个体的适应度。

（3）种群进化。

1）选择（母体）。从 $X(t)$ 中运用选择算子选择出 $M/2$ 对母体（$M\geqslant N$）。

2）交叉。对所选择的 $M/2$ 对母体，依概率 P_c 执行交叉形成 M 个中间个体。

3）变异。对 M 个中间个体分别独立依概率 P_m 执行变异，形成 M 个候选个体。

4）选择（子代）。从上述所形成的 M 个候选个体中根据适应度选择出 N 个个体组成新一代种群 $X(t+1)$。

（4）终止检验。如已满足终止准则，则输出 $X(t+1)$ 中具有最大适应度的个体作为最优解，终止计算；否则置 $t\to t+1$ 并转（3）。

常规多目标问题求解方法有多目标加权法、约束法和目标规划法等。但这些传统算法大多数是根据某效用函数将多目标合成单目标来进行优化，大多数情况下，在优化之前这种效用函数是难以确知的。此外，它们在求解时还需要一些先验知识以设置其算法的参数值，而这些参数值又影响算法的求解效果。遗传算法的并行方式种群搜索机制及其初始搜索无需先验知识或导数信息的特点很适合于多目标优化问题的解决。土地利用空间结构优化配置的多目标遗传算法流程，如图 5-11 所示。

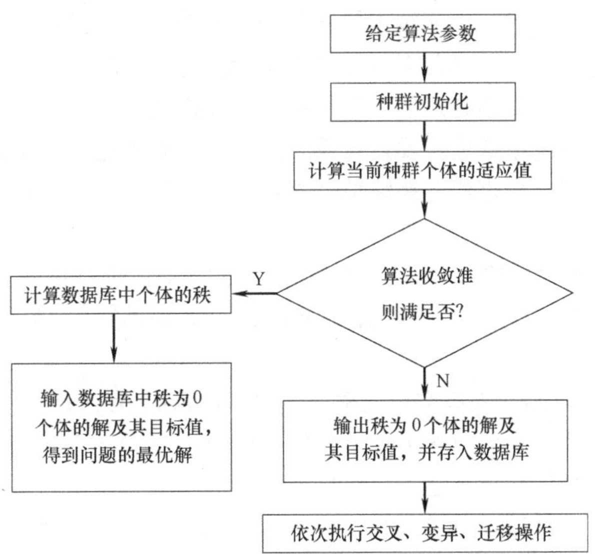

图 5-11　城市建设用地结构优化多目标遗传算法流程

5.3　模型参数设置及实例应用

无锡市，简称锡，江苏省辖地级市。无锡市全市总面积为 4787.61km²，其中山区和丘陵面积为 782km²，占总面积的 16.8%，水面面积为 1502km²，占总面积的 31.4%。2006 年耕地面积为 2180535 亩。

注：亩是中国制土地面积单位，一亩等于六十平丈，大约 666.67m²。

随着城市化和工业化的迅速推进，城市对建设用地的需求日益增加，相应地，城市建设用地供应规模也在不断扩大，从 2000 年的 75.8km²增加到了 2013 年的 286.6km²。城市建设用地结构是否合理，需要对其供应效果实施评价。在建设用地结构优化的过程中，可以根据城市建设用地本身所承载的目标和功能来反映。因此，对供应实施方案的评价可以转化为对供应目标和功能实现程度的评价。合理的城市建设用地结构除了能促进城市用地合理有序的扩张，还应保证震害发生后所造成的震害损失最小。在此以无锡市为例，应用城市建设用地结构动态优化 SD-MOP 整合模型进行优化计算。

5.3.1 SD 模型内部参数及方程设置

系统动力学模型的基本结构是信息反馈，反馈模型的行为对参数的变化不太敏感，模型行为的模式与结果主要取决于模型结构而不是参数值的大小。但是，这并不意味着系统动力学模型的参数无需估计，而是要看具体模型的精度要求，采用恰当的参数估计方法。参数估计方法主要有：(1) 收集整理的统计数据。本研究具体包括历年《无锡统计年鉴》、《中国城市统计年鉴》、《中国统计年鉴》等，以及政府有关部门和单位制定的规划资料，如《无锡市 2011 年度土地变更调查分析报告》、《无锡市土地利用总体规划》、《无锡市城市总体规划》、《无锡市人口发展报告》，另外有些数据还取自于有关的权威网站。对于其中个别年度所缺少的数据，采用线性差值或取中间值等方法进行合理估计。(2) 根据模型中部分变量间的关系确定参数值，如各类城市建设用地投资占固定资产投资的比例等。(3) 利用专家或有关部门的估计决定参数的取值。如本模型中的城市化率的取值。(4) 根据历史数据，运用统计技术、预测技术或灰色预测模型等方法进行参数估计，如固定资产投资、国民生产总值、人口自然增长率和人口机械增长率等。(5) 对某些难以确定的变量，根据系统的实际情况做出合理的、有根据的估计推断。(6) 通过模型的模拟运行，选择能较好地反映现实系统参数值。要运行系统模型，必须确定系统模型参数，但模型参数又难以确定，此时，只能根据经验粗略估计参数，然后运行模型，看参数对模型行为有无显著变化，即检验模型的灵敏度，直到所估计参数满足要求为止。

结合系统边界所包含的四大系统，对内部变量的设置进行说明。在所建立 SD 模型中，其主要变量包括流位变量 15 个，流率变量 19 个，辅助变量 45 个。主要的变量包括：

1. 人口子系统

(1) 总人口=INTEG (人口增长速率，215)，Units：万人；

(2) 人口增长速率=总人口 * 人口增长率，Units：万人/Year；

(3) 城镇人口=城镇化率 * 总人口，Units：人；

(4) 城镇化率 = WITHLOOKUP (Time，([(2000,0) - (2020,1)],(2000,0.4),(2002,0.436),(2012,0.729),(2020,0.83)));

(5) 震害伤亡人员 = IFTHENELSE (发震时间 = 1，城镇人口 * (0.004106 * 0.035234+0.055 * 0.968+0.0262 * 0.03)/10，城镇人口 * (0.29 * 0.055+0.589 * 0.02+0.0589 * 0.0352+0.0032 * 0.0352)/10)。根据人员伤亡公式，按白天和黑夜所能造成的人员伤亡计算。

2. 经济子系统

(1) GDP=INTEG (GDP 增长率，8.00561e+006)，Units：万元；

(2) GDP增长率＝IFTHENELSE (Time＞＝年代，IFTHENELSE (地震＝1，IFTHENELSE (震害比＞＝0.12，DELAY1I (STEP (GDP * 经济增长比，8)，8，0)，IFTHENELSE (震害比＞＝0.1，DELAY1I (STEP (GDP * 经济增长比，6)，6，0)，DELAY1I (STEP (GDP * 经济增长比，3)，3，0)))，GDP * 经济增长比)，GDP * 经济增长比)，Units：万元/Year。经济增长速率通过IFTHENELSE函数考虑了两种状态下的设置，地震＝1，即地震发生的情况下，不同程度的震害损失会造成对原来经济的不同年限的延迟增长，若地震＝0，即平时状态下经济的增长，这里取平时状态下的经济增长速率＝GDP * 经济增长比，经济增长比是随时间变化的量，通过vensim内部的表函数设置。

(3) 震害损失＝商业服务业设施用地 * 35725.9＋居住用地 * 21929.9＋公共管理与公共服务用地 * 10819.4＋工业仓储用地 * 12188.5，Units：万元；

(4) 震害损失比＝震害损失/GDP。

3. 建设用地子系统

(1) 城市建设用地＝INTEG(建设用地增加量－建设用地减少率，75.8)，Units：km^2；

(2) 建设用地增加量＝公共设施用地增长速率＋交通设施用地增长率＋居住用地增长速率＋工业仓储用地增加速率＋商业服务业设施增长率＋绿化用地增长速率，Units：km^2/Year；

(3) 居住用地＝INTEG(居住用地增长速率，21.3)，Units：km^2；

(4) 居住用地增长速率＝40.16 * EXP(0.058 * ((第三产业投资＋2.8257e＋009)/(1.4e＋006)－2000)) * 0.058，Units：km^2/Year；

根据前面提到的参数估计方法，同理可以估计其他建设用地的模型参数进而设置模型方程。

4. 非建设用地子系统

(1) 未利用土地减少速率＝IFTHENELSE(未利用土地面积≤0，0，0.0348 * 建设用地增加量＋0.2 * 林地增加量)，Units：km^2/Year；

(2) 未利用土地面积＝INTEG(－未利用土地减少速率，1622.64－城市建设用地－园地－林地－水域面积－耕地面积－农村宅基地占有量)，Units：km^2；

(3) 林地＝INTEG(林地增加量－林地减少，68.5)，Units：km^2；

(4) 耕地减少率＝IFTHENELSE(耕地面积＜80，0，建设用地增加量 * 0.8668＋0.8624 * 园地增加＋林地增加量 * 0.5＋0.7071 * 水域增加速率)，Units：km^2/Year；

(5) 耕地增长率＝IFTHENELSE(耕地需求量＞耕地面积，农村宅基地占有量 * 0.0125/2 * 0.8，0)，Units：km^2/Year；

(6) 耕地需求量＝粮食总需求量/粮食单产，Units：km^2；

(7) 耕地面积＝INTEG(耕地增长率－耕地减少率，560.5)，Units：km^2。

5.3.2　系统模型的有效性检验和敏感性因素识别

在使用模型仿真模拟城市建设各类用地结构供应数据进行分析问题之前，需对数据的有效性、可靠性等进行检验。模型的检验包括模型一致性检验和模型有效性检验。其中模型一致性检验主要是通过模型结构的合理性、参数量纲的一致性、模型界限的恰当性以及模型能否在研究目的要求下反映系统的实际情况等。以上检验内容，在本模型的建立和仿真过程中都已充分考虑，并对模型进行了反复修改和完善，直到模型的一致性检验符合要求为止。模型有效性检验的方法就是通过比较模拟数据与历史数据之间的差异程度，本模型的模型参数主通过 5.3.1 节所说的方法进行的设定，根据历史数据进行的拟合曲线或设置表函数来实现内部变量设置，除去异常点，拟合时判定系数均在 0.9 以上，而表函数就是通过对实际值的设定来实现的，所以也保证了模拟数据的有效性。模型的有效性检验达到要求只表明了模型结构的正确性，并不意味着模型具有良好的稳定性。因此，需要检验模型参数的敏感性。本章就人口增长率、GDP 增长率、固定资产投资比、城镇化率、耕地减少率、建设用地开发率按公式（5-2）进行敏感因子选取。最终选取经济增长率、人口增长率、固定资产投资比为敏感性参数。

5.3.3 考虑防灾效益目标函数的 MOP 模型计算

1. 防灾效益目标函数建立

目前我国的地震灾害损失并不是按照用地类型来评估的，易损性等级的确定只具有统计意义。不同规模、经济发展水平城市的用地类型的人口密度、建筑情况、资产情况是不同的，造成的经济损失大小也不同。绝大多数灾害对于高度集中的城市人口和城市经济都具有很大的破坏力，城市建设用地结构优化效益可以分为直接经济效益和间接经济效益两部分，间接经济效益又包括生态效益和防灾效益。城市建设用地结构优化体系为城市防灾体系的一部分对地震应具有较高的抗御能力，本章选取地震作为城市建设用地结构优化的防灾效益的主要内容。下面章节对于城市建设用地结构优化的防灾效益评价均是通过“平时灾时对比法”来进行研究的，即假定一定的地震灾害，则发生地震的时候及震后所造成的损失就表现为建设用地结构优化的防灾效益。

考虑防灾特征的城市建设用地结构优化减少地震损失效益的模型采用“平时灾时对比法”，假定发生一定程度的震害，当发生地震时，这些建设用地上结构的损失主要分为：直接经济损失、间接经济损失、震后救援费用及震后修复费用四部分。人员的伤亡损失需慎重考虑，故不计入人员伤亡损失。防灾效益目标函数主要考虑由建设用地建筑物破坏导致的经济损失设定函数如下式：

$$\min f(y_i) = \sum_{i=5}^{9} l_i y_i \tag{5-9}$$

式中 l_i——各类建设用地的防灾效益损失系数；

y_i——发生震害的建设用地。

下面重点简绍震害损失系数 l_i 的计算。计算思路如图 5-12 所示：

为例便于计算说明和后续的实例验证，在此以无锡市为例进行计算说明 l_i 的计算过程，具体步骤如下：

步骤一：城市区域单元划分。

建筑物的区域特征，就是指某个地区建筑物的建筑特征，包括关于建筑物的结构类型、建成年代、建筑层数、建造材料、设防标准、建筑习惯等，以及从宏观角度出发的该地区的环境、经济、地质条件等。区域特征分区，即根据对建筑物地震易损性影响较大的区域特征，对某个地区的建筑物进行分区评价。结合建筑物区域特征、建设用地功能以及抗震防灾规划疏散分区要求，把无锡市区划分为 110 个单元，如图 5-13 所示。

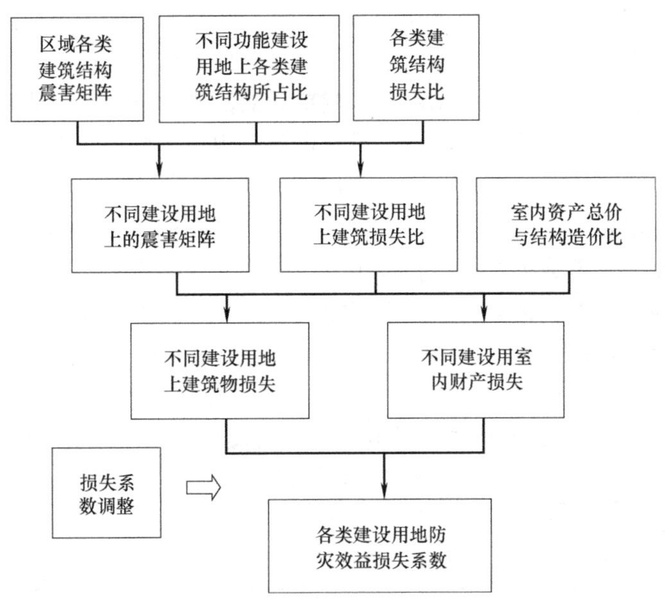

图 5-12　防灾效益损失系数计算流程图

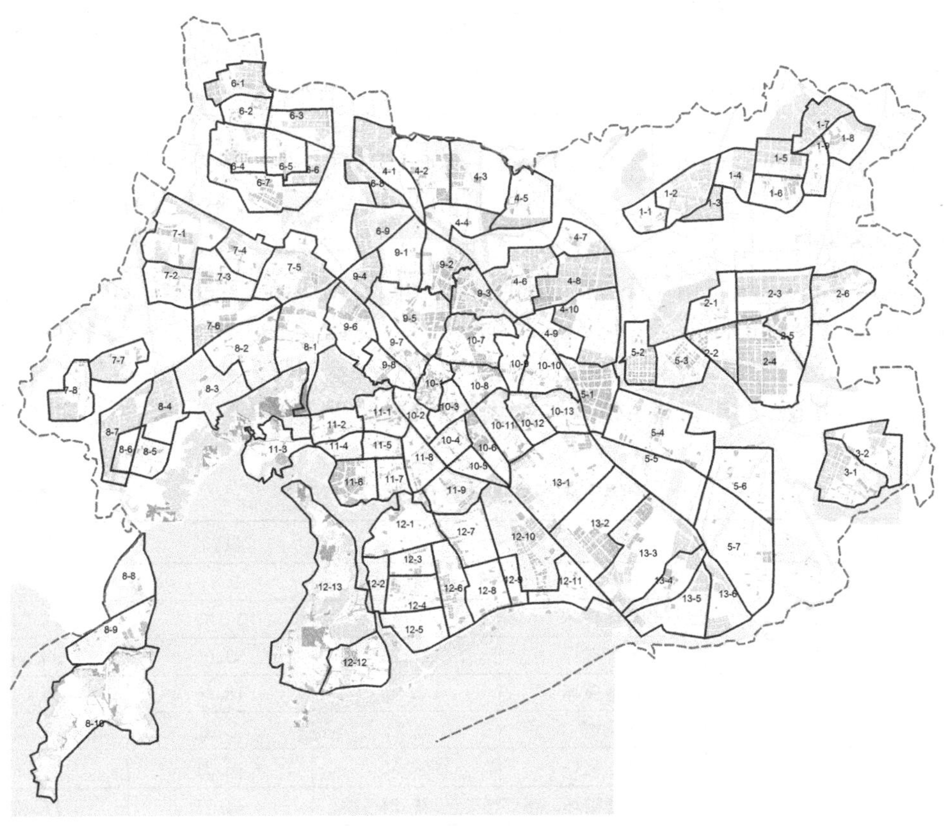

图 5-13　无锡市区域单元划分

步骤二：对城市不同功能用地单元震害矩阵调整。

区域影响因素包括影响区域抗震性能的建筑结构类型、建筑习惯，采取抗震措施的特点和建筑物的结构布置，影响区域位置条件的地形条件和交通状况，以及区域经济条件和区域设防烈度等主要因素。根据对无锡市区域单元的归类划分，一些研究提出了方法对城市不同功能用地单元震害矩阵进行调整。最终得到三组基本矩阵，其区域特点如下：(1)第一组震害矩阵主要考虑为城市老城区，房屋建设年代较早，主要以砖房、砖混、砖石、土石为主，大多数房屋为 19 世纪七八十年代所建，古城区的建筑更早，很多房屋没有抗震设防，因此当发生中震或大震时震害较重。(2) 除去第一组范围，第二组震害矩阵主要以多层砖房、砖混、底框、框架为主，大多数房屋为 19 世纪 90 年代以后所建，多数房屋已按照 89 规范进行抗震设防，大多数房屋具有一定的抗震能力。(3) 除去第一、二组范围，第三组震害矩阵主要以砖混、底框、框架、框剪为主，大多数房屋为 2000 年以后所建，多数房屋已按照 01 版建筑抗震设计规范进行抗震设防，房屋抗震性能较好。

城市基本震害矩阵 **表 5-3**

震害度	第一组建筑物震害矩阵			第二组建筑物震害矩阵			第三组建筑物震害矩阵		
震害等级	6 度(%)	7 度(%)	8 度(%)	6 度(%)	7 度(%)	8 度(%)	6 度(%)	7 度(%)	8 度(%)
基本完好	30.44	5.15	0	59.48	8.56	0.12	76.76	15.74	0
轻微破坏	42.99	27.7	8.88	28	32.51	10.07	28.13	50.69	21.34
中等破坏	20.9	38.8	24.87	11.08	48.15	38.59	0.11	32.96	55
严重破坏	5.08	25.2	41.75	1.38	18.91	40.2	0	0.61	19.35
倒塌	0.6	8.09	24.39	0.06	1.87	11.02	0	0	4.1

步骤三：根据每个单元包含的基本震害矩阵所占区域比例，得到最终的每个单元的震害矩阵，再乘以各建设用地中三组基本震害矩阵所占面积比，得到最终的根据建设用地分类的城市震害矩阵，见表 5-3。

由于各类建设用地面积和结构抗力随时间变化的退化性，不同年份的震害矩阵有所差异，震害矩阵应是随时间动态变化的，为方便计算，在此假定为静态。主要考虑由建设用地建筑物破坏导致的经济损失，只考虑居住用地、公共管理与公共服务用地、商业服务设施用地、工业用地、物流仓储用地的震害影响。经计算无锡市各类建设用地的震害矩阵如表 5-4 所示。

无锡市不同功能建设用地震害矩阵 **表 5-4**

用地类型	震害等级	6 度(%)	7 度(%)	8 度(%)
居住用地	基本完好	54.85	9.41	0.05
	轻微破坏	31.48	35.89	12.73
	中等破坏	11.26	39.00	38.63
	严重破坏	2.19	18.94	35.07
	倒塌	0.22	1.76	18.52
公共管理与公共服务用地	基本完好	68.38	18.21	0.02
	轻微破坏	26.24	44.71	17.83
	中等破坏	4.38	35.54	48.57
	严重破坏	0.82	5.85	25.78
	倒塌	0.08	0.70	7.80

续表

用地类型	震害等级	6 度(%)	7 度(%)	8 度(%)
商业服务用地	基本完好	61.17	10.56	0.06
	轻微破坏	28.54	38.16	18.84
	中等破坏	8.71	38.93	42.28
	严重破坏	1.45	10.95	38.14
	倒塌	0.12	1.40	10.69
工业用地	基本完好	62.08	11.29	0.04
	轻微破坏	28.56	40.15	15.14
	中等破坏	7.79	37.53	48.70
	严重破坏	1.43	9.81	30.70
	倒塌	0.13	1.22	10.42
物流仓储用地	基本完好	64.91	12.29	0.03
	轻微破坏	27.63	42.61	16.63
	中等破坏	6.17	36.29	46.10
	严重破坏	1.18	7.86	27.95
	倒塌	0.12	0.96	9.28

步骤四：地震实践表明，破坏性地震引起的人员伤亡和经济损失，主要是由于地震产生的巨大能量导致的建筑物、工程设施产生的破坏和倒塌，以及伴随的次生灾害。同步骤三，根据城市建设用地上各类建筑结构比例及破坏程度，结合各类建筑结构破坏程度所对应的震害损失比，估计地震直接经济损失和间接经济损失，并根据调整系数计算地震总经济损失，最终得到无锡市不同功能建设用地上不同地震烈度下每平方米的震害损失相对值，即为防灾效益经济损失系数，见表 5-5。参考其他研究，依照人员在不同破坏程度建筑中人员的伤亡概率矩阵，选取黑夜时刻 24：00～6：00 时刻，此时人员分布概率见表 5-6，计算防灾效益人员伤亡系数，见表 5-7。

无锡市城市建设用地防灾效益经济损失系数　　表 5-5

损失系数＼地震烈度	6 度	7 度	8 度
l_5	2.82	2.07	1.73
l_6	1.39	1.43	1.45
l_7	59	4.04	8.69
l_8	1.95	1.85	1.77
l_9	1	1	1

城市人员工作日内在不同用地上的居留概率　　表 5-6

场所时段	居住用地	公共管理与公共服务/工业/物流仓储	商业服务业	户外
24:00～6:00	0.968	0.0262	0.00411	0.00189

无锡市城市建设用地防灾效益人员损失系数　　表 5-7

用地类型	人员死亡率(%)		
	6 度	7 度	8 度
居住用地	0.04	0.29	1.44
公共管理与公共服务用地	0.05	0.35	1.74
商业服务用地	0.04	0.26	1.39
工业用地	0.03	0.21	1.25
物流仓储用地	0.02	0.16	1.09

2. MOP 模型建立及求解

根据影响土地利用结构优化的敏感性因素，将人口变化率、GDP 增长率和耕地农业投资额比分别定义为，将耕地、园地、林地、绿地、居住用地、公共管理与公共服务用地、商业服务用地、工业用地、物流仓储用地、未利用地面积、水域面积分别定义为 y_1、y_2、y_3、y_4、y_5、y_6、y_7、y_8、y_9、y_{10}、y_{11}。

(1) 经济效益目标函数为：

$$\max f(y_i)=\sum_{i=1}^{10}k_iy_i \tag{5-10}$$

式中　k_i——各类用地的经济效益系数，本节取有关研究中所测算的数值，进行归一化取相对值，得到 k_i=(1.94，2.10，1，0，61.4)，61.4 为建设用地的集中值，即 k_5～k_9的取值。

(2) 生态效益目标函数：

$$\max f(y_i)=\sum_{i=1}^{4}z_iy_i \tag{5-11}$$

式中　z_i——各类用地的绿当量系数，居住用地、公共管理与公共服务用地、商业服务设施用地、工业用地、物流仓储用地为 0，则 z_i=(0.50，0.61，1.0，0.51，0，0，0，0，0)。

(3) 防灾效益目标函数：

$$\min f(y_i)=\sum_{i=5}^{9}l_iy_i \tag{5-12}$$

式中　l_i——各类用地的震害损失系数。经上计算，l_i= (2.07，1.43，4.04，1.85，1)。

(4) 令经济增长率、人口增长率、固定资产投资比敏感参数为 x_1、x_2、x_3，各类用地与敏感性参数之间的关系通过回归分析可得：

$$y_1=704.21-638.57x_1-12129.33x_2-717.40x_3 \tag{5-13}$$

$$y_2+y_3=833.83+267.56x_1-8623.26x_2+584.80x_3 \tag{5-14}$$

$$y_4=-1.09+58.74x_1-561.36x_2+27.13x_3 \tag{5-15}$$

$$y_5=29.9+113.4x_1-998.6x_2+41.2x_3 \tag{5-16}$$

$$y_6=15.3+47.8x_1-515.6x_2+13.3x_3 \tag{5-17}$$

$$y_7=2.38+7.27x_1-137.48x_2+6.38x_3 \tag{5-18}$$

$$y_8=32.96+47.95x_1-537.43x_2+50.13x_3 \tag{5-19}$$

$$y_9=32.96+47.95x_1-537.43x_2+50.13x_3 \tag{5-20}$$

$$y_{10}=1.19+14.91x_1-125.97x_2+3.48x_3 \tag{5-21}$$

(5) 约束条件：

无锡市区的土地总面积，除去水域面积 1294.62km^2。土地总量约束：

$$\sum_{i=1}^{10} y_i \leqslant 1294.62 \tag{5-22}$$

根据土地发展报告和相关文献得知耕地保有量。

$$y_1 \geqslant 330 \tag{5-23}$$

建设用地变化范围：

$$286.6 \leqslant \sum_{i=5}^{9} y_i \leqslant 740 \tag{5-24}$$

绿地约束：

$$39 \leqslant y_3 \tag{5-25}$$

绿地面积约束，根据城市抗震防灾规划中人口疏散所需绿地即人口乘以平均绿地面积再除以绿地有效比所得。

根据遗传算法原理，运用 matlab 编程后进行求解，得到计算最优值如图 5-14 所示，所有最值在三维空间同一个平面内（matlab 进行优化计算时，采用的最小化函数，所有经济和生态坐标值为负值），取平面内均值，可得优化值 $x_1=0.44$，$x_2=0.005$，$x_3=0.14$，同时将其参数写入系统流图，则可用于实际问题的分析和预测。同样采用遗传算法求解只考虑经济效益、生态效益下的最优值，如图 5-15 所示，所有最值在二维平面内的一条直线上，均值计算后得到的优化值 $x_1=0.45$，$x_2=0.012$，$x_3=0.15$。

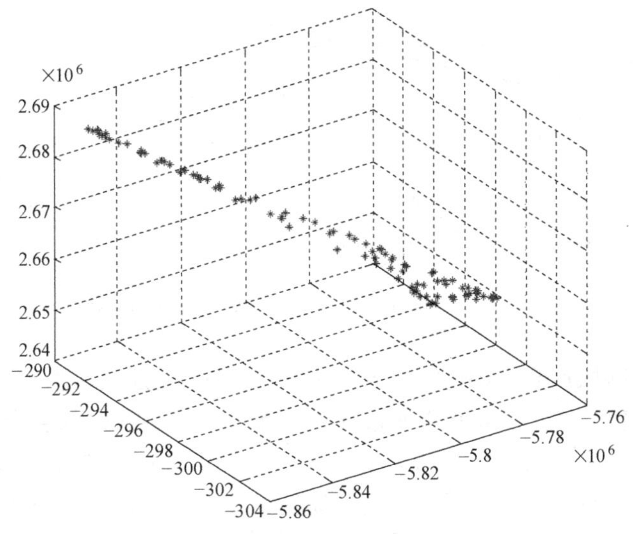

图 5-14　三目标函数下最优值

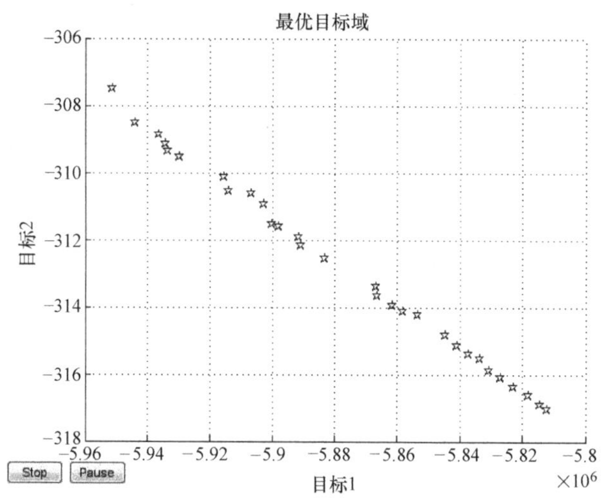

图 5-15　两目标函数优化结果

5.3.4　模型模拟仿真和结果分析

将经过 MOP 模型优化了的敏感性参数写入 SD 模型流图，重新运行系统，模型在进行仿真模拟时，设置三种状态，分别为不考虑多目标优化下的城市建设用地的增长，考虑两目标即经济和生态效益下的优化，考虑三目标即经济、生态和防灾效益下城市建设用地结构的优化。为了更直观地反映模拟结果，将系统动力学仿真结果以图形输出如图 5-16、5-17 所示。

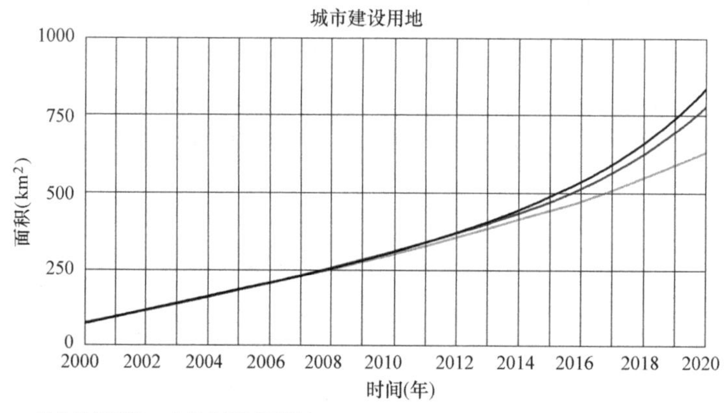

图 5-16　三种状态下城市建设用地增长对比图

从图 5-16 中可以看出，2010 年后若按照原规划运行方案，最终建设用地面积达到 839km^2，远远超出原规划至 2020 年城市建设用地达到 740km^2 的要求。而经过 MOP 模型优化了的规划方案在两目标优化状态下，城市建设用地达到 784km^2，略微超出原规划建设用地范围；三目标即考虑经济、生态、防灾效益下的城市建设用地结构的优化，建设用地在 2020 年达到 674km^2，保证了建设用地发展在规划用地范围内。

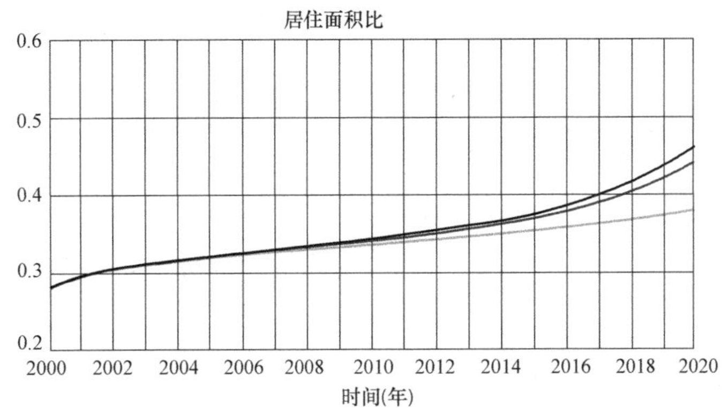

(a)

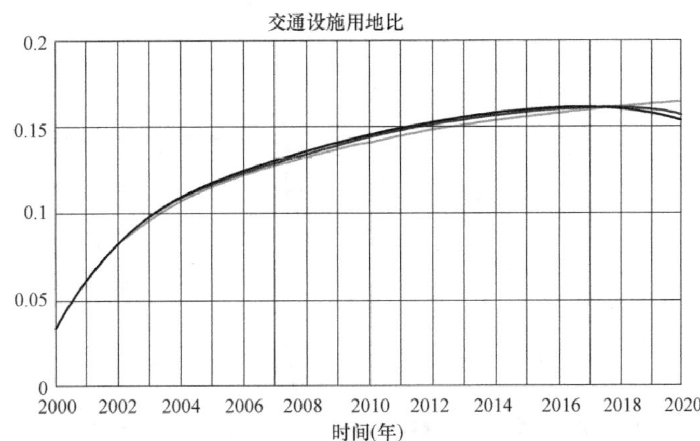

(b)

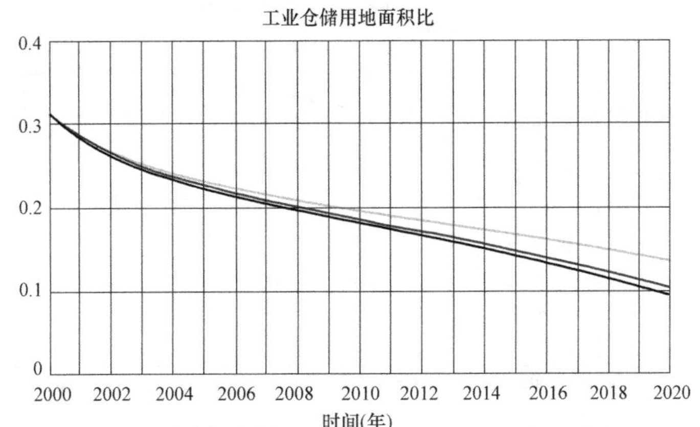

(c)

图 5-17　三种状态下各类建设用地占城市建设用地发展比例对比图（一）

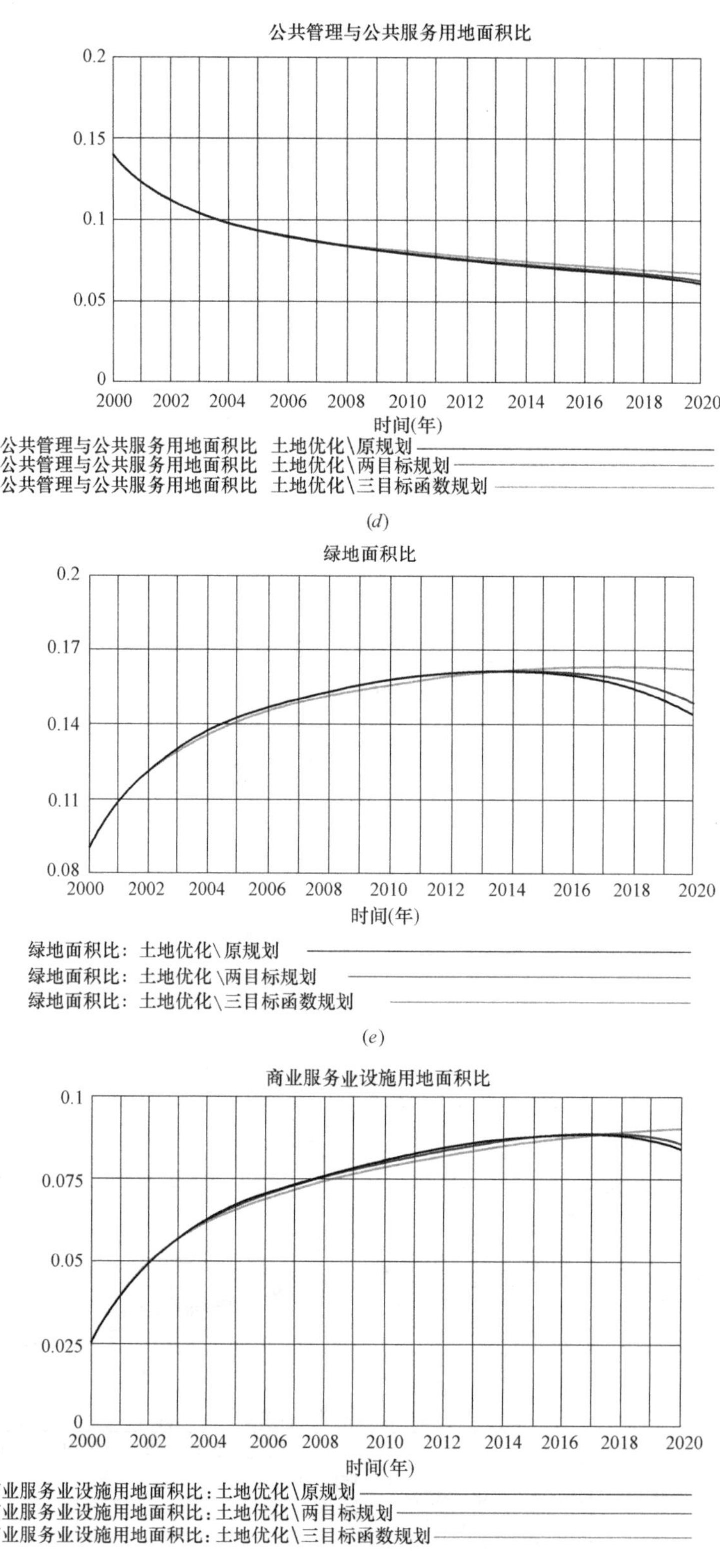

图 5-17　三种状态下各类建设用地占城市建设用地发展比例对比图（二）

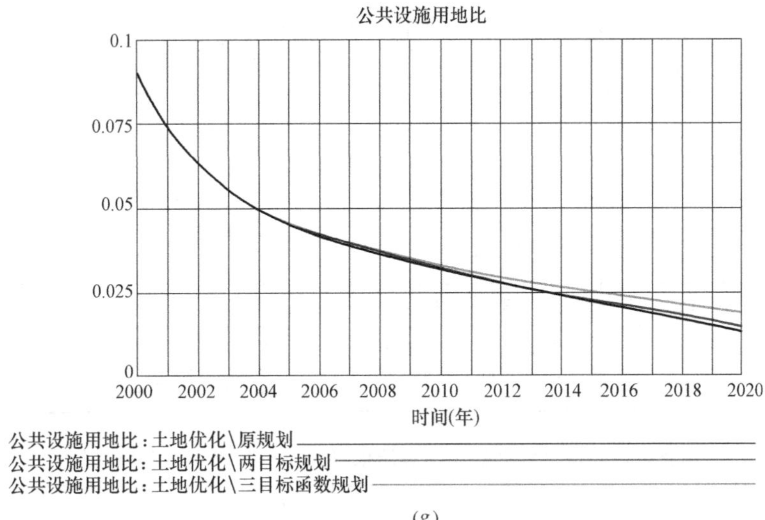

(*g*)

图 5-17　三种状态下各类建设用地占城市建设用地发展比例对比图（三）

从图 5-17（*a*）及表 5-8 可以看出，三种状态下，居住用地面积比例在三目标状态优化结果较其他两种状态下的模拟结果偏低，其他用地优化比例较高，尤其是绿地面积所占比例，如图 5-17（*e*）及表 5-9 所示。这里主要是考虑防灾效益目标函数下，居住用地下由于建筑结构形式等问题，震害损失较高，在此受到限制。而绿地则是从抗震防灾角度考虑到满足人员疏散需求，同时其在防灾效益目标函数里，防灾效益损失系数相当于为 0，所以最终其计算结果会较其他两种状态下模拟结果偏高。工业仓储用地和商业服务设施用地面积比模拟结果如图 5-17（*c*）、（*f*）所示，尽管其防灾效益损失系数偏高，但控制在一定范围内，综合其经济目标及生态目标，可以适当提高这两类建设用地面积所占比例。

最终，按照三目标优化的 SD-MOP 整合模型模拟无锡市各类建设用地面积及所占比例如表 5-10 和表 5-11 所示。

城市居住用地面积比仿真结果（2014～2020 年）(单位:%)　　**表 5-8**

时间(年)	2014	2015	2016	2017	2018	2019	2020
原目标	0.368	0.376	0.386	0.399	0.415	0.436	0.454
两个目标	0.362	0.370	0.379	0.389	0.403	0.421	0.444
三个目标	0.349	0.353	0.357	0.362	0.368	0.374	0.382

城市绿地用地面积比仿真结果（2014～2020 年）(单位:%)　　**表 5-9**

时间(年)	2014	2015	2016	2017	2018	2019	2020
原目标	0.161	0.160	0.159	0.158	0.155	0.150	0.144
两个目标	0.161	0.161	0.160	0.159	0.157	0.154	0.148
三个目标	0.161	0.162	0.163	0.163	0.163	0.163	0.162

各业城市建设用地面积仿真结果（2014～2020年）（单位：km²） 表5-10

时间(年)	2014	2015	2016	2017	2018	2019	2020
交通设施用地	62.573	68.341	74.346	80.935	87.862	95.288	108.283
公共管理与公共服务用地	30.351	32.102	38.943	35.892	37.974	40.216	42.657
公用设施用地	10.732	10.947	11.151	11.345	11.528	11.700	11.860
商业服务业设施用地	3559	37.696	41.015	4543	48.309	52.347	56.695
居住用地	142.594	155.053	168.627	188.595	200.33	219.322	241.277
工业仓储用地	70.069	72.769	75.417	77.988	80.485	82.912	85.271
绿化用地	65.921	71.232	76.791	82.634	88.799	95.332	102.284

各业城市建设用地面积比仿真结果（2014～2020年）（单位:%） 表5-11

时间(年)	2014	2015	2016	2017	2018	2019	2020
交通设施用地	15.30%	15.60%	15.80%	16.00%	16.10%	16.30%	16.40%
公共管理与公共服务用地	7.40%	7.30%	7.20%	7.10%	7.00%	6.90%	6.80%
公用设施用地	2.60%	2.50%	2.40%	2.20%	2.10%	2.00%	1.90%
商业服务业设施用地	8.50%	8.60%	8.70%	8.80%	8.90%	8.90%	9.00%
居住用地	34.90%	35.30%	35.70%	36.20%	36.80%	37.40%	38.20%
工业仓储用地	17.10%	16.60%	16.20%	15.80%	15.60%	15.20%	15.10%
绿地用地	16.10%	16.20%	16.30%	16.30%	16.30%	16.30%	16.20%

国家标准《城市用地分类与规划建设用地标准》GB 50137—2011中对居住用地、公共管理与公共服务用地、工业用地、交通设施用地和绿地五大类主要用地规划占城市建设用地的比例要求为：

规划建设用地结构 表5-12

类别名称	占城市建设用地的比例(%)
居住用地	25.0～40.0
公共管理与公共服务用地	5.0～8.0
工业用地	15.0～30.0
交通设施用地	10.0～30.0
绿地	10.0～15.0

输出结果是否合理需要有一套参考标准进行评判。直观的方法就是将各类城市建设用地结构优化结果与国家规划控制比例构成和抗震防灾规划中对用地的要求进行对比，看其发展变化趋势，从而评价其合理性。

将表5-11与表5-12进行对比可以发现三目标函数优化得到的各类建设用地面积比除了绿地面积比例外均满足国家建设用地结构规划要求。因为考虑到避震疏散绿地的需求及有效疏散绿地所占比，所以最终致使绿地占建设用地的比例偏高，这也是符合抗震防灾规划中疏散要求的。

综上所述，通过考虑防灾特征的城市建设用地 SD-MOP 整合模型对城市建设用地结构进行优化的过程是朝着有利于交通、环境、居住不断改善的过程，是有助于经济发展的产业集聚和土地利用效率提高的逐步趋优的过程，也符合国外发达城市建设用地利用结构发展趋势，且在国家规划控制标准规定的范围内。因此，这种供应规模是合理的，它将有助于无锡市城市建设用地的数量结构和效益结构的优化。

为了显示震害对经济的影响及对整个系统的负反馈，在此假定在 2012 年发生高于设防烈度的 7 度地震。由图 5-18 可以看出，在三种状态下，若发生地震，造成不同程度的震害对 GDP 有直接影响，参考以往震后恢复数据，设定震害比＝震害损失/当年 GDP。由图 5-18 可知，尽管在原规划状态下 GDP 开始增长的最快，一旦发生地震，其震害损失比也最大，震害损失比决定了震后恢复时间。由图 5-18（*a*）所知，发生的地震对 GDP 增长率产生了负影响，但由于在三目标优化下，其震害比较小，恢复时间较快，最终 GDP 的产值超过原规划和两目标规划下的优化结果。

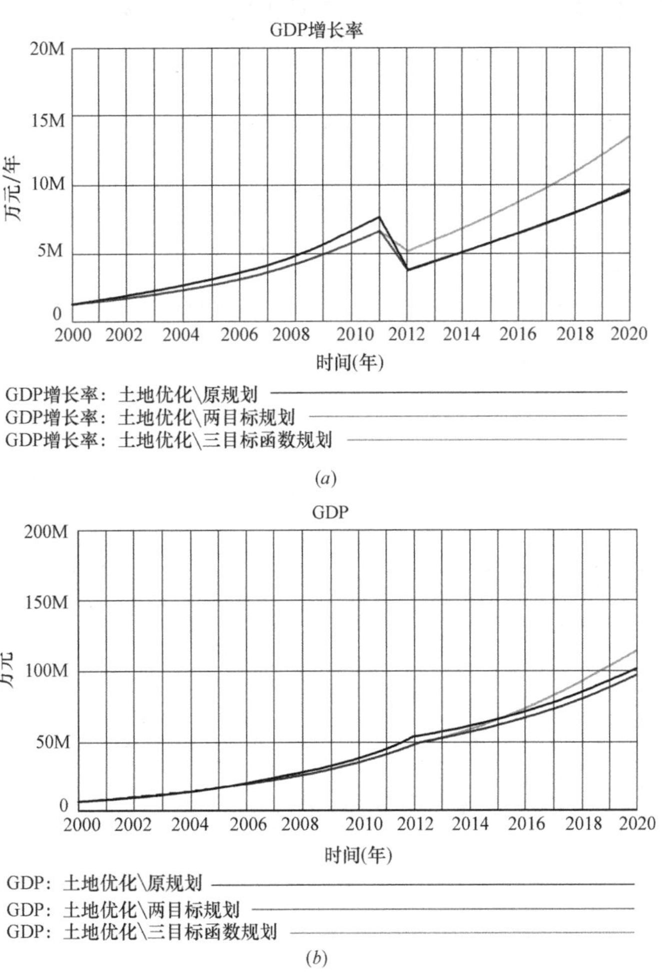

图 5-18　三种状态下假定震害对 GDP 的影响

5.4 本章小结

城市建设用地利用结构受经济、社会、环境等多因素相互影响，是一个庞大的社会经济复杂系统。单一方法的专门化研究很难有突破性的深入进展，需借助多种方法，相互渗透、相互交叉、借力发展。鉴于此，本章借鉴线性模型和非线性模型的优点，建立了考虑防灾特征的城市建设用地结构优化 SD-MOP 模型。该模型综合系统动力学和多目标规划，研究城市建设用地利用过程中所存在的环境变化和投入产出中的时滞等动态问题。从防灾的角度，建立了考虑用地功能的防灾效益目标函数，较以往研究中的经济效益、生态效益两目标优化有了进一步改善，并采用遗传算法对多目标函数进行求解，能克服单纯的系统动力学模型参数难以准确定量、随意性较大的问题。根据构建的 SD-MOP 整合模型，以无锡市为例，对城市建设用地利用结构和各类建设用地比例及系统复杂行为进行了动态模拟，在对国家城市建设用地利用结构合理性标准进行比较的基础上，分析城市建设用地利用结构构成的合理性，从而有助于观察和掌握城市建设用地利用结构优化系统行为的动态趋势和客观规律，并为城市建设用地定量化管理提供现实可能性。

第6章　城市避震疏散优化模型

6.1　概述

城市避震疏散规划作为城市抗震防灾规划中的重要组成部分。有了完善、合理的避震疏散规划，一旦发生预估等级以内的地震灾害，抗震防灾指挥部门就能够快速、有秩序地按照避震疏散预案对受灾群众进行疏散和安置，避免由于人员混乱引起的一系列问题，有利于社会稳定和抗震救灾工作的顺利进行。

从以往的经验来看，震后避震疏散场所的作用举足轻重。例如：1975年2月4日中国海城7.3级地震，虽预报较为成功，居民避震较及时，但“由于震前对群众疏散后的生活问题缺乏周密的考虑与准备，冻灾、防震棚火灾造成的伤亡达8000多人，相当于地震直接伤亡的46%”；1976年7月28日，北京地区受唐山7.8级地震的波及影响，震后市委、市抗震救灾指挥部为了躲避可能发生的余震影响，组织并安排城市居民疏散到公园、城市绿地、林荫绿带、体育场，经抽样调查，共176.6万城市居民进行了疏散；1985年9月15日墨西哥城6.3级地震后因为缺水，大量救援人员与灾民遭受肾脏损害，救灾效率亦大打折扣；1923年9月1日日本关东6.2级地震后，大约有130万人进行避难，而在避难所生活人数最多时候达12.5万人；1995年1月17日日本阪神7.2级地震时，约有1100处避难所最多时收容31.7万人；2004年10月23日，日本新潟7.0级地震后，一周之内，有近10万人有秩序地向事先规划的486个避难所里集中，这些避难所配备良好的供水设施，交通便利；2008年5月12日，汶川6.0级地震后，九洲体育馆成为震后避震疏散和物资分发管理中心，为抗震救灾的顺利进行发挥了极大的作用。

国内学术论文方面中，葛学礼建立了有组织疏散和无组织疏散两种计算模型，利用计算机来进行避震疏散模拟。姚清林着重讨论了在进行城市地震避难场地预设计时，安全性、环境支持性等方面的评价原则与途径，以及某种优化意义上的场点、路径选择方法。杨文斌就有关建设应急避震疏散场所的紧迫性、国内外现状、设计规划、技术要求和启动管理作一系统阐述，并以北京市应急避震疏散场所的建设试点作为范例加以介绍，提出城市应急避震疏散场所建设的规划原则，主要有6项原则：应急避震疏散场所应分为近期规划和长远规划；防御为主、防御与救助相结合；平灾结合；均衡布局；安全；快速畅通。苏幼坡论述了规划城市地震避难所的意义、原则、要点以及安全性评价。周天颖针对“9.21”大地震提出，避震疏散场所因时间序列而分为紧急避震疏散场所、临时避难收容场所、中长期收容场所，进行不同的评估指标与区位选配的建立，并对都市地区防灾基本单元规模、空间架构提出建议，提出的灾害避震疏散场所区位选派模式的建立，作为防灾考虑依据，蔡柏全对避震疏散场所覆盖范围进行了推算。李刚，马东辉，王志涛等基于GIS系统利用加权Voronoi图对城市地震应急避难场所规划方法和震后交通最优路径分析进行了研究；王丽、刘茂等对城市中应急避难场所的规划设计进行了研究；陈宗志、尤建新、徐波等对城市防灾设施选址模型和城市防灾避难空间优化模型进行了研究；吴青，龚亚伟，张毅等对地震救灾物资的路径选择进行了研究，等等。

以上学者对城市避震疏散场所规划建设的发展起到极大的推动作用。但是从定量角度考虑对城市避震疏散场所的选址、分派、最优路径选择等仍存在一定的问题，尤其是所建模型与实际问题差距较大，所建模型的求解实现起来仍很困难。

本章结合《城市抗震防灾规划标准》修编和《城镇防灾避难场所设计规范》编制，以城市避震疏散规划相关评价模型的求解为讨论对象，利用智能优化计算方法及动态仿真进行相关问题的研究。

6.2　城市避震疏散场所空间层次和布局选址模型

6.2.1　城市避震疏散场所空间层次划分

依据功能原则把避难所划分为紧急避难所、固定避难所、中心固定避难所三个层次，城市可通过防灾公园、防灾据点等建设满足避难疏散要求，形成完整的避难疏散场地系统。图 6-1 为避震疏散场所体系示意图。

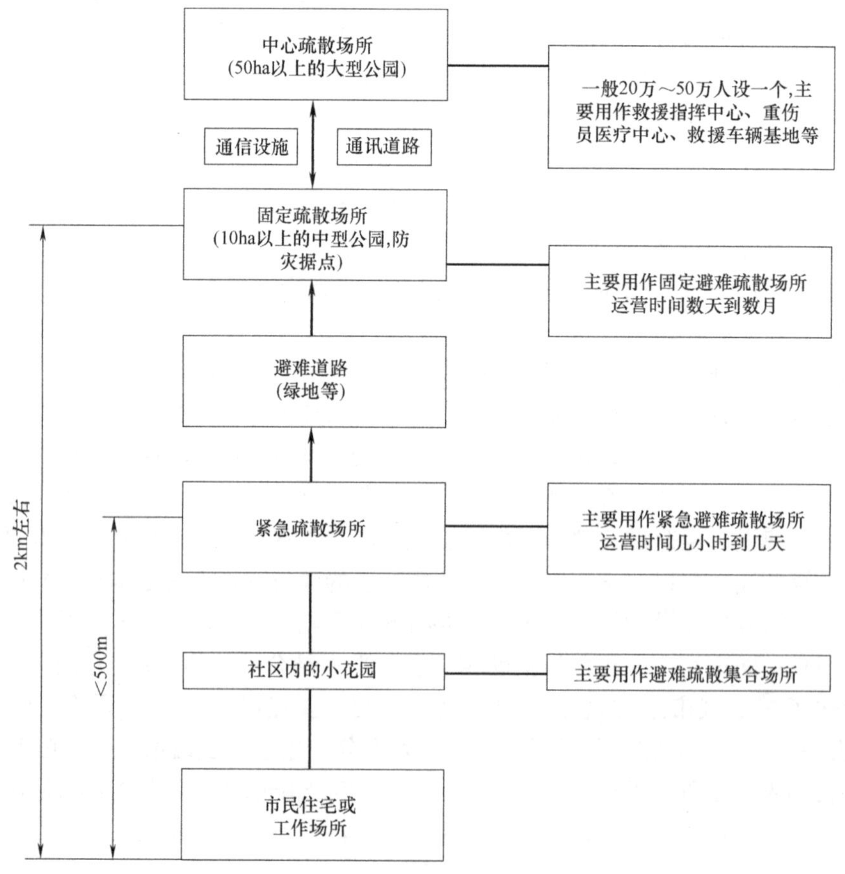

图 6-1　避震疏散场所体系示意图

1. 紧急避震疏散场所

主要是城市的小花园、小公园、小广场、专业绿地、宅旁或路边的自由空间、高层建筑内的避难层（间）等，供附近的居民就近避难，也是居民家庭或住宅内居民集合并转移到固定疏散场地的过渡性空间。供避震疏散人员临时或就近避震疏散的场所，也是避震疏散人员集合并转移到固定避震疏散场所的过渡性场所。

2. 固定避震疏散场所

是避难者较长时间度过避难生活和进行集中性救援的重要场所，主要是面积较大、可以收容较多避难者安全避难的公园绿地、广场、体育场（馆）、政府机关、福祉设施、大型人防工程、停车场、空地、绿化隔离带以及抗灾能力强的公共设施、防灾据点等，有比较完善的防灾设施，避难者有基本生活保障。

3. 中心避震疏散场所

规模较大、功能较全、起避难中心作用的固定避震疏散场所。场所内一般设抢险救灾部队营地、医疗抢救中心和重伤员转运中心等。

4. 防灾据点

抗震设防高的有避震疏散功能的建筑物，如体育馆、人防工程、居民住宅的地下室、经过抗震加固的公共设施等。防灾据点具有紧急避震疏散场所或固定避震疏散场所的防灾机能。

各类疏散场所的抗震安全要求，见表 6-1～表 6-3。

紧急避震疏散场所抗震安全要求　　表 6-1

项目	技术评价指标	备　注
类型	城市居民住宅附近的小公园、小花园、小广场、专业绿地以及抗震能力强的公共设施或高层建筑物中的避震层(间)	大多数是地震灾害发生后 3min～5h 用作紧急避灾的临时场所
交通设施	道路不小于 5m;有多个进出口,便于人员与车辆进出	考虑到城市的部分地区房屋密集,若房屋倒塌破坏,应扣除瓦砾堆积物的影响
救灾道路要求	应具备不小于 8m 宽度的道路,保证救灾需要	应保证有效净宽容许消防和救灾车辆的进出
服务范围	服务半径 500m 左右,步行大约 10min 之内可以到达	考虑避灾人员的承受能力和人员的流动需要
规模	一般不小于 $1000m^2$	考虑不少于 500 人
面积要求	$2.0m^2$/人	保证避灾人员一定的活动空间
防火带	一般不小于 10m	考虑潜在火灾的影响规模
基础设施要求	临时用水、排污、供电照明设施以及临时厕所	满足避灾人员的基本生活需求和防火要求;居民住宅区和各单位内的道路以及居民住宅区内的小花园、小游园和专业绿地应安装照明设备,小花园和绿地应设洒水设施,并按《城市公共厕所设计标准》CJJ 14—2005 规划建设公共厕所
其他	土地坡度不大于 30°; 与发震断层距离大于 15m; 无具危险性的次生灾害源	考虑其他防灾要求

固定避震疏散场所抗震安全要求 **表 6-2**

项目	技术评价指标	备　注
类型	面积较大、人员容置较多的公园、广场、操场、体育场、停车场、空地、绿化隔离带等；固定避震疏散场所其内灾时搭建临时建筑或帐篷，是供灾民较长时间避震和进行集中性救援的重要场所	大多数是地震灾害发生后用作中长期避灾的场所
交通设施	道路不小于 15m；有多个进出口，便于人员与车辆进出；人员进出口与车辆进出口尽可能分开；进出口应当方便残疾人、老年人和车辆的进出	可以利用交通工具进出和保证物资运输
救灾道路要求	应具备不小于 15m 宽度的道路，保证救灾需要	应保证有效净宽容许消防和救灾车辆的顺畅进出
服务范围	服务半径 2～3km，步行大约 1h 之内可以到达	考虑避灾人员的承受能力和人员的流动需要
规模	不小于 5000m^2，宜选择短边 250m 以上、面积 10000m^2 以上的地域	可以利用较大面积进行物资运送、储存以及满足联络、医疗、救援的需要
面积要求	一般不小于 3.5m^2/人	满足避灾人员一定的生活活动空间需求
防火带	与周围易燃建筑物或其他可能发生的火源之间设置 30～120m 的防火隔离带或防火树林带	考虑潜在火灾的影响规模，如果避震疏散场所的四周都发生火灾，面积 50ha 以上基本安全，两边发生火灾 25ha 以上基本安全，一边发生火灾时 10ha 以上基本安全；应当有水流、水池、湖泊和确保水源的消防栓；临时建筑物和帐篷之间留有防火和消防通道；严格控制避震疏散场所内的火源；防火树林带设喷洒水的装置
基础设施要求	用水、排污、供电照明设施以及卫生设施，设置灾民栖身场所、生活必需品与药品储备库、消防设施、应急通信设施与广播设施、临时发电与照明设备、医疗设施以及畅通的交通环境等	满足避灾人员的长期生活需求，发挥避灾场所的救援功能，满足各种防灾要求。避震疏散场所内的栖身场所可以是帐篷(冬季是防寒帐篷)、窝棚或简易房屋，能够防寒、防风、防雨雪，并具备最基本的生活空间，通常以家庭为单元居住；物资储备库应当确保避震疏散场所内居民 3d 或更长时间的饮用水、食品和其他生活必需品以及适量的衣物、药品等
其他	土地坡度不大于 30°； 与发震断层距离大于 15m； 无具危险性的次生灾害源	考虑其他防灾要求

防灾据点抗震安全要求 **表 6-3**

项目	技术评价指标	备　注
类型	人防工程、居民住宅地下室、防灾据点	主要用于满足城市人口建筑密集区域的避灾要求、紧急避灾、改善避灾环境；紧急避灾评价参见紧急避震疏散场所部分
抗震能力	在罕遇地震作用下避灾工程及其直接附属结构不发生中等破坏以上的破坏	保障抗震安全性
交通设施	至少有一个进口与出口；道路不小于 15m	保证人员和物资的交通

续表

项目	技术评价指标	备　　注
救灾道路要求	应具备不小于15m宽度的道路，保证救灾需要	应保证有效净宽容许消防和救灾车辆的顺畅进出
服务范围	服务半径2～3km，步行约1h内可到达	考虑避灾人员的承受能力和人员流动需要
规模	有效避灾面积不小于1000m^2，用于长期避灾时应不小于2000～5000m^2，并可有效保证物资储备，满足联络、医疗、救援的需要；周围安全地域宽度不小于30～50m	满足一定规模避灾人员的长期生活需要
面积要求	一般不小于2m^2/人	满足避灾人员一定的生活活动空间需求
防火措施	与周围易燃建筑物或其他可能发生的火源之间设置30～120m的防火隔离带或防火树林带；具有完善的消防设施和灾时消防水源	考虑潜在火灾的影响规模，如果避震疏散场所的四周都发生火灾，面积50ha以上基本安全，两边发生火灾25ha以上基本安全，一边发生火灾时10ha以上基本安全
基础设施要求	用水、排污、供电照明设施以及卫生设施，设置灾民栖身场所、生活必需品与药品储备库、消防设施、应急通信设施与广播设施、临时发电与照明设备、医疗设施以及畅通的交通环境等	满足避灾人员的长期生活需求，发挥避灾场所的救援功能，满足各种防灾要求；具备最基本的生活空间，通常以家庭为单元居住；物资储备库应当确保避震疏散场所内居民3d或更长时间的饮用水、食品和其他生活必需品以及适量的衣物、药品等
其他	与发震断层距离大于15m； 无具危险性的次生灾害源	考虑其他防灾要求

6.2.2　城市避震疏散场所空间布局选址模型

城市避震疏散场所选址就是要确定避震疏散场所的空间分布（设施位置和设施的服务区域）和规模（设施数量和设施服务能力大小），并决定避震疏散场所所提供的合适的服务水平。而网络型优化选址模型可以同时决定避震疏散场所的位置与服务范围。常用的网络型优化选址模型主要有：覆盖模型（位置集合覆盖模型和最大覆盖模型）、p中值模型和p中心模型、备用覆盖模型等。

1. 位置集合覆盖模型

位置集合覆盖模型（Location Set Covering Model，LSCM）的数学模型由Toregas等人最早提出，其目标是确定所需服务设施的最少数目，并配置这些服务设施使所有的需求点都能被覆盖到。

设K为需求点的集合，第k需求点的最大距离（或最长疏散时间）限制为l，候选避震疏散场所的集合为$J\subseteq K$，d_{kj}为需求点k和候选避震疏散场所点j之间的距离（或最长疏散时间）。记a_{kj}为二元值系数，当$d_{kj}\leqslant l$时，即避震疏散场所j能覆盖需求点k时，$a_{kj}=1$；否则，$a_{kj}=0$。设决策变量y_j为二元值变量，当候选避震疏散场所j被选中时，$y_j=1$；否则，$y_j=0$。则能覆盖全部需求点所必需的最少避震疏散场所数量和位置可由下列位置集合覆盖模型决定。

$$\min z=\sum_{j\in J}y_j \tag{6-1}$$

$$s.t.:\sum_{j\in J}a_{kj}y_j\geqslant 1,\forall k\in K \tag{6-2}$$

$$y_j \in \{0,1\}, \forall j \in J \tag{6-3}$$

目标函数式（6-1）是设置的避震疏散场所数最小，约束式（6-2）保证每个需求点至少被一个避震疏散场所覆盖，约束式（6-3）限制决策变量 y_i 为 {0，1} 整数变量。

如果每个候选避震疏散场所的成本不同，记 c_j 为候选设施点 j 的费用，则约束条件不变，目标函数式（6-1）变为：

$$\min z = \sum_{j \in J} c_j y_j \tag{6-4}$$

本质上，LSCM 是最小化设置所有避震疏散场所的总成本，并保证一个公平的覆盖。每个避震疏散场所覆盖一组需求点，所有需求点是同等重要的，对每个需求点，使用一个单一的、静态的覆盖距离（或时间）。

2. 最大覆盖模型

集合覆盖模型的一个重要的变形为最大覆盖问题（Maximum Covering Location Problem，MCLP ），由 Church 和 ReVell 提出，在实际设施决策中，覆盖全部需求点可能会导致过高的财政支出，如果存在资金预算的限制，无法覆盖全部所有的需求点，只能确定 p 个避震疏散场所，最大覆盖模型的目标是选择 p 个避震疏散场所的位置，使覆盖的需求点的价值总和（人口或其他指标）最大。

记 ω_k 为需求点 k 权重（人口数量），设 x_k 是二元值变量，当第 k 需求点被覆盖时，$x_k=1$；否则，$x_k=0$。记 a_{kj} 为二元值系数，当 $d_{kj} \leqslant l$ 时，即避震疏散场所 j 能覆盖需求点 k 时，$a_{kj}=1$；否则，$a_{kj}=0$。设 y_j 为二元值变量，当候选避震疏散场所 j 被选中时，$y_j=1$；否则，$y_j=0$。最大覆盖模型如下。

$$\max z = \sum_{k \in K} \omega_k x_k \tag{6-5}$$

$$s.t.: \sum_{j \in J} a_{kj} y_j - x_k \geqslant 0, \forall k \in K \tag{6-6}$$

$$\sum_{j \in J} y_j = p \tag{6-7}$$

$$x_k, y_j \in \{0,1\}, \forall k \in K, \forall j \in J \tag{6-8}$$

目标函数式（6-5）使被覆盖的需求点的价值总和最大；约束式（6-6）保证选定的避震疏散场所覆盖需求点 k，约束式（6-7）指定被选择的避震疏散场所数为 p，约束式(6-8)限制决策变量 x_k 和 y_j 为 {0，1} 整数变量。

3. p 中值模型

p 中值模型（p-median model），p 中值问题最早由 Hakimi 提出，如果从服务设施的使用“效率”角度考虑，选址决策的目标是选择 p 设施，使各个需求点至 p 服务设施之间的总加权距离最小，即为 p 中值问题。

设 $\omega_i d_{ij}$ 为节点 i 和 j 之间的加权距离，y_j 为二元值变量，当候选避震疏散场所 j 被选中时，$y_j=1$；否则，$y_j=0$。设二元值变量 x_{ij} 反映需求节点 i 指派给候选避震疏散场所 j 的情况，当需求节点 i 指派给避震疏散场所 j 时，$x_{ij}=1$；否则，$x_{ij}=0$。p 中值问题的整数线性规划模型如下。

$$\min z = \sum_{i \in I} \sum_{j \in J} (\omega_i d_{ij}) x_{ij} \tag{6-9}$$

$$s.t.: \sum_{j \in J} x_{ij} = 1, \forall i \in I \tag{6-10}$$

$$x_{ij} - y_j \leqslant 0, \forall i \in I, \forall j \in J \tag{6-11}$$

$$\sum_{j \in J} y_j = p \tag{6-12}$$

$$x_{ij}, y_j \in \{0,1\}, \forall i \in I, \forall j \in J \tag{6-13}$$

目标函数式（6-9）使各个需求点至 p 个避震疏散场所之间的总加权距离最小；约束式（6-10）指派需求点仅给一个避震疏散场所；约束式（6-11）保证仅对一个设置的避震疏散场所指派需求点；约束式（6-12）保证选定的避震疏散场所数量为给定的 p。

4. p 中心模型

p 中心模型（p-center model），p 中心问题也是由 Hakimi 提出，从城市防灾减灾服务设施的“公平性”考虑，为了避免某些人口稀少的区域被“忽略”而降低提供这些区域的服务水平，选址决策的目标应确定 p 设施，使各个服务设施服务需求点的（加权）最大距离为最小，即为 p 中心问题。

设 D 为需求点至设定的避震疏散场所的最大距离，二元值变量 y_j 当候选的避震疏散场所 j 被选中时，$y_j=1$；否则，$y_j=0$。设二元值变量 x_{ij} 反映需求节点 i 指派给候选避震疏散场所 j 的情况，当节点 i 指派给避震疏散场所 j 时，$x_{ij}=1$；否则，$x_{ij}=0$。p 中心问题的数学模型如下。

$$\min z = D \tag{6-14}$$

$$s.t.: \sum_{j \in J} x_{ij} = 1, \forall i \in I \tag{6-15}$$

$$x_{ij} - y_j \leqslant 0, \forall i \in I, \forall j \in J \tag{6-16}$$

$$\sum_{j \in J} y_j = p \tag{6-17}$$

$$D - \sum_{j \in J} x_{ij} d_{ij} \geqslant 0, \forall i \in I \tag{6-18}$$

$$x_{ij}, y_j \in \{0,1\}, \forall i \in I, \forall j \in J \tag{6-19}$$

目标函数式（6-14）使最大距离 D 最小；约束式（6-15）指派需求节点仅给一个避震疏散场所；约束式（6-16）保证仅对设置的避震疏散场所指派需求点；约束式（6-17）保证选定的避震疏散场所数量为给定的 p；约束式（6-17）定义任何需求点 i 与最近避震疏散场所 j 之间的最大距离。

5. 备用覆盖模型

备用覆盖模型（Backup Coverage Model，BACOM），备用覆盖模型由 Hogan 和 ReVelle 使用覆盖的概念对最大覆盖模型进行了修改，使得每个需求点都必须被服务设施覆盖一次的同时，目标是使被两次覆盖的需求点的总价值最大。

设变量 u_i，如果需求点 i 被覆盖两次，$u_i=1$；否则，$u_i=0$。记整数｛0，1｝为变量 x_j 表示是否在被候选避震疏散场所 j 的设置服务设施，如设置，$x_j=1$；不设置，$x_j=0$。则备用覆盖模型如下。

$$\max z = \sum_{i \in I} \omega_i u_i \tag{6-20}$$

$$s.t.: \sum_{j \in J} a_{ij} x_j - u_i \geqslant 1, \forall i \in I \tag{6-21}$$

$$\sum_{j \in J} x_j = p \tag{6-22}$$

$$u_i, x_j \in \{0,1\}, \forall i \in I, \forall j \in J \tag{6-23}$$

目标函数式（6-20）使被两次覆盖需求点的总价值最大；约束式（6-21）保证各个需求点必须被设置的避震疏散场所所覆盖到；当 $u_i=0$ 时，需求点 i 被覆盖一次；当 $u_i=1$ 时，需求点 i 被覆盖至少两次；约束式（6-22）为避震疏散场所的预定设置总数为 p。

根据上述各种模型的适用范围，可以归纳这些模型的特点如表 6-4 所示。

网络型优化选址模型的特点 **表 6-4**

模型	目标函数	特　　点	应　　用
位置集合覆盖模型	最小化设施数目	覆盖所有需求点	防灾减灾服务设施
最大覆盖模型	最大化覆盖需求	给定 p 设施；不要求覆盖所有需求点	防灾减灾服务设施
p 中值模型	最小化加权距离总和	给定 p 设施；不涉及覆盖	普通型设施(及时性要求不高)；防灾减灾服务设施
p 中心模型	最小化最大距离	给定 p 设施；不涉及覆盖	普通型设施(及时性要求不高)；防灾减灾服务设施
备用覆盖模型	最大化覆盖需求两次	给定 p 设施；不要求覆盖所有需求点	防灾减灾服务设施

6.2.3 城市避震疏散规划相关参数

1. 预测避震疏散人数

预测一次地震后造成无家可归人员数目的计算与建筑物破坏多少有关，根据文献可采用下式分析计算：

$$N=\frac{1}{a}\left(\frac{2}{3}A_1+A_2+\frac{7}{10}A_3\right) \tag{6-24}$$

式中　N——无家可归人数（人）；

A_1——地震时毁坏的住宅建筑面积（m^2）；

A_2——严重破坏的住宅建筑面积（m^2）；

A_3——中等破坏的住宅建筑面积（m^2）；

a——每人平均居住面积（m^2）。

2. 需求点中心坐标的确定

设 R 为需求点（居民点）的集合，避难场所在规划选址时没有必要也不可能细化到单个住户，可运用重心法将各个小区零散的需求集中在小区需求中心。设各小区有 n 个需求点，它们各自的坐标是（x_i，y_i）($i=1$，2，…，n)；小区需求中心的坐标为（x_0，y_0），用重心法求得：

$$x_0=\sum_{i=1}^{n}\frac{\omega_i x_i}{d_i}\Big/\sum_{i=1}^{n}\frac{\omega_i}{d_i},\quad y_0=\sum_{i=1}^{n}\frac{\omega_i y_i}{d_i}\Big/\sum_{i=1}^{n}\frac{\omega_i}{d_i} \tag{6-25}$$

式中　ω_i——各居民点的人口数量；

d_i——各居民点到居民区中心的距离。

3. 避震疏散场所覆盖半径

在实际情况中，由于设置的避震疏散场所形状多为不规则的多边形，因此在计算其有效覆盖时非常不方便。需根据实际情况而定，本节采取圆形等效面积的方法，计算避震疏散场所覆盖半径。设避震疏散场所 i 的有效疏散面积为 A_i，其能容纳的疏散人数为 n_i；避震疏散场所 i 服务的周围区域的实际面积为 $A_{\mathrm{sum}i}$，该区域预测需要疏散的人数为 N_i，则可以得到避震疏散场所 i 的覆盖半径。

$$R_i \leqslant \sqrt{\frac{r_{i1} n_i A_{\mathrm{sum}i}}{N_i \pi} + \frac{r_{i2} A_i}{\pi}} \tag{6-26}$$

式中　R_i——避震疏散场所 i 的覆盖半径；

r_{i1}——区域规划不同用地类型的调整系数；

r_{i2}——避震疏散场所 i 形状的调整系数。

6.3　城市避震疏散场所优化的多准则选址—时间满意覆盖模型

目前对避震疏散场所选址问题的研究主要沿袭两条思路：其一，采用多准则决策手段和方法，对选址方案进行定性定量分析，确定避震疏散场所的位置；其二，采用运筹学理论方法，研究建立网络型优化选址的整数规划模型，如覆盖选址模型、中值模型、中心模型等，进而求解确定避震疏散场所的位置，同时确定所建立的避震疏散场所与需求点之间的服务关系。

但是，目前对避震疏散场所选址问题的研究还存在一些不足。一方面，目前的选址决策主要是从服务提供方的角度进行考虑的，决策利益主体单一，很少从需求点或“客户”的角度考虑问题，因此难以深入反映不同的服务水平对需求点的影响。但在许多情况下，需求点的要求对选址决策的科学性和合理性有着重要的影响，比如在场所的地震地质环境安全选择中，没有避开危险地段规划建设避震疏散场所将失去意义。另一方面，很少有文献将这两种思路进行综合考虑，实际上，网络型优化选址模型是一个典型的组合优化问题，随着备选避震疏散场所等输入变量数量的增加，解空间将急剧增长，而多准则决策方法可对备选避震疏散场所进行初步筛选，为网络型优化选址模型提供可行方案输入，从而有效降低计算量；而单纯的多准则决策方法一般只能对选址方案进行评价，而难以同时给出避震疏散场所与需求点间的服务关系。

因此，本节研究了综合多准则决策的避震疏散场所优化的时间满意覆盖模型。该方法首先通过保障部门综合考虑备选避震疏散场所的各方面条件，进行多准则决策，剔除不可行方案，并对可行方案进行评价；之后，在建立避震疏散场所服务需求点的时效性评价函数的基础上，基于最大覆盖选址模型（Maximal Covering Location Model）和“部分覆盖”（Partial Covering）思想，建立了有限设置避震疏散场所（p 个）的综合多准则-时间满意覆盖模型，该模型的决策目标是使地震应急保障部门和需求点对避震疏散场所选址方案的满意程度最大化。

6.3.1　城市避震疏散场所综合评价指标体系

避震疏散规划应确保避震疏散途中和避震疏散场所内避震疏散人员的安全，对各种避震疏散场所和设施，应进行安全可靠性分析。在进行城市避震疏散场所综合评价时，应从经济性、效率性、环境因素和公平性等四个方面考虑，其递阶层次结构见图 6-2。

（1）在经济性指标中，选址方案的“总体投入成本”是最重要的影响因子。

（2）在效率性准则下，考虑“保留原设施数”和“覆盖距离”两个因子。当城市防灾

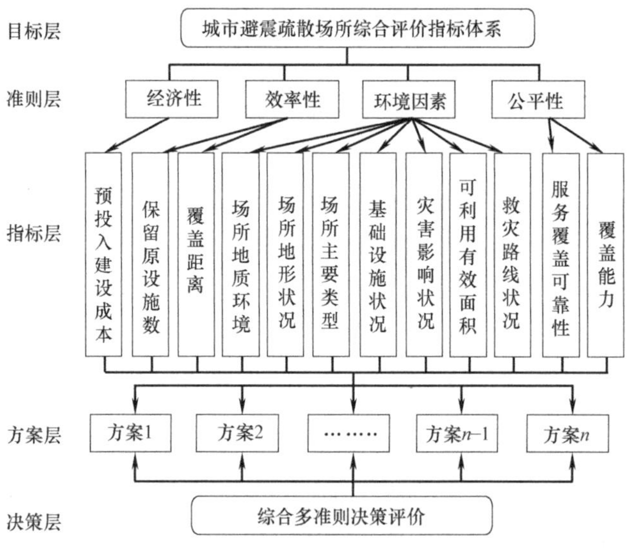

图 6-2 避震疏散场所综合评价递阶层次结构

减灾设施没有覆盖距离的要求时，“覆盖距离”这一评价因子可由“设施服务需求点的总加权距离”替代。

(3) 避震疏散场所的环境安全评价包括：

1) 地震地质环境安全。避震疏散场所应避开发震断裂、岩溶塌陷区、斜坡滑移、矿山采空区和场地容易发生液化的地区以及地震次生灾害（特别是火灾）源，禁止在危险地段规划建设避震疏散场所，尽量避开不利地段。

2) 自然环境安全。避震避难场所不会被地震次生水灾（河流决堤、水库决坝）淹没，不受海啸袭击；地势平坦、开阔；北方的避震避难场所应避开风口、有防寒措施，南方应避开烂泥地、低洼地以及沟渠和水塘较多的地带；台风地区应避开风口。

3) 人工环境安全。避震疏散场所必须远离易燃易爆、有毒物品生产工厂与仓库、高压输电线路、有可能震毁的建筑物；有较好的交通环境、较高的生命线供应保证能力以及必需的配套设施，应设防火隔离带、防火树林带以及消防设施、消防通道，设突发次生灾害的应急撤退路线，有伤病人员及时治疗与转移的能力。防灾据点应有更高的抗震设防能力。

4) 避震疏散场所具有基本设施保障能力，各种工程设施符合抗震安全。

5) 避免火灾、水灾、海啸、滑坡、山崩、场地液化、矿山采空区塌陷等其他防灾要求评价。

(4) 在公平性准则之下，考虑“覆盖率”和“服务覆盖可靠性”两个因子，其中，“覆盖率”是评价服务设施覆盖的区域、人口等指标，“服务覆盖可靠性”是对服务设施的服务能力的评价。

6.3.2 城市避震疏散场所多属性决策评价

本节采用 TOPSIS（Technique for Order Preference by Similarity to Ideal Solution）方法对城市避震疏散场所进行多属性决策评价。TOPSIS 法是多属性决策中的一种重要的

方法，它将备选方案 A 与“理想解 A^*”和“负理想解 A^-”进行比较。一个方案 A 距离“理想解 A^*”越近，同时距离“负理想解 A^-”越远，则该方案越优。

1. 多目标决策的数学表示

设有避震疏散场所多属性决策问题的决策矩阵 $Y=[y_{ij}]_{m\times n}$。

多属性决策矩阵 **表 6-5**

	C_1	C_2	…	C_n
A_1	y_{11}	y_{12}	…	y_{1n}
A_2	y_{21}	y_{22}	…	y_{2n}
…	…	…	…	…
A_m	y_{m1}	y_{m2}	…	y_{mn}
ω	ω_1	ω_2	…	ω_n

表 6-5 中 $A_i(i=1, 2, \cdots, m)$ 是 m 个备选方案；$C_j(j=1, 2, \cdots, n)$ 是 n 个属性（或指标）；y_{ij} 是方案 A_i 在属性 C_j 下的属性值；$\omega_j(j=1, 2, \cdots, n)$ 是属性 C_j 的权重，其中 $\sum_{j=1}^{n}\omega_j=1$。

2. TOPSIS 法计算步骤

步骤 1：在目标决策中，由于各指标的量纲不同，而且各指标变化范围有大有小，为较好地反映指标变化的实际情况，需将决策矩阵进行规范化，得无量纲化的规范矩阵 $\boldsymbol{Z}=[z_{ij}]_{m\times n}$：

$$z_{ij}=\frac{y_{ij}}{\sqrt{\sum_{i=1}^{m}y_{ij}^2}}(1\leqslant i\leqslant m;1\leqslant j\leqslant n) \tag{6-27}$$

步骤 2：计算加权规范矩阵 $\boldsymbol{X}=[x_{ij}]_{m\times n}=[\omega_j\cdot z_{ij}]_{m\times n}$。

步骤 3：确定理想解 $\boldsymbol{A}^*=[x_1^*, x_2^*, \cdots, x_n^*]$ 和负理想解 $\boldsymbol{A}^-=[x_1^-, x_2^-, \cdots, x_n^-]$。其中，对于效益型准则，即正向指标 C_j，$x_j^*=\max\{\omega_j\cdot z_{ij}|1\leqslant i\leqslant m\}$，$x_j^-=\min\{\omega_j\cdot z_{ij}|1\leqslant i\leqslant m\}$；对于成本型准则，即反向指标 C_j，$x_j^*=\min\{\omega_j\cdot z_{ij}|1\leqslant i\leqslant m\}$，$x_j^-=\max\{\omega_j\cdot z_{ij}|1\leqslant i\leqslant m\}$。

步骤 4：计算各方案与正负理想解的欧氏距离。方案 A_i 到理想解和负理想解的距离分别为 $d_i^*=\sqrt{\sum_{j=1}^{n}(x_j^*-\omega_j\cdot z_{ij})^2}$ 和 $d_i^-=\sqrt{\sum_{j=1}^{n}(x_j^--\omega_j\cdot z_{ij})^2}$。

d_i^* 越小，d_i^- 越大，则方案 A_i 越优。

步骤 5：计算方案 A_i 对理想解的相对接近程度：

$$C_i=\frac{d_i^-}{d_i^*+d_i^-}(1\leqslant i\leqslant m) \tag{6-28}$$

C_i 越大，则方案 A_i 越接近理想解。

步骤 6：按 C_i 由大到小对诸多待选方案进行排序，排在前面的方案较优。

6.3.3 利用 GA-PSO 优化求解时间满意覆盖模型

在以往的避震疏散场所选址问题中，只是考虑了在疏散要求的时间（或是距离等，下同）限制范围内去覆盖需求点，但在实际的问题中，常常很难规定一个确定的疏散限制时间，对于给定的避震疏散场所 p 来说，如果规定的疏散时间太短，会导致没有覆盖到的需求点太多，甚至有的需求点到避震疏散场所的距离很远，如果规定的时间太长，对疏散要求比较紧急的避震疏散场所来说，可能会导致损失变得更大。因此，应从避震疏散场所的具体情况出发，综合考虑避震疏散场所周围的环境、经济状况、人口密度等因素的要求，及其对时间的不同满意程度。鉴于此，本节考虑了在规定避震疏散场所数目的情况下，使避震疏散场所总的满意程度最大。

1. 城市避震疏散场所选址的时间满意覆盖模型

设 $E_i(i=1, 2, \cdots, m)$ 为需求点集合，$S_j(j=1, 2, \cdots, n)$ 为候选避震疏散场所集合，p 为设置避震疏散场所的总数量（$p\leqslant n$），a_i 为需求点 E_i 的时间满意度水平，ω_i 为需求点 E_i 的权重（为预测疏散人数），L_i 为需求点 E_i 时间满意度为 1 的最大时间值，U_i 为需求点 E_i 时间满意度为 0 的最小时间值，t_{ij} 为候选避震疏散场所 S_j 到需求点 E_i 的时间，C_j 为城市避震疏散管理部门对候选疏散场所 S_j 的偏好程度。若候选疏散场所 S_j 被设置，$x_j=1$；否则，$x_j=0$。若 $F(t_j)\leqslant a_i$，$y_{ij}=1$；否则，$y_{ij}=0$。$F(t_{ij})$ 为需求点 E_i 对候选疏散场所 S_j 的疏散时间满意度函数：

$$F(t_{ij})=\begin{cases}1, & t_{ij}\leqslant L_i \\ \dfrac{U_i-t_{ij}}{U_i-L_i}, & L_i\leqslant t_{ij}\leqslant U_i \quad (1\leqslant i\leqslant m, 1\leqslant j\leqslant n) \\ 0, & t_{ij}>U_i\end{cases} \tag{6-29}$$

基于最大覆盖选址模型和“部分覆盖”思想，建立了有限设置避震疏散场所的综合多准则-时间满意覆盖模型如下：

$$\max z=\sum_{i=1}^{m}\omega_i \max_{1\leqslant j\leqslant n}\{C_j y_j F_j(t)\} \tag{6-30}$$

$$s.t.\ F(t_{ij})x_j\geqslant a_i y_{ij} \tag{6-31}$$

$$\sum_{j\in J}x_j=p \tag{6-32}$$

$$x_j, y_j\in\{0,1\}, \forall i\in I, \forall j\in J \tag{6-33}$$

目标函数式（6-30）使被覆盖的需求点对时间的满意度最大；约束式（6-31）是对覆盖时间半径的约束，只要达到满意度水平 a_i 时才能保证被避震疏散场所覆盖；约束式（6-32）指定被选择的避震疏散场所数为 p；约束式（6-33）限制决策变量 x_j 和 y_{ij} 为（0，1）整数变量。

如果 $F(t_{ij})=1$，$a_i=1(1\leqslant i\leqslant m, 1\leqslant j\leqslant n)$，不考虑城市避震疏散管理部门对候选疏散场所的偏好程度 C_j，那么需求点就被完全覆盖住了，这时的问题实质上就是一个最大覆盖问题。换句话说，最大覆盖问题是时间满意覆盖问题的特例，而最大覆盖问题是 NP 问题，所以本模型也是 NP 问题。

2. 粒子群遗传优化算法

粒子群算法（Particle Swarm Optimization，简称 PSO）是由美国人 Kennedy 和 Eberhart 于 1995 年提出的一种基于群体的演化算法，其思想来源于人工生命和演化计算理论。Reynolds 对鸟群飞行的研究发现，鸟仅仅是追踪它有限数量的“邻居”，但最终的整体结果是整个鸟群好像在一个中心的控制之下，即复杂的全局行为是由简单规则的相互作用引起的。PSO 算法就是从这种模型中得到启示而产生的，并用于解决优化问题。

PSO 初始化时产生一群随机粒子（随机解），在每一次迭代中，粒子通过跟踪两个“极值”来更新自己：一个是该粒子目前找到的最好解，称为个体极值点（用 P_i 表示其位置）；另一个是整个种群目前找到的最好解，称为全局极值点（用 P_g 表示其位置）。根据这两个最好解，粒子利用式（6-34）和式（6-35）来更新自己的飞行速度和位置。

设有 m 个粒子，粒子 i 的信息可用 D 维向量表示，位置表示为 $\boldsymbol{X}_i=(x_{i1}, x_{i2}, \cdots, x_{iD})$，速度表示为 $\boldsymbol{V}_i=(v_{i1}, v_{i2}, \cdots, v_{iD})$，个体极值点表示为 $\boldsymbol{P}_i=(p_{i1}, p_{i2}, \cdots, p_{iD})$，其中 $i=1, 2, \cdots, m$。群体极值点表示为 $\boldsymbol{P}_g=(p_{g1}, p_{g2}, \cdots, p_{gD})$。

则粒子的位置和速度更新方程如下：

$$v_{id}(t+1)=\omega \cdot v_{id}(t)+c_1 \cdot rand[p_{id}-x_{id}(t)]+c_2 \cdot rand[p_{gd}-x_{id}(t)] \tag{6-34}$$

$$x_{id}(t+1)=x_{id}(t+1)+v_{id}(t+1) \tag{6-35}$$

式中，ω 为惯性因子（ω 较大算法具有较强的全局搜索能力，ω 较小则算法倾向于局部搜索，一般做法是初始为 0.9，随着迭代次数的增加线性递减至 0.4）；c_1、c_2 为学习因子，通常取［1，2］以内的常数；$rand$ 是［0，1］内的随机数；$\boldsymbol{P}_i$ 为粒子所经历的最好位置（D 维向量）；$\boldsymbol{P}_g$ 为整个群体所经历的最好位置（D 维向量）。

从上述角度上，PSO 是一种基于群体的且有着深刻智能背景的优化算法，并具有易于工程实现、计算效率高等优点，但 PSO 中的粒子只依据 $\boldsymbol{P}_i$ 和 $\boldsymbol{P}_g$ 不断调整自身的位置 $\boldsymbol{X}_i$，这样当 $\boldsymbol{P}_i$ 和 $\boldsymbol{P}_g$ 是局部最优时，很容易使整个算法过早收敛，从而产生早熟问题。

为解决 PSO 的这一缺点，本节在粒子群优化算法中引入遗传算法的变异算子和克隆选择算子来调整粒子下一步迭代的位置，即将公式（6-34）中的 $c_1 \cdot rand[p_{id}-x_{id}(t)]+c_2 \cdot rand[p_{gd}-x_{id}(t)]$ 看作遗传算法的交叉操作，让个体解的位置与个体极值的位置和全局极值的位置分别进行交叉操作；将 $\omega \cdot v_{id}(t)$ 看作是遗传算法的变异操作，先后经过交叉操作和变异操作的位置为粒子的新位置，即解的新位置。这样处理后，通过变异率和克隆选择率两个参数自适应地调整变异操作和克隆选择操作。当粒子群最优粒子的适应度在优化迭代过程中陷入停滞时，利用变异算子对粒子群中部分粒子进行随机变异操作，扩大粒子群搜索范围，防止粒子群陷入局部最优；而当粒子群最优粒子适应度随优化迭代过程不断提高时，则利用克隆选择算子淘汰适应度较低的粒子，提高粒子群整体的平均适应度，增强粒子群对局部的搜索能力，提高算法的计算效率。同时，避免了参数惯性因子 ω 和学习因子 c_1、c_2 的设置。

3. 利用 GA-PSO 优化求解时间满意覆盖模型

利用粒子群遗传优化算法对城市避震疏散场所选址的时间满意覆盖模型进行求解，其实现步骤如下：

步骤 1：利用候选避震场所优选偏好程度、时间矩阵和满意度函数求解 $C_jF(t_{ij})$，将其与时间满意水平 a_i 作比较，得到初始覆盖矩阵 $\boldsymbol{B}_{m\times n}$，若 $C_jF(t_{ij})\geqslant a_i$，$b_{ij}=1$；否则为 0。

步骤 2：设置粒子数为 n，迭代次数为 $N_{\max}$，随机产生 n 个初始解 X_0。

步骤 3：根据当前位置计算适应值 R_0，设置当前适应值为 Pl_i，并设置相应的当前位置为 P_i，并从 Pl_i 中选择最优的作为 Pl_g，并设置相应的 P_g。

步骤 4：对每个粒子位置 X_0 与 P_g 交叉得到 X_1'，将 X_1' 与 P_i 交叉得到 X_1，并对 X_1

进行变异操作。

步骤 5：根据当前位置计算适应值 R_1。

步骤 6：若粒子的 R_1 大于该粒子的 Pl_i，则更新 Pl_i，并设置相应的 P_i；若所有粒子中的 Pl_i，又大于当前 Pl_g，则更新 Pl_g，并设置相应的 P_g。

步骤 7：若满足迭代次数则输出 Pl_g 和 P_g，否则转步骤 3。

贪婪相加的算法 Greedy-Add 步骤如下：

步骤 1：利用候选避震场所优选偏好程度、时间矩阵和满意度函数求解 $C_jF(t_{ij})$，将其与时间满意水平 a_i 作比较，得到初始覆盖矩阵 $\boldsymbol{B}_{m\times n}$，若 $C_jF(t_{ij})\geqslant a_i$，$b_{ij}=1$；否则为 0。

步骤 2：初始化，令循环变量 $k=1$（k 表示覆盖应急点的服务设施的个数，若增加一个应急服务设施，能满足总时间满意值最大，则 $k=k+1$）。

步骤 3：重复步骤 2，直到 $k>p$，算法结束，输出最大值和相应的应急服务设施位置。

6.3.4 理论应用及分析

以某城区作为案例分析，该市老城区为人口密集区，城区内的公园在紧急避难时可以作为逃生避难场所。另外，学校操场也可作为可选择的避难场所。由于老城区以外人口相对稀疏，而且周边近距离有农田和开阔地带，紧急情况发生时，人员便于逃生疏散，所以仅将老城区列为研究对象。

经调查分析，该区共有 5 个可供避震疏散的场所，将区域划分为 16 个社区，各个社区预测需要避震疏散的人数以及到各个避震疏散场所的距离，见表 6-6。

各社区到避震疏散场所的距离 **表 6-6**

需求点 E_i	候选避震疏散场所 S_j					ω_i（避震疏散人数）
	1	2	3	4	5	
A	2266	816	1899	2836	4561	4536
B	1360	999	2199	2386	3608	6765
C	442	1840	3067	2752	2667	5756
D	738	3028	4438	3728	1747	6372
E	469	3080	3918	3140	967	17992
F	385	1370	2468	2024	2793	52958
G	1260	487	1680	1874	3438	13036
H	1926	160	912	2147	3994	8122
I	1412	827	1108	1115	2804	8922
J	533	1579	1767	1318	2224	19451
K	367	2315	2564	1187	1426	14332
L	796	3141	3106	2210	716	7847
M	1270	2667	1816	500	2124	13443
N	1225	1737	1454	384	2356	16450
O	2142	1538	1063	349	2965	22777
P	2489	2176	1545	421	3196	10853

注：各个社区到各避震疏散场所的距离，单位为 m。

为对比分析，在设置不同参数时，若 $C_j=1$，分别利用时间满意覆盖模型（TSBM-CLP）和最大覆盖模型（MCLP）对该实例进行分析，计算结果见表 6-7。

两种模型计算结果比较　　表 6-7

	p	L_i	U_i	a_i	最大覆盖人数 z	被选避震疏散场所 S_j	覆盖的需求点 E_i
TSBMCLP	1	800	1200	[0.1,1.0]	124708	1	C、D、E、F、J、K、L
MCLP		1000					
TSBMCLP	2	800	1200	[0.1,0.2]	197153	1,4	C、D、E、F、I、J、K、L、M、N、O、P
				[0.3,1.0]	188231		
MCLP		1000					C、D、E、F、J、K、L、M、N、O、P
TSBMCLP	3	800	1200	1.0	209389	1,2,4	C、D、E、F、G、H、J、K、L、M、N、O、P
				[0.6,0.9]	222847		A、C、D、E、F、G、H、I、J、K、L、M、N、O、P
				[0.1,0.5]	229612		全部
MCLP		1000					
TSBMCLP	1	1500	2500	[0.1,0.2]	218759	1	A、B、C、D、E、F、G、H、I、J、K、L、M、N、O
				0.3	214223		B、C、D、E、F、G、H、I、J、K、L、M、N、O
				[0.4,0.5]	191446		B、C、D、E、F、G、H、I、J、K、L、M、N
				[0.6,1.0]	183324		B、C、D、E、F、G、I、J、K、L、M、N
MCLP		2000			191446		B、C、D、E、F、G、H、I、J、K、L、M、N
TSBMCLP	2	1500	2500	1.0	216954	1,4	B、C、D、E、F、G、I、J、K、L、M、N、O、P
				[0.7,0.9]	225076	1,3	B、C、D、E、F、G、H、I、J、K、L、M、N、O、P
				[0.1,0.6]	229612		全部
MCLP		2000					

注：MCLP 的最大覆盖距离为 TSBMCLP 上下限的均值，单位为 m。

由表 6-7 可知：

(1) 随着避震疏散场所个数 p 的增加，TSBMCLP 和 MCLP 两种模型计算出的最大覆盖人数也随着增加，能覆盖的需求点也随之增加；

(2) 随着避震疏散场所 MCLP 的最大覆盖距离和 TSBMCLP 上下限的增加，TSBM-CLP 和 MCLP 两种模型计算出的最大覆盖人数也随着增加，能覆盖的需求点也随之增加；

(3) TSBMCLP 模型随着时间满意度水平 a_i 的增加，最大覆盖人数则随着降低，能覆盖的需求点也随之减少。

综上所述，MCLP 是 TSBMCLP 的一种特例，由表 6-7 可以看出，在某个时间满意度水平点或区间，TSBMCLP 和 MCLP 两种模型的计算结果是一致的。而 TSBMCLP 通过计算可知，其表达的意义更加丰富，可供选择的依据更加明确。

6.4　基于 STEPS 的紧急避难疏散仿真优化模型研究

疏散仿真是以避难疏散原理为基础，结合计算机的高效性，产生的一种新的研究方法。通过总结分析，仿真模拟在避难疏散领域的发展必要性主要表现在以下几个方面。

（1）灾害的不确定性。灾害存在极大的不确定性，包括疏散人员分布、道路破坏及通畅情况、疏散影响因素、人员伤亡等。

（2）计算手段及方法的落后性。1）环境多变，传统计算方法单一，城市避震疏散规划不容易给出疏散场地布局的最佳方案，不能预测疏散中紧急情况下的人员的最短用时；2）人的计算能力的有限，因素越复杂耗费的人力、物力和财力会成倍增长，而且在人员疏散上很难实现最优分配；3）人的计算能力远远低于计算机高速、复杂的计算能力。

（3）城市发展带来的疏散复杂性。1）城市聚集效应；2）城市建筑在结构形式、空间大小、建筑材料、配套设施、建筑高度方面有很大的不同，给防火及防灾疏散带来很多新的问题；3）新老建筑质量参差不齐，而老建筑将达到使用期限，建筑质量处于最脆弱时期。

（4）数据量化的不确定性。1）缺乏量化的参考数据，数据多来源于国家规范，规范中的数据来源除了灾害中留下的真实数据外，一些是直接采用国外的调查数据，一些是根据演习中的数据统计估算出来的；2）外国的调查数据大部分不符合我国的实情，演习中的数据要么真实性差，要么规模太小，缺乏全面性；3）规范给出的数据非常单一，与实际情况存在一定的差距，影响规划的有效性。

（5）大范围疏散演习的不现实性。1）无法集中数万人于公共场所专门进行疏散演习，难以进行相关属性和疏散轨迹跟踪记录；2）人的行为的随机性，同样的人群、同一场景中，前后两次的疏散行为也会有许多差别，需要多次重复，才能得到有价值的结果；3）难以对疏散场景进行精确设定和改变，难以全面考察人们在所有可能发生的疏散场景中的疏散状况；4）从可行性和经济性等多方面考虑演习有很多弊端；5）真正的弱势群体和不同的人群组合没有机会和条件加入演习。

（6）避难疏散需要借助计算机仿真深化研究。1）疏散仿真在室内小空间的研究已经非常成熟，在室外避难疏散领域研究不足，室外疏散的软件稀少，只有少数专业机构独自开发使用但不对外开放，影响了疏散仿真的发展；2）现阶段缺少对口软件，如果能借助相关软件进行研究，发现问题，并对软件不断提出改进要求，才会进一步促进疏散仿真领域的发展。

本节结合利用避难疏散理论，应用仿真软件进行避难疏散仿真模拟，对疏散规划中很难深入的环境影响因素进行研究，并针对存在的问题提出相应规划策略。

6.4.1 基于 STEPS 的紧急疏散避难仿真模型建立

1. 疏散仿真软件概述

（1）疏散模拟软件 STEPS

STEPS（Simulation of Transient Evacuation and Pedestrian Movements，瞬态疏散和步行者移动模拟）是由 Mott Mac Donald 设计的一个三维疏散软件。目前应用比较广泛，很多的办公大楼和体育场馆都应用了该软件进行模拟计算，其计算结果在全世界内得到公认。通过 STEPS 软件模拟可以建立最优路线，也就是让人员走最短的路线到达安全出口。

STEPS 已经被应用于一些世界级的大项目，包括：加拿大埃得蒙顿机场、印度德里地铁、美国明尼阿波利斯 LRT、英国生命国际中心和伦敦希思罗机场第五出口铁路/地铁。

本节使用的是 STEPS 3.0 版本，软件界面如图 6-3 所示。

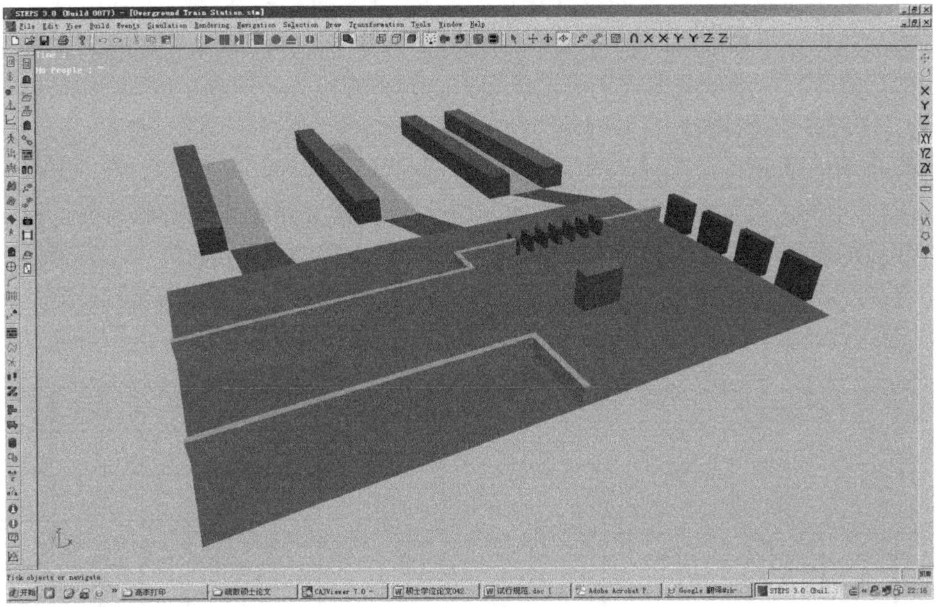

图 6-3　软件界面

（2）STEPS 运算环境

STEPS 采用的优点最主要的就是描述环境，利用各种方法来模拟具体的建筑物，总之是尽可能地采用真实的描述，可以把建筑图纸真实地导入到软件中利用，尤其是楼梯可以真实地模拟出上下坡面，以及人走在上面的速度也随之增加或者减缓，并且人员还可以自由改变速度、方向，这个跟耐心性参数设置有很大的关系。

（3）STEPS 人员特性

STEPS 通过不同的参数设置来模拟人员特性，比如说年龄、性别比例、人的高度、宽度、耐性以及走路的速度频率等，这样使得软件模拟出来的人员具有很强的灵活性，并且把各种限制降低到最小的程度，每个人员都可以有自己的行动速度，也可以设置人员之间的关系。

（4）STEPS 模拟计算

STEPS 开始计算后，人员会按照设定的参数来动，并且人员速度也是受参数控制的，这一处有点不太合理，但是目前没有更好的方法来模拟。虽然 STEPS 具有在疏散过程中改变条件的能力，但是与现实中紧急疏散也有一定的差距，人们向相反的方向移动、阻塞、减速以及排队等只是按照既定的要求来完成模拟，因此具有一定的局限性，有的时候需要设置各种不同的参数来达到与现实情况相符合的效果，使其更加接近现实，直到得到理想的数据。

（5）STEPS 输出结果

STEPS 输出的结果不但有数据，而且还有视频，可以更直观地检测疏散过程的有效性，STEPS 得出的视频犹如火灾演习的录像视频，可以清楚地看到人员移动的全部过程。并且还能得出详细的时间点的人员流动速度、出口的利用率等做规划设计时需要用到的参数。

通过与基于建筑法规标准的设计作比较，STEPS 的有效性已经得到验证。它遵循 NFPA 等法规，计算疏散时间。三维可视化技术使用户能够以非常直观的方式获得疏散过程中的信息，以一种新的方式来优化设计。

（6）STEPS 应用原理

元胞自动机原理

STEPS 中的人员可在不同的平面之间行走，可以定义路径和楼层的平面。行走路径必须有相接的两点，还能够增加障碍物来模拟复杂的建筑物。

定义模型的平面需要使用“网格系统”，而且网格的大小可以自己定义。示例如图 6-4、图 6-5 所示。

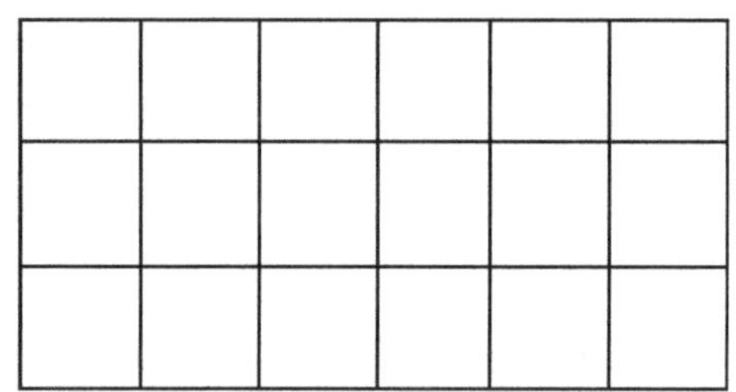

长度=3m；宽度=1.5m；格大小0.5m

图 6-4　格子尺寸为 0.5m 的网格系统

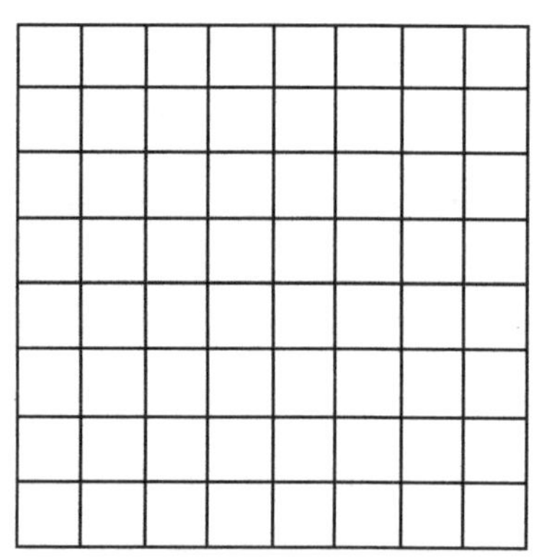

长度=2m；宽度=2m；格大小=0.2m

图 6-5　格子尺寸为 0.2m 的网格系统

一般情况下，一个网格只容纳一个人，除非启用精细网格选项。

（7）疏散模拟人员状态

1）寻找目标

在疏散模拟过程中，软件根据个人的选择的最近出口找到最短路径。在人员焦躁值低的情况下，即使前方比较拥挤也不绕路，按本来的方向前进；焦躁值高的情况下，会选择绕稍远的路前往目标。

2）速度设置

个人速度有两种设置方法：一种是设定一个速度值，人员在没有受到阻碍的条件下以最大值运行，有阻碍的时候，按周围群体人员的速度行进，常用来对单因子测试调试人员速度，避免不同的人员速度产生大的干扰；二是在模拟仿真的情况下个人速度服从正态分布，见式（6-36），其中平均值 V_0 为 1.34m/s，标准差 σ_v^2 为 0.26m/s。速度也因人群中人员的年龄、性别等的组成不同，值也不同。

$$P(V)=\frac{1}{\sigma_v^2\sqrt{2\pi}}\exp\left(-\frac{V-V_0}{2\sigma_v^2}\right) \tag{6-36}$$

（8）STEPS 软件的优势和劣势

1）优势

使用自动元胞机原理，更加细致化，人与人之间的影响可以反映到疏散中去，如排队效应、拥挤效应，疏散密度、疏散距离与人员疏散速度的关系，上下坡对人员速度的影响，能够指派疏散路径，平面状态对人员速度的影响等都使STEPS具有其他软件所达不到的疏散模拟效果。另外软件可以三维化显示周围的环境，不同的人员样式、车辆、电梯等，使人们可以更加直观地看到疏散的全部过程。

2）劣势

STEPS针对的专业领域为建筑防火疏散，同时可以对小范围内的区域进行疏散模拟，它有很多其他软件没有的功能，比如说人员耐心程度，排队模式，加入了速度分布曲线，速度受密度、距离影响等，但是这款软件毕竟是针对室内领域开发的，室外建模能力较差，模型中只能建立规则地形，并且基本尺寸限定在1000m左右，人数限定在1万人左右，如果超过这些条件，计算机运算能力就不能达到要求，产生死机、卡机等现象。并且参数的输入工作量巨大，个人进行研究将会投入很大的精力和时间，仿真建模不可能将所有元素加入到模型中去。随着建模范围的扩大，因软件存在某些功能上的缺陷（比如没有人员的疲劳度对速度的影响的设置），在小范围模拟中不会影响结果，但在大范围内因无法加入人员的驻足休息及速度衰减等因素，小误差就会因量变产生质变，形成影响结果的较大的误差，而且其他各种误差也会相应扩大，最终影响对疏散结果的判断。

因此，在对软件进行研究之后，决定把对疏散仿真的模拟放在小范围内，在误差允许的范围内进行研究，取得应有的成果，待以后软件及计算机功能有进一步发展之后，再逐步进行扩大范围仿真模拟研究。

（9）目前STEPS软件使用领域

STEPS软件的使用领域如表6-8所示。

Steps软件使用情况　　**表6-8**

STEPS软件所解决的问题	研究领域	来自文章	发表时间
计算疏散行动时间	建筑性能化疏散模拟	王莹莹《大型商场性能化设计中人员疏散的模拟研究》	2009
地铁站有障碍和无障碍条件下的疏散结果对比；检验疏散瓶颈	交通枢纽人员疏散	孔维伟，刘栋栋《北京复兴门地铁火灾时人员安全疏散研究》	2009
使用备用通道前后疏散时间的对比研究；疏散人数对疏散时间的影响；分区疏散对疏散时间的影响	建筑疏散	周晓峰《基于STEPS的某学校餐厅人员疏散模拟研究》	2008
疏散人数对疏散时间的影响；疏散距离与疏散瓶颈对疏散时间的影响；疏散出入口的位置及宽度	交通枢纽人员疏散	喻言《地铁换乘站人员安全疏散研究》	2008
获得了不同时刻的人员分布状态，找到了不利于人员疏散的“瓶颈”位置，分析了地铁出口条件对于人员疏散的影响	交通枢纽人员疏散	喻言，刘栋栋，孔维伟《地铁出口和内部条件对人员疏散的影响分析及应用》	2008
模拟对比不同的疏散方案，对疏散预案的制定提供参考	建筑防火设计	张晨杰，程旭东，张洪江《火车站出站大厅火灾人员疏散预案的制定》	2008
检查建筑是否有疏散盲区，是否有过度的滞留与排队现象	建筑防火	陆德伟《基于性能化安全标准的建筑防火设计——以上海浦东某家居居住小广场为例》	2010

续表

STEPS 软件所解决的问题	研究领域	来自文章	发表时间
模拟了疏散过程,观察不同时间段的人员疏散情况;首层与楼层人员密度随疏散时间的变化趋势	建筑防火	朱兴飞《基于性能化的大型商场火灾下人员安全疏散研究》	2010

从目前使用此软件的情况来看，8 个软件里面有 5 个是建筑内防火疏散软件，3 个是地铁站人员疏散软件，目前还没见到应用 STEPS 软件的城市范围避难疏散。这说明：其一，室外疏散仿真研究确实存在较大的难度；其二，应用此软件的强大功能优势对于城市避难疏散来说具有开创性，非常具有研究意义；其三，在应用过程中注意逐步应用，以应用方法的研究为主，切勿好高骛远，造成模拟的误差过大，造成研究时间及精力的浪费。

1）疏散软件模拟步骤

三维人员疏散模拟软件 STEPS 的模拟过程如图 6-6 所示。

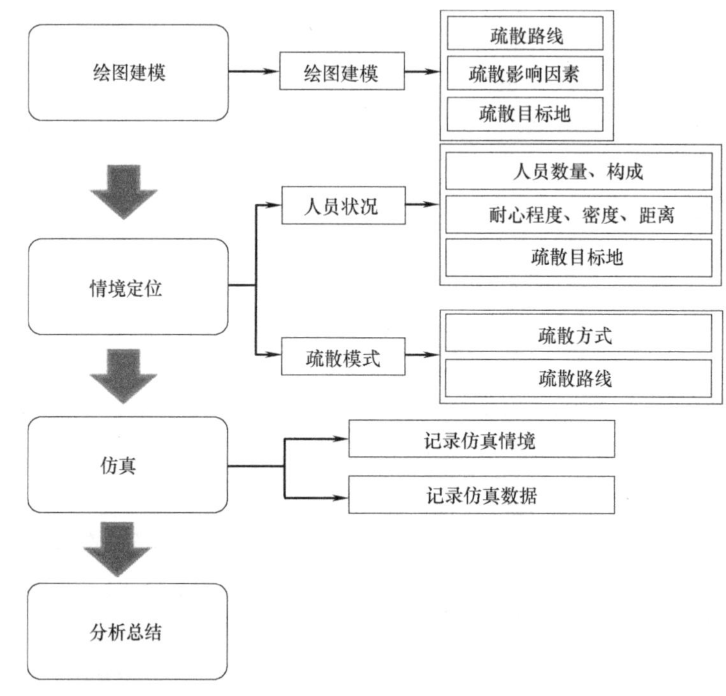

图 6-6　疏散软件模拟过程流程图

2）仿真误差的修正

在仿真过程中，经常会发现同样的环境设置，同样的参数设定，每一次模拟结果都会存在差别，甚至有相差非常大的情况。

① 人群范围大小与离出入口远近对避难疏散结果的影响修正如图 6-7、图 6-8 所示，图上方为一出入口，人员分布在图下方的灰色区域内，图 6-8 为区域靠近出入口，另外一种为区域远离出入口。如果把出入口边缘点定义为 C 点，A 点为距出入口距离最近的点，B 点为距 C 点最远的点，距离分别为 a 和 b，A、B 间距离为 c。

假设 $M=(b-a)/a$，M 越是趋近于 0 也就是 b/a 趋近于 1 的时候，则误差就会越小，

假设 a 和 b 都不为 0。

$$M^2=\frac{b^2-a^2}{a^2}=\frac{(a+d)^2+e^2-a^2}{a^2}=\left(\frac{d}{a}\right)^2+\left(\frac{e}{a}\right)^2+\frac{2d}{a} \tag{6-37}$$

也就是说当 $\left(\frac{d}{a}\right)^2+\left(\frac{e}{a}\right)^2+\frac{2d}{a}$ 趋近于 0 时，误差最小，a、d、$e>0$，所以 e/a 和 d/a 的值越小，误差也就越小，因为通常 d、e 都是固定值，a 越大，误差也就越小。因此，仿真中所选区域离入口越远，且此区域大小不变的情况下，误差会越小。

把本章中 $(b-a)/a>1/20$ 的情况定义为误差允许范围，如图 6-7 和图 6-8 所示。

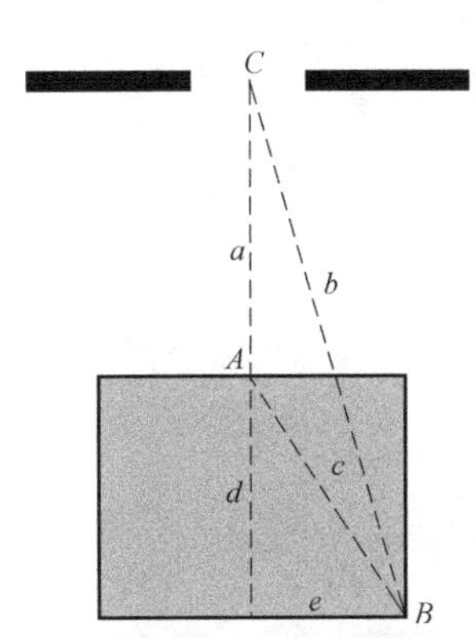

图 6-7　区域离出口短距离示意图

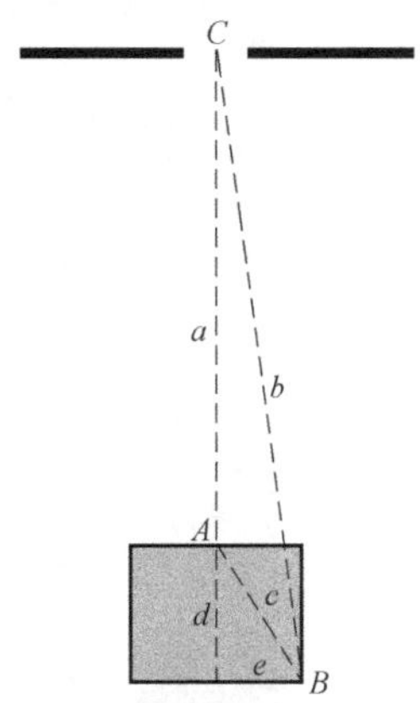

图 6-8　区域离出口长距离示意图

但是此种修正只适用于出口无拥堵的情况，对于出口十分容易拥堵的区域，产生的误差较少，不用采用此修正措施。

② 软件智能化导致个别单元出现过于迟缓的现象（图 6-9），影响整体疏散时间。

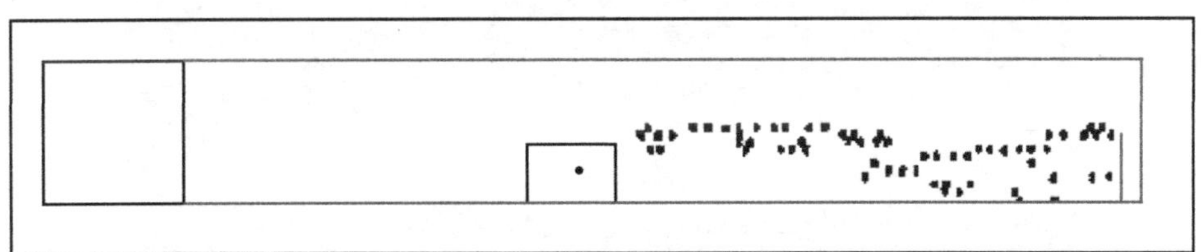

图 6-9　个别单元迟缓现象

软件对疏散单元的运行机理中，有人员密度曲线、人员距离曲线、人员焦躁指数设置等，当各种因素集中到一个单位个体上时，这个个体就会出现过度偏离主体的现象，如果这样的情况在软件中不进行处理的话，当把所有个体总的疏散时间作为考量因素的话，就会出现实验数据的严重偏差，这种疏散的特例不能代表一般情况，会影响整个实验的效果。

对于这种情况，一般可以采用两种方法的结合使用，一种是增加实验次数，最后采集平均值，来削减一两次误差对整体结果的影响。第二种是在实验中进行观察，当发现存在此种现象的时候，对时间进行适当修正，在之前个体所用时间的基础上加上一定的时间修正值，或在所有的单元疏散完的时间上减掉一个时间修正值。

2. 模型场景情况介绍

如图 6-10 所示，所选的区域共有 42 座建筑，其中除了 6＃～8＃三座为 11 层小高层住宅，9＃～10＃两座为三层商业建筑，其余都为20世纪80年代建造的6层住宅。周围主要有四条交叉的道路组成的区域，道路1为车行主路，车流量大，经常发生交通拥堵；道路2、3为东西向道路，道路2车流量大，架有天桥一座；道路3路宽且车流小；道路4较窄，平时主要为居民步行活动区。区域的西北角有一小区公园，占地3000m²，在发生地震时可作为避难场所。各角度视角如图6-11、图6-12所示。

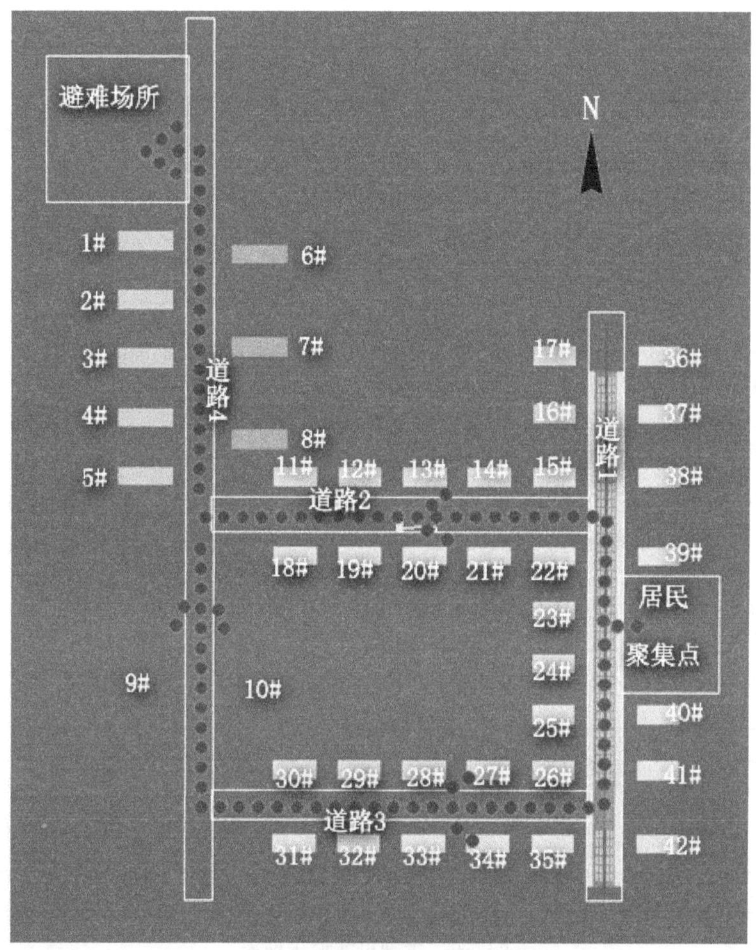

图6-10 总平面及疏散方向示意图

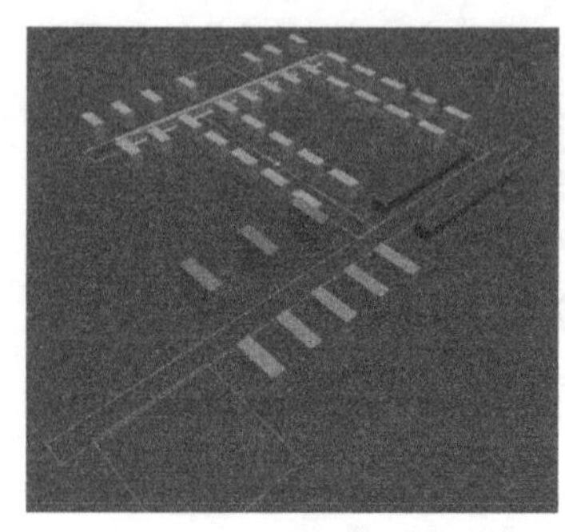

图6-11 西北侧视角

图6-12 南侧视角

区域东侧一居民小区居住着2000人，假设在一个周末的白天发生9.5级地震，一半的人出行不在家，灾后幸存500人，为了防止发生余震及次生火灾等事件，人们决定到位于区域西北角的临时避难场所进行避难。疏散指令发出后，人员立即同时疏散，假定人员都为独立疏散，没有互相帮扶导致的停滞现象。发生灾害后的场景如图6-13所示，部分老旧建筑坍塌，部分完整但有构件掉落在路上阻碍行人通行。道路1车辆拥堵严重，路边部分设施横倒在人行路上；道路2天桥部分塌落，车辆堵塞（图中蓝色小块代表堵塞的车辆），两侧建筑掉落物及坍塌物完全盖住人行路，但未影响主路；道路3人行路也被堵住，但是因为几乎没车辆通过，主路可以用于人行；道路4虽然几乎没有车辆通过，但是由于两侧建筑年代久远，而且离路较近，加上此次震级较大，道路堵塞严重，道路4图中蓝色区域为建筑塌落物。

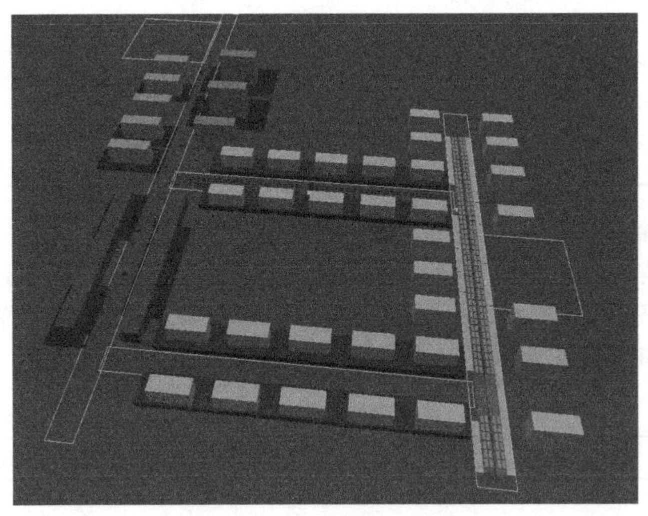

图6-13　灾后道路阻塞情况图

3. 模型参数选取

(1) 人员参数

1) 区域人员参数如表6-9所示。

小区人员参数表　　**表6-9**

人员种类	肩宽(m)	肩厚(m)	身高(m)	最大速度(m/s)	耐心程度	区域人数(人)	代表颜色
未成年人	0.35	0.24	1.2	0.7	0.1	90	
成年男性	0.5	0.26	1.75	1.33	0.8	180	
成年女性	0.44	0.27	1.65	1.15	0.4	150	
老年人	0.45	0.25	1.6	0.6	0.5	80	

2）道路人员设置

为了增加场景的真实性，及道路上人员对疏散人员的影响，在道路上设置干扰人员，仿真实际情况中，街道上停留等候人员对其他正通过人员的影响，人员数量及颜色如表6-10所示。

道路人员参数表 **表 6-10**

道路	人员数量(人)	代表颜色
道路 1	250	
道路 2	200	
道路 3	180	
道路 4	300	

3）建筑坍塌情况

道路1两侧建筑抗震级别较高未有倒塌情况，道路2、道路3两侧建筑年久失修，几乎全部倒塌，道路2天桥右侧2/3塌落，左侧剩余部分可通行空间，道路4两侧建筑部分倒塌，具体情况如表6-11所示。

建筑地震后情况参数表 **表 6-11**

建筑编号	层数	层高(m)	总高度(m)	结构类型	距道路距离(m)	是否垮塌	垮塌范围
1#	6	3	18	砖混	9	否	—
2#	6	3	18	砖混	9	是	12
3#	6	3	18	砖混	9	否	—
4#	6	3	18	砖混	9	是	12
5#	6	3	18	砖混	9	是	12
6#	11	3	33	框架	12	是	22
7#	11	3	33	框架	12	是	22
8#	11	3	33	框架	12	否	—
9#	4	3.6	14.4	底框	7	部分	10
10#	4	3.6	14.4	底框	7	部分	10
11#～15#	6	3	18	砖混	9	是	12
16#～17#	6	3	18	砖混	9	否	—
18#～22#	6	3	18	砖混	9	是	12
23#～25#	6	3	18	砖混	9	否	—
26#～30#	6	3	18	砖混	9	是	12
31#～35#	6	3	18	砖混	9	是	12
36#～42#	6	3	18	砖混	9	否	—

4. 疏散模拟——地震破坏对疏散时间的影响

在应急人员疏散过程中，疏散时间是一个重要的参量，它表示从紧急状况发生至人员疏散到安全地点所用的时间。一般来说，火灾下的疏散时间最紧迫，震后人员到固定避难场所条件下的疏散时间相对宽松，但仍要尽可能地缩短疏散时间，使人员脱离危险到达安全区域，减少伤亡的发生，因此把本次模拟也定义为紧急疏散，所有人员到达西北角的疏散场所为疏散成功。

首先，模拟地震对道路的破坏，或建筑坍塌物、散落物对道路的阻碍对人员造成的影响。分两种情况进行模拟，第一种情况为未发生地震灾害，道路情况良好，第二种情况为发生地震灾害，道路部分被阻挡，为了更加清楚地对比疏散效果，两种情况均假定车辆为停止状态。选两类数据进行对比，第一种为总的疏散时间，也就是所有人都疏散成功的时间，第二种为第一个人疏散成功的时间。模拟结果如表 6-12 所示，场景如图 6-14、图 6-15所示。

不同疏散情况的疏散时间 **表 6-12**

情况	研究对象	所用时间
情况一(未发生地震)	总疏散时间	27 分 11 秒
	第一个人疏散成功时间	7 分 24 秒
情况二(发生地震)	总疏散时间	30 分 10 秒
	第一个人疏散成功时间	7 分 30 秒

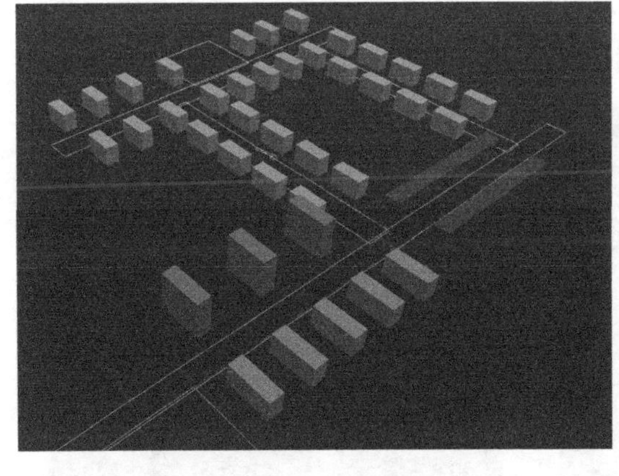

图 6-14 平时场景

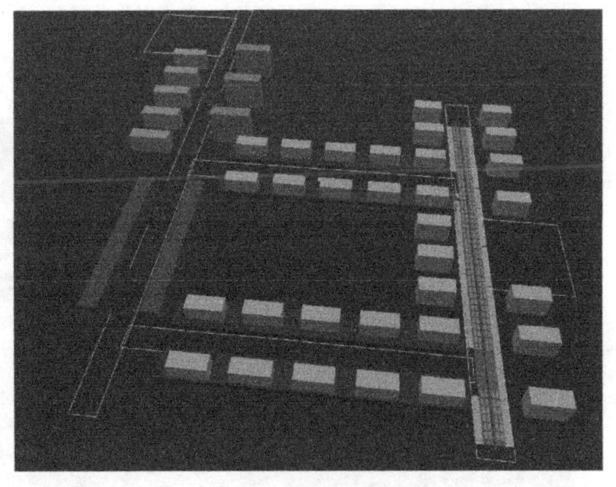

图 6-15 灾时场景

不同时间的疏散人数对比如图 6-16 所示。

可以发现，灾害发生后，因为建筑物、天桥倒塌，车辆拥堵，设施倒落等原因，疏散时间远远高于没有这些障碍物的疏散时间，但是第一个到达人员的疏散时间则几乎不受影响。可见是障碍物造成了拥堵，使得疏散最前端的人与最后的人之间拉开了间距，最终造成疏散时间的差异，符合实际情况。由图 6-17 可以看出，人员在紧急疏散过程中，有严重的拥堵现象，严重影响了疏散效率。此时疏散人员需要引导标识作为引导，在仿真模拟中加入引导标识因素，疏导人流。

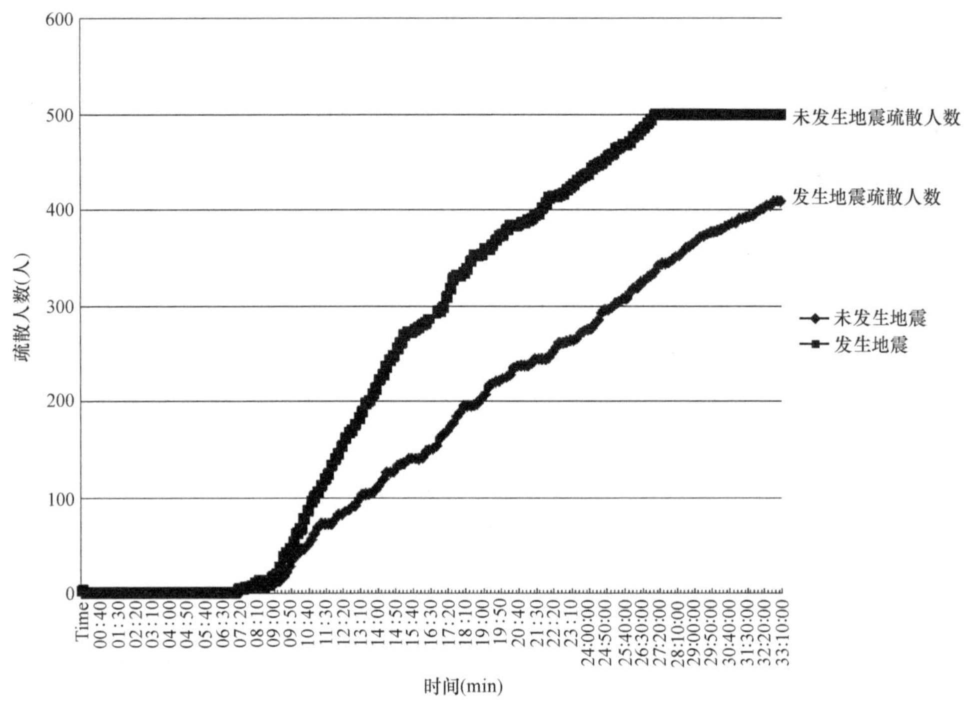

图 6-16　不同时间疏散人数对比图

如图 6-18 所示，平面中红色块，加入 5 处共计 27 个“检查点”（人员必须通过它），作为设定路径，用作避难疏散引导标识，来引导疏散人员进行较合理的疏散。

图 6-17　人员排成一直线产生拥堵

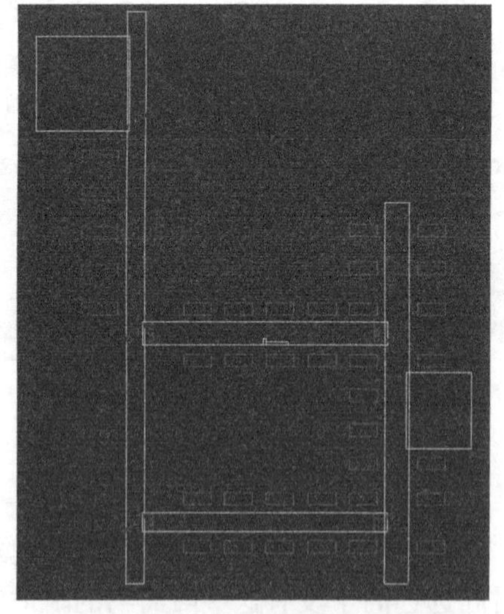

图 6-18　引导标识设置图

路径设置流程图如图 6-19 所示。

进行疏散引导后情况如图 6-20 所示。

是否加入引导措施的疏散结果对比如表 6-13 所示。

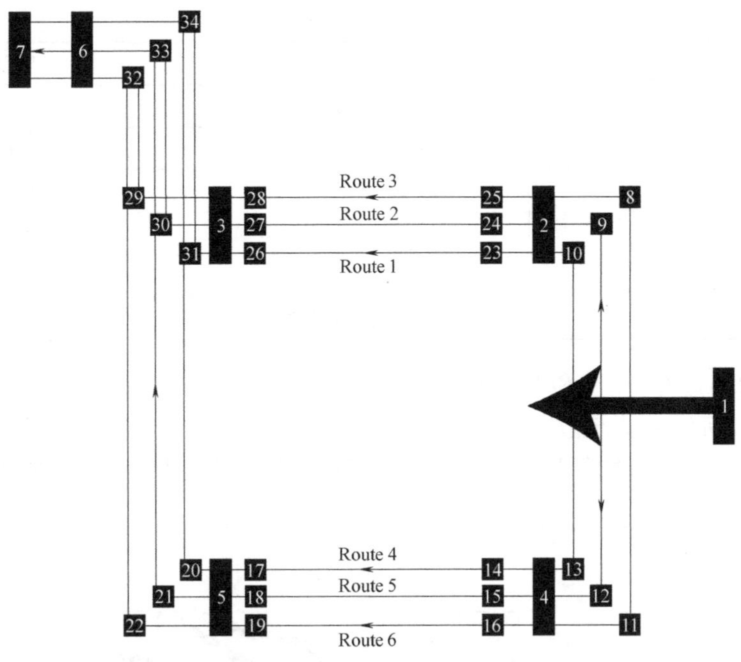

图 6-19　路径设置流程图

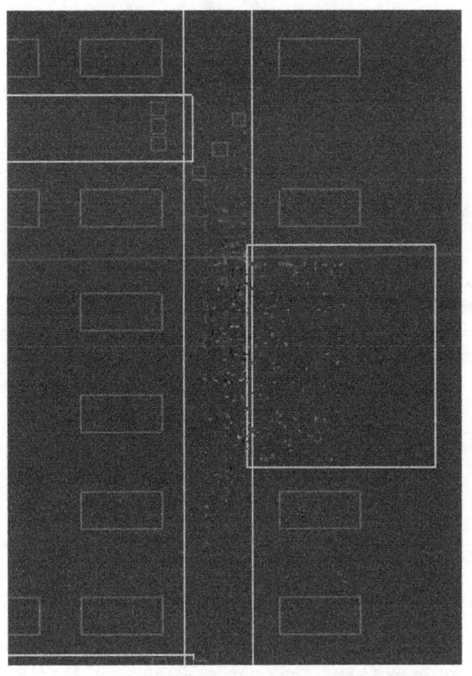

图 6-20　采用引导措施后人员疏散情况

不同疏散情况的疏散时间　　**表 6-13**

情况	研究对象	所用时间
情况一(未发生地震未引导)	总疏散时间	27 分 11 秒
	第一个人疏散时间	7 分 24 秒

续表

情况	研究对象	所用时间
情况二（发生地震未引导）	总疏散时间	33 分钟 10 秒
	第一个人疏散时间	7 分 30 秒
情况三（未发生地震引导）	总疏散时间	26 分 50 秒
	第一个人疏散时间	7 分 21 秒
情况四（发生地震引导）	总疏散时间	29 分 10 秒
	第一个人疏散时间	7 分 31 秒

由表 6-13 可以看出，不管是引导与未引导，灾时与平时，第一个人到达避难场所的时间都几乎相同，而全部人疏散完成后总的时间则有大的区别，引导情况下，疏散时间明显少于未引导时间，灾时疏散时间明显大于平时。四种疏散情况疏散结果对比如图 6-21 所示。

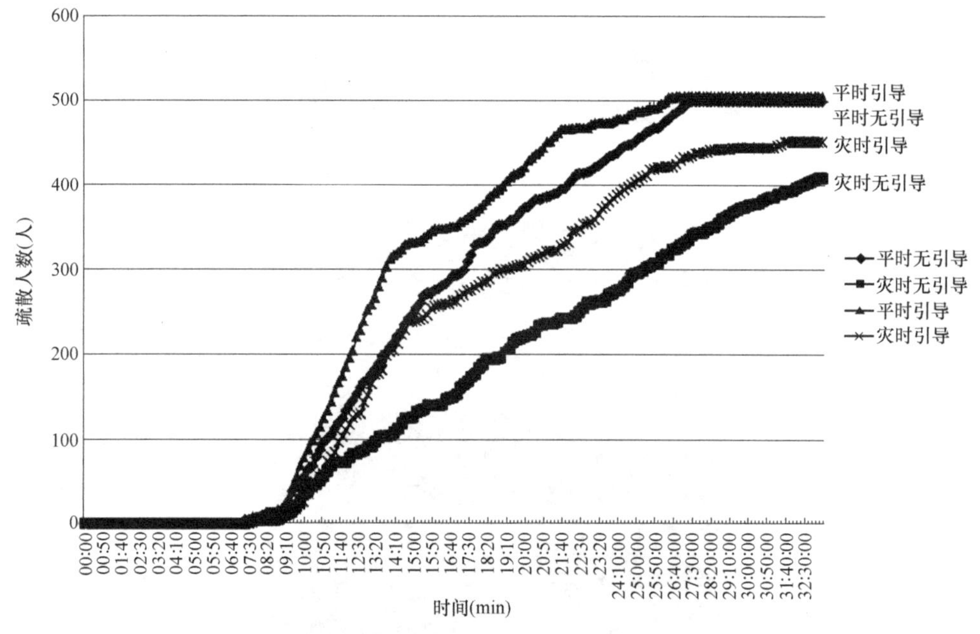

图 6-21　四种疏散情况疏散结果对比

5. 结论及不足

本节模拟了某一居住小区周围道路范围内，人群在平时和灾时两个不同的时间段从所在小区到附近的避难场所的过程。疏散过程中可以看出，计算机仿真模拟软件可以对真实场景进行建模，从设置场景、录入参数、运行到分析的过程，比起实地演习要快得多，人员行走过程中软件能考虑到拥挤效应、躲闪障碍物等行为，而且还可以看到疏散中人员的行为过程，最后也能得到量化的数据结果，对于疏散的研究具有重大的研究意义。

仿真模拟中加入标识引导模式，当人员在较近的疏散路径过程中出现拥堵的时候，在仿真过程中加入引导元素，让疏散个体向较远但宽敞的路线移动。最终能从折线图中最后时间的对比，从人员不断通过入口的情况加上对疏散过程的直观观察，从而对疏散过程中疏散效率的变化有了明确的判断，这是理论计算无法达到的优势效果。

软件在各类数据的输入方面虽然已经有很大的优势，但还是相对单一，限定了输入的条件，可操控性还是有所欠缺。虽然仿真区域划分被限制在一定范围之内，对于环境的真实模拟还有一定难度，有一些仿真设想难以实现，只有对软件提出更高的要求，并且相应的数据管理进一步加强，才能更加明确改进的方向。

（1）计算机的计算能力

如今的计算机能力已经有很大的提升，本实验使用的计算机平台，为64位操作系统，8G内存，3.00GHZ双处理器四核CPU，但是在运行软件过程中，超过5hm^2的区域疏散范围，计算机反应就非常慢了。目前有些研究利用等比缩尺的方法进行演化，但是人与人之间的影响无法实现缩尺，对整个疏散情况的情况也不能一目了然地观察到了，因此，等比例的整个城市的疏散模拟现在还无法实现，因此模拟仿真只能限定在区域小范围内。

（2）软件的限制

目前的疏散软件基本上是基于室内防火疏散功能来进行开发设计的，因为室内外疏散原理相通，部分软件可用来做室外疏散模拟仿真，但只是基本的模拟，功能方面显示出了不足之处，就本节所使用的STEPS软件来说，它的建模工具相对别的软件强大，但是对城市角度的疏散来说还是相对简单，而且大部分是使用坐标点来进行定位，建筑的模型一般比较规整，室内小范围可以很轻松地建构模型，而室外模型坐标数据大，路网也不规则，虽然模型可以采用DXF、3ds等格式的文件导入，但是经过试验发现大文件非常容易出现导入错误的现象，因为软件本身就是根据小范围的室内建模进行开发的，而且在体块建造、修改，参数的添加等方面也不如3D等专业软件方便快捷，所以在软件方面存在限制。而且软件本身因为工作原理，有疏散人员在本可以通过的网格处有卡住的现象。

（3）工作量的限制

基础资料的缺乏是最基础的问题，政府资料统计不足及调查资料的不透明带来数据搜集整理上的困难，在实际的运作之中，这方面花费的时间和精力将是影响规划设计进度的一个重要的因素，而且不同部门的交叉调研也造成了劳动的重复和国家经费的浪费。仿真模拟虽然靠计算机来运行，但为了保持真实性，它的基础数据仍旧采用实际调研，疏散演习以及从大型灾害中收集到的珍贵数据，对一个研究机构来说，一般很难组织疏散演习，而灾难中的数据获得又很少，软件模拟中需要的空地面积、路宽，各栋楼楼面积、高度，人口数量、男女老幼比例，如果分别进行调查的话，在整个城市根本无法落实。中国目前资料库的建设还很落后，有统计资料的单位，国家相关部门出于保密要求，对相关地块资料情况不对外开放，无法发挥应有的作用。

（4）误差的限制

疏散的影响因素多种多样，任何一个小因素都可能影响疏散效果，目前的模拟仿真都是在假设条件下完成的，而且借助计算机运行的人员模型在电脑中如机器人一样按指令或计算机定好的规则运行，目前研究人员已经尽量加入与现实贴近的行为规则，但是却无法模仿人类的思想，而且计算机中的人员，运动过程中不累不渴，匀速前进，而现实中的人还有各种情况影响他们的行为。模拟既然不是真实的，必然会与真实情况有一定误差，模拟小范围内的疏散可以反映真实情况，对了解研究真实疏散过程是有帮助的。但是随着范围的放大，影响因素随之增加，人员的状态更难把握，应急疏散人员的决策行为直接影响疏散的效率和结果。但是决策隶属于心理学范畴，对于决策的量化研究目前还处于起步阶段。

6.4.2 道路拥堵对疏散影响仿真分析

道路系统作为连接人员集聚区、安全避难场所、城市间的重要通道，尤其是关键疏散救灾道路对于灾后人员的疏散、物资的运送、灾情的求助至关重要。灾害的发生、规划的不合理等很多因素都会对道路的通畅性造成影响，通过仿真分析对不同的因素进行实验，可以细化问题的研究，并通过仿真数据研究规划对策。在第 2 章中通过对城市避难疏散仿真理论的分析及其影响因素的疏理，总结出对道路通行率有影响的不同因素，除了超出人力的自然破坏之外，与组织、规划、建设有关的重要影响因素有四项，分别为车辆及设施拥堵、建筑物倒塌及散落物、过街天桥、缓冲空间对道路通畅度的影响，将逐项对其进行仿真分析。

1. 车辆及设施拥堵对疏散影响仿真

（1）影响概述

1）交通拥堵

因为汽车数量的增加，城市每天都会出现多次拥堵，大中城市更是如此。图 6-22 分别为百度公布的北京上午和下午实时路况图。

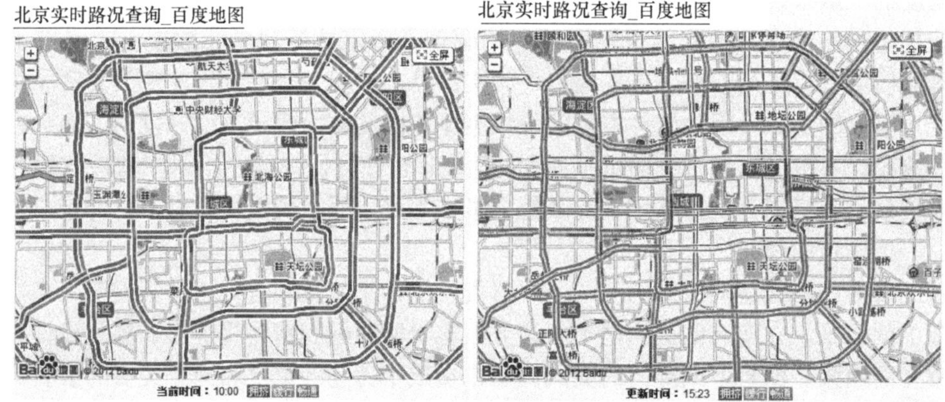

图 6-22 北京白天路况图

路况在平时正常运行过程中分为三种情况：拥挤、缓行、畅通，北京的环路在平时就汇集了大量的车流（图 6-23），一到节假日或雨雪天气，北京、上海等大型城市通常会产生严重的交通拥堵（图 6-24）。如果在灾害情况下，可利用的疏散道路上如存在机动车

图 6-23 北京西二环交通现状

图 6-24 北京暴雨过后交通拥堵状况

辆，车辆占据的道路空间必然会影响人员疏散效率。

根据道路的拥挤程度把路况分为四种情况，如表6-14所示。

路况四种情况　　表6-14

分类	灾害情况	情况描述
完全拥堵	未发生灾害	节假日车辆出行最密集时期，出现道路堵塞
	发生灾害事故	大型灾难导致房倒屋塌，堵住道路，道路破坏严重；或路上发生重大交通事故
拥挤	未发生灾害	较多车辆出行的时间段，雨天、雾天、冰雪天气，大辆车辆行人导致的车辆走走停停，速度缓慢
	发生灾害	灾害比较严重，道路破坏及房屋倒塌对道路影响较严重
缓行	未发生灾害	车辆、行人较多，对车辆速度稍有影响
	发生灾害	路面轻微破坏，房屋未倒塌，路面有少量散落物，交通系统正常运行
畅通	未发生灾害	车辆行人稀少时，行驶速度几乎不受限制
	发生灾害	灾害较小，对道路没有影响

2）周围设施对疏散的影响如表6-15所示。

周围设施的影响　　表6-15

序号	有利因素	发挥作用	不利因素	造成的影响
1	道路两旁绿地，以草地为主	美化环境的同时，能在灾害发生时起到扩大疏散通道的作用，在灾时降低高密度人流堵塞效应	倒落的路边设施：如招牌、汽车站牌	这些路边设施倒塌后会阻碍行人通行，而且对车行交通的影响最为严重
2	建筑周围绿化	可以为建筑物中人群脱离灾害现场提供疏散路线和延缓灾害的作用	植栽	植栽尤其是街边连续植栽占用了道路空间，限制了道路的疏散宽度
3	小品绿化	一般远离建筑，既可以为疏散过程中的人们提供临时休憩场所，也可以在避难场地紧张时作为临时避难场所	电力、电信设施：变电箱、电线杆、电线及电话亭	电力设施倒落对疏散有直接的阻碍作用，而且存在的漏电现象可能性较大，雨、雪天气危害更大，而且不容易察觉，对疏散人员的生命造成巨大的威胁
4	道路标识	平时作为通行引导工具，灾时对人们快速到达安全区域和避难场所起到很好的引导和组织作用	道旁停车	占用道路，降低了疏散效率
5	街边报亭（未损坏）	报亭分布广泛，灾后报亭可以作为物资供给点及信息监测点，为疏散中的市民解决困难并及时提供疏散消息	围墙	影响了疏散路线，疏散人员不得不绕行，增加了疏散时间，增大了危险概率
6	街边公共厕所	灾后建筑内危险系数较高，而街边的公共厕所可以解决人们如厕的需求	高架天桥	倒塌的天桥直接影响通行，未倒塌及半倒塌的天桥高架于疏散道路上空，对疏散人员构成威胁

（2）仿真模拟

1）仿真环境

文章选取某城市路段进行疏散模拟。道路为南北向路，路宽为25m（图6-25），路长为200m，路的形式为双车道，中间为绿化分离带，绿化带占用宽度为1m，用来隔开车行路。每分隔45m有5m宽的开口一个，车行路两侧为人行路，路面有路灯、树木、电话亭、垃圾箱等设施。路两侧都为居民小区，小区与道路之间有围墙相隔，互不相通，路西北侧为一开敞绿地，沿道路西北角路侧有一10m宽入口(图6-26)，有300名当地居民在道路南端右侧自南向北经过道路疏散到开敞绿地，此段道路上设定100名疏散人员作为道路影响因子。

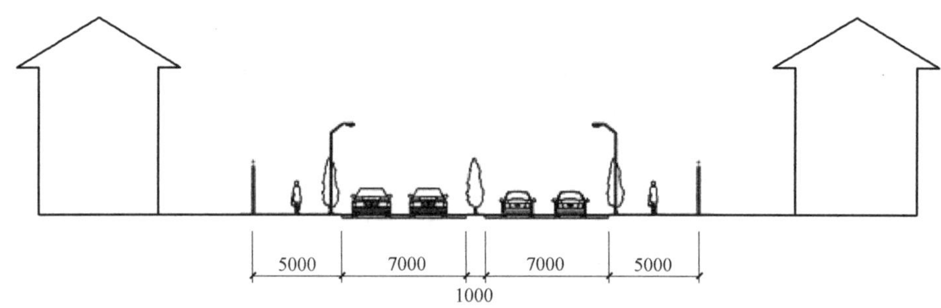

图6-25 疏散道路剖切面

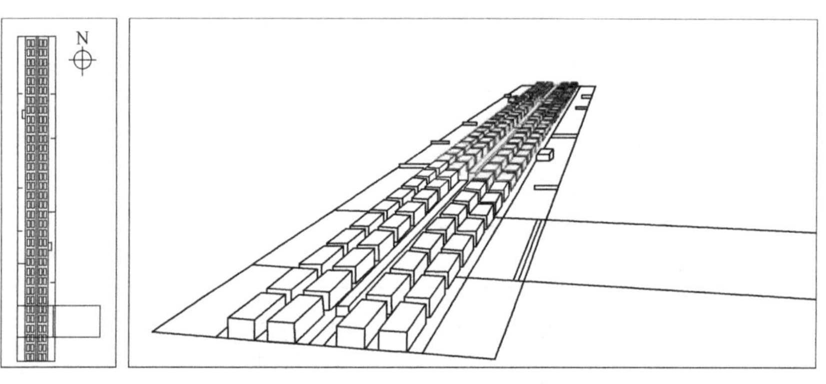

图6-26 疏散模型图

2）情境假定及人员参数设定

假定灾难发生后的较短的时间内，组织管理还没有进行干预，车辆在灾后处于停止状态。把交通分成四种情况进行模拟，每种情况下车辆、设施参数如表6-16所示，不同的情况对应不同的车辆间距和路边设施倒落设置，每种情况车辆及倒落物均匀分布。假定疏散人员横跨道路只能以步行为主，人员步行通过时，车辆处于停止状态，人员之间无互相等候、无相互帮助情况，人员参数如表6-17所示。

不同路况拥堵情况 **表6-16**

分类	车辆纵向平均间距(m)	设施倒落比(%)
完全拥堵	1	100
拥挤	5	75
缓行	10	50
畅通	20	0

人员参数　　表 6-17

人员种类	肩宽（m）	肩厚（m）	身高（m）	最大移动速度（m/s）	耐心程度	区域人数（人）	代表颜色	道路人数（人）	代表颜色
未成年人	0.35	0.24	1.2	0.7	0.1	90		30	
成年男性	0.5	0.26	1.75	1.33	0.8	90		30	
成年女性	0.44	0.27	1.65	1.15	0.4	60		20	
老年人	0.45	0.25	1.6	0.6	0.5	60		20	

3）四种交通状况下模拟过程如图 6-27 所示。

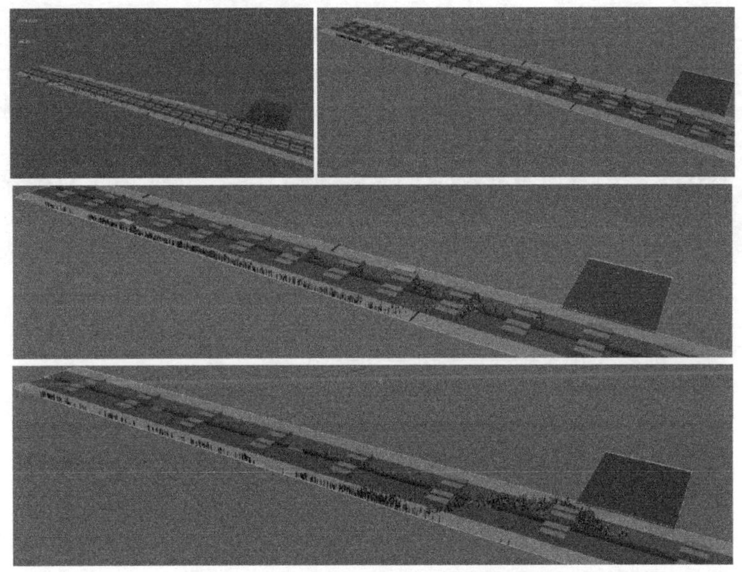

图 6-27　不同场景设置的模拟过程

在第一种情况下，也就是车辆最多最拥堵的模拟情境中，发现在人员大量拥出区域到道路的时候，由于空间狭小，出现拥堵现象，如图 6-28 和图 6-29 所示。

而且同疏散出口一侧的道路拥挤比另一侧要严重，如图 6-30 所示。

4）紧急疏散情况下的模拟数据

模拟的四种情况中疏散完成时间的数据及折线图如表 6-18 和图 6-31 所示。

不同情况下疏散完成时间　　表 6-18

拥堵程度	疏散完成时间(s)	拥堵程度	疏散完成时间(s)
完全拥堵	700	缓行	600
拥挤	680	畅通	540

图 6-28　拥挤情况（一）

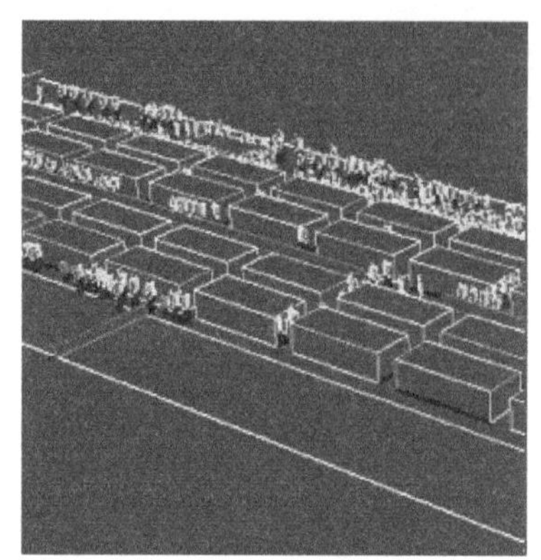

图 6-29　拥挤情况（二）

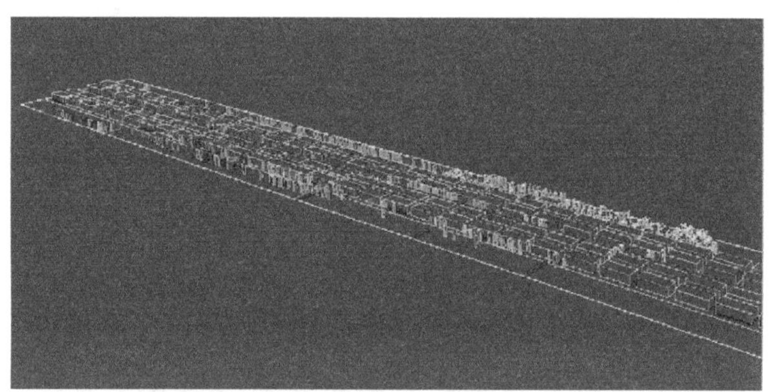

图 6-30　路两侧拥挤对比

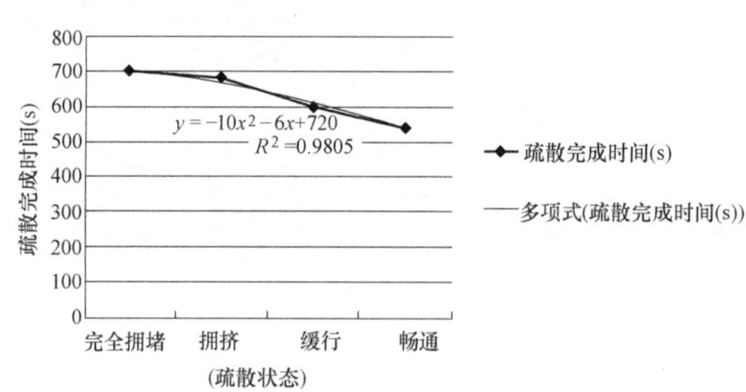

图 6-31　不同情况下疏散完成时间对比图

由图 6-31 可以看出，随着道路拥挤程度的减小，人员疏散时间呈函数关系 $y=-10x^2-6x+720$ 逐渐减少。因此，在关键疏散道路或人群聚集场所周围的道路附近，加强基础设施的稳定性和道路的畅通性具有重要的意义。

5）标识引导因素在灾难发生后常常发挥巨大的作用。本试验中，根据紧急疏散过程中人员自由疏散的路线，发现人员有在疏散初始侧就近寻找出口的规律，而忽视同侧远处的出口，往往造成人员大量拥挤在一处的现象。

根据试验中环境的关系，发现如果使用每个中间分隔带的断口进行分流，会产生较好的疏散效果，于是在人员聚集初始位置设置引导标识，把人流均分到各个隔离带断口（图 6-32），本实验中共有 4 个可利用隔离带断口。

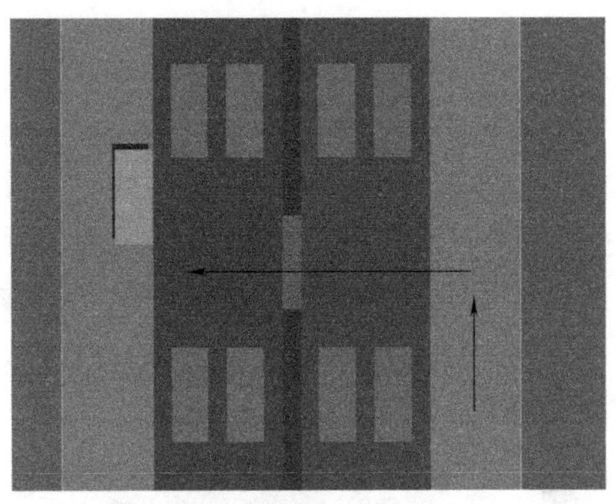

图 6-32　隔离带断口

不同拥堵状况下自由与有组织疏散数据对比如表 6-19 和图 6-33 所示。

不同疏散方式时间对比　　**表 6-19**

拥堵程度	自由疏散完成时间(s)	有组织疏散完成时间(s)	时间差（s）
完全拥堵	700	540	160
拥挤	680	520	160
缓行	600	480	120
畅通	540	460	80

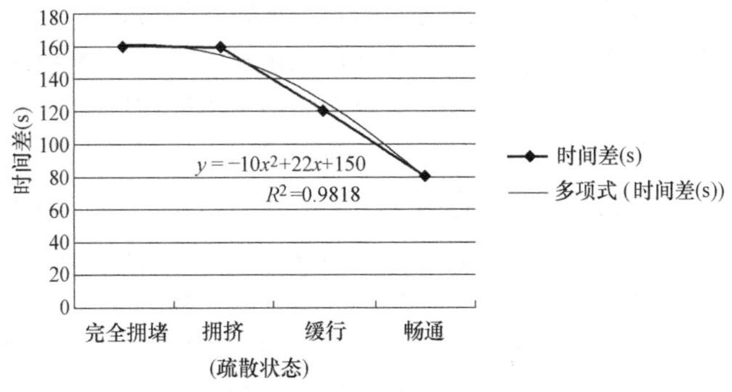

图 6-33　不同疏散方式时间差趋势图

（3）结论

可以看出，随着道路车辆的减少和道路设施的安全性的提高，人员疏散时间呈抛物线趋势减少。在实际规划中，可以根据规范对时间的要求，按照所给的趋势图的走势，确定车辆应该控制的拥堵程度，从而提高市民灾时的疏散效率；本节模拟了道路拥堵情况下，利用有组织引导产生的疏散效果，由每种情况下有组织疏散和自由疏散产生的时间差走势图，可以观察数据得出道路越拥挤，时间差越大。这说明了，道路越拥堵，有组织疏散的作用就越大，因此本节建议把城市中平时较拥挤路段进行调研汇总，并针对实际环境制定疏散对策和引导措施方案，在发生灾害后可以立即实施方案，避免因疏散延误造成不必要的人员财产损失。

2. 建筑物倒塌及散落物疏散影响仿真

(1) 影响概述

交通系统作为生命线系统中一个重要的组成部分，在发生大型自然灾害后，道路是否通畅将影响到人员疏散及物资的运送，安全设备的供应，紧急救护及救援等工作的运行。地震发生时，常发生瓦砾横飞、玻璃碎裂、楼房摇晃的情况，道路往往堆积部分掉落的建筑构件（图 6-34），疏散过程中来不及清理而影响通行效率，并随时有再次掉落的可能。道路本身的破坏产生的道路阻隔也会造成通行障碍，1995 年日本兵库县南部的强烈地震中，因发生次生火灾，导致道路破坏，消防车无法通过，消防队员和市民只有流着泪，眼看着埋在废墟中的亲人被活活烧死。

图 6-34　建筑物构件掉落

道路阻隔不仅会延缓救援工作的进行，而且在灾害发生后，市民进行避难疏散也会造成一定的影响。城市道路两边有各种各样高低不同的建筑物、构筑物或道路公共设施等，这些工程的结构新旧程度、抗震能力有很大差别，一些工程在地震作用下可能产生破坏以至于倒塌，产生的瓦砾堆积会减小道路的有效面积或完全堵塞而影响道路的通行能力。尤其是一些老旧城区，比如城中村，因道路狭窄、房屋老旧破损，抗震能力相当差，震灾后房屋极易倒塌而堵塞交通，都会为震后的疏散和救援产生很大的阻碍，这种现象在唐山大地震后的唐山市随处可见。

在对比以往利用道路两旁房屋的平面面积计算阻塞量的方法，杜鹏发现其不合理之处，并提出采用房屋立面面积和道路有效宽度的方法对这类问题进行重新研究，认为路边建筑震后对交通的影响程度与下列因素有关：道路宽度、路边建筑高度和沿路距离、建筑结构类型与抗震能力及地震的烈度。一般来说，房屋越高大，地震烈度越大，建筑物瓦砾散落的距离就越远，对道路影响就越大。当地震烈度较小时，房屋震动的振幅变小，即使局部构件或附属物掉落，也不会对道路有很大的影响。

道路两侧建筑物距离路边的距离与车道宽度之和一起构成了道路的有效宽度，建筑倒塌主要为建筑物立面面积，不受平面面积的影响，而且建筑破坏后的散落物和建筑物本身高度密切相关，通常情况下越高的建筑抛落的范围越大，通过对三种主要沿街建筑类型的各种倒塌模型的分析计算，得出瓦砾堆分布范围一般不超过其高度的一半，保守的取为 2/3。计算时并近似假设其为均匀分布。

（2）仿真模拟

本节借助计算机仿真模拟软件检测建筑散落物对道路通行能力的影响，重点研究灾后街道堆积建筑散落坍塌物时，不同道路宽度对疏散人员疏散效率的影响。

按照本章上一节中的分析，保守地取建筑坍塌范围为最大建筑高度值的 2/3。计算时并近似假设其为均匀分布。沿街平房高度取为 3.6m，多层砖房及框架房屋的层高取为 3.0m。

1）环境设置

本节选取某路段与周边建筑进行模拟仿真，围绕主道路有 10 栋建筑，分别编为1＃～10＃，具体情况如图 6-35 所示。道路长度 $L=400$m，道路宽度分别定义成 4 种情况：分别为 $D_1=12$m，$D_2=15$m，$D_3=20$m，$D_4=25$m。道路北侧为一开敞绿地，可作为避难疏散场所。道路两侧为建筑，道路共分为两部分，上半部分道路两侧为住宅，左侧 1＃～5＃为 6 层的多层住宅，右侧 6＃～8＃为 11 层小高层住宅，以上层高都定义为 3m；下方两侧 9＃～10＃建筑为商业用房，共分为 4 层，每层层高为 3.6m。

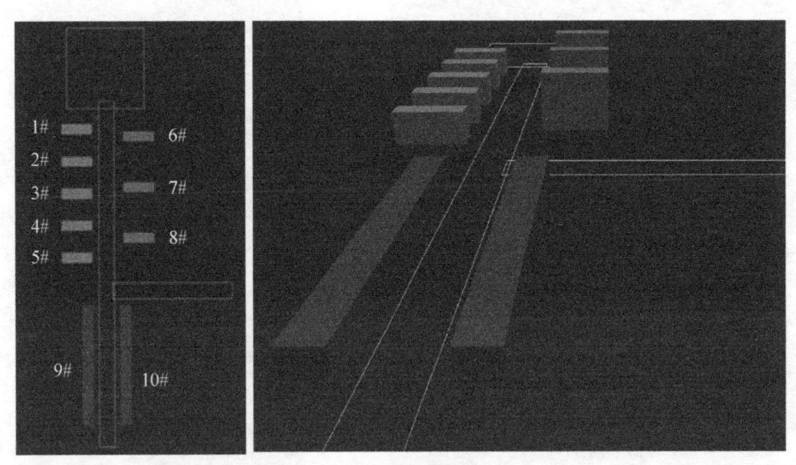

图 6-35　模拟环境图

假设此环境遭受 8 级地震，部分建筑遭到破坏，各个建筑的破坏情况及距道路的距离等具体参数如表 6-20 所示。

地震后建筑参数　　**表 6-20**

建筑编号	层数	层高(m)	总高度(m)	结构类型	距道路距离(m)	是否垮塌	垮塌范围(m)
1＃	6	3	18	砖混	9	否	0
2＃	6	3	18	砖混	9	是	12
3＃	6	3	18	砖混	9	否	0
4＃	6	3	18	砖混	9	否	0
5＃	6	3	18	砖混	9	否	0
6＃	11	3	33	框架	12	否	0
7＃	11	3	33	框架	12	否	0
8＃	11	3	33	框架	12	是	22
9＃	4	3.6	14.4	底框	7	部分	10
10＃	4	3.6	14.4	底框	7	部分	10

注：9＃建筑和 10＃建筑为沿街商业建筑，作为一个整体，发生灾害的时候部分垮塌。

部分建筑垮塌，地震后建筑散落物分布情况如图 6-36 所示，蓝色部分为建筑瓦砾垮塌范围和道路上的影响人通行的零散掉落物。

2）参数设置

人员数量设置总数为 800 人，其中 400 人从道路下端向上端移动，另外 400 人来自于右侧支路。为了便于研究建筑散落物对道路通行能力的影响，减少干扰因素，把人员的最大疏散速度设定成统一的速度 $V=1.4\mathrm{m/s}$，从道路下边通过道路向避难场所疏散。

3）仿真模拟

仿真过程截图以道路宽度 12m 时为例，小高层建筑垮塌处通道最窄，人员通过最困难，出现拥挤的现象，模拟疏散过程如图 6-37 所示。因为建筑的倒塌范围一定，当设置的道路宽度逐渐增大时，其最窄处的宽度逐渐增大，人员疏散通过最窄处所用的时间变短，总的时间也逐渐减少。

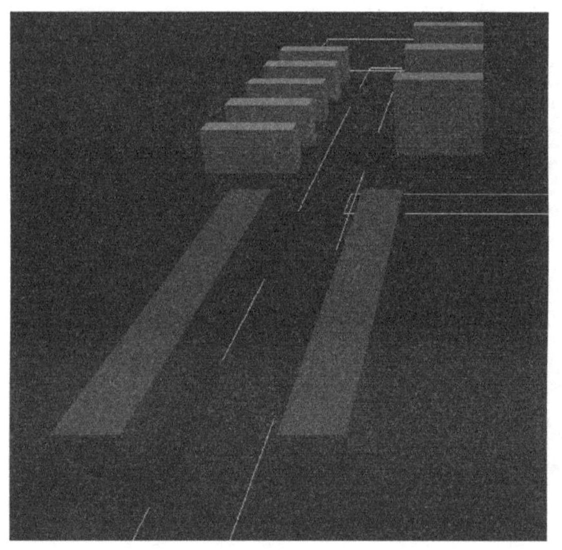

图 6-36 地震后建筑散落物分布情况

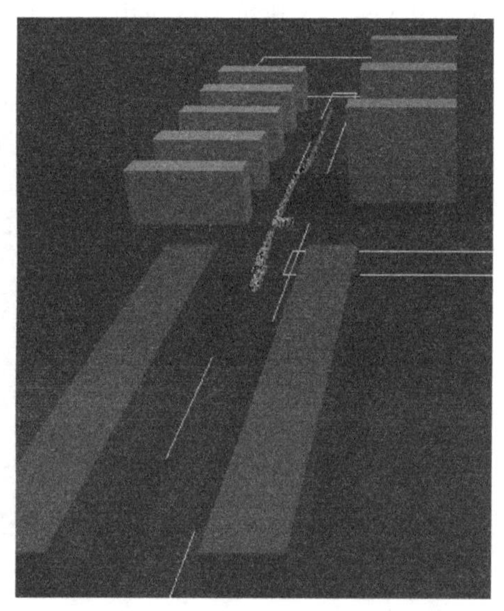

图 6-37 模拟疏散过程

4 种道路宽度情况下的道路最窄处间距及其各自的疏散完成时间如表 6-21 所示，疏散完成时间随道路宽度的变化趋势如图 6-38 所示。

不同道路宽度疏散时间 **表 6-21**

道路宽度(m)	最窄处间距(m)	疏散时间(s)
12	2	603
15	5	514
20	10	393
25	15	391

（3）结论

通过避难疏散仿真模拟，可以直观地看到，道路两侧建筑都倒塌，部分掉落物使得路面非常狭窄并影响了通行的畅通度，由分析图中的曲线走势能够得出，一定数量的人群进行疏散时，道路荷载大的时候影响明显，随着道路宽度的增加，影响逐渐减弱。当道路疏

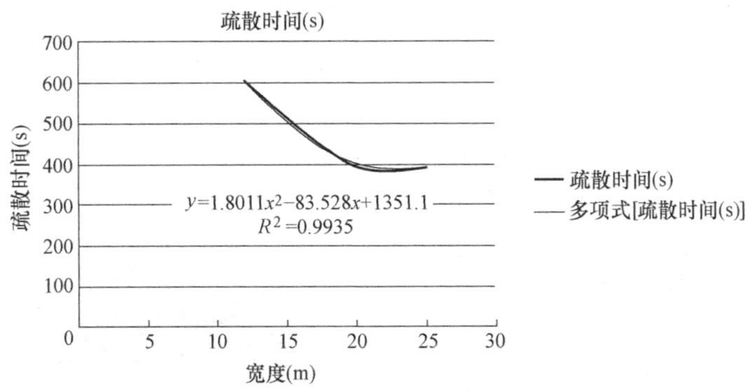

图 6-38　不同道路宽度疏散时间分析图

散人数为 800 人时，可以看到曲线的横坐标上，道路宽度为 20m 左右时曲线出现拐点，这说明在假定的情境中，20m 为这种情况下较合理的道路宽度。

3. 过街天桥疏散影响仿真

(1) 影响概述

过街天桥是现代化都市中协助行人穿过道路的一种建筑，修建过街天桥可以使穿越道路的行人和道路上的车辆实现完全的分离，保证交通的通畅和行人的安全。最常见的人行过街天桥是跨越街道或公路的（图 6-39），也有跨越铁路、轻轨的过街天桥，另外还有一些过街天桥修建在立体交叉路口，与立交桥的建筑融为一体。

按照结构区分，常见的过街天桥可以分为三类，分别为悬挂结构、承托式结构和混合式结构。除了上述三种主流结构外，还有一些城市在某些街区将悬索桥、斜拉桥的结构用于过街天桥的建筑，天桥的宽度根据规范和具体情况的不同，一般不小于 3m。

图 6-39　跨越公路的天桥

为了方便和吸引行人使用，一些地方的天桥装设了电动扶梯。亦有些天桥设有升降机，方便残疾人士使用。部分天桥更设有自动行人道，减少人行的距离。

虽然对于年老体弱和残疾人来说，过街天桥会增加他们出行的不便，但过街天桥实现了行人和车流的完全分离，行人的安全更有保障，车辆的行使更加通畅。与地下通道相比，地下通道不会影响城市空间，地下通道不会影响城市景观；但过街天桥的造价更低、工期更短，同时不会影响道路的承载能力。

天桥的抗震级别一般都较高，但是也有发生危险的可能。2010 年 9 月，印度新德里一座正在建造中的天桥倒塌，造成 26 名施工工人受伤；2011 年 1 月哈尔滨公滨路一过街天桥被一个运雪翻斗车撞塌；2011 年 2 月 27 日，智利首都圣地亚哥，一座人行天桥在地震中断裂倒塌（图 6-40）。

图 6-40　人行天桥倒塌

天桥倒塌不仅会直接砸伤人员、砸坏车辆，而且会直接造成道路的拥堵，还对过街人员的疏散效率有一定的影响。因此，建设符合一定抗震烈度的过街天桥不仅可以方便行人通过马路，而且可以减少其倒塌概率，避免造成道路拥堵。

（2）仿真分析

环境设置：假设某东西道路中段有一天桥（天桥为示意样式，并无此实物），人员速度、道路、车辆环境同上述小节中的相同，人员自由疏散时部分通过天桥，部分穿过马路。初始场景如图 6-41 所示。

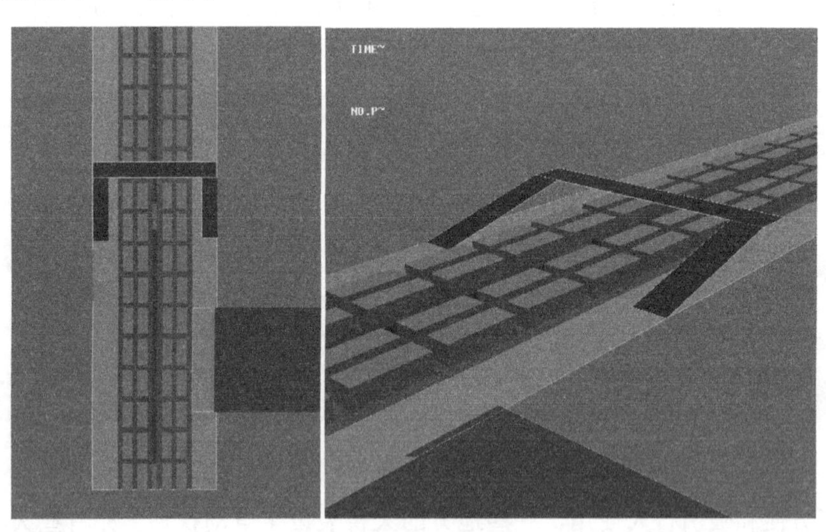

图 6-41　初始设定场景

设置三种情境，自由疏散、天桥破坏、只过天桥，疏散模拟过程如图 6-42 所示。三种情境中，自由疏散时人员部分上天桥，部分穿过道路；天桥破坏时，人员只能穿过道路；只过天桥是避免人员阻挡车流时采取的有组织疏散，行人不能横穿马路，只能通过天桥疏散到马路另一侧。

为了测出单影响因子对人员疏散的影响力，本节采用对比的方法，设定了天桥宽度分

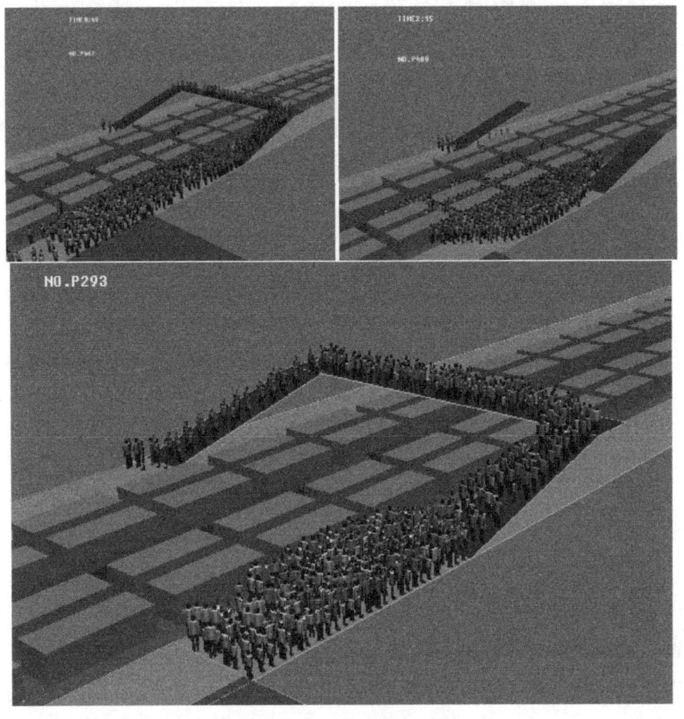

图 6-42　疏散模拟过程

别为 3m、4m、5m 三种情况，并且对每种天桥宽度下自由疏散与只上天桥两种疏散方式进行了试验。两种情况下疏散完成时间的数据如表 6-22 所示。

两种情况疏散完成时间　　**表 6-22**

天桥宽(m)	自由疏散时间(s)	只上天桥疏散时间(s)
3	297	315
4	282	283
5	272	271

因为不通过天桥的情况下与对比示意图如图 6-43 所示。

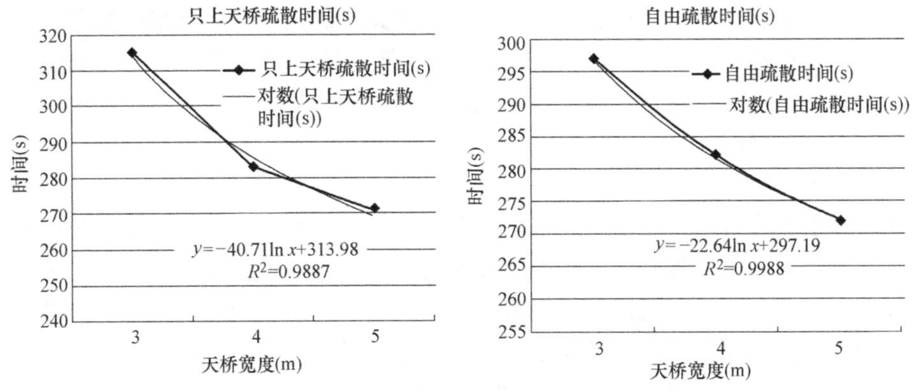

图 6-43　不同宽度疏散情况对比图

为了更清楚地对比天桥坍塌对人员疏散的影响，本节以天桥宽度为 3m 时为例，三种疏散方式的疏散时间对比图如图 6-44 所示。

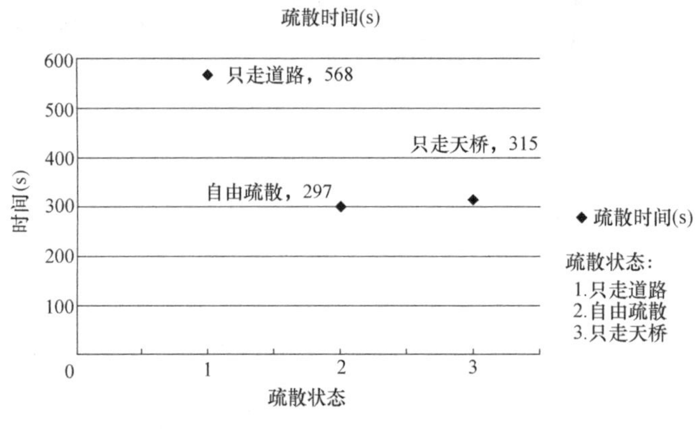

图 6-44 三种疏散方式的时间对比图

(3) 结论

通过对天桥不同宽度的疏散时间对比，一定量人数的情况下，随着天桥宽度的增加，疏散效率明显提高。天桥对疏散有较明显的影响，可节省约一半的时间。虽然只走天桥和天桥、道路共同混合自由疏散时疏散时间没什么差别，但是人员只走天桥不会对道路车辆的通行与堵塞疏通产生影响。在防灾规划中，对关键道路的天桥如果不加强其抗震能力，在发生灾害时天桥坍塌，将严重影响疏散效率，甚至引起人群、道路混乱，以至于导致一系列的连锁反应，造成人为灾害的发生，关键路段如果加入符合一定抗震要求的天桥会有效缓解疏散紧张的状况，减少交通拥堵。

4. 缓冲空间对疏散影响仿真

(1) 影响概述

疏散过程中在人流量超过道路荷载的通道上会见到“独木桥”现象，双方人流基本占满道路，会发生同时占用道路不让行或没有条件让行的情况。

一般有两种状态，一种是双方相向而行，此种情况常见于疏散规划不完善的情况，市民在没有标识引导的情况下，凭经验和感觉寻找路线，两个群体产生交叉行走的现象；第二种为一方前进一方基本不动，此种情况常出现于没有缓冲广场但又紧临避难场所入口处，人流大量聚集在道路上等待进入避难场所，对路过的人流产生拥堵的情况。

“独木桥”现象的发生，在避难疏散过程中非常常见，严重影响了避难疏散效率，也非常容易出现混乱，对于灾后管理工作影响非常大，因此对于“独木桥”现象的研究及解决有非常重要的意义。

(2) 场景设置

某城市地震灾难过后，城市一片狼藉，政府有组织地对市民进行疏散。蓝色衣服人员为第一批，共计 800 人，被安排到图中上方的避难场所内；黄色衣服 400 人，被派往另一处较小的避难场所，但需要通过此处避难场所入口前道路。第一种场景中，避难场所与道路的关系为沿道路入口封闭式场所，第二种为缓冲广场式封闭场所（所谓封闭场所就是说场所有围墙，只能从出入口进出）。仿真两种场景下，对黄色衣服人群通过道路的效率进行分析。

为了对比单一因素的影响，人员速度设置成统一的 1.4m/s，道路宽度为 20m，考虑人员距离对疏散的影响。

第一种沿道路入口封闭式场所疏散场景如图 6-45 所示。

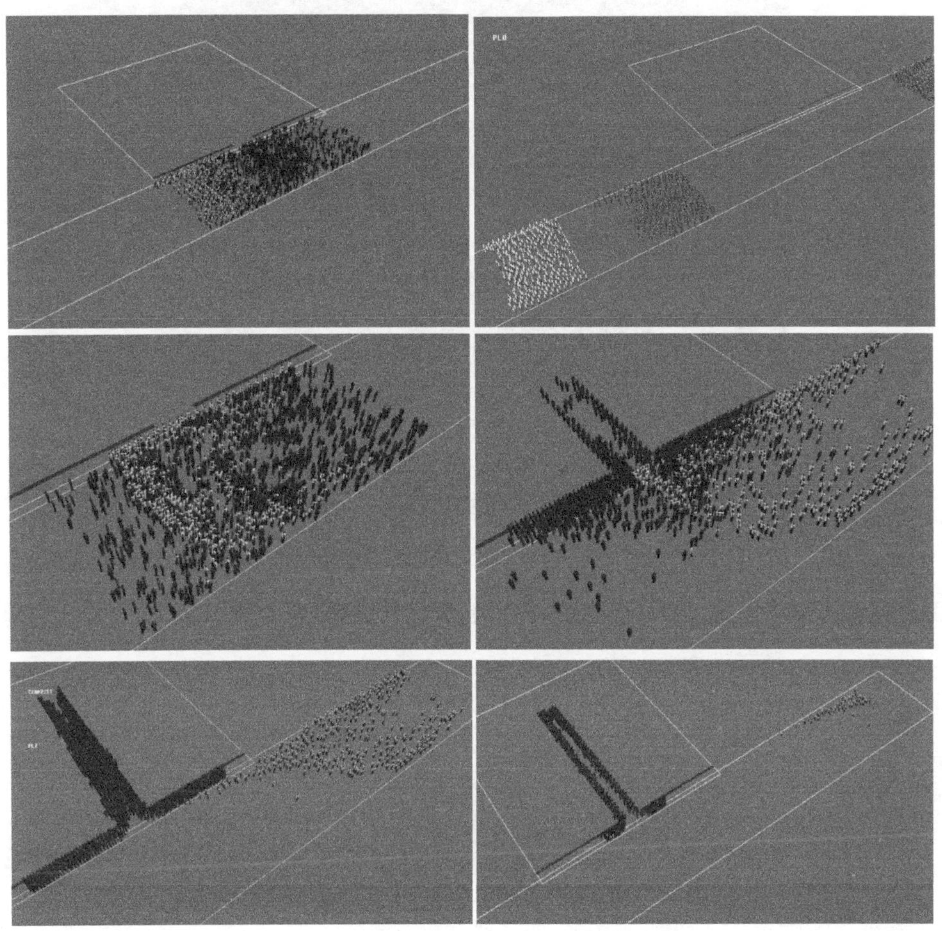

图 6-45　场所临街开口的道路交通状况

第二种广场缓冲封闭式场所疏散场景如图 6-46 所示。

统计数据如表 6-23 所示。

不同时间黄色衣服人员疏散情况　　**表 6-23**

时间点	不带广场人员疏散情况(人)	带广场人员疏散情况(人)	时间点	不带广场人员疏散情况(人)	带广场人员疏散情况(人)
00:00	0	0	02:40	170	382
…	…	…	02:45	210	399
02:05	0	0	02:50	253	400
02:10	6	16	02:55	287	400
02:15	20	66	03:00	327	400
02:20	42	132	03:05	357	400
02:25	73	201	03:10	385	400
02:30	105	269	03:15	400	400
02:35	147	337			

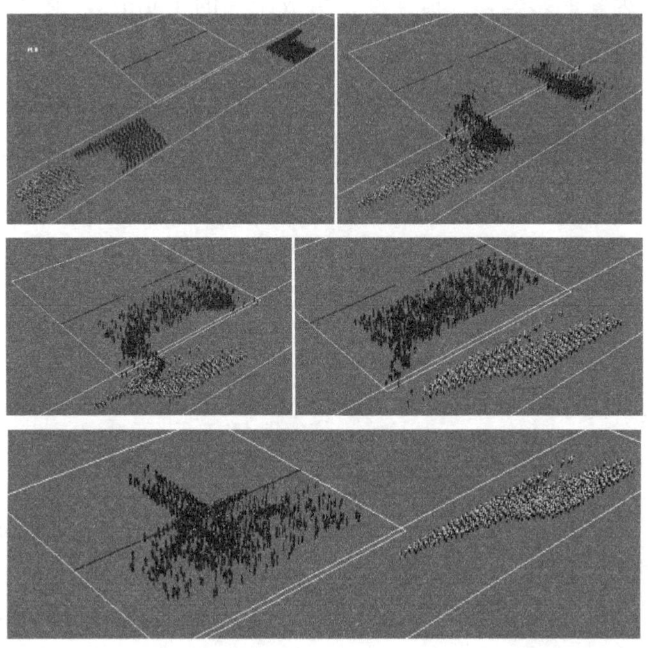

图 6-46 有缓冲广场场所的入口处交通状况

两种情况下黄色衣服人群疏散效率的影响对比图如图 6-47 所示。

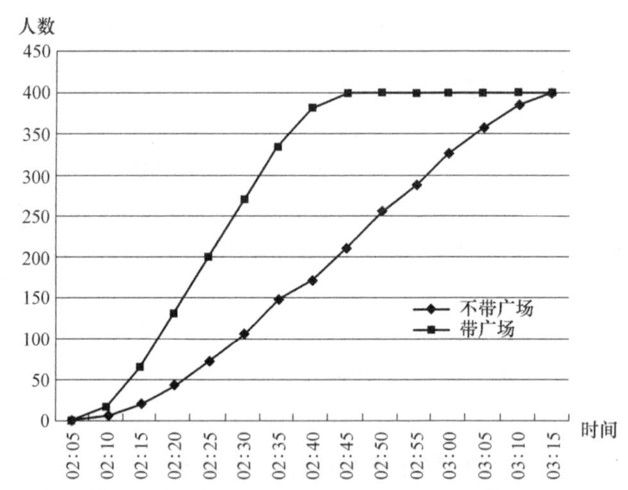

图 6-47 两种情况下黄色衣服人员不同时间点疏散情况对比图

(3) 结论

从图 6-47 可以看出，沿街开口封闭式避难场所入口处人员大量聚集严重影响了交通，同时对通过的黄色衣服的人群通过造成了一定的影响，而带缓冲广场的避难场所，人群聚集到广场，让出了道路，使得道路通畅起来，对整个城市交通系统的畅通度发挥了较大的作用。

根据仿真模拟，从疏散过程及数分析中看到避难型公园入口处，留有一定面积的缓冲空间，有以下几点好处：

1）城市发生灾难后疏散到避难场所入口处肯定会有一个等候时间，缓冲空间可以为等候人员提供站立空间，避免了对道路的占用，减少了交通拥挤及等候人员发生混乱危险的概率。同时为整个城市交通系统的畅通运行，发挥重要的作用。

2）增加了城市节点，强化了公园入口，增加了公园的空间吸引力；美化了城市，为城市留出了更多的呼吸空间。

3）为公园平日的运行提供了人员进出缓冲空间及车辆临时停放空间。

5. 小结

本节从四个试验入手分别从造成道路拥堵的四个角度进行了影响分析、仿真模拟，可以看出：在仿真模拟下，可以真实地看到各个因素在环境中对人员疏散的实际影响。具体到每个试验中，在车辆及设施拥堵对疏散影响中，车辆的拥堵程度和设施的倒落比例直接影响了人群疏散的时间，本节借助仿真方法得到了一定人群数量的情况下，道路由拥堵到畅通的走势曲线，为以后道路拥堵与人员疏散关系的研究提出了一种新的方法。在模拟过程中注意到人群疏散一侧的拥堵比较严重，提出了疏散引导以分散人流的方法，对疏散效率的提高具有显著的效果。在建筑物倒塌及散落物疏散影响仿真中，一定灾害情况下，倒塌、散落物范围相同的情况下，道路宽度的大小对人群疏散有很大影响，并得出了影响曲线。过街天桥坍塌疏散影响仿真中，天桥倒塌对行人横过马路效率的影响非常大，而且行人通过时占用道路容易引起交通的进一步堵塞，建议在关键道路上设置较高抗震等级的天桥。缓冲空间对疏散影响仿真试验中，缓冲空间的设置对街道畅通度的提高具有重要的作用。

6.4.3　避难场所入口形态对疏散影响仿真

避难疏散是以人员到达避难场所内部作为完成标准。大量的人群灾后短时间内聚集到避难场所入口处，不可能立刻全部进入场所内部，人员进入疏散场所时间延续过长会造成混乱的场面，影响灾后疏散秩序。如今避难场所多以现状公园为基础进行建设，公园用于平日市民的游玩娱乐使用，作为灾后人员疏散其承载力度增大，其建设标准与避难疏散的要求还有一定差距，仿真模拟可以分析不同入口大小、分隔形式的合理性，对避难场所的建设标准的制定起到重要的参考作用。

1. 入口大小的影响

(1) 影响概述

通常，门越大疏散越快，一定数量的人群设定一定宽度的门，规范中也常常以百人标准进行门宽的界定。百人标准是一种理论界定方法，那么这些规定到底合不合理呢？是适应一定的范围还是所有的宽度都适应呢？通过仿真分析和数据的对比和真实的观察到不同设定所产生的效果。

江苏省《城市应急避难场所建设标准》中提出“避难场所出入口通道净宽之和，应按避难人数每100人不小于0.3m确定，每个通道通过人数不应超过800人”。

由标准中可以看出，以临界值为标准，门宽与人数的关系为线性关系，为了验证门宽对疏散的影响效果及验证标准中规定值的合理性，将通过仿真分析进行验证。

(2) 仿真分析

如图6-48所示，图中定义避难场所出入口前区域宽度为20m，进深为40m。左半部分为避难疏散区域，人员通过中间的出入口到达右半部分为疏散成功，左半部分区域为人员初始位置，疏散过程为人员从左侧初始位置通过居中的出入口疏散到门的右侧。

图 6-48　模拟区域环境设置图

为了验证标准中数据的合理性，把模拟人数与出入口大小进行一一对应，人员最大速度定义成统一的速度 1.2m/s，如表 6-24 所示。

实验数据参数对应表　　**表 6-24**

试验序号	系统人数(人)	门净宽(m)	人员最大速度(m/s)
试验 1	200	0.6	1.2
试验 2	300	0.9	1.2
试验 3	400	1.2	1.2
试验 4	500	1.5	1.2
试验 5	600	1.8	1.2
试验 6	700	2.1	1.2
试验 7	800	2.4	1.2
试验 8	900	2.7	1.2
试验 9	1000	3.0	1.2
试验 10	1100	3.3	1.2

部分疏散仿真情况如图 6-49 所示。

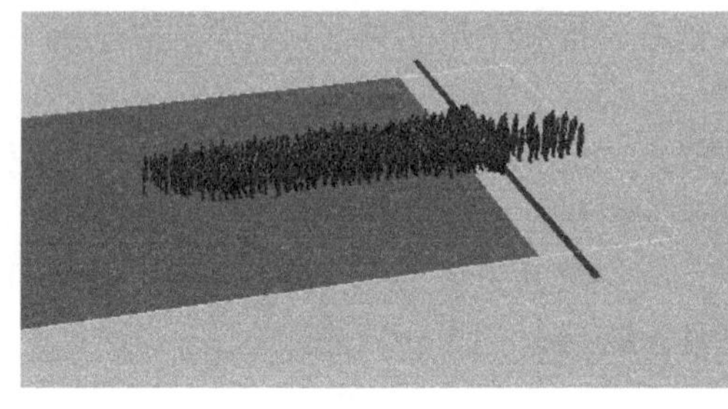
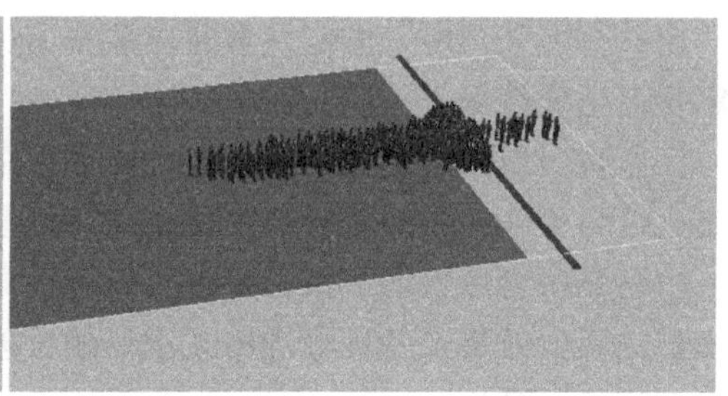

图 6-49　不同开口宽度的疏散仿真情况

每次试验进行 10 次，去除最大最小值，剩下的 8 次取平均值，如表 6-25 所示。

试验结果　　表 6-25

试验	出口宽度(m)	人数(人)	平均时间(s)	百人平均时间(s)
试验 1	0.6	200	420	210
试验 2	0.9	300	134	44.7
试验 3	1.2	400	180	45
试验 4	1.5	500	139	27.8
试验 5	1.8	600	165	27.5
试验 6	2.1	700	136	19.42
试验 7	2.4	800	158	19.75
试验 8	2.7	900	137	16.2
试验 9	3.0	1000	151	16.1
试验 10	3.3	1100	137	12.5

由于试验 1 中入口宽度只能容纳一个人肩宽，且入口宽度不符合实际情况，因此去掉。试验 2～试验 10，百人平均通过时间关系如图 6-50 所示。

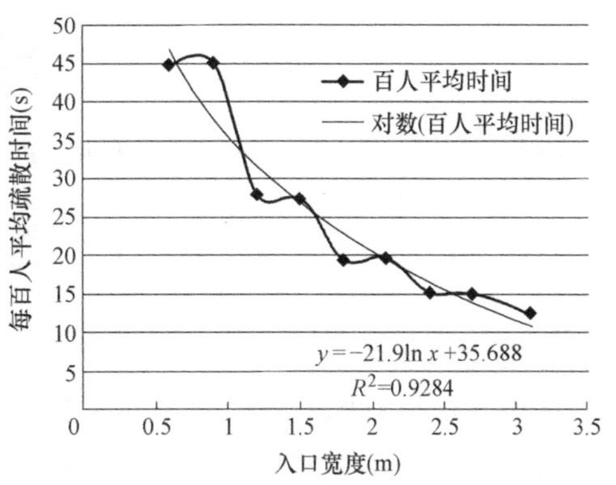

图 6-50　百人平均疏散时间走势图

(3) 结论

可以看出，并不是按每百人增加 0.3m 的入口宽度，总的时间也相等，而是出现出口宽度随着相应人数的增加呈现时间减少的情况。由此可见，规范中规定的数值还需进一步精确。借助理论推导的入口宽度可能与实际需求存在一定的差距。

此次实验是以 1.2m/s 的人员最大平均速度进行测试的，借助此曲线，对于此类人群的避难入口宽度的确定，可以由以下方法得出：把人员总数量定义成 N，要求疏散的时间为 T，则可以求出百人疏散时间 $t=100T/N$。

然后把 t 代入公式 $y=-21.9\ln x+36.688$ 中，求出的 x 值为合理的避难场所入口宽度。

2. 入口分流形式对疏散的影响

(1) 影响概述

避难场所出入口因为考虑平时使用，出入口的大小不可能完全能满足避难人员的使用需求，一般会发生入口处的拥堵现象，拥堵在群体行为中非常常见，具有非常大的潜在危险性。

1) 拥堵行为

群体行为一直是社会心理学研究的主题，它与组织行为或制度行为有着本质的区别。群体情况下最容易引起人员恐慌，造成人员拥挤成一团。研究结果主要有：a. 恐慌中的人群一旦发现身处险境，就会慌不择路地奔逃来脱离危险；b. 在逃生出口处，人群拥挤的形态一般为拱形；c. 拥堵人群的压力非常大，能挤弯铁栅栏，甚至会发生挤死挤伤人的情况；d. 拥堵人群中常会有特殊情况导致疏散速度减慢；e. 人员从众行为强烈；f. 大部分人慌不择路、错过其他有效的逃生出口。

① 入口处拥挤的形式

一般分为两种，点式和线式，如表 6-26 所示。

拥挤的两种形式 表 6-26

入口的形式	人员状态	拥挤形态	平面示意图（图片来源：自绘）	立体示意图（图片来源：自绘）
短入口（入口宽小于人群的平均厚度）	无组织	呈半圆形布局		
长入口（入口宽大于人群的平均厚度）	无组织	呈半个圆角矩形		

② 原理

假设人员距目标点的距离为 L，有 N 个人，则人员 P_1，P_2，…，P_n 距目标点分别 L_1，L_2，…，L_n，人群边缘距离目标点最远定义为 L_a，人群边缘距离目标点最近为 L_b，$L_r=L_a-L_b$，当 L_r 大于某临界值时，人群内部发生位置变动，大于 L_b 的人群发生移动，逐渐达到最远人员距离目标点为

$$L_c=L_b+(L_a-L_b)/2 \tag{6-38}$$

此时人员相对平衡，人群是不断运动的，当这个平衡被打破，将再次实现平衡。

③ 拥挤的危害性

拥挤不仅会使场面发生混乱，影响人群的组织和疏散，而且拥挤会直接或间接导致人员伤亡，尤其是老人、小孩、妇女这些弱势群体，如表 6-27 所示。

拥挤的伤害形式 表 6-27

拥挤的伤害形式	具体表现	伤害原理
直接伤害（图 6-51）	出现挤伤	拥挤过程中的内外对抗，中心区域的人员受两边压力过大，出现挤伤
间接伤害（图 6-52）	在疏散道路，由安全区域被挤到危险区域，导致建筑散落物砸伤人	在两边建筑有坍塌危险的道路上，中间人员由于前后人员夹挤的压力，被由安全路线挤出到危险区域，存在安全隐患

④ 拥挤过程中的信息传递

之所以发生拥挤过度的问题，在于拥堵中被挤压人员反馈信息传输中断，或传输时间

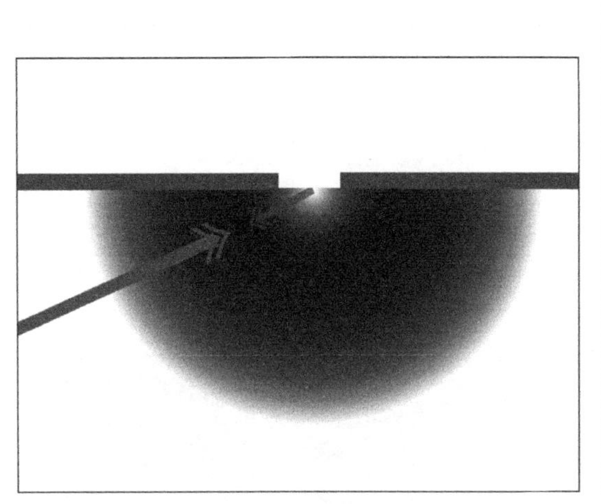

图 6-51　入口拥挤示意图

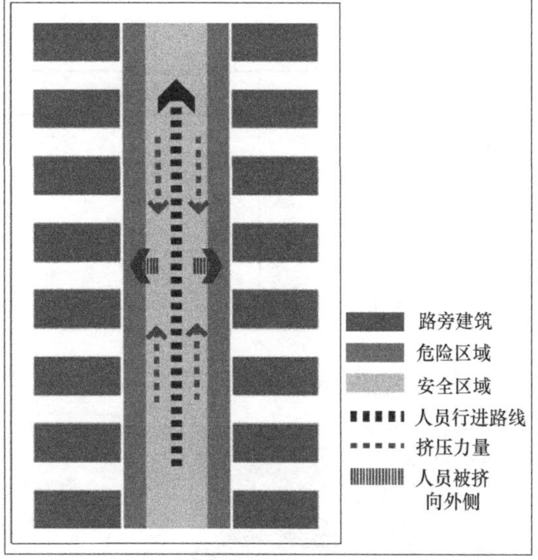

图 6- 52　疏散道路中人员拥挤示意图

大于人群前拥致伤时间。也就是被挤压人员感觉压力过大，开始不舒适的时候，发出信号，示意外边人群不要挤，人从发出信号到下一个听到信号需要反应的时间为 t，噪声越大，t 值越大，噪声越小，t 值越小，或者周围如果有组织管理人员直接负责协调工作，t 值也会相应缩小。假设周围噪声为一定值的前提下，声音有一个衰减值，人群围成一团的厚度为 D，D 越大，声音衰减越多，人们反应的时间越慢，人群停止拥挤的反应时间为

$$T=a*D+t \tag{6-39}$$

式中　a——反应系数。

希望 T 非常小，也就是当 D 和 t 越小，T 就会越小，D 直接与人群的厚度有关，t 与周围环境的声音质量有关，人群厚度越小，周围越安静，对于疏散人群的安全越有利。如果同样宽度的出入口改成两个或多个，之间拉开距离，人群就能得到疏散。避难人群如果能保持纪律，安静有序地进行排队，或者有专门的组织人员进行指挥，也能够避免伤亡情况的发生。但是在灾害发生后较短的时间内，人群的情绪很难稳定，也很难迅速地组织起指挥人员，因此对出入口宽度、数量、间距的研究有重大意义。

2）增加“相对出入口”数量

方法有两种，一种为入口宽的总和一定的前提下，分成不同数量的入口，入口之间被一定宽度的短墙隔开的具有相同宽度的出入口。如果适当分隔成不同数量的出入口，而且每个出入口间有一定的间距，不仅能分开人流、避开拥挤，而且平时可以只开部分门，方便管理；另一种为整个宽度的入口采用器械分隔，直接起划分人流的作用，此种方法简单易行，操作灵活，可以有效地对较大宽度的入口进行隔离分流，减少拥挤，稳定疏散秩序。

（2）入口数量分流仿真分析

设置 5 种模型，5 种模型对应 5 种不同的入口宽度，但是同一个模型中所有入口宽度的总和相等，检验入口宽度总和相等的前提下，不同入口数量对疏散的影响，入口设置参

数如表 6-28 所示。

入口参数设置 **表 6-28**

情况种类	入口数量	入口宽度(m)	入口墙间距(m)
情况一	1	20	—
情况二	2	10	10
情况三	4	5	6
情况四	5	4	5
情况五	10	2	4.7

情况一～情况五的模拟过程如图 6-53 所示。

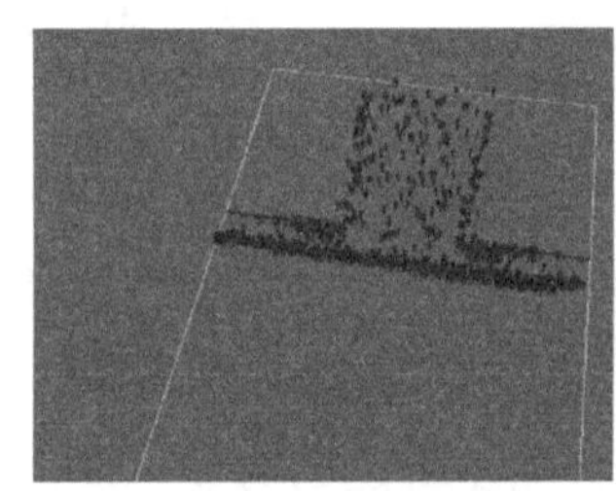
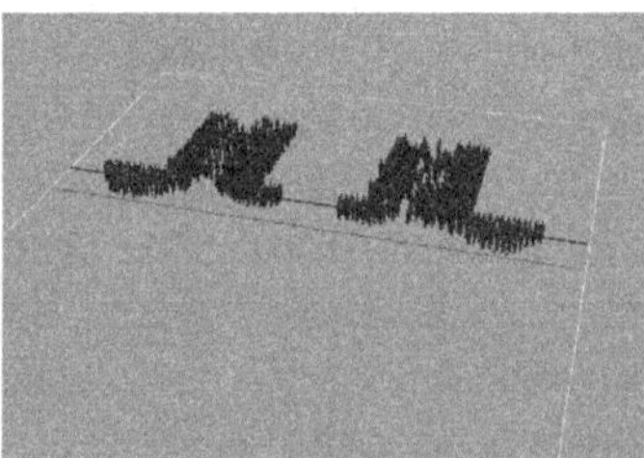
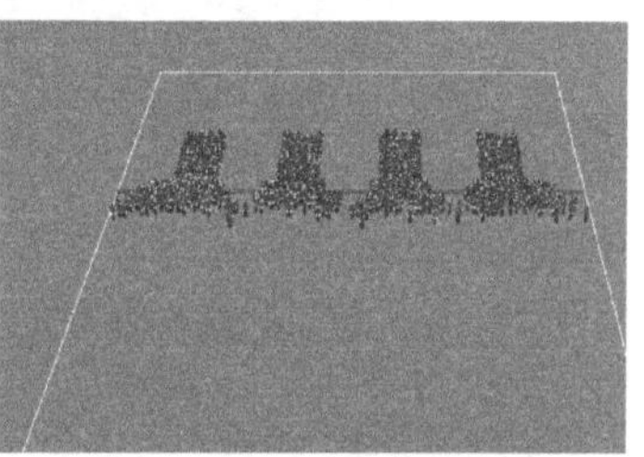
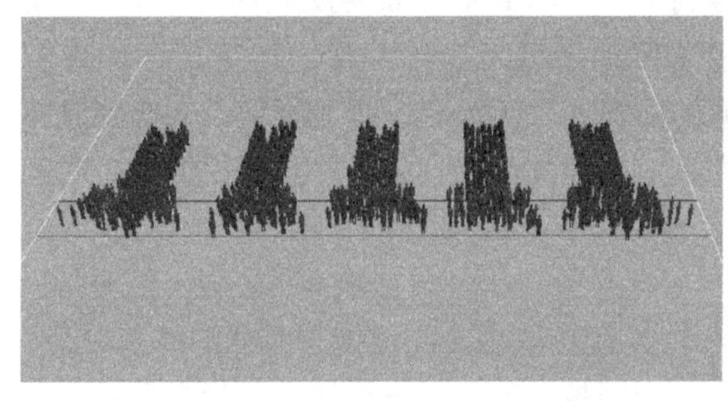
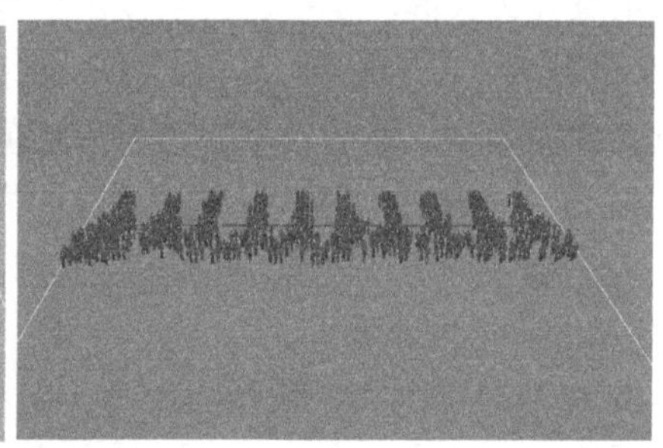

图 6-53　模拟过程图

5 种情况的疏散效率对比折线图如图 6-54 所示。

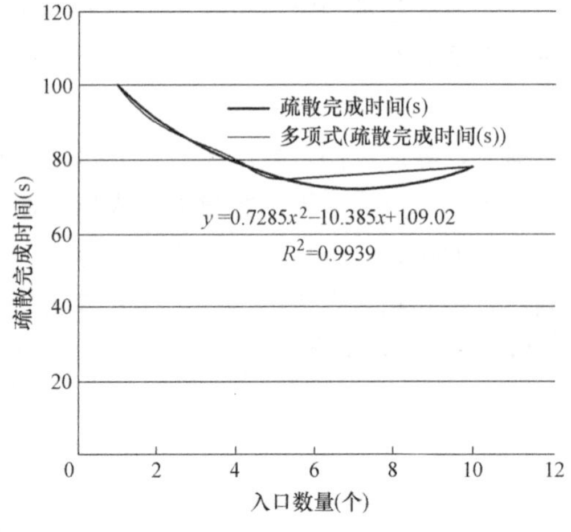

图 6-54　疏散时间与入口数量关系图

从疏散结果来看，随着入口数量的增加，疏散时间随之减少，并且人群被分流，减少了拥挤受伤的可能，当出口为 7 个时，疏散所用的时间最少。

(3) 器械分流仿真分析

1) 情境设置

某避难场所入口，1200 名疏散人员聚集在门口外的开敞空间处等待大门开放，在出口宽度 40m 不变的情况下，设置两种情境：第一种情境是人员直接拥入，第二种情境是在出入口加 16 个分隔栏，分隔成 15 个相同宽度的通道，每个通道宽 2.5m。观察疏散过程中疏散情况的变化，人员最大疏散速度为统一值 1.4m/s（实时速度受周围人员速度的影响）。

2）仿真过程

两种情况疏散过程对比如图 6-55 所示。

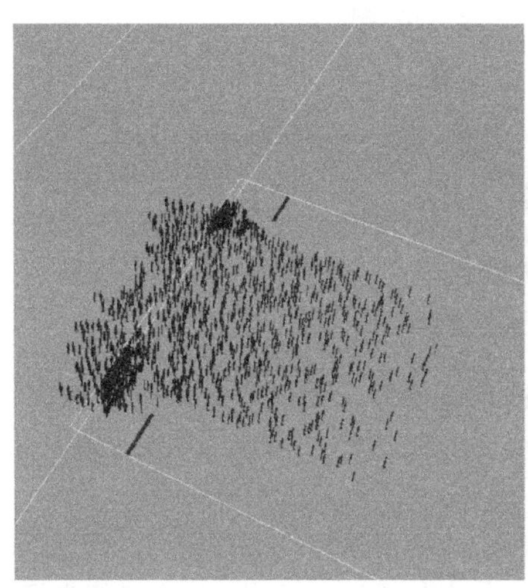
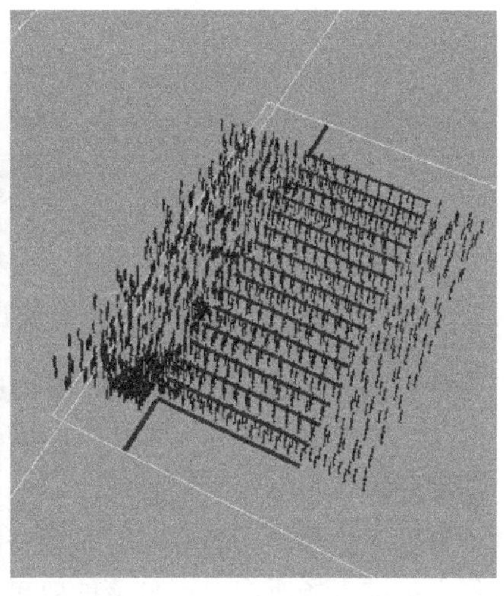

图 6-55 情况对比

3）仿真结果

两种情况下不同时间点的疏散情况数据如表 6-29 所示，疏散对比图如图 6-56 所示。

疏散效率对比 **表 6-29**

时间	排队分流情况下不同时间点到达目标人数(人)	不排队自由疏散情况不同时间点到达目标人数(人)
00:00	0	0
00:10	0	0
00:20	0	0
00:30	0	0
00:40	131	164
00:50	511	573
01:00	920	983
01:10	1149	1200
01:20	1200	1200

通过实验可以看出，总长度不变的门如果划分成多个，人员就会得到分流。但总的疏散时间没有多大的变化，只相差 10s 左右。但是分隔后每个入口都会吸引一定数量人员，人员已经无形中被分为 15 个小组，人员有了相对确定的目标之后就会相对减少盲目性，总的人群作用力也被分为 15 部分，因此人员的安全系数有了一定程度的提高。对于到达避难场所入口处的人员来说，安全性已经得到了很大的保障，对于时间要求上相对放宽。反而场面的秩序及管理要比疏散的时间重要。因此，分隔排队更加有利于安排人员进入避

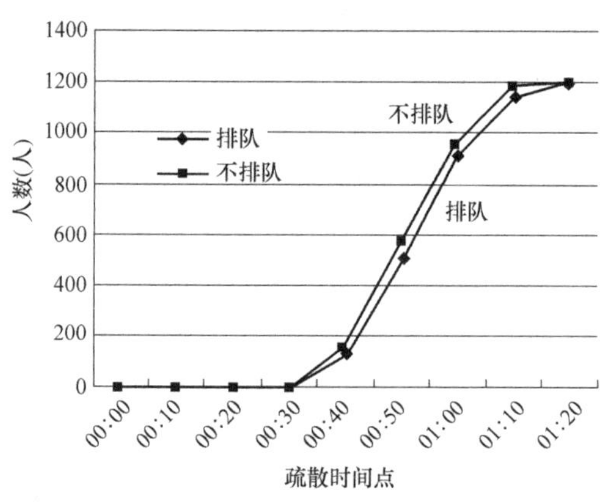

图 6-56　疏散效率对比图

难场所，而且分隔之后方便人员各自带队进入篷宿区，减少了重新分划组队的时间和程序。

（4）结果分析

从两种分流方法来看，各有利弊，第一种分流效果较好，造价偏高，管理稍难；第二种可以达到人员进入场所内自动分流的效果，优点是灵活、经济，缺点是解决场外人员的拥挤情况能力差。

3. 结论及不足

本小节主要对避难场所入口形态对疏散影响进行了仿真，在入口大小对疏散影响的分析中，对疏散标准中入口大小每百人设置 0.3m 时进行了验证，得到随着入口宽度的增加，每百人平均疏散时间呈减少趋势，并得出了走势曲线和公式，得到了一种较合理的入口宽度的计算方法。

在入口分流形式对疏散的影响中，对两种分流方法的有效性进行了验证，第一种方法中，模拟出随着入口数量的增加，疏散时间随之减少，并且人群被分流，减少了拥挤受伤的可能，但是入口太多容易造成浪费和在平时管理上带来不便；第二种方法借助器械分流的情景模拟分析中，分隔排队虽然不能加快疏散效率，但有利于安排人员进入避难场所，方便人员各自带队进入篷宿区，少了重新划分组队的时间和程序。综合来说，第一种方法对于防止拥挤更有效，而且在一定范围内能加快疏散的时间，但造价高，管理不便。第二种方法方便、灵活、经济，可以有效对进入场所的人员分流，缺点是对于场外人员的秩序控制力差，不能提高疏散效率。

6.5　本章小结

首先，本章研究了综合多准则决策的避震疏散场所优化的时间满意覆盖模型。该方法首先通过保障部门综合考虑备选避震疏散场所的各方面条件，进行多准则决策，剔除不可行方案，并对可行方案进行评价；之后，在建立避震疏散场所服务需求点的时效性评价函数的基础上，基于最大覆盖选址模型和“部分覆盖”思想，建立了有限设置避震疏散场所（p 个）的综合多准则-时间满意覆盖模型，该模型的决策目标是使地震应急保障部门和需求点对避震疏散场所选址方案的满意程度最大化。在分析了各种影响因素的基础上，以疏散时间最小化、疏散人数最大化和避难场所总拥挤度最小化为目标，并以灾民可接受的疏散距离、避难场所容量和拥挤度为约束条件，改进了多目标避震疏散优化模型。为有效、快速地求解该模型，引入模糊集合理论修正该模型，并利用粒子群优化算法进行求解。实例分析表明，该模型更加合理、结果更加可信，为城市抗震防灾避难空间的合理分配提供了一种新的方法。

其次，结合以往避难疏散原理、城市特点、灾害特点的研究，基于元胞自动机原理的软件STEPS，微观模拟小范围区域内影响避难疏散的主要因素，如疏散过程中加入引导标识、道路拥堵、避难场所入口形态等对整个避难疏散过程的影响。通过仿真模拟，可视化疏散过程中人员变动情形，最终结合分析成果为城市避难疏散规划策略的设置提供一定的参考。

第 7 章　重点片区道路应急避震疏散理论模型

避震疏散是城市抗震防灾中“避”过程中的核心环节之一，也属于城市抗震防灾过程中的微观研究内容。人作为灾害发生后的主要承灾体，一旦震后疏散不利，将会造成重大损失，所以人员的应急疏散也是防灾系统中重点研究的关键问题。

城市抗震防灾安全是城市居民生命财产和进行各种生活与生产活动的基本保障。随着我国城市化步伐的加快，城市人口快速增加，城市的人口密集度越来越大，加上城市内由地震所引发的各类突发事故具有不确定和多变性、事件多样性、危害性和信息有限性等特点，地震突发时，人口密集区域的人员疏散问题就显得特别突出。地震疏散是指在容许疏散的时间内，将处在危险区域内的人员快速而有组织地撤离到避难场所的行为，尽可能避免因人群慌乱拥挤而造成的人员伤亡。因此，提前对重点片区进行应急避震疏散评估，对不满足条件的地方加以改进，才能在地震发生后，合理地组织、安排人员快速疏散，将灾害损失和人员伤亡降为最低。国内目前应急疏散的研究成果较多，但主要侧重于建筑物内部疏散，对于城市的突发事件进行疏散研究，国外起步比较早，也很深入，但在地震紧急疏散方面还涉及的比较少。

7.1　道路应急避震疏散模型相关理论概述

本章集合人员疏散微观与宏观的特点，运用 VENSIM 软件，结合系统动力学和群集理论的基本思想和原理，从灾害环境、道路空间、人员特性三个方面分析了地震疏散过程中的动态反馈性，建立了道路人员的紧急疏散的 SD 模型。根据城市抗震防灾规划标准中对紧急避难场所、疏散道路及疏散时间的要求，以北京某商务区为例，就地震灾害发生前重点人群密集片区的紧急疏散过程中进行了动态模拟。模型参数设置基于以往研究及相关理论之上，为了更好地理解模型，下面对建模过程中模型参数设计涉及的群集流动理论及建筑物倒塌对道路影响研究进行概述。

7.1.1　群集流动理论基本原理

发生重大突发事件（如地震）时，人们往往聚集成群而形成群集，因群集中个体之间相互影响，群集的整体特征与其个体不同，群集行为会带来的影响主要是对步速的影响及所造成的群伤事故。群集具有动力学特征，群集流动理论是将群集视为一个流动体，通过采用一组外部统计参数表征其流动行为特征。如图 7-1 所示，群集流动速度与人流密度的关系类似于流体的黏性系数与速度之间的关系。在一个方向连续步行的群集流动过程中，在群集流中取一基准点 P，向 P 点前进的群集为集结群集；超过 P 点向前的群集

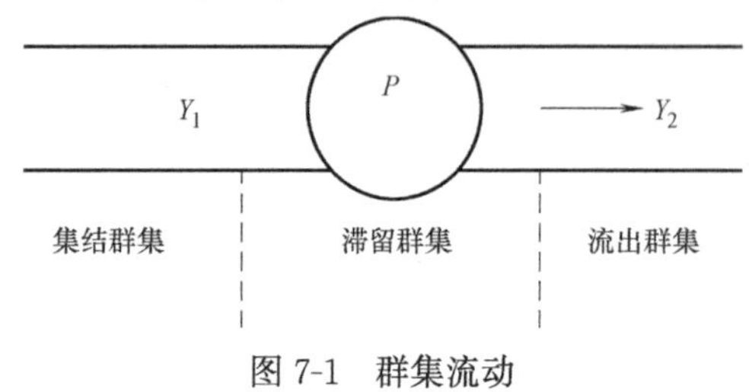

图 7-1　群集流动

为流出群集。在 P 点处滞留的部分人员为滞留群集，等于集结群集与流出群集之差。

基于系统动力学理论，根据道路情况及群集行为则向断面 P 前进的过程所建立的模型称为流入群集疏散动力学模型。

1. 流入群集人数

设在群集区内，人流经 n 个通道分支出口最后汇集到一个总出口的疏散人数。自疏散开始时刻起（$t=0$），到 T 时刻止，流入总出口断面 P 处的群集人数为：

$$y_1 = \sum_{i=1}^{n} \lambda_i(t) B_i \mathrm{d}t \tag{7-1}$$

式中　$\lambda_i(t)$ ——第 i 个分支出口的群集流动系数（指单位时间内单位空间宽度通过的人数）（人/m・s）；

B_i——第 i 个分支出口的宽度（m）；

n——分支出口数目（个）。

流入群集人数等于待疏散人数。

2. 流出群集人数

自 $t=0$ 时刻起，经断面 P 处流出的群集人数，即道路疏散人员为：

$$y_2 = \sum_{i=1}^{n} \lambda_i(t) B_i \mathrm{d}t + (T - T_0)\lambda B \tag{7-2}$$

式中　T_0——自疏散开始至总出口断面 P 处刚出现滞留流动状态的时间；

λ——总出口断面 P 处群集流动系数［人/(m・s)］；

B——总出口的宽度（m）。

显然，上式右边第一项表示在时间 $0 \sim T_0$ 内，人流经 n 个分支出口集结于总出口断面 P 处并自由流出的人数；第二项表示在时间 $T \sim T_0$ 内，通过总出口断面 P 处而滞留流出的人数。

3. 滞留群集数

滞留人数即最终在路上的人群，即道路容纳人员。到 T 时刻止，在断面 P 处滞留的群集人数为：

$$y = y_1 - y_2 = \sum_{i=1}^{n} \int_0^T \lambda_i(t) B_i \mathrm{d}t - (T - T_0)\lambda B \tag{7-3}$$

4. 疏散结束时间

群集全部流出出口，疏散结束，结束的时间为：

$$T_{\mathrm{e}} = \frac{1}{N \cdot B}\left[Q - \sum_{i=1}^{n} \int_0^{T_0} N_i(t) B_i(t) d_i\right] + T_0 \tag{7-4}$$

式中　$N_i(t)$——第 i 个入口处通过系数［人/(m・s)］；

$B_i(t)$——第 i 个入口宽度（m）；

N——出口处的通过系数［人/(m・s)］；

B——出口的宽度（m）；

n——入口数目，（个）；

T_0——出现定常流的时刻，(s)；

Q——群集总人数（人）。

7.1.2 建筑物倒塌对道路疏散距离的影响研究

1. 薄弱层位置不同时建筑物倒塌破坏模式

建筑物的倒塌形式依据结构类型大致可以分成以下几种：整体垮塌、局部楼层垮塌、局部单元垮塌、整体倾倒等。地震中存在薄弱层的结构的破坏或倒塌后产生的影响是防灾规划中控制震后道路有效宽度需重点考虑的。由建筑物的倒塌破坏情况可知，建筑物倒塌破坏的诱因往往是由于薄弱层失效而引起的一系列连锁性的破坏从而引起严重破坏或局部及全部倒塌。为了便于推导规划控制时的建筑物倒塌影响范围的公式，依据建筑物倒塌薄弱层位置，总结出对震后道路有效宽度影响较大的几种倒塌模式。

(1) 底层薄弱层时倒塌破坏模式

当薄弱层在底层时，地震作用下薄弱层失效造成的倒塌破坏形式，对道路有效宽度影响较大的主要有三种：①由于底层薄弱层失效，结构整体向一侧倾倒，撞击地面时的巨大冲击力造成结构整体垮塌解体，简称整体倾倒坍塌模式。②由于底层薄弱层失效，撞击地面时的冲击力仅造成房屋局部垮塌，简称侧面倾倒坍塌模式。③由于底层为明显的薄弱层，导致薄弱层在强烈地震作用下完全失效，而结构整体性尚好，结构发生整体倾倒，简称整体倾倒模式。

(2) 中间薄弱层时倒塌破坏模式

地震作用下中间薄弱层大部分或全部失效造成的结构倒塌破坏形式，对震后道路有效宽度影响较大的主要有三种形式：①上部结构因地震作用在薄弱层形成的巨大的拉力和剪力造成薄弱层失效，下部结构和上部结构整体性尚好，未发生全面解体，之后因持续地震作用上部结构与下部结构脱离，直至落地解体，简称上部楼层倾倒模式，此时可假定上部结构脱离后发生刚体的平面运动。②由于薄弱层大部分失效，上部结构造成的冲击力造成下部结构连续垮塌，从而引起整体结构“竖向连续倒塌”简称竖向连续倒塌模式。③由于薄弱层大部分失效，上部结构造成连续垮塌，下部结构整体性尚好，上部结构造成的冲击力尚未达到引起下部结构竖向连续垮塌的界限，结构发生局部垮塌，称为局部垮塌模式，此时，若上部结构垮塌或引起连带下部结构形成整体结构的局部垮塌，简称局部垮塌模式。

2. 底层为薄弱层时建筑物倒塌影响范围

当底层为薄弱层时建筑物倒塌模式分为倾倒坍塌模式及整体倾倒模式，而其中倾倒坍塌模式包括整体倾倒坍塌和侧面倾倒坍塌模式。

在建筑物定向爆破中，在底层进行定向爆破的倒塌过程与上述结构模型倒塌模式类似。其倒塌过程大致是，在底层从一侧逐次向另一侧实施爆破，随后建筑物形成破坏切口，上部结构向一侧倾倒，与地面撞击，引起结构上部各层的连续解体破坏。实际上，上述倒塌模式是一种先倾倒后整体塌落的倒塌模式，因此简称整体倾倒坍塌模式。

下面将研究建筑物整体倾倒坍塌破坏模式，其倒塌破坏模式示意图如图 7-2 所示，并对倒塌破坏模式假定如下：

① 假定结构倾倒坍塌模式中，结构首先倾倒转动（底层破坏到撞击地面前），之后由于撞击发生整体坍塌并解体；

② 假定底层破坏后结构的倾倒以建筑破坏另一侧的承重构件为轴近似转动；

图 7-2　3 层结构模型倒塌过程示意图

③ 为计算建筑物倒塌后的瓦砾堆积范围的宽度，假定建筑结构沿主要倾倒坍塌方向瓦砾堆积断面轮廓线为梯形；

④ 假定建筑物倒塌前后的瓦砾堆积量不变，而倒塌后的瓦砾堆积主要是由建筑物的原有构件和室内物品组成。根据底层定向爆破倾倒坍塌破坏的相关研究，通过同类比分析，假定破坏断面梯形上底宽度为两个塌落段（图 7-2 所示阴影部分）重心 O_1、O_2 之间的水平距离，主方向瓦砾堆积角度为 $\theta_1=25°$，倒塌另一侧瓦砾堆积角度为 $\theta_2=30°$。

当建筑物某一区段存在平面薄弱环节时，如平面不规则、有凹进凸出、连接部位等时，强震作用下由于扭转效应，薄弱部分首先被震损，容易发生局部倾倒坍塌，又称侧面倾倒坍塌。

侧面倾倒坍塌，考虑与整体倾倒坍塌同样倒塌模式，考虑最不利情况，一个结构计算宽度为 L_a 内塌落在如图 7-2 所示的范围内，假定倒塌后瓦砾堆积断面为图 7-3 所示的梯形。

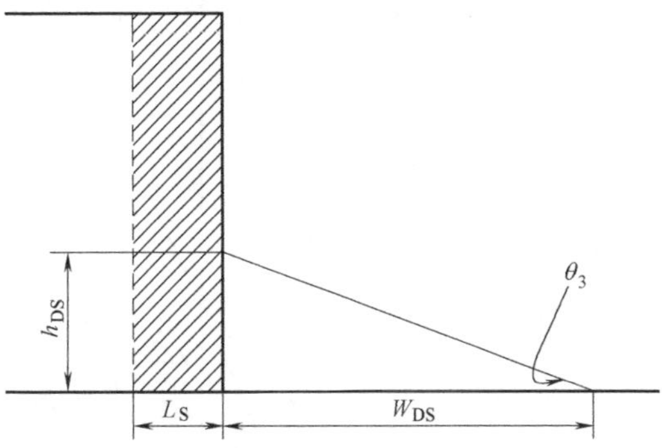

图 7-3　地震作用下建筑物侧面倒塌模型示意图

根据上述假定计算，为了方便规划控制时计算震后道路有效宽度，可按表 7-1 进行计算。

建筑物倾倒坍塌破坏影响宽度简化计算表　　**表 7-1**

布置方式	建筑高度(m)					
	$H<24$	$24\leqslant H<54$	$54\leqslant H<100$	$100\leqslant H<160$	$160\leqslant H<250$	$H\geqslant 250$
建筑长边平行红线布置	2/3	2/3～1/2	0.5	0.5～0.4	0.4～0.3	宜专门研究，且不低于 75m
建筑长边垂直红线布置	0.5	0.5～0.3	0.3～0.25	0.25～0.2	0.2～0.15	宜专门研究，且不低于 38m

注：表中建筑长边平行红线布置即整体倾倒坍塌模式；建筑长边垂直于红线布置即侧面倾倒坍塌模式。

3. 建筑物上部楼层倾倒模式倒塌影响范围估算

对于钢筋混凝土框架结构和框架剪力墙结构等整体性较好的建筑物，当薄弱层层间位移角大于弹塑性层间位移角限值后，薄弱层开始失效破坏。薄弱层局部失效破坏后，上部结构倾倒撞击下部结构，薄弱层继续全部失效，继续倾倒，并脱离下部结构，落地造成解体。此种破坏模式，假定上部结构和下部结构整体性尚好，在落地前不会造成连续垮塌或全部解体。

地震中房屋倒塌过程比较复杂，在对房屋倒塌过程进行动力学分析研究时，需要对模型进行适当的简化，如图 7-4 所示，做出如下假定：

(1) 假定薄弱层失效破坏过程中，上部结构在与下部结构撞击前后不发生断裂及解体，并且始终绕 A 点定轴转动。

(2) 假定上部结构与下部结构撞击时，不发生解体，但巨大的拉力和剪力可能造成上部结构与原结构脱离。此时上部结构绕 B 定轴转动。脱离后上部结构不再受地震作用，仅仅受自身的重力作用。

(3) 假定建筑物宽为 B，总高度为 H，总质量为 M，总层数为 n。M_1、M_2 分别为下部和上部结构质量，H_1 为薄弱层以下下部结构的高度，H_2 为包括薄弱层在内的上部结构的高度。薄弱层以下层数为 n_1。

(4) 对于建筑物倒塌过程的简化分析来说，可以简化为每层质量及高度均相等，质量均为 m，层高均为 h。考虑结构第一周期的地震作用影响。

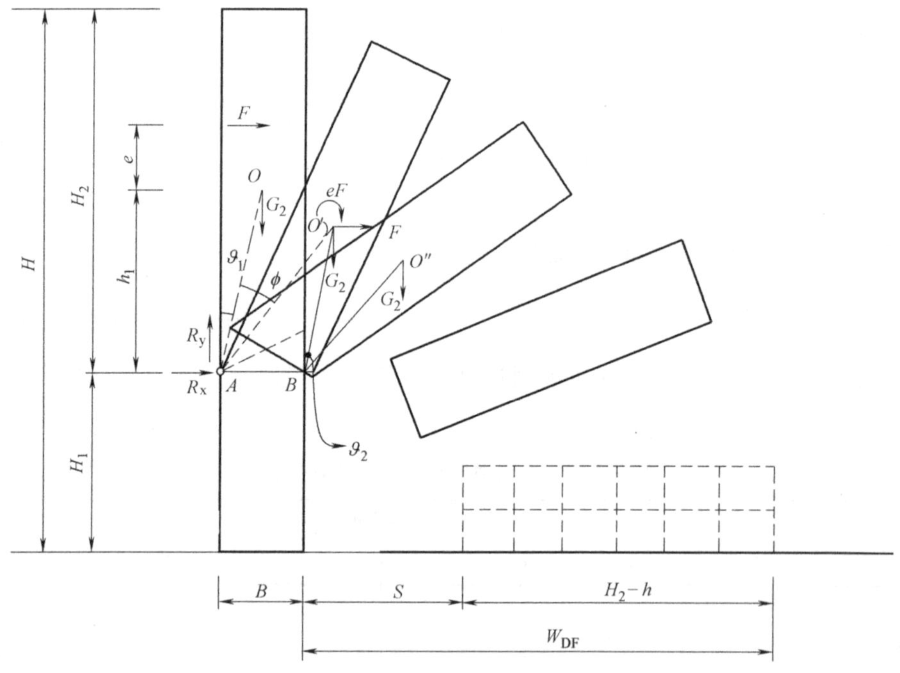

图 7-4　建筑物上部楼层倾倒模型示意图

参照《建筑抗震设计规范》的底部剪力法计算地震影响，设置不同工况下模型计算，最终地震作用下上部楼层倾倒模式的倒塌影响范围可按表 7-2 进行计算。

经过计算，给出了上部楼层倾倒模式下的建筑物倒塌影响范围简化表，该表可用于实际防灾规划中计算地震作用下建筑物上部楼层倾倒后道路有效宽度。

建筑上部楼层倾倒破坏影响宽度简化计算表　　表7-2

薄弱层位置 k_1	建筑高度(m)					
	$H<24$	$24\leqslant H<54$	$54\leqslant H<100$	$100\leqslant H<160$	$160\leqslant H<250$	$H\geqslant 250$m
0.1	—	1.07～1.1	1.1～1.16	1.17～1.21	1.21～1.22	
0.2	0.95	0.97～1.05	1.07～1.1	1.1～1.11	1.11～1.12	
0.3	0.8	0.7～0.95	0.97～0.99	0.99～1.0	1.00～1.01	
0.4	0.7	0.7～0.82	0.82～0.88	0.87～0.9	0.87～0.9	
0.5	0.6	0.7～0.7	0.7～0.75	0.77～0.77	0.77～0.79	宜专门研究，且不低于63m
0.6	0.45	0.47～0.6	0.60～0.63	0.67～0.66	0.67～0.68	
0.7	0.3	0.7～0.45	0.47～0.5	0.7～0.54	0.57～0.56	
0.8	0.17	0.17～0.3	0.7～0.38	0.37～0.41	0.41～0.43	
0.9	—	0.07～0.1	0.1～0.18	0.17～0.23	0.27～0.25	

4. 建筑物局部垮塌模式倒塌影响范围估算

当中间薄弱层失效后，上部结构撞击下部结构时，由于上部结构冲击力尚未达到引起结构竖向连续垮塌的界限，而导致上部结构垮塌或连带下部结构局部垮塌，此种情况在实际震害中很多。以底框砖混结构为例，底框砖混房屋为由两种承重体系和不同材料组成的结构体系，导致过渡层受力很复杂。过渡层砖墙除承担上部各层产生的地震剪力外，还要承担上部各层产生的倾覆弯矩，因此过渡层砖墙震害严重。过渡层破坏后，上部砖房极易出现楼层坐塌和局部单元倒塌，严重的甚至会导致上部楼层完全垮塌。如图7-5所示。

若假想下部结构顶面处为地面，则上部结构的倒塌堆积形态与倾倒坍塌模式相同，如图7-6所示，倒塌堆积形状为梯形 $ABCD$，但考虑到地震作用会产生一定的初速度，故还应考虑因地震作用而产生的前冲距离。假定上部结构解体产生的瓦砾都甩到倾倒一侧，结构沿主要坍塌方向的断面轮廓线为直角梯形，梯形下底的宽度即为结构倒塌的影响范围。假定上部结构质心处抛出的距离为 S，则结构局部垮塌模式倒塌影响范围为 $W_{DF}=W_{DF1}+S$。

图7-5　局部垮塌

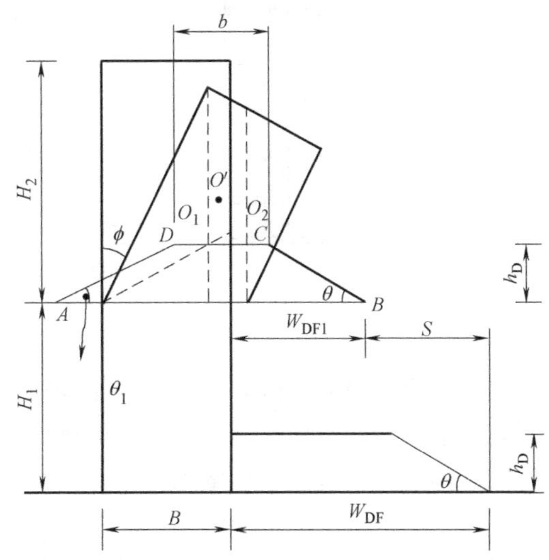

图7-6　局部楼层垮塌模型示意图

为了方便规划控制，得出建筑物倒塌影响范围简化计算表，如表7-3所示。该表可用于实际防灾规划中计算建筑物局部垮塌后震后道路有效宽度。

建筑物局部垮塌破坏影响宽度简化计算表 **表 7-3**

薄弱层位置(k_1)	建筑高度 H(m)					
	$H<24$	$24\leqslant H<54$	$54\leqslant H<100$	$100\leqslant H<160$	$160\leqslant H<250$	$H\geqslant 250$
0.1	0.7	0.7～0.65	0.67～0.56	0.57～0.48	0.47～0.44	宜专门研究且不应低于 25m
0.2	0.67	0.67～0.59	0.59～0.51	0.51～0.44	0.47～0.39	
0.3	0.64	0.67～0.55	0.57～0.48	0.47～0.42	0.42～0.37	
0.4	0.60	0.60～0.5	0.7～0.45	0.47～0.39	0.39～0.34	
0.5	0.52	0.52～0.46	0.47～0.41	0.41～0.35	0.37～0.32	
0.6	0.44	0.47～0.40	0.40～0.36	0.37～0.32	0.32～0.29	
0.7	0.36	0.37～0.34	0.37～0.31	0.31～0.29	0.29～0.25	
0.8	0.23	0.27～0.24	0.27～0.23	0.27～0.22	0.22～0.20	
0.9	0.1	0.1～0.12	0.12～0.14	0.17～0.13	0.13	

注：表中宽度系数值应根据薄弱层位置及建筑物高度的不同按插值法取值。

5. 建筑物竖向连续倒塌模式倒塌影响范围估算

连续倒塌是由局部薄弱层或薄弱区域而导致的整体结构倒塌，是地震下结构最常见的一种破坏模式。当建筑物薄弱层大部分失效后，上部结构将向一侧倾倒，当上部结构撞击下部结构时的冲击力超过竖向连续倒塌的界限后，将引起结构整体竖向连续倒塌。建筑物竖向连续倒塌模型示意图如图 7-7 所示，为了推导建筑物整体竖向连续倒塌模式的倒塌影响范围，做出如下假定：

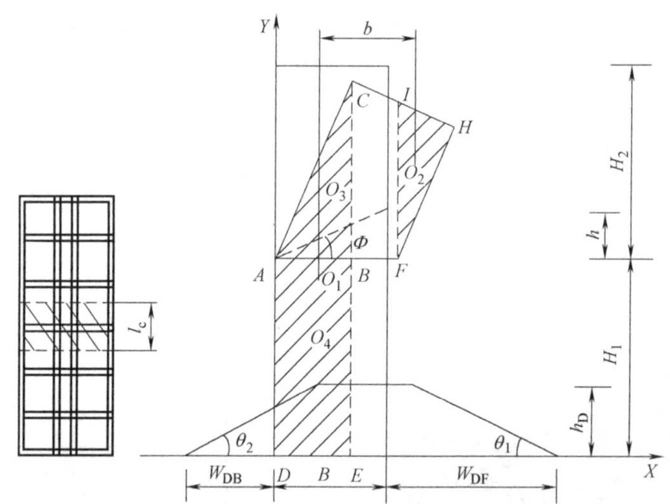

图 7-7　地震作用建筑物竖向连续倒塌模式示意图

(1) 假定薄弱层破坏后，上部结构撞击下部结构产生的冲击力引起结构整体竖向连续倒塌，上部结构在撞击下部结构前的倾倒以另一侧承重构件为轴定轴转动，上部结构撞击下部结构后整体竖向连续倒塌。

(2) 假定结构沿主要倾倒坍塌方向的断（切）面轮廓线为梯形；梯形上底的宽度为两个塌落段（图 7-3 阴影部分）重心 O_1O_2 之间的水平距离，主方向上瓦砾堆积的角度为 $\theta_1=25°$，其他方向瓦砾堆积角度为 $\theta_2=30°$。

(3) 假设阴影部分△ABC 的面积为 S_1，重心为 O_3，阴影部分矩形 $ABDE$ 面积为 S_2，重心为 O_4，则梯形 $ABDE$ 的重心为

$$X_{O1}=(X_{O3}\cdot S_1+X_{O4}\cdot S_2)/(S_1+S_2) \tag{7-5}$$

计算应急救灾和疏散通道的有效宽度时，建筑破坏或倒塌影响距离可按建筑物倒塌影响范围简化计算公式计算。为规划控制时使用方便，对地震作用下竖向连续倒塌模式可按表 7-4 进行简化计算。

建筑竖向连续倒塌破坏影响宽度简化计算表　　**表 7-4**

布置方式	建筑高度(m)					
	$H<24$	$24\leqslant H<54$	$50\leqslant H<100$	$100\leqslant H<160$	$160\leqslant H<250$	$H\geqslant 250$
建筑长边平行红线布置	0.6	0.6～0.5	0.7～0.45	0.45～0.4	0.4～0.3	宜专门研究，且不低于 75m

7.2　重点片区道路应急避震疏散评价 SD 模型建立

系统动力学（System Dynamic ，SD）认为系统的行为模式与特性主要根植于其内部的动态结构与反馈机制。通过系统分析、综合与推理的方法，把系统内部因素定性、定量化，通过构建系统的因果反馈及流图预测模型实现对系统的动态模拟。道路人员的紧急疏散的 SD 模型是结构性建模方法，是通过因果关系图、流图建立的数学结构模型，从系统实际出发，通过子系统分析，建立流位流率对，逐步添加变量枝而累加成一个复杂的流图结构模型。

7.2.1　系统边界

研究工作的第一步是认清研究对象并分析其特性。本节将道路人员紧急疏散系统结构表示为图 7-8。系统包括人、道路空间和灾害环境（地震）以及这三者间的相互作用与关系。

由图 7-8 可以看出，道路人员紧急疏散研究涉及人与人、人与道路和人与灾害环境的相互作用和关系，是一系列非线性的关联关系；该系统与外部环境有物质、能量以及信息的交换。非线性关系和本质的开放性是人员疏散系统复杂性的根源。同时，由于人这一子系统的复杂性和特殊性，整个系统的结构随时间而不断演化。

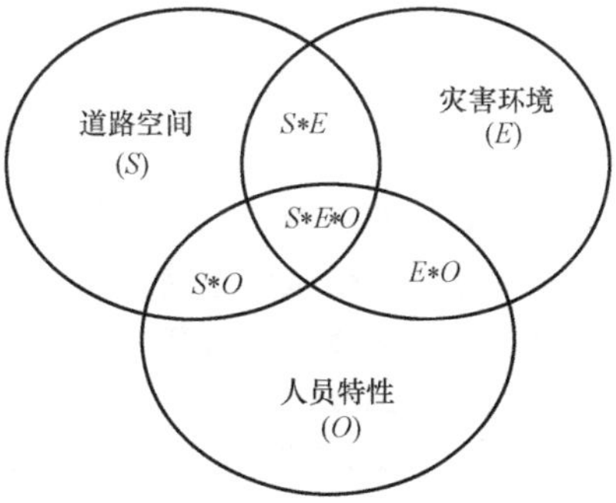

图 7-8　人员疏散边界图

7.2.2　系统因果及反馈分析

人的行为过程由人的感知、人的认知和决策以及人的行动过程组成，在紧急疏散中人的行为方式取决于人的感知、人的认知和决策，人的感知和人的认知作为人的行为模型中的辅助变量，结合疏散中影响人的行为的主要因子。

在地震灾害的紧急疏散中，存在着两种动态反馈性：①主观的动态反馈性。在紧急疏散过程中，人的行为过程随地震灾害的情形和周围环境的信息的变化而改变，如图 7-9、图 7-10 所示。通过对地震灾害疏散中人的行为的理论分析可知，人的以上行为过程由人的行为形成的第一主因子所支配和控制，因此，分析地震紧急疏散中人的行为与主因子的动态变化规律非常重要，这既能提供地震疏散中人的行为的变化规律，又有利于采取有效的措施提高重点人员密集片区紧急疏散中人的疏散能力。由于人的行为过程是一个动态反馈过程，用一般的方法难以研究其规律，因此需用带反馈系统的学科对此进行研究。②客观的动态反馈性。在疏散过程中，随着人流向道路的涌进，道路上的密度逐渐加大，人流从离散状态到达流动状态，密度过大时，则出现停滞现象，道路的疏散能力通过在安全疏散时间内运输的人员数量得到体现，并由道路上的人员密度对道路疏散能力进行反馈调整。

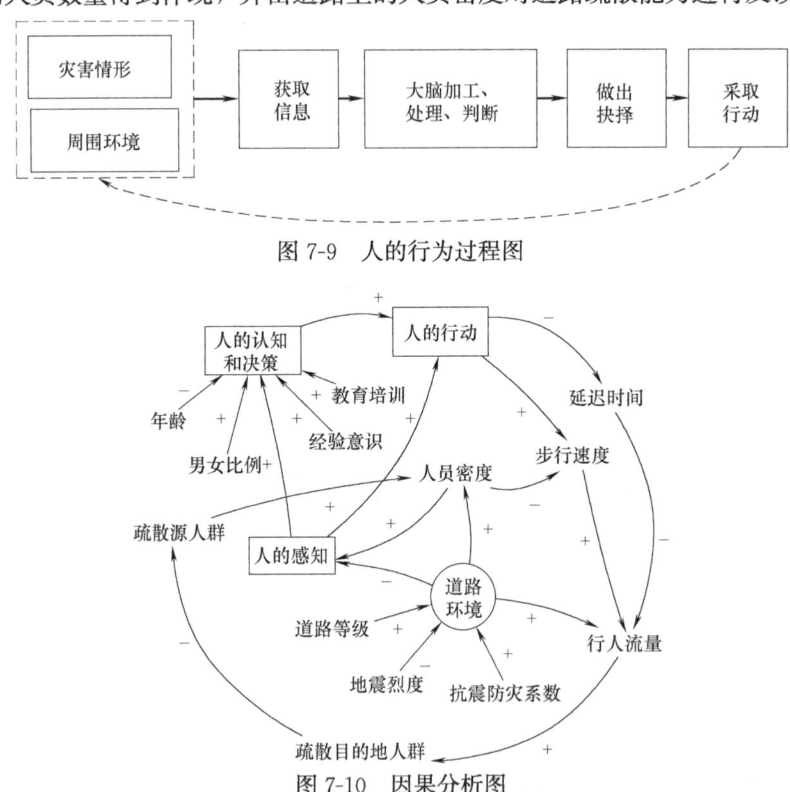

图 7-9　人的行为过程图

图 7-10　因果分析图

为了更好地理解系统内存在的因果关系，使用 Vensim 中因果关系树对系统中主要变量的进行分析，模型中主要变量的原因树及结果树如下，原因树即表征受哪些因素影响，结果树则为此变量会导致哪些变量变化，如图 7-11、图 7-12、图 7-13 所示。

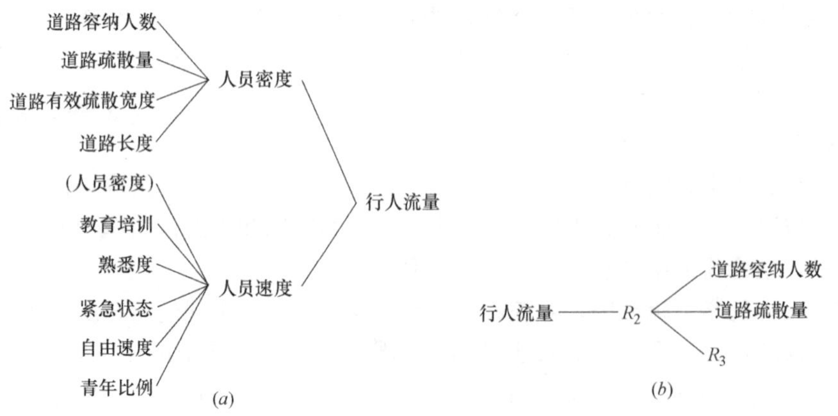

图 7-11　行人流量变量的原因树和结果树

(a) 原因树；(b) 结果树

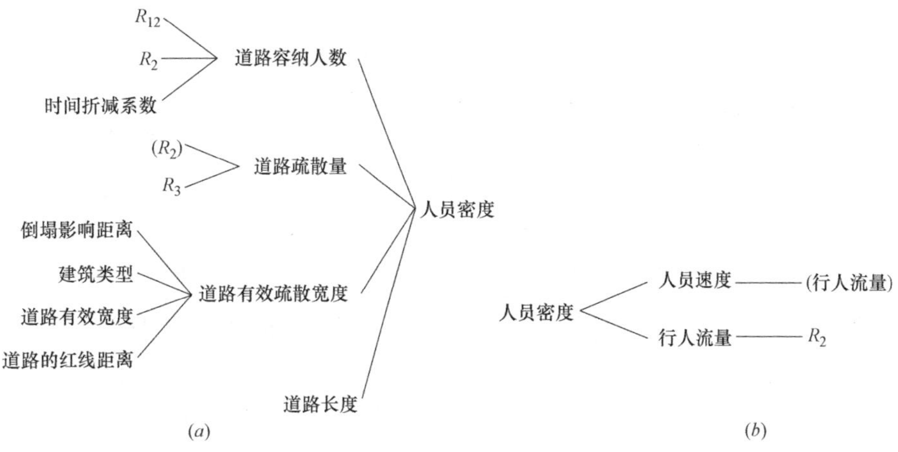

图 7-12 人员密度变量的原因树和结果树

(a) 原因树；(b) 结果树

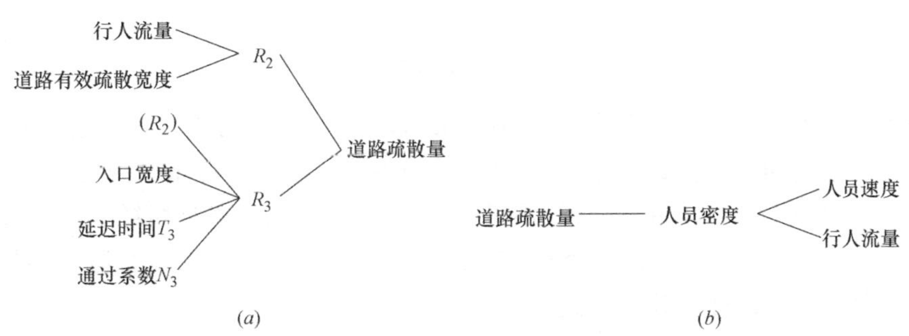

图 7-13 道路疏散量变量的原因树和结果树

(a) 原因树；(b) 结果树

主要的因果反馈环：

(1) 道路容纳人数+→人员密度+→行人流量+→疏散速率 R_2 +→道路容纳人数－ ；

(2) 道路容纳人数+→人员密度+→人员速度－→行人流量 R_2 －→道路容纳人数+；

(3) 道路疏散量+→人员密度－→行人流量－→疏散速率 R_2 －→道路疏散量－；

(4) 道路疏散量+→人员密度－→行人流量－→疏散速率 R_2 －疏散速率 R_7 －→道路疏散量－。

(5) 道路疏散量+→人员密度－→人员速度－→行人流量－→疏散速率 R_2 －→道路疏散量－；

(6) 道路疏散量+→人员密度－→人员速度－→行人流量－→疏散速率 R_2 －→疏散速率 R_7 －→道路疏散量－。

7.3 模型分析及建立

7.3.1 重点人员密集片区应急疏散分析

在地震发生条件下，紧急避难疏散前，应规划建设好避难场所。分析包括地震疏散范

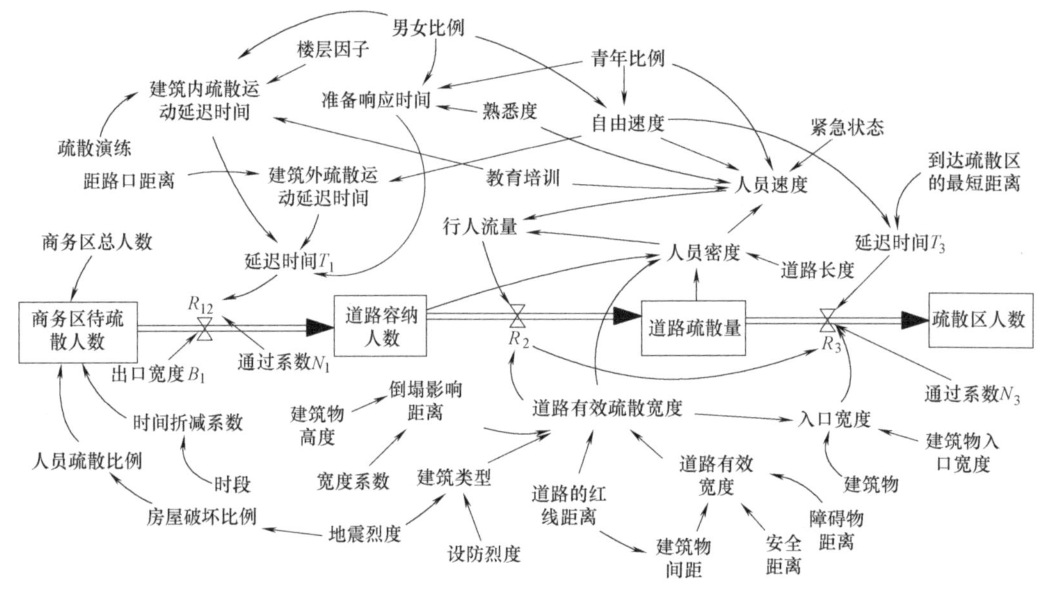

图 7-14　重点片区应急疏散系统动力学流量图

围、安全避难场所选择、疏散方式确定和影响疏散效率因素等方面。这些是开展应急疏散工作的基础，也是仿真应急疏散过程需要涉及的内容。根据《城市抗震防灾规划标准》，场地选择应满足安全性、就近性和容量限制的原则。地震应急避难场场址通常选在公园、绿地、广场、体育场馆等处。服务半径 500m 左右，步行约 10min 之内到达。因为是近距离的紧急疏散，本章以徒步疏散为例。

影响疏散效率因素主要从人的行为、路网情况、引导信息三方面考虑。个人行为影响人的特征、初始活动状态，对待事故的态度不同，产生不同的疏散行为，影响疏散效率。环境影响，路网的容量是影响疏散效率的重要因素。当现有路网容量不足时，必然产生拥挤，导致疏散时间延长；另外，可利用道路的通行状况，以及道路的形状也会影响疏散效率。引导信息影响，疏散策略的选择是提高疏散效率的重要手段。例如，有熟悉周边环境的人员对疏散进行引导，将人员引导至最佳逃生路径上，有益于减少疏散时间，提高疏散效率等。

在因果关系循环图确定后，确定状态变量及对应的速率变量，便可以使用基于计算机的系统动力学软件 VENSIM 将上述关系模型化，模型如图 7-14 所示。

7.3.2　模型变量设置

在此模型中，有 4 个状态变量及相应的 3 个速率变量、42 个辅助变量和常量，下面对主要参数进行分析。

1. 主要状态变量、速率变量及方程

（1）商务区待疏散人数= INTEG（−R12，商务区总人数 * 时间折减系数 * 人员疏散比例），Units：人；商务区待疏散人数初始值由商务区总人数，不同时段的时间折减系数及不同烈度下的人员疏散比例决定的。

（2）道路疏散量＝INTEG(R2-R3，initial value)，Units：人。

（3）道路容纳人数＝INTEG(R12-R2，initial value * 时间折减系数）初始值参考日常活动时间内，道路上的可有人员数量，Units：人。

(4) 疏散区人数＝INTEG(R3，initial value)，Units：人。

(5) R1＝DELAY1I(出口宽度 B1 * 通过系数 N1，延迟时间 T1，0)，Units：人/s。

(6) R2＝行人流量 * 道路可通行宽度，Units：人/s。

(7) R3＝MIN(R2，DELAY1I（入口宽度 * 通过系数 N3，延迟时间 T3，0))，Units：人/s。

2. 主要辅助变量及方程

(1) 时间折减系数＝WITHLOOKUP（时段，([（0，0)—(24，1)]，(0，0.2896)，(2，0.2896)，(4，0.36)，(6，0.36)，(8，0.72)，(10，0.72)，(11，0.6496)，(13，0.6496)，(14，0.72)，(16，0.72)，(17，0.6826)，(18，0.6159)，(22，0.3896)，(24，0.2896)))，Units：Dmnl（代表无量纲)。

由于人们的工作生活状态是随时间变化的，为了研究强烈地震发生在不同时段内需要疏散的人员，根据建筑物的用途及建筑物容纳人员的情况进行分类。为了反映建筑物昼夜使用情况的不同，将建筑物根据运作时间分为以下 4 种类型，如表 7-5 所示。

根据建筑运作时间建筑类型分类表　　　　**表 7-5**

类别	运作特点	具体类型	24 小时各类建筑的容纳人员时间分布曲线
1类	昼夜连续使用的建筑物	三班制厂房，不中断运行的公用建筑，医院病房，全日制托儿所等	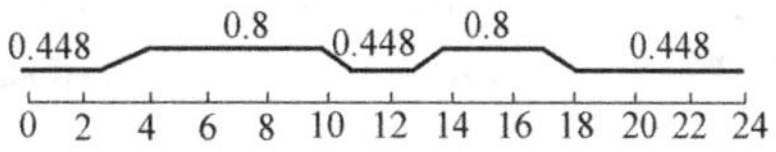 0.448　0.8　0.448　0.8　0.448 0 2 4 6 8 10 12 14 16 18 20 22 24
2类	正常工作制下使用的建筑物	厂房、学校、办公楼、幼儿园等	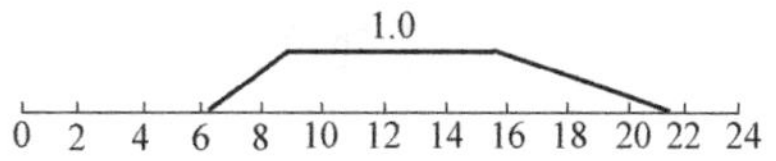 1.0 0 2 4 6 8 10 12 14 16 18 20 22 24
3类	居住型建筑物	住宅、宿舍、旅馆等	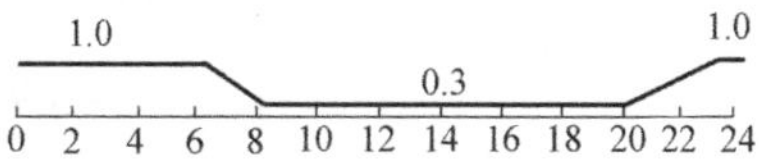 1.0　0.3　1.0 0 2 4 6 8 10 12 14 16 18 20 22 24
4类	超正常服务的建筑物	二班制厂房、饭店、酒楼、文化娱乐设施，商业服务建筑等	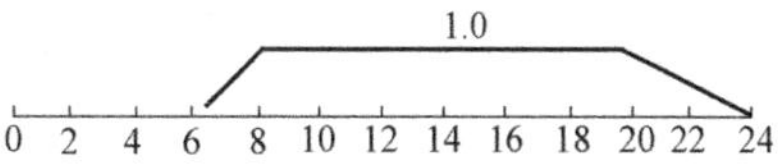 1.0 0 2 4 6 8 10 12 14 16 18 20 22 24

曲线上的值即为不同类型建筑不同时间段内人员的时间折减系数，与统计得到的各类建筑物所占百分比相乘即可以得到由于时段不同而造成的人员总数的折减曲线，本节模型通过运用 WITHLOOKUP 建立的曲线如图 7-15 所示。

(2) 人员疏散比例＝IF THEN ELSE（房屋破坏比例＞0.6，0.45，IF THEN ELSE（房屋破坏比例＞0.4，0.35，IF THEN ELSE（房屋破坏比例＞0.2，0.25，0.2)))；人员疏散比例即地震发生时，疏散人员所占总人员的比例，可参考《城市抗震防灾规划标准》制定。

(3) 房屋破坏比例＝ WITHLOOKUP（地震烈度，([(6,0)－(10，1)]，(6，0)，(7，0.15)，(8，0.43)，(9，0.8)，(10，0.95)))，参照震害矩阵制定，通过运用 WITHLOOKUP 建立的曲线，如图 7-16 所示。

(4) 人员密度＝(道路容纳人数－道路疏散量)/(道路可通行宽度 * 道路长度)，Units：人/(m * m)。

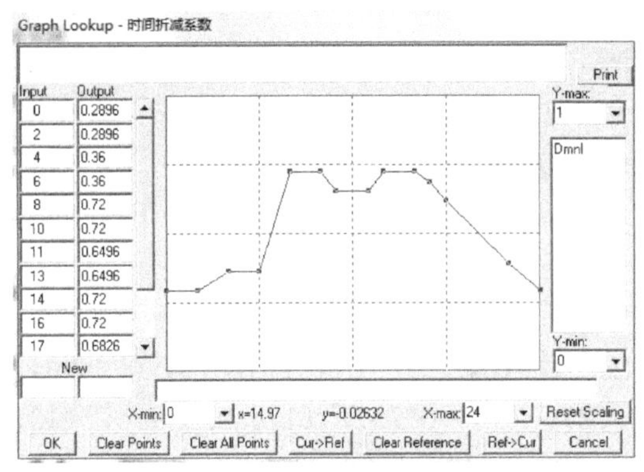

图 7-15　时间折减系数表函数

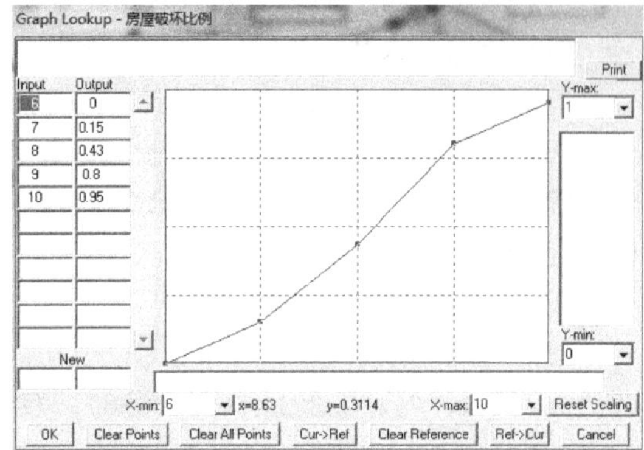

图 7-16　房屋破坏比表函数

(5) 人员速度＝MIN(IF THEN ELSE(人员密度＜3.57，IF THEN ELSE(紧急状态＝1，1.2＊EXP(－0.8＊LN(人员密度))＊IF THEN ELSE(青年比例＞0.8，1.05，0.8)＊IF THEN ELSE(教育培训＝1，1.05，1)＊IF THEN ELSE (熟悉度＝1，1.15，1)，自由速度)，0)，6)，Units：m/s。

个体的疏散速度与个体的自身状况、人群密度和所处位置有关，人在正常情况下的行走速度为 1.2m/s，紧张状态下可达到 1.5m/s，随着人群密度的增大，人群的行走速度会下降。Togawa 推导出一个描述速度密度的关系公式为：

$$v=v_0\rho^{-0.8} \tag{7-6}$$

式中　v——行走速度；

ρ——人群密度，$v_0=1.34\text{m/s}$。

紧急疏散时，在水平行进的情况下：

$$\begin{cases} \rho<\dfrac{0.5\text{人}}{m^2} & \text{离散流动疏散状态} \\ \dfrac{0.5\text{人}}{m^2}\leqslant\rho\leqslant\dfrac{3.57\text{人}}{m^2} & \text{连续流动疏散状态} \\ \rho>\dfrac{3.57\text{人}}{m^2} & \text{停滞疏散状态} \end{cases} \tag{7-7}$$

人员疏散的步行速度，除了以上因素，由青年比例、教育培训及熟悉度对疏散速度的影响值，可在外界条件一致的情况下，组织一定数量的人员在特定环境疏散，所用疏散完毕时间的比值即为影响值，鉴于模拟条件的限制，在此假定青年比例、教育培训、熟悉度的影响值分别为 1.05、1.05、1.15。

(6) 行人流量＝人员密度＊人员速度，Units：人/(m・s)。

(7) 延迟时间 T＝准备响应时间＋建筑内疏散运动延迟时间＋建筑外疏散运动延迟时间，Units：s。

人员能否安全疏散取决于两个特征时间：一是地震发展到对人员构成威胁所需的时间，即可用安全疏散时间 t_{ASET}；二是人员疏散到安全场所所需的时间，即必需安全疏散时间 t_{RSET}，包括探测报警或人为感知危险后疏散准备时间（$t_{response}$）及疏散运动时间（t_{move}）组成。为了保证人员的安全疏散，就必须使所有人员在发展到威胁人员安全前顺利疏散到安全地点，即要求 $t_{ASET}>t_{RSET}$。

$$t_{ASET}=t_{response}+t_{move} \tag{7-8}$$

必需安全疏散时间：

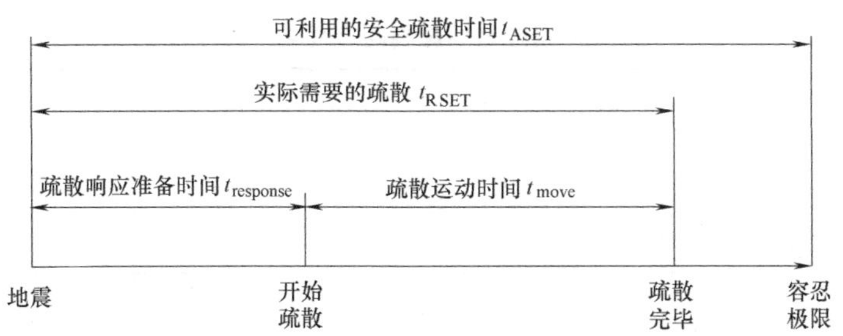

图 7-17 地震疏散发展阶段与人员疏散时间关系

(8) 准备响应时间＝IF THEN ELSE（熟悉度＝1，IF THEN ELSE（男女比例＜0.8，IF THEN ELSE（青年比例＜0.8，30＊1.2，30)，30＊1.2^2)，50)，Units：s。

对地震环境下人的行为进行调查研究，地震发生后，半分钟到一分钟内决定即时行动的人数达到87%，人的反应及采取行动的时间在此取响应准备时间为50s。

(9) 建筑内疏散运动延迟时间＝13.92＋14.52＊楼层因子＋7.8＊(1－男女比例)＋4.7＊教育培训－疏散演练＊7.5，Units：s。

室内疏散延迟的时间可用函数 $f(T=K/V)=f(x_1, x_2, x_3, x_4, \cdots)$ 表示。在地震发生后人员疏散过程中，根据主成分分析法选取主要影响因素，性别、教育培训、楼层、疏散演练四个影响因素既能使他们的行为产生差异，也能对他们的疏散时间产生影响。

(10) 建筑外疏散运动延迟时间＝距离路口距离/自由速度，Units：s。

(11) 建筑物间距＝IF THEN ELSE（道路的红线距离＞40，道路的红线距离＋10，IF THEN ELSE(道路的红线距离＞30，道路的红线距离＋5，IF THEN ELSE（道路的红线距离＞15，道路的红线距离＋3，道路的红线距离))），Units：m。

按《城市道路交通规划设计规范》规定，大中城市的交通道路红线宽度为：主干道大于40m，次干道大于30m，次干道大于20m三种规模类型。建筑物后退红线宽度，主干道建筑物后退道路红线一般为7～10m，次干道为5m，支路为3m左右。

(12) 道路有效宽度＝建筑物间距－安全距离－障碍物距离，Units：m。

(13) 建筑类型＝IF THEN ELSE（地震烈度－设防烈度＜1，0，IF THEN ELSE（地震烈度－设防烈度＜2，1，2))；建筑物类型根据抗震设防的设置按不倒塌，单侧倒塌，双侧倒塌取值0，1，2。

(14) 道路有效疏散宽度＝IF THEN ELSE（建筑类型＝1，MIN（道路的红线距离－倒塌影响距离，道路有效宽度)，IF THEN ELSE（建筑类型＝2，MIN（道路的红线距离－2＊倒塌影响距离，道路有效宽度)，道路有效宽度))，Units：m。

(15) 倒塌影响距离＝宽度系数＊建筑物高度，Units：m；宽度系数具体取值参考表7-6。

对于可能倒塌的建筑物，道路有效疏散宽度取道路红线距离减去倒塌影响距离与道路有效宽度的较小值。对于不倒塌建筑物，道路有效疏散宽度等于道路的有效宽度，即只扣除落下物的防护距离及障碍物宽度，一条街道中的道路有效宽度取其最小值。障碍物的宽度主要是考虑两侧放置的障碍物，路边停车占用道路面积，长椅、垃圾桶等其他基础设施所占用的宽度。

建筑倒塌或破坏影响距离简化计算表 **表 7-6**

建筑类型	布置方式（宽度系数 K / 建筑高度）	<24m	24～54m（含 24m）	54～100m（含 54m）	100～160m（含 100m）	160～250m（含 160m）	≥250m
可能倒塌建筑	建筑长边方向平行红线布置	2/3	2/3～1/2	0.5	0.5～0.4	0.4～0.3	根据情况确定，不低于前列要求
	建筑长边方向垂直红线布置	0.5	0.5～0.3	0.3～0.25	0.25～0.2	0.2～0.15	
不倒塌建筑		按防止坠落物安全距离确定					

注：①当建筑物高度位于表中区间时，可采用插值计算；②影响距离取建筑物高度与宽度系数的乘积简化计算。

（16）入口宽度＝IF THEN ELSE（建筑物＝1，建筑物入口宽度，道路有效疏散宽度），Units：m；主要取决于是开敞式避难场所（例如公园、广场等），还是建筑型避难场所（例如体育馆、学校等）。

3. 主要常量设置（表 7-7）

主要常量设置 **表 7-7**

变量类别	变量名称	说明
常量	商务区总人数	片区日均人数最高值
常量	出口宽度	根据建筑物的可疏散出口统计，单位 m
常量	地震烈度	选取可能发生地震烈度
常量	距离路口距离	根据实际取值，单位 m
常量	通过系数	应急疏散条件下，水平通道出入口的通过系数 N(1.5 人/m·s)
常量	道路长度	紧急避难场所的服务半径 500m 左右
常量	青年比例	统计人口中大于 5 岁且小于 65 岁的人口比例
常量	男女比例	统计人口中的男女比例
常量	建筑物宽度系数	按表 7-6 适当选取计算
常量	安全距离	防止坠落物安全距离可根据建筑侧面和顶部所存在的可落物按照不低于罕遇地震水平进行分析，并应不小于 3m
其他变量	楼层因子	人员重点疏散楼层平均值
其他变量	道路初始人口	根据实际情况统计设定，单位人

7.4 地震环境下不同因子敏感性仿真模拟研究

7.4.1 案例情景参数设定

在紧密商务区或老城区，疏散场地不够，道路会被用来作为紧急避难场所，称为道路紧急避难场所，全部人员在 10min 内疏散到道路和避难场所即为疏散完毕。以某重点人口密集片区为例（图 7-18），模拟紧急状态下的人口疏散情况基本量值取值如表 7-8 所示。

北京某商务区系统动力学模拟变量取值　　**表 7-8**

变量名称	设防烈度	总人口	道路初始人口	出口宽度	建筑物高度	建筑入口宽度	宽度系数	道路长度	到达疏散区的最短距离	距离路口距离
取值	7	10 万人	0.5 万人	35m	70m	16m	0.25	563m	94m	54m
变量名称	时段	楼层因子	道路红线距离	障碍物距离	安全距离	青年比例	男女比例	延迟初始值	通过系数人/m·s	支路宽度
取值	10 点	10	40m	10m	5m	0.8	0.6	50s	1.5	30m

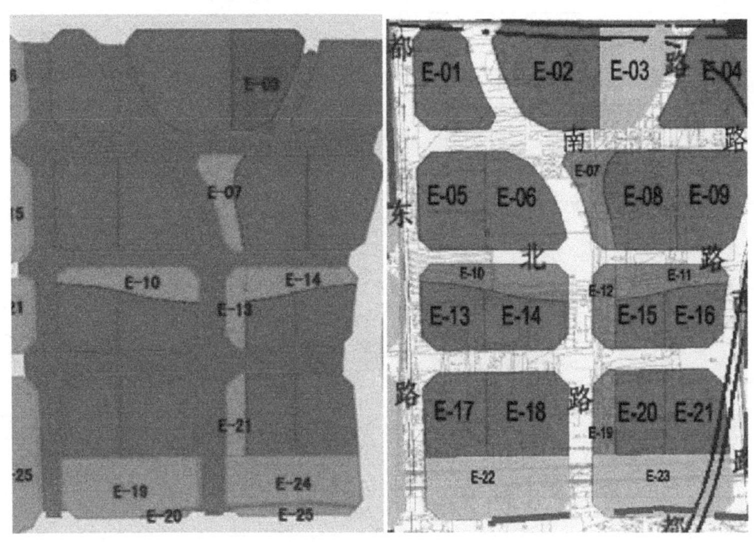

图 7-18　北京某商务区区域图

通过该模型可以对不同地震烈度、不同的道路红线距离、不同的建筑物高度进行地震疏散模拟，也可以对不同时间段的重点人口密集片区进行模拟评估，为城市人口密集场所的安全评估提供一定的依据。

7.4.2　敏感因子——地震烈度

假定设防烈度为 7 度，选取地震烈度为敏感因子。在 current、current1、current2 状态下，地震烈度分别设定为 7、8、9 度，模拟出商务区待疏散人数、道路疏散量、道路容纳量、人员密度、人员速度的变化情况，如图 7-19 所示。

三个烈度下商务区待疏散人口的动态变化可以由图 7-19（*a*）可以看出，随着地震烈度的增加，商务区待疏散人数有不同程度的增加，地震烈度越大，初始待疏散人员越多。地震烈度的增大对道路环境产生破坏的程度加大，道路的有效面积变小，同时待疏散人数的增加会导致道路容纳人数的增加［图 7-19（*b*）］，最终致使道路上的人员密度增大，人流速度减小，道路疏散量减少［图 7-19（*c*）、（*d*）］，严重时将会导致疏散的停滞，人员速度为 0，不能完成有效的紧急疏散，9 度时图 7-19（*e*）人员速度曲线在 517s 时速度减为 0，即由于道路上人员密度过大出现停滞，由图 7-19（*a*）看出最终未完成疏散。7 度和 8 度地震下，由图 7-19（*e*）所示，当人员初始进入道路时，速度逐渐增大到一定值，但随之人员密度达到一定状态下，人员速度就会达到限值，再随着人员的大量进入，逐渐递减。图 7-19（*a*）所示商务区待疏散人口最终为 0，即 10min 以内时可以疏散完毕，可看出地震烈度为 7、8 度时可满足《城市抗震防灾规划标准》中对紧急疏散的要求，在 10min 内将待疏散人员疏散完毕。

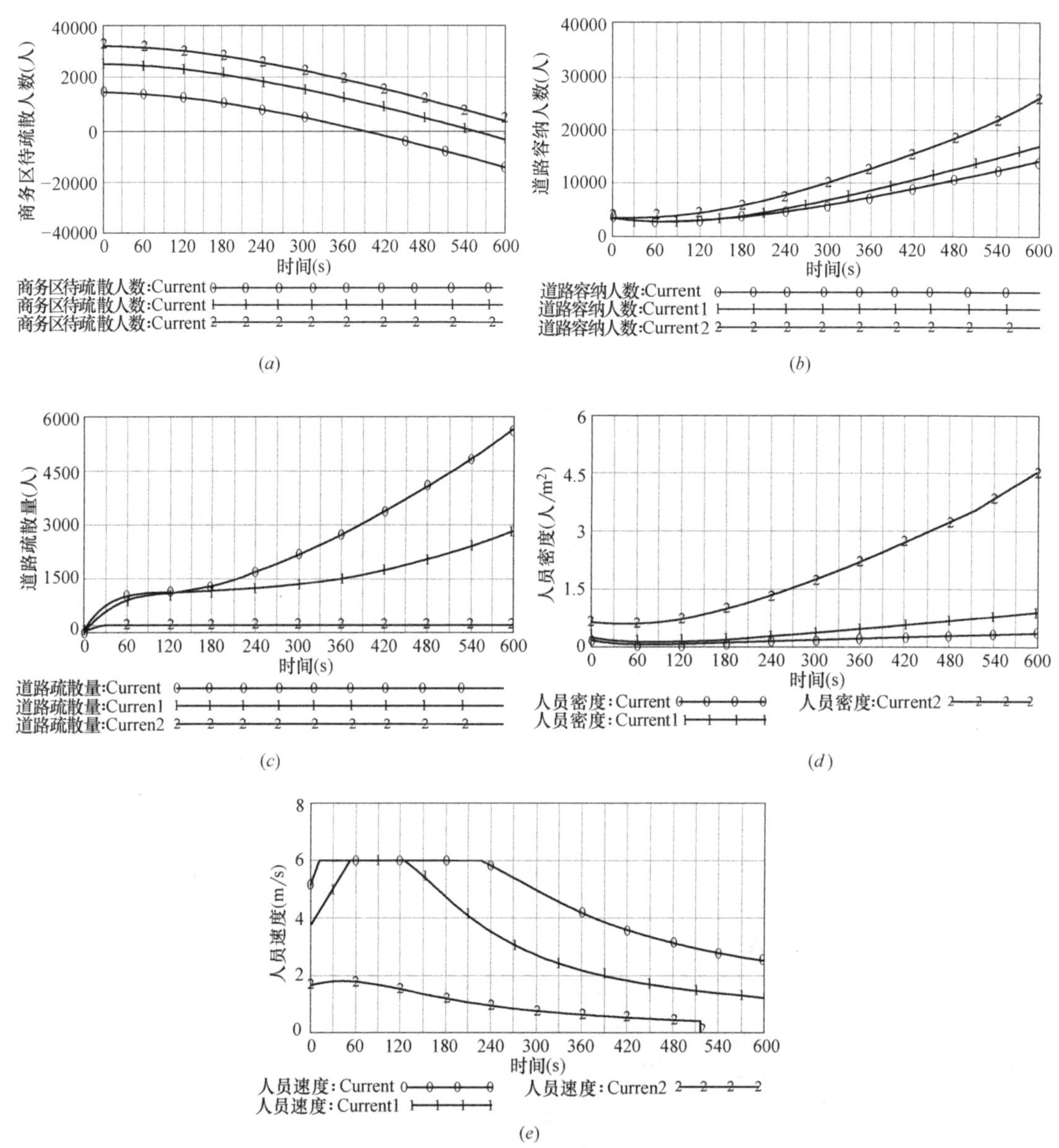

图 7-19　地震烈度为 7、8、9 度时主要变量动态变化对比

7.4.3　敏感因子——道路红线距离

在地震烈度为 8 度时，选取道路红线距离为敏感因子，在 Current00、Current01、Current02 状态下分别为 45m、35m、25m。由图 7-20 可以看出，随着道路红线距离的减小，道路上可容纳人员会减小［图 7-20（*a*）］，但因为待疏散人员是一定的，故道路上人员密度越来越大［图 7-20（*c*）］，疏散速度越来越小［图 7-20（*d*）］，疏散量减小［图7-20（*b*）］，严重时导致疏散停止，人员速度为 0，不能完成有效的紧急疏散。人员速度在 90s 左右达到峰值，随之随着人员的涌入，人员密度的加大，随度逐渐递减。通过模

拟可知在该片区，其他条件一定时，道路红线距离限制在40m左右。

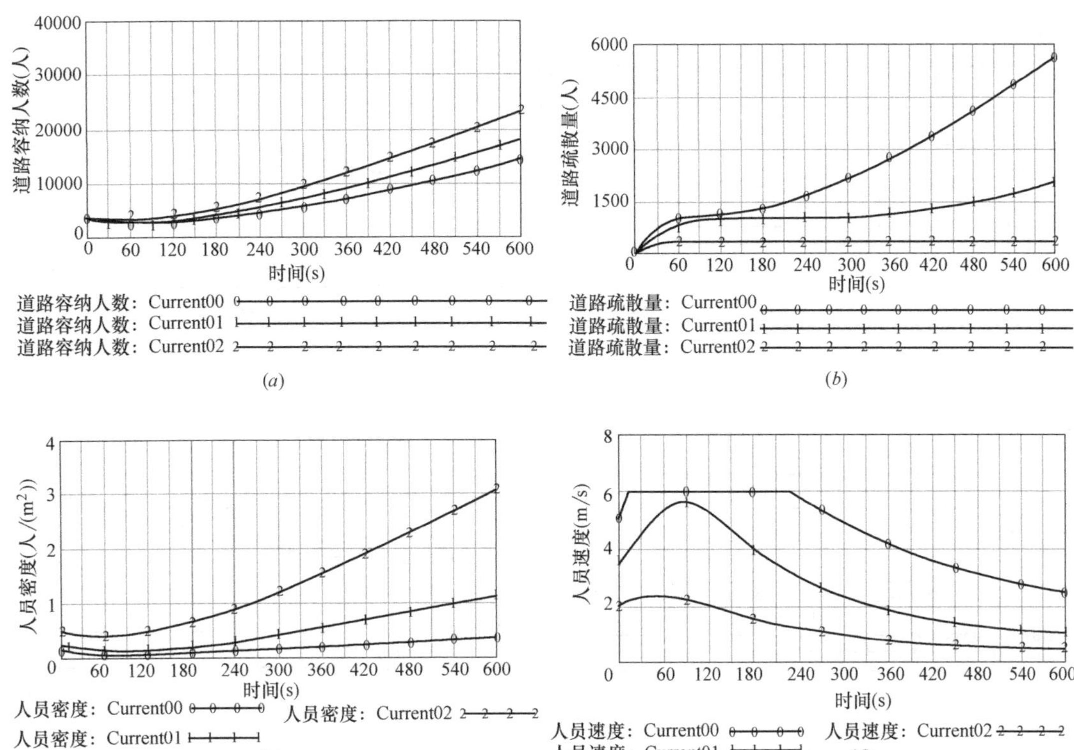

图7-20 道路红线距离为25m、35m、45m时主要变量动态变化对比

7.4.4 敏感因子——建筑物高度

在地震烈度为8度时，选取建筑物高度为敏感因子，在Current000、Current001、Current002状态下分别为120m、130m、140m。由图7-21（*a*）可以看出，由于建筑高度的不同，在一定的地震烈度下，最后导致的道路有效疏散宽度不同，三种高度下，道路的有效疏散宽度分别为15m、12.5m、10m。道路的有效疏散宽度随着建筑的高度变高而减小，道路的有效面积减小，道路上人员增多，密度增大，疏散速度越来越小，疏散量减小，严重时导致疏散停止，人员速度减小至0，不能完成有效的紧急疏散。图7-21（*e*）三种状态下的人员速度在60s时达到峰值，随后逐渐递减，建筑高度为140m时，人员速度在517s达到停滞，最终未完成疏散。故在该片区道路红线距离为40m时，道路两侧建筑物高度限制在130～140m合理。

由上述研究可得出的结论如下：

（1）通过对不同地震烈度下的人员的紧急疏散模拟，可以检验道路设施及避难场所是否达到了《城市抗震防灾规划标准》的要求，为抗震防灾损失的评估及抗震防灾规划的实施提供了一定的依据。

（2）通过道路红线距离及建筑高度对人员紧急疏散的影响模拟，是从规划的角度，以防灾的视角去审视道路及建筑物的建设是否满足要求。根据模拟结果所提出的建议对相关实践具有现实的指导意义，也可为类似问题的预测和决策提供参考。

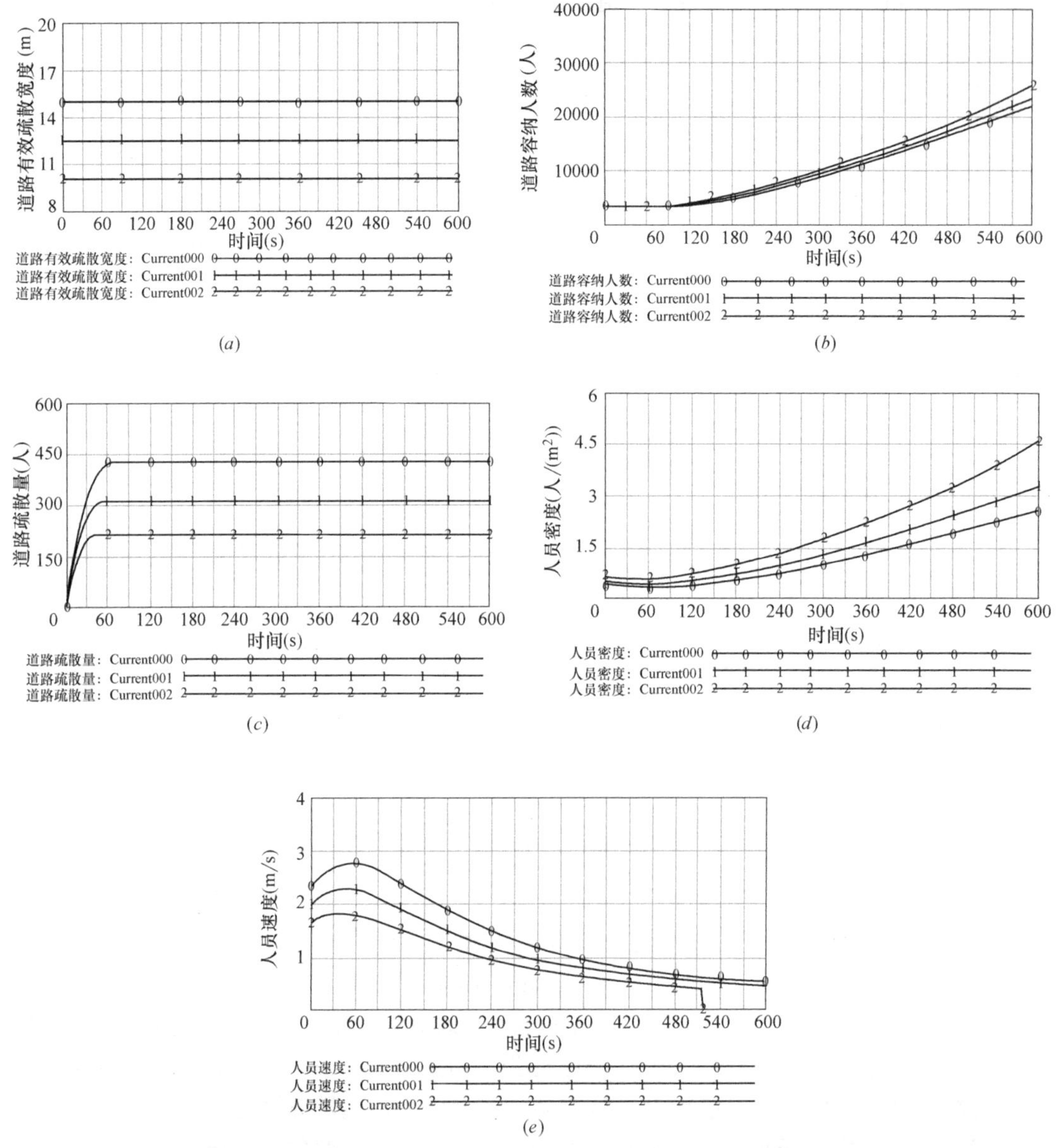

图 7-21 建筑物高度为 120m、130m、140m 时主要变量动态变化对比

（3）通过对重点人群密集片区地震疏散的模拟，找出片区抗震防灾实施的不足，改善道路及建筑物的环境，提高抗震防灾能力，为城市道路的地震疏散能力评估提供了一种新的思维和方法，也证实了系统动力学在抗震防灾能力评估方面的实用性。

7.5 地震次生火灾影响下抗震薄弱区道路疏散 SD 模型

7.5.1 SD 模型系统边界及反馈机制分析

火灾是震后常见的次生灾害，其对人员疏散、安置影响较大。城市抗震薄弱区在地震发生时的主要问题是建筑物破坏严重、次生灾害易引发、道路疏散能力弱，为反映城市抗震薄弱区在震害发生时较为真实的因果反馈过程，基于上一节的研究，综合分析后选取人员群集流动、道路疏散空间、次生火灾蔓延三方面的因素为系统边界，进一步探究次生火灾影响下人员疏散的动态模型。

在地震灾害发生后的紧急和中期疏散过程中，人的行为过程随地震灾害的情形和周围环境的信息的变化而改变。整个过程存在着两种反馈，在疏散过程中，首先是人与道路直接的反馈。随着人流向道路的涌进，道路上的人员密度逐渐加大，人流从离散状态到达流动状态，密度过大时，速度减至零，则出现停滞现象，道路的疏散能力通过在安全疏散时间内运输的人员数量得到体现，并由道路上的人员密度和速度对道路疏散能力进行反馈调整。其次，是人与次生火灾间的反馈。由地震次生火灾对道路疏散的影响，随着起火点向道路垂直方向的蔓延，导致影响道路疏散环境，进而影响道路疏散。在抗震薄弱区，地震极易引发次生火灾，对薄弱区道路进行疏散模拟是非常必要的。

反馈环的主要构成由人的反馈、道路空间反馈、火灾蔓延的反馈。主要的因果反馈环如下：

(1) 地震烈度+→建筑物倒塌度+→道路有效疏散宽度-→道路容纳人数-→人员密度+→行人流量+→疏散速率 R_2+→道路容纳人数-；

(2) 地震烈度+→建筑物倒塌度+→道路有效疏散宽度-→道路容纳人数-→人员密度+→人员速度-→行人流量 R_2-→道路容纳人数+；

(3) 地震烈度+→建筑物倒塌度+→道路有效疏散宽度-→道路疏散量-→人员密度-→行人流量-→疏散速率 R_2-→道路疏散量-；

(4) 地震烈度+→建筑物倒塌度+→道路有效疏散宽度-→道路疏散量-→人员密度-→行人流量-→疏散速率 R_2-→疏散速率 R_7-→道路疏散量-；

(5) 地震烈度+→建筑物倒塌度+→道路有效疏散宽度-→道路疏散量+→人员密度-→人员速度-→行人流量-→疏散速率 R_2-→道路疏散量-；

(6) 地震烈度+→建筑物倒塌度+→道路有效疏散宽度-→道路疏散量+→人员密度-→人员速度-→行人流量-→疏散速率 R_2-→疏散速率 R_7-→道路疏散量-。

(7) 地震烈度+→建筑物倒塌度+→次生火灾引发率+→薄弱区待疏散人群+→道路容纳人数+→人员密度+→行人流量-→疏散速率 R_2-→薄弱区待疏散人群+；

(8) 风速+→次生火灾影响面积+→薄弱区待疏散人群+→道路容纳人数+→人员密度+→行人流量-→疏散速率 R_2-→薄弱区待疏散人群+；

(9) 地震烈度+→建筑物倒塌影响宽度+→建筑物间距-→火灾蔓延速率+→次生火灾影响面积+→薄弱区待疏散人群+→道路容纳人数+→人员密度+→疏散速率 R_2-→薄弱区待疏散人群+；

(10) 起火点至疏散道路的距离+→火灾对道路疏散的影响-→道路容纳人数+→人员密度+→行人流量-→疏散速率 R_2+→道路容纳人数-。

同上可得到次生火灾蔓延相关变量的原因树和结果树，通过原因树和结果树，可以更直观地看到与各个变量相关联的影响因素，如图 7-22、图 7-23、图 7-24 所示。

7.5.2 SD 模型建立及主要变量设置

因果关系确定后，确定模型状态变量及对应的速率变量，软件 VENSIM 将上述关系模型化，模型如图 7-25 所示。

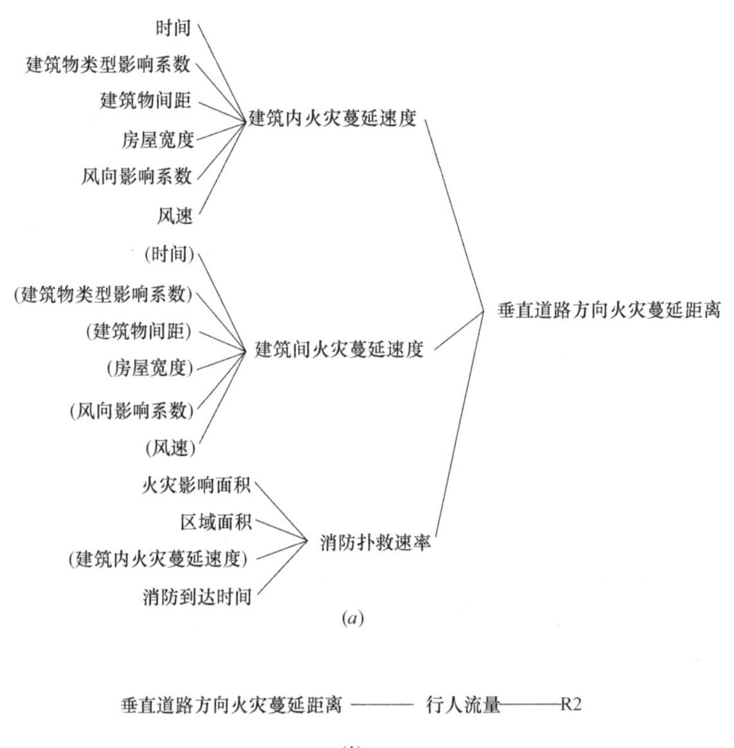

图 7-22 垂直道路火灾蔓延距离变量的原因树和结果树

(a) 原因树；(b) 结果树

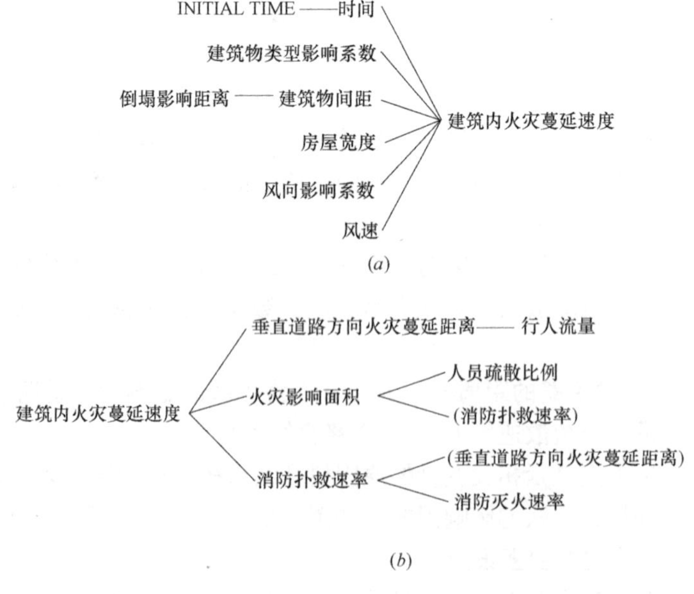

图 7-23 建筑内火灾蔓延速度变量的原因树和结果树

(a) 原因树；(b) 结果树

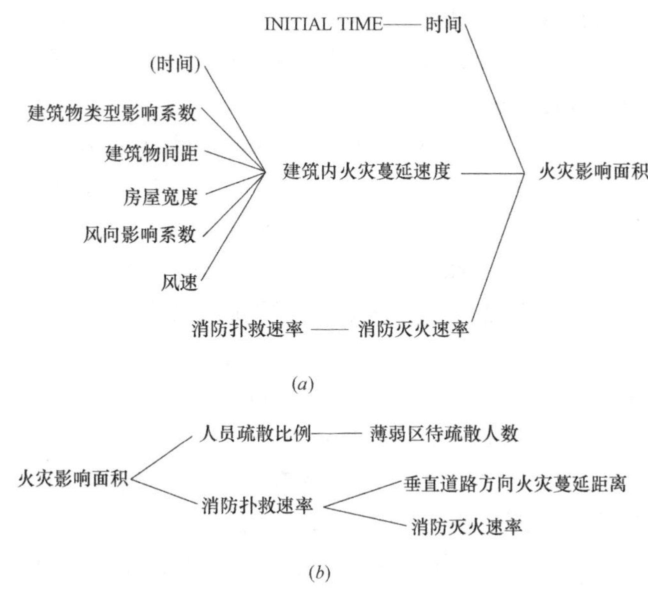

图 7-24　火灾影响面积变量的原因树和结果树

(a) 原因树；(b) 结果树

本模型是在第 4 章震前重点片区道路应急避震疏散 SD 模型的基础上，添加了关于次生火灾的相关变量，其他基本变量未变。在此模型中，共有 6 个状态变量及相应的 8 个速率变量，51 个辅助变量和常量，下面对增加或修改的主要状态变量、速率变量及方程的主要参数进行分析。

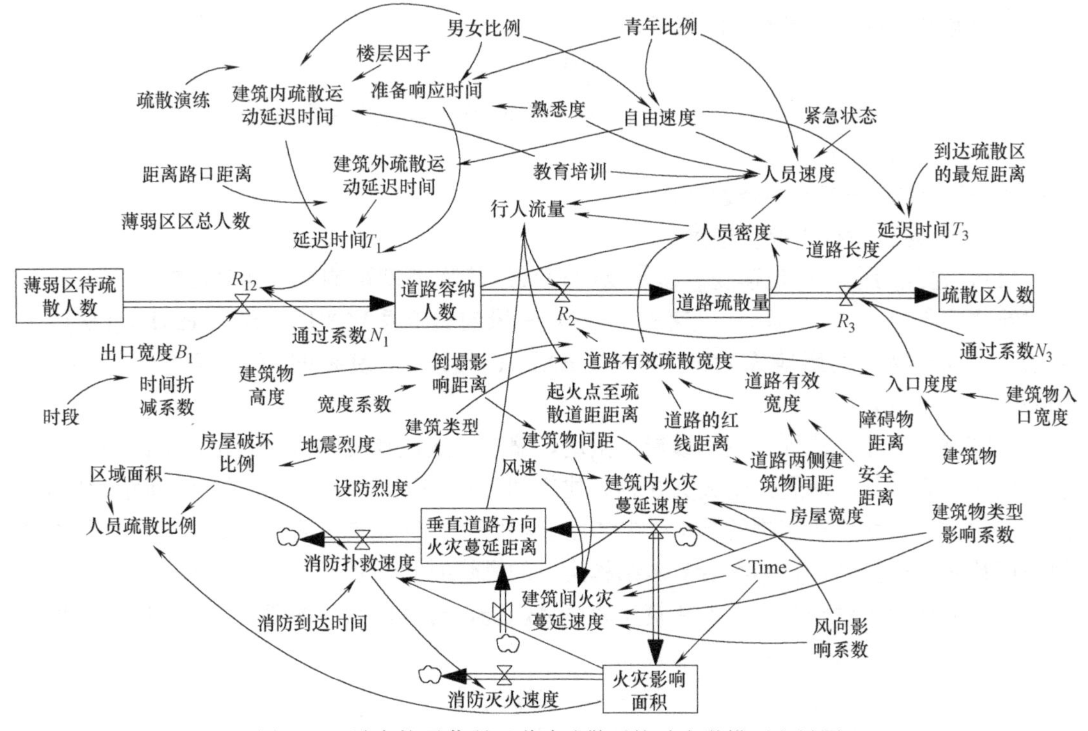

图 7-25　城市抗震薄弱区道路疏散系统动力学模型流量图

(1) 薄弱区待疏散人数=INTEG(−R12，薄弱区总人数 * 时间折减系数 * 人员疏散比例)，Units：人；薄弱区待疏散人数初始值由薄弱区总人数，不同时段的时间折减系数及不同烈度下的人员疏散比例决定的。

(2) 道路疏散量=INTEG(R2-R3，initial value)，Units：人。

(3) 道路容纳人数=INTEG(R12-R2，initial value * 时间折减系数) 初始值参考日常活动时间内，道路上的可有人员数量，Units：人。

(4) 疏散区人数=INTEG(R3，initial value)，Units：人。

(5) 垂直道路方向火灾蔓延距离=INTEG(建筑内火灾蔓延速度+建筑间火灾蔓延速度−消防扑救速率，0) Units：m。

(6) 火灾影响面积=INTEG(建筑内火灾蔓延速度^2 * (Time^2) * 3.14 * ((0.84^2) * 2+0.73^2+1)/7−消防灭火速率，0)，Units：m^2。

(7) R1=DELAY1I(出口宽度 B1 * 通过系数 N1，延迟时间 T1，0)，Units：人/s。

(8) R2=行人流量 * 道路可通行宽度，Units：人/s。

(9) R3=MIN(R2，DELAY1I(入口宽度 * 通过系数 N3，延迟时间 T3，0))，Units:人/s。

(10) 建筑内火灾蔓延速度=DELAY1I(0.05 * 1.5，400，0.05) * PULSE TRAIN(0，房屋宽度/0.1，建筑物类型影响系数 * 100.6 * EXP(0.51 * 建筑物间距)，Time) * (0.048 * 风速+0.822) * 风向影响系数 Units：m/s。

考虑震后火灾发生的延迟，参考相关文献及国内建筑日常火灾燃烧速度的调查研究，在不考虑建筑物室内装饰、物品等前提下，按结构类型给出建筑物栋内燃烧速度。城市抗震薄弱区多为砌体结构，故燃烧速度为 0.62m/min。计算建筑物栋内燃烧速度时，按式(7-9)考虑风速对该燃烧速度的修正。

$$\begin{cases} V_i=V'_i * r(v)_i \\ r(v)=0.048v+0.822 \end{cases} \tag{7-9}$$

式中 v——风速(m/s)；

V'_i——建筑物栋内燃烧速度；

V_i——修正后栋内燃烧速度。

(11) 建筑间火灾蔓延速度=建筑物间距/(建筑物类型影响系数 * 100.6 * EXP(0.51 * 建筑物间距)) * (0.048 * 风速+0.822) * 风向影响系数 * PULSE TRAIN(房屋宽度/0.1，建筑物类型影响系数 * 100.6 * EXP(0.51 * 建筑物间距)，房屋宽度/0.01，Time) Units：m/s。

建筑物的破坏，特别是倒塌或局部倒塌，缩短了建筑物间的防火间距，从而加速了地震次生火灾的蔓延。地震次生火灾在相邻建筑间的燃烧速度主要跟相邻建筑间距、风向、风速和建筑物高度、建筑物的结构类型等密切相关。相邻建筑之间的燃烧可采用与距离之间的指数表达式。参考日本学者对木结构房屋的燃烧时间与距离总结表达式。

由于木结构相对于其他类型建筑比较容易燃烧，对其他类型的建筑，采用经验系数方法，其他类型房屋燃烧时间的表达式如下：

$$T=100.6k_i e^{0.510d} \tag{7-10}$$

式中 d——相邻建筑之间的距离(m)；

T——燃烧所需要的时间（s）；

k_i——不同的建筑类型所取的修正系数，砌体结构取 1.4。

同样，与建筑栋内的燃烧速度一样，需要考虑风速对蔓延速度的影响，可对燃烧速度进行修正，具体如下：

$$\begin{cases} V_{\mathrm{d}}=\dfrac{d}{T}r(v)_i \\ r(v)=0.048v+0.822 \end{cases} \tag{7-11}$$

式中　v——风速（m/s）；

V_{d}——建筑物间燃烧速度；

T——相邻建筑着火所需时间（s）；

d——相邻建筑之间的距离。

相邻建筑之间的距离达到一定的距离后，火灾将不能向目标建筑蔓延过去，该距离称为建筑火灾蔓延的极限距离，根据以往研究结果，对几类目标建筑结构的火灾蔓延极限距离按防火建筑和非防火建筑进行了设定。多层砌体结构 d 的最大取值为 3m。

另外，在地震次生火灾蔓延时，需要考虑风向对蔓延速度的影响，在考虑风速因素时，风向影响系数，顺风向时取 1，逆风向时取 0.73，侧风向取 0.84。

(12) 消防扑救速率＝DELAY1I (IF THEN ELSE (火灾影响面积<＝0.2 * 区域面积，建筑内火灾蔓延速度 * 0.5，建筑内火灾蔓延速度 * 0.2)，消防到达时间，0) Units：m/s。

有效的消防救火能够很好地控制和阻止地震次生火灾的蔓延。而地震时，尤其是大的破坏性地震时，消防力量会出现严重不足，这些都将会给次生火灾的扑救工作带来一定的困难。

(13) 消防到达时间

消防站点到达时间与消防设施状况及布局有关。目前我国一些城市消防设施缺乏统一规划，数量少且保护半径大。许多市政消火栓间距达不到消防规范要求，消火栓保护半径大大超过 150m，特别是城市抗震防灾薄弱区。城市规划区内消防站布局的原则要求消防队员在接警后 5min 之内能到达管辖区消防目的地。事实上，我国经济不发达地区，尤其一些中小城市，消防力量普遍不足，无法保证所谓的"5min 消防"要求。消防布局评估指标量化研究时，消防站响应消防行车时间可按表 7-9 取值。

消防到达时间标准　　**表 7-9**

	超过要求	达到要求	稍微不够	不够	严重不够
到达时间(min)	<4	7～8	7～12	12～15	>15

进行模拟时，根据片区消防达到水平选取消防到达时间为 5min。

7.5.3　理论应用及分析

1. 模拟概述

以上节中城市潜在地震次生火灾高风险区 7～11 单元（江西第一街道社区）为例（图 7-26），该单元区域为老城区，经判定属抗震薄弱区。选取该区域里的主要疏散道路行创四

图 7-26 城市抗震薄弱区道路

路为研究对象，假定次生火灾源，进行模拟分析。

考虑到震后次生火灾影响到的是人员的紧急疏散和中期疏散，模型模拟时间为 30min，步长为 1s。模型假定房屋长边方向与道路平行，以某城市抗震薄弱片区为例，模拟震后次生火灾下道路人员疏散情况基本量值取值如表 7-10 所示。

在城市地震次生火灾中，房屋建筑、能源供应系统等通常是地震次生火灾的承灾体。地震次生火灾蔓延主要是次生火灾在震害建筑物间的蔓延，主要包括两个过程：一是着火后建筑物内蔓延发展过程；二是相邻建筑物间的火灾的蔓延发展。建筑物高度和建筑物间距对建筑物倒塌后的间距有决定性的影响。在各类气象因素中，风对次生火灾的蔓延速率影响最大，也是最不利于消防灭火的原因。风能加速空气流动，为可燃物燃烧提供充足的氧气，使得燃烧更加剧烈。由火灾相关变量的原因树和结果树，可以看出影响次生火灾蔓延的主要因素是建筑间距，而建筑间距主要与建筑物的高度和建筑间的距离相关，故选取建筑高度、建筑间距、风向风速为敏感因子对城市抗震薄弱区道路疏散状况进行模拟。

某城市抗震薄弱片区系统动力学模拟变量取值 **表 7-10**

变量名称	设防烈度	薄弱区总人口	道路初始人口	出口宽度	建筑物高度	建筑入口宽度	宽度系数	道路长度	到达疏散区的最短距离
取值	7	9.6 万人	5000 人	35m	70m	16m	0.25	1970m	420m
变量名称	地震烈度	楼层因子	道路红线距离	障碍物距离	安全距离	青年比例	男女比例	延迟初始值	通过系数
取值	8	3	42m	10m	5m	0.8	0.6	50s	1.5 人/(m·s)
变量名称	距离路口距离	建筑物类型影响系数	宽度影响系数	楼层因子	消防到达时间	房屋宽度	风向影响系数	区域面积	起火点至疏散道路距离
取值	54m	1.4	0.25	3	5min	6m	0.84	3.6km^2	167m

2. 敏感因子——建筑高度

根据区域现有建筑物高度，建筑间距设为 6m，风速为 0m/s，选取 21m 和 28m 两种建筑高度进行模拟，模拟薄弱区人员疏散情况、道路环境变化及火灾蔓延状况。

由图 7-27 相关变量的变化曲线可以看出，在两种建筑物高度下，火灾蔓延情况有着明显的不同，建筑越高导致倒塌后的影响宽度越大，致使建筑火灾蔓延的距离减小，加速火灾蔓延，进而影响道路上人员的疏散速度和流量，使得道路的疏散能力和到达疏散区域的人数减少，道路的疏散能力减弱。由此可知，火灾蔓延速度及面积、距离随着建筑高度的增加而增加。由于建筑物倒塌，火灾蔓延有两种蔓延速度，一种是建筑间的蔓延，一种是建筑内的蔓延，如图 7-27（*a*）、（*b*）所示，两种蔓延速度是间隔逐渐递增的状态，最终的蔓延距离和火灾影响面积如图 7-27（*c*）、（*d*）所示，由于建筑高度是 28m 时，建筑倒塌距离过大，相当于建筑倒塌体是连续的，致使建筑间的火灾蔓延速度为一个均值；而 21m 下，建筑倒塌后仍有间距，所以建筑间的火灾蔓延速度呈间隔状态。两种建筑高度下，建筑物高度越大导致的建筑倒塌间距越小，进而导致蔓延速度和影响面积加大。两种建筑高度下，火灾分别于 614s 和 823s 到达疏散道路［图 7-27（*e*）、（*f*）］，此后不久，人员速度分别在 758s 和 824s 降至为零［图 7-27（*f*）］，疏散终止。

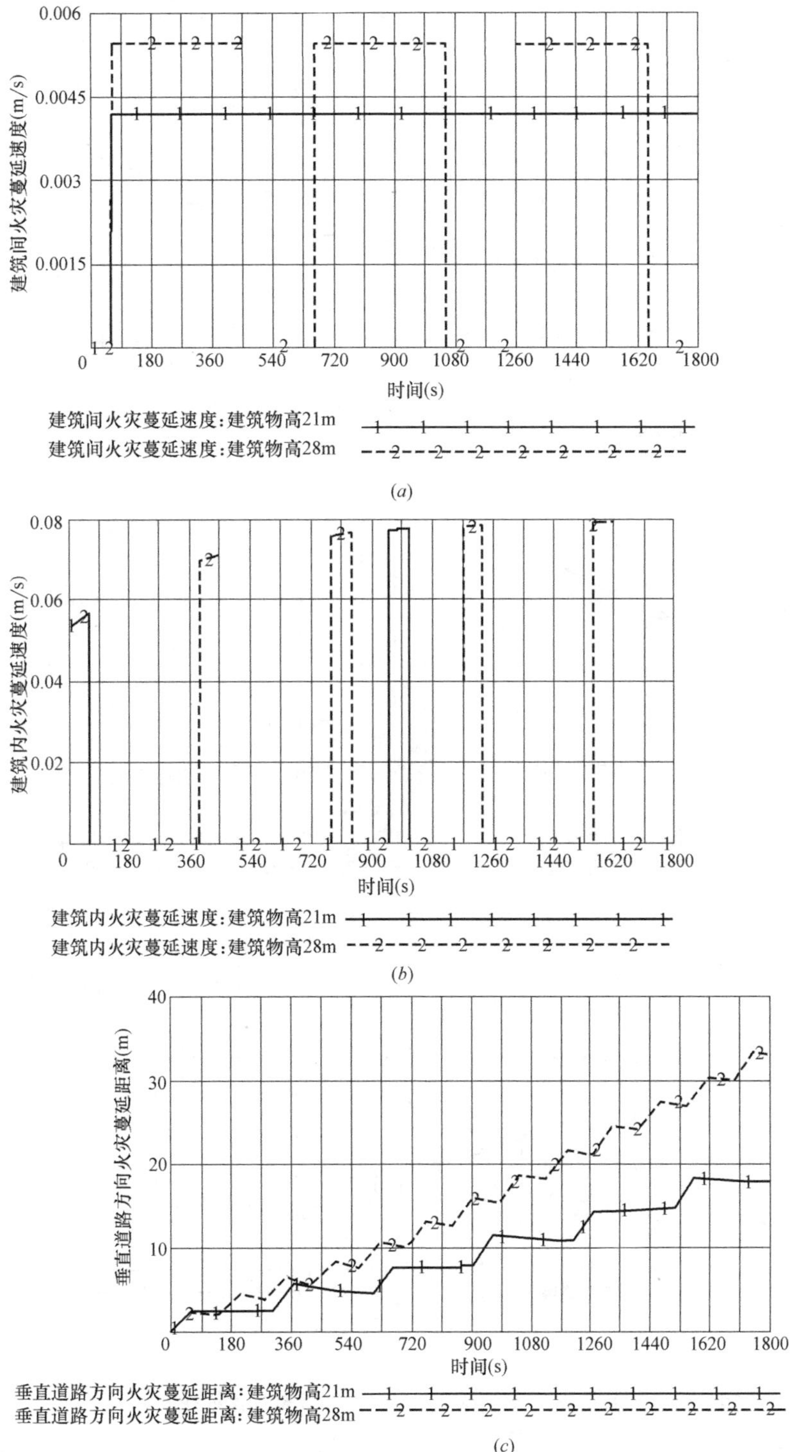

(*a*)

(*b*)

(*c*)

图 7-27　建筑物高度为 21m、28m 时主要变量动态变化对比（一）

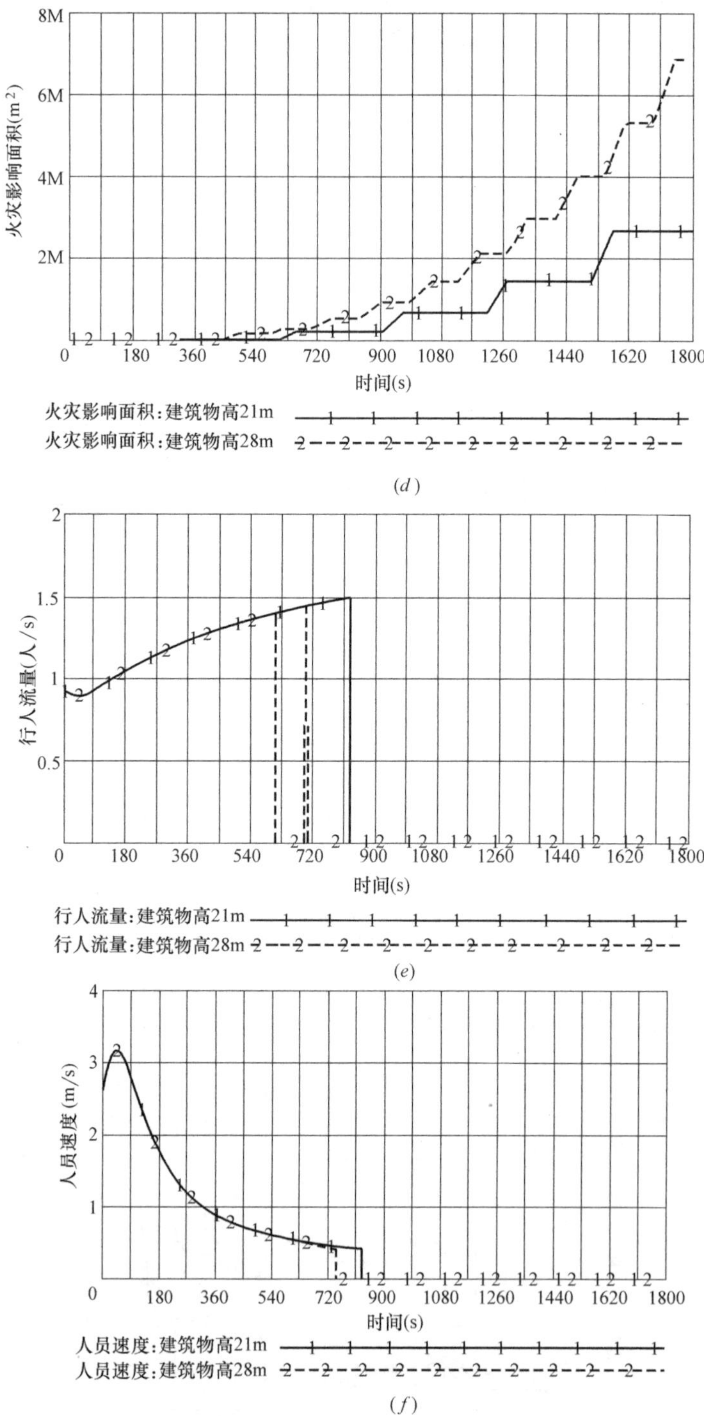

图 7-27 建筑物高度为 21m、28m 时主要变量动态变化对比（二）

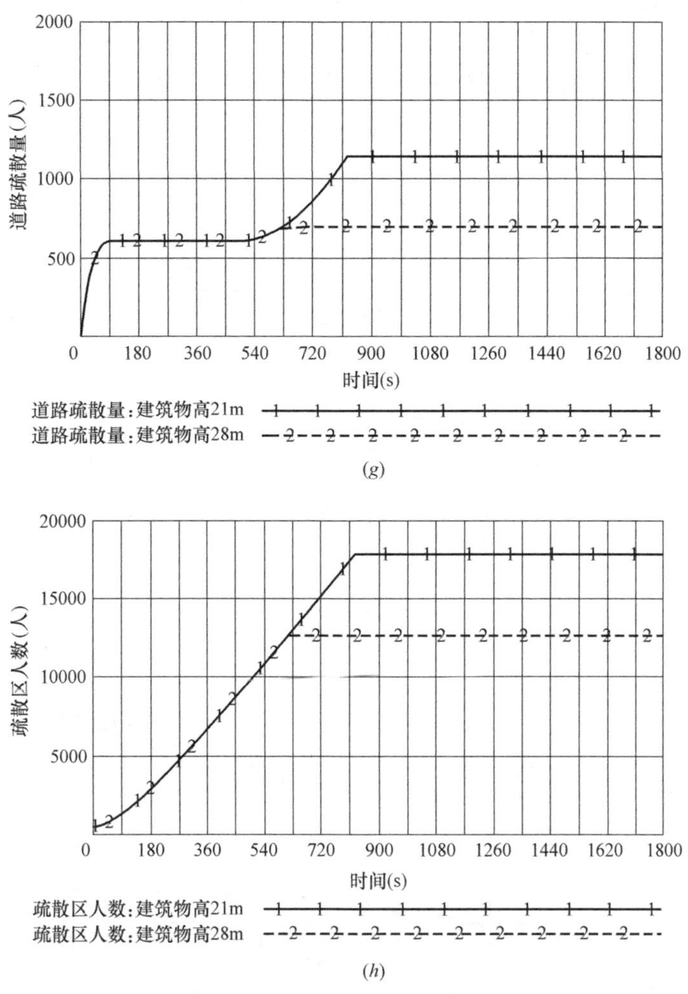

图 7-27　建筑物高度为 21m、28m 时主要变量动态变化对比（三）

通过对薄弱区待疏散人口的核算，初始待疏散人口为 15000 人。建筑高度为 21m 和 28m 时，最终到达疏散区的人数分别为 17798 人与 12735 人［图 7-27（*h*）］。由此可知，建筑高度为 21m 时可完成有效疏散，此老城区在进行具体规划建设或改建时，应保证建筑高度为 21m 以下。

3. 敏感因子——建筑间距

结合区域现状，设置建筑间距为 6m 和 9m 两种状态，建筑高度为 21m，风速为 0m/s。模拟结果如图 7-28 所示。

本节设定建筑间距系数分别取 1 和 1.5，由图 7-28 相关变量的变化曲线可以看出，建筑系数越小即建筑间距越小，建筑间的火灾蔓延速度加快，致使火灾影响面积越大，进而影响道路的疏散量和行人流量的速率，导致道路的容纳人数和到达疏散区的人数减少。

由图 7-28（*a*）、（*b*）可以看出，建筑间距越小，建筑间的火灾蔓延速度加快，火灾蔓延速度越快，火灾影响面积越大，进而影响人员速度和道路的疏散量。如图 7-28（*d*）、（*e*）所示，建筑间距为 6m 和 9m 时，行人疏散分别在 648s 和 827s 时达到停滞状态

[图 7-28 (c)]，致使两种状态下的行人流量，道路疏散量以及道路容纳量各不相同 [图 7-28 (e)、(f)]。主要是由于建筑间距为 9m 时，火灾蔓延速度慢，人员可疏散时间长，道路疏散量较高，最终到达疏散区的人数较多 [图 7-28 (g)]。

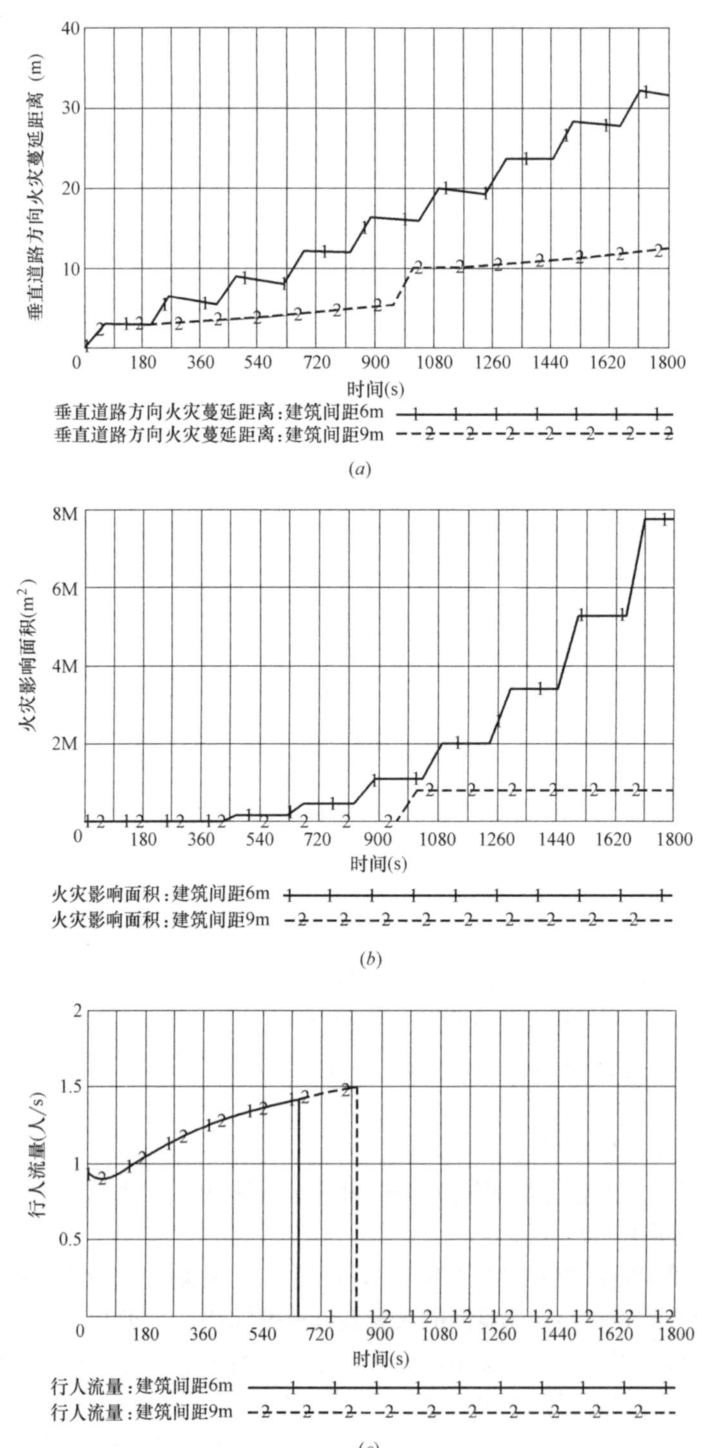

图 7-28　建筑间距系数为 1、1.5 时主要变量动态变化对比（一）

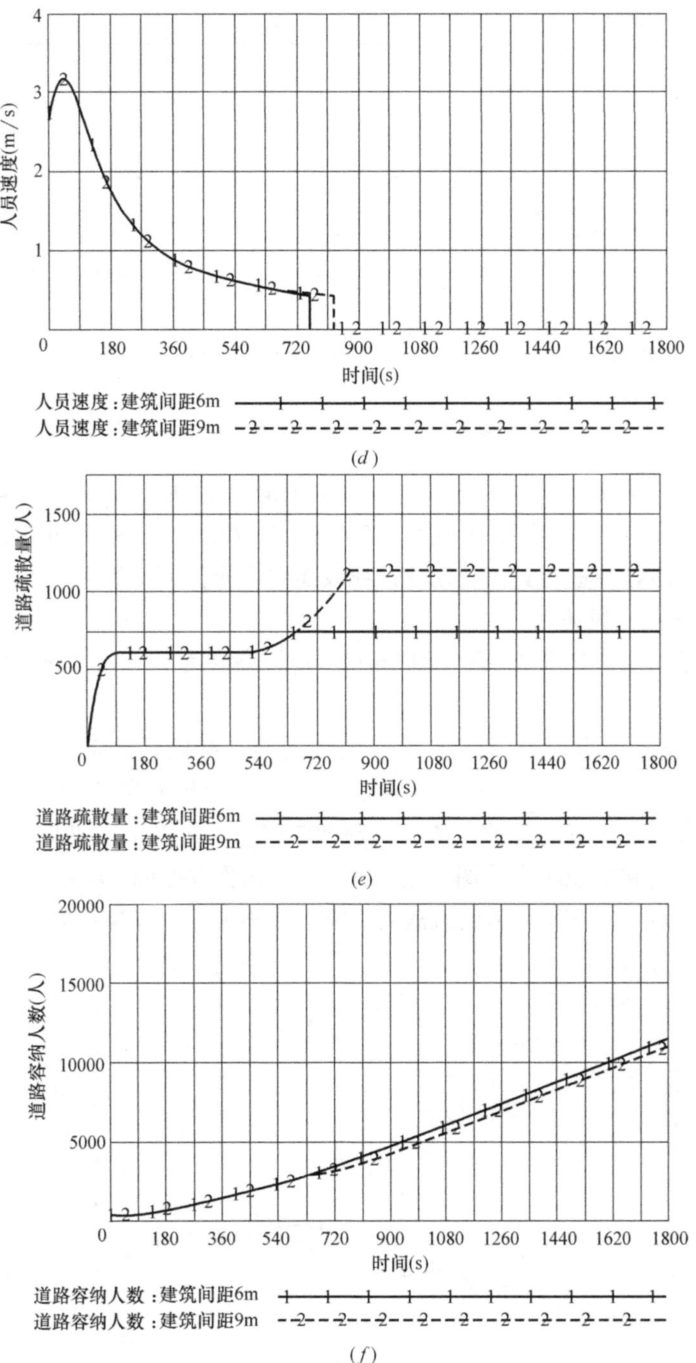

图 7-28　建筑间距系数为 1、1.5 时主要变量动态变化对比（二）

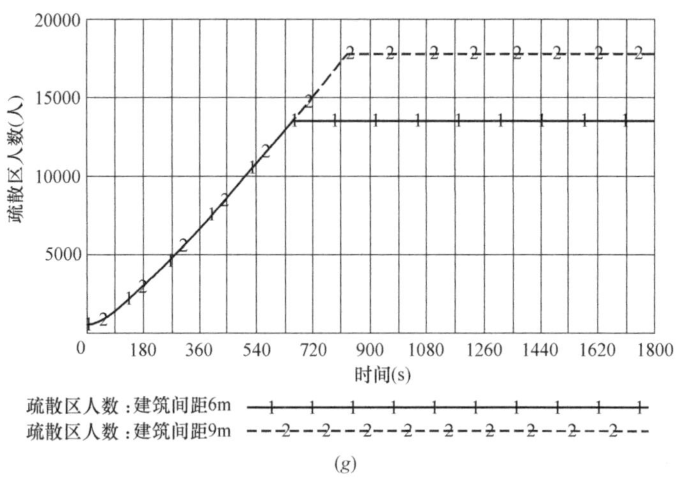

(g)

图 7-28　建筑间距系数为 1、1.5 时主要变量动态变化对比（二）

通过对薄弱区待疏散人口的核算，初始待疏散人口为 15000 人。建筑间距为 6m 和 9m 时，最终到达疏散区的人数分别为 13502 人与 17798 人。由此可知，建筑间距为 9m 时可完成有效疏散，在进行具体规划建设或改建时，应保证建筑间间距约为 9m。

4. 敏感因子——风速

模型设定顺向风速分别取 0m/s 和 5m/s，建筑高度为 21m，建筑间距为 9m，模拟结果如下：

同上进行分析，由图 7-29（*a*）、（*b*）可以看出，有风下火灾蔓延速度明显大于无风时，风速为 5m/s 时，最终无风和有风状态火灾影响面积分别达到 4.65km^2、7.75km^2。蔓延速度直接影响到人员的疏散，疏散分别 827s 和 649s 终止［图 7-29（*c*）］，到达疏散区人数为 17798 人和 13502 人［图 7-29（*d*）］。在由图 7-29 相关变量的变化曲线可以看出，风向、风速对火灾蔓延及道路疏散的影响还是很大的。风速和风向影响次生火灾向道路蔓延的速率，进而影响道路的疏散环境，降低道路的疏散能力。

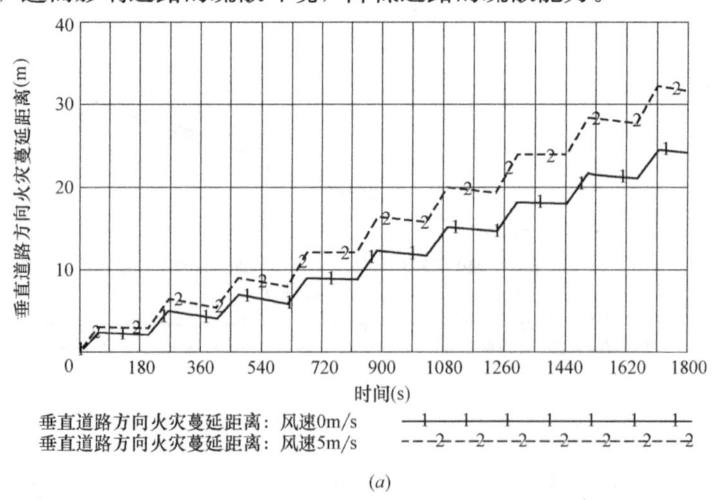

(*a*)

图 7-29　风速为 0m/s 和 5m/s 时主要变量动态变化对比（一）

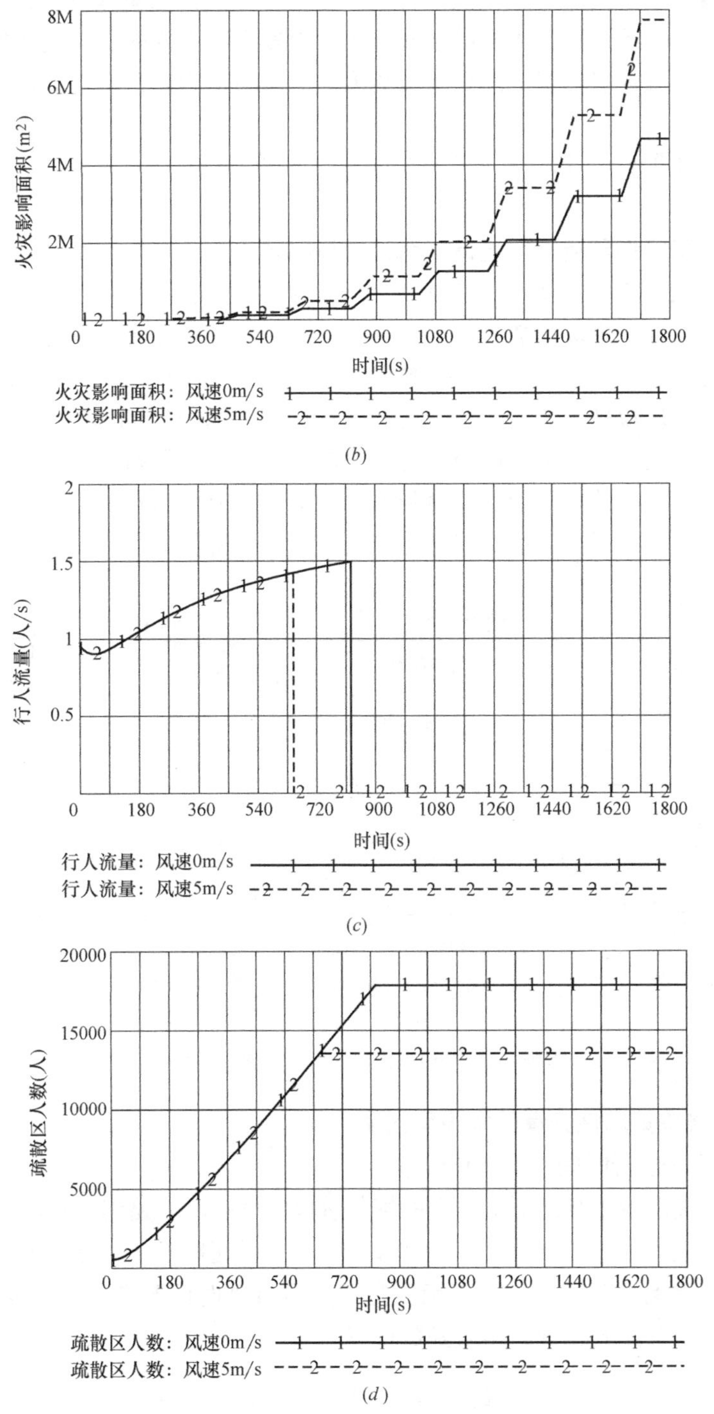

图 7-29　风速为 0m/s 和 5m/s 时主要变量动态变化对比（二）

此模型也可进行其他敏感因子的模拟，由模拟过程看出，提升薄弱区道路应急疏散能力可以从改善道路疏散空间、提高建筑抗倒塌能力、降低火灾蔓延速度三方面进行，具体对策如下：（1）建筑物：提高建筑物的防火性能、合理设置建筑物间距，抗震加固降低建筑物的震害程度。(2) 危险源：排查潜在重大危险源，减少危险源数量。(3) 道路：加宽主要疏散道路宽度，提高道路本身的抗震等级，设置适当宽度的防火隔离带。从以上方面改善薄弱区道路疏散环境，提高道路疏散能力，模拟结果为对策实施提供了一定的依据。

7.6 震时不确定性环境下交通最优路径选择

针对震后不确定性环境下交通最优路径选择问题，由于震后道路桥梁本身破坏、沿街建筑物的倒塌以及避难人群等多方面因素的干扰，路网实际通行能力较以往会有较大下降，部分路段交通拥挤现象可能更加严重，路段的交通流量存在极大的不确定性，主要反映在对各路段通行时间很难给出具体的数值，在某些情况下带有很强的模糊性和随机性。基于此，本节将利用模糊数来表示修正后的路权（路段通行时间），并根据最大满意度函数要求，利用大型网络系统节点遍历优化算法求解得到满足限制期的最优路集，建立了基于最大满意度和可靠度的震后交通最优路径选择模式。图 7-30 为基于最大满意度和可靠度的震后不确定性环境下交通最优路径选择模式的评价流程图。

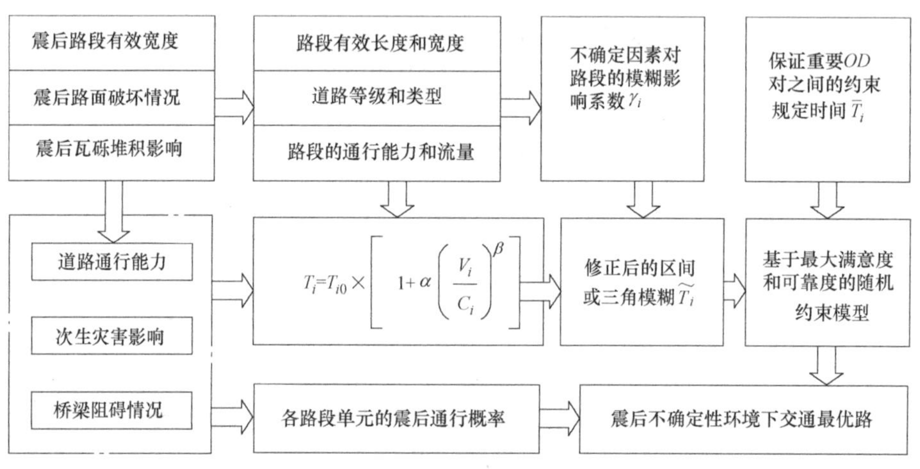

图 7-30 震后不确定性环境下交通最优路径选择评价流程图

7.6.1 最优路线决策属性分量数学模型描述

1. 路权（路段通行时间）的不确性表达

当路网处于灾后应急状态下或灾后的恢复阶段的状态时，路网的功能结构发生一定的破坏，路网通行能力较以往有较大下降，部分路段交通拥挤现象可能更为严重。路权（时间或距离）采用路阻函数修正，路阻函数是指路段行驶时间与路段交通量之间的函数关系，它是容量限制分配的关键。路阻函数可表达为：

$$T_i=T_{i0}\times\left(1+\alpha\left(\frac{V_i}{C_i}\right)^\beta\right) \tag{7-12}$$

式中 T_i——不确定性环境下通过路段 i 所需的时间；

T_{i0}——路段未被破坏或堵塞情况下，正常通过路段 i 所需的时间；

V_i——路段 i 上通过的交通流量；

C_i——实际通行能力；

α、β——参数，可取 $\alpha=0.15$ 和 $\beta=4$。

T_i 可根据实际情况进行修正。

灾后的道路实际通行能力 C_n 应根据道路的震害情况对道路在日常即完好状态下的实际通行能力进行修正。修正时应考虑路段本身的破坏、两侧房屋的倒塌占路及行人干扰加重等。

现代城市路基较好，历史震害表明，沿街建筑物倒塌是影响城市道路通行的最主要原因，这种影响主要与该路段或路口瓦砾堆的占路面积、道路宽度有关。瓦砾土方量主要由沿街建筑物的高度、抗震能力、结构形式等条件决定。据此及道路红线距路沿的宽度可得出瓦砾堆的占路宽度及剩余车道数。再进一步考虑行人的干扰，则可得出灾后实际通行能力。

在灾害发生时，人们对路径的选择除考虑时间因素外，还会考虑车辆的行车速度会受路网功能破坏的影响而发生改变，相应地，行车时间也会产生变化，所以，在这种状态下进行交通分配时的路阻函数可写为：

$$\tilde{T}_i=\gamma_i T_i \tag{7-13}$$

式中　γ_i——灾害情况下路阻模糊修正系数，它与震害等级、道路破坏程度有紧密的联系，一般随两侧房屋倒塌可能性及占路可能性的增大而增大，具体取值可参考表 7-11。

不同震害程度的 γ_i 取值范围　　　　**表 7-11**

震害程度	两侧房屋随时倒塌占路	两侧房屋随时倒塌但占路可能性较小	两侧房屋随时倒塌较小但占路可能性较大	两侧房屋随时倒塌较大但占路可能性较小	两侧房屋随时倒塌及占路可能性均较小
γ_i	∞	2.0	1.7～2.0	1.3～1.7	1.0～1.3

2. 交通系统抗震易损性分析

道路的路面路基震害评估，公路或铁路桥震害评估和路边建筑物的瓦砾堆积计算方法见文献，计算所需参数如图 7-31 所示。当路段单元上有桥梁时，相当于路段单元、桥梁单元和瓦砾堆积阻塞三者的串联。在本次路径分析暂不考虑它们震害的相关性，路网中路段单元的通行概率 P_i 为：

$$P_i=P_{1i}\cdot P_{2i}\cdot P_{3i}\qquad(i=1,2,\cdots,n) \tag{7-14}$$

式中　P_{1i}——公路或铁路桥的通行概率，$0\leqslant P_{1i}\leqslant 1$，当路段上没有桥梁时，$P_{1i}=1$；

P_{2i}——路段的通行概率，$0\leqslant P_{2i}\leqslant 1$；

P_{3i}——路边建筑瓦砾阻塞造成的路段通行概率，$0\leqslant P_{3i}\leqslant 1$。

7.6.2　不确定性网络路径优化模型和算法

1. 模型的建立

由于震后交通系统在不确定性环境下，存在极大的不确定性，在某些情况下带有很强的模糊性和随机性。因此本节利用对称模糊数来表示修正后的路权。

设震后不确定性环境下，将交通网络抽象为一个有向赋权图 $G=(V(G),E(G),C(G))$。式中：$V(G)$ 为网络中的节点的集合，若 $V=\{v_1,v_2,\cdots,v_n\}$，则点对为 $\{v_i,v_j\}$，记为 v_{ij}，$E=\{v_{ij}\}$ 是一组边的集合，$C(G)$ 是节点 i 与 j 间的通行消耗时间集合。给定 G 中的 2 个特定点，v_s 为出发点（SP），v_t 为终点（CP），G 中其他点 k 为中间节

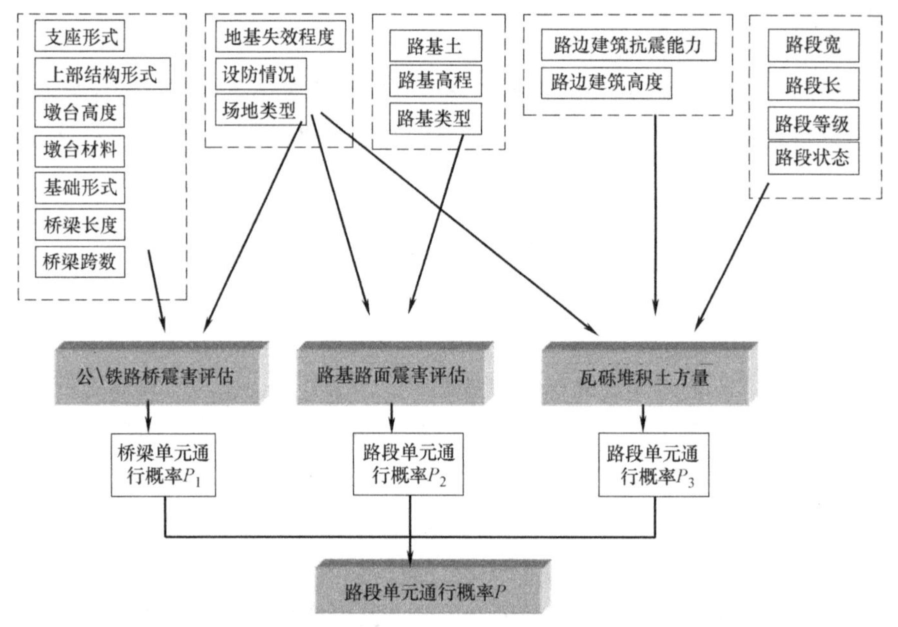

图 7-31　震后城市路段单元通行概率

点，P 为始点 S 至终点 T 的可行路径。交通网络中路段时耗的模糊化使得出行过程中的、搜索具有确定最短时耗的路径很难做到，考虑目的实现的可能性，网络优化的目标也就转化成为出行者提供预先给定的置信水平 λ 下的最大满意度路径。建立优化路径模型：

$$\max \quad z=\prod_{i,j\in V} P_{ij}x_{ij} \tag{7-15}$$

$$\text{s. t.}\ \mathrm{Pos}\Big\{\sum_{i,j\in V}\widetilde{T}_{ij}x_{ij}\leqslant \overline{T}\Big\}\geqslant \lambda \tag{7-16}$$

$$\sum_{i,j\in V}x_{ij}-\sum_{i,j\in V}x_{jt}=\begin{cases}1,i=s\\0,i\neq s,t\\-1,i=t\end{cases} \tag{7-17}$$

$$x_{ij}\in(0,1),\forall i,j\in V \tag{7-18}$$

式（7-15）为优化目标，即被选择的路径通行概率可靠性最大；式（7-13）为函数 $\widetilde{T}=\sum_{i,j\in V}\widetilde{T}_{ij}x_{ij}$，即总时耗在预先给定的时间约束条件 $\overline{T}$ 下，到达最大满意度水平 λ 的最小路集，依据可信性的理论体系，Pos｛∗｝为｛∗｝中事件∗的可能性测度；式（7-17）表示以 s 为起点、t 为终点的可行路径；式（7-18）为决策变量 x_{ij}，当路段 x_{ij} 在可行路径上时取值 1，否则取值 0；$\widetilde{T}_{ij}$ 为模糊变量，表征路段 i 到 j 的通行时耗。

2. 最大满意度函数的确定

优化模型的构建，首先是路段模糊变量的确定，对于模型中的多个模糊变量，给出其最可能值、最大值和最小值相对容易，而模糊变量在其可能取值的区间内的确定程度可以通过最大满意度函数来表示。根据震害交通系统数据分析给出变量最可能的取值及取值范围，本节以对称模糊数来表达 $\tilde{T}_{ij}$，并依次定义最大满意度函数的形式。

若 $M=[a,b,c](a\leqslant b\leqslant c)$ 为对称三角模糊数，则 $b=(a+c)/2$。记 t 为所有形如 M 对称三角形模糊数的集合。由于对称三角模糊数 M 与普通实数 t 在许多情况下是不可对比的，为此可定义"$M\leqslant t$"的可能度（最大满意度），记为 $F(\{M\leqslant t\})$，即：

$$F(\{M\leqslant t\})=\begin{cases}0,a>t\\ 2\left(\dfrac{t-a}{c-a}\right)^2,a\leqslant t<b=(a+c)/2\\ 1-2\left(\dfrac{c-t}{c-a}\right)^2,b=(a+c)/2\leqslant t<c\\ 1,c\leqslant t\end{cases} \tag{7-19}$$

3. 模型的求解步骤

步骤 1：利用 6.2 小节中的最小路集节点遍历优化计算方法求解最小路集 S；

步骤 2：根据公式（7-54）和公式（7-57）求解在时间约束条件 $\overline{T}$ 下，到达最大满意度水平 λ 的最小路集 S'；

步骤 3：在最小路集 S' 寻找路径通行概率可靠性最大的路径。

7.6.3　理论应用及分析

某城市局部网络如图 7-32 所示。假如节点可靠，表 7-12 给出了经过各个路段的三角模糊数表达权重（时间，单位为 min）和路径通行概率可靠度。

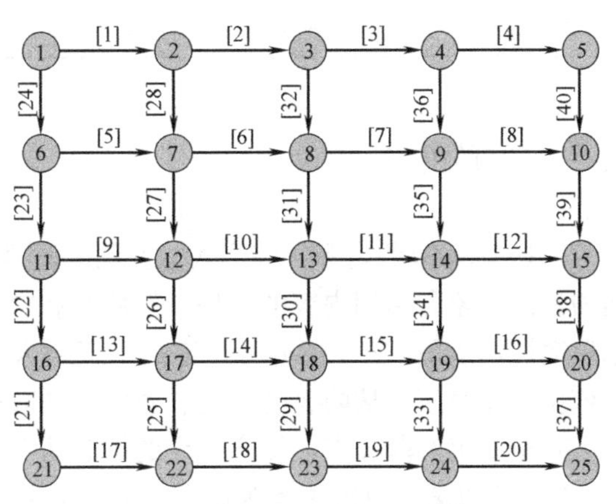

图 7-32　某城市交通系统网络图

各个路段的权重和可靠度　　**表 7-12**

路段	$\tilde{T}_{ij}$	P_{ij}	路段	$\tilde{T}_{ij}$	P_{ij}	路段	$\tilde{T}_{ij}$	P_{ij}
[1]	[2,4,6]	0.85	[15]	[11,11,11]	0.60	[29]	[2,2,2]	0.70
[2]	[9,10,11]	0.50	[16]	[2,2,2]	0.85	[30]	[3,4,5]	0.15
[3]	[2,3,4]	0.35	[17]	[2,2,2]	0.70	[31]	[6,8,10]	0.55
[4]	[3,6,9]	0.40	[18]	[3,5,7]	0.60	[32]	[5,5,5]	0.75
[5]	[6,8,10]	0.70	[19]	[4,7,10]	0.20	[33]	[4,4,4]	0.35
[6]	[4,4,4]	0.90	[20]	[7,8,9]	0.95	[34]	[4,6,8]	0.85
[7]	[2,3,4]	0.80	[21]	[3,4,5]	0.15	[35]	[2,3,4]	0.90
[8]	[2,2,2]	0.95	[22]	[8,9,10]	0.65	[36]	[7,10,13]	1.00
[9]	[9,10,11]	0.20	[23]	[7,7,7]	0.70	[37]	[5,7,9]	0.80
[10]	[2,3,4]	0.55	[24]	[2,5,8]	0.80	[38]	[6,7,8]	0.75
[11]	[2,6,10]	0.65	[25]	[2,3,4]	0.40	[39]	[6,6,6]	0.70
[12]	[4,5,6]	1.00	[26]	[4,7,10]	0.90	[40]	[4,5,6]	0.45
[13]	[3,5,7]	0.60	[27]	[7,9,11]	0.90			
[14]	[3,3,3]	0.80	[28]	[2,4,6]	0.75			

以起点 s 为 1 节点，终点 t 为 25 为例进行说明。利用最小路集节点遍历优化计算方法求解可得到 1→25 之间的最小路集数为 70 条，若从 $s \to t$ 的时间约束为 40min，则可得满足最大满意度水平 $\lambda = 0.60$ 的最小路径有 5 条，相关参数见表 7-13。由表 7-13 可知，第 4 条路为最优路径。

在 λ=0.60 条件下的最优路集选择相关参数（1→25） **表 7-13**

1→25	最小路集(以弧表示)	$\tilde{T}$	最大满意度水平	z
第 1 条	24→5→6→7→35→34→16→37	[27,38,49]	0.6653	0.20974
第 2 条	1→28→6→7→35→34→33→20	[27,36,45]	0.8457	0.11675
第 3 条	1→28→6→7→35→34→16→37	[23,33,43]	0.9550	0.23877
第 4 条	1→28→6→7→35→12→38→37	[27,37,47]	0.7550	0.24786
第 5 条	1→28→6→7→8→39→38→37	[29,37,45]	0.8047	0.18314

7.7 本章小结

7.1～7.4 节的内容，综合人、空间和环境三者相互关系的层次结构，整合前两个方面的具体对象和精细内容的成果，把微观和宏观统一起来，充分分析地震疏散过程中的动态反馈性，运用 VENSIM 软件建立了道路人员的紧急疏散的 SD 模型。从本模型出发，可依据地震时序，从防、抗、避、救的不同阶段分别建立系统动力学模型，找出各个阶段片区乃至城市的薄弱点，提高城市的抗震防灾能力。

7.5 节以某高风险单元为研究对象，从地震建筑物倒塌、道路疏散空间、次生火灾蔓延、人群疏散特性四个方面分析并建立了薄弱区道路疏散的系统动力学模型，选取建筑高度、建筑物间距及风速为敏感因子模拟震害道路的人员疏散情况，从结果可以看出，敏感因子设置不同，疏散能力有不同的提升或降低。若设定不同的风险可接受水平，由模拟结果设置不同的抗震防灾措施，可为城市的抗震防灾规划提供一定的依据。

7.6 节利用模糊数来表示修正后的路权（路段通行时间），并根据最大满意度函数要求，利用大型网络系统节点遍历优化算法求解得到满足限制期的最优路集，建立了基于最大满意度和可靠度的震后交通最优路径选择模式。该方法可以根据震后抗震救灾的需要，为抗灾指挥与抢险、消防、医疗、物资运输和避震疏散等方面进行抗震救灾最佳路径评价和仿真模拟。

救　灾　篇

第 8 章　应急救灾物资优化研究

8.1　灾害应急物资需求分级研究

突发灾害事件发生后，为了最大限度地减少损失、抢救伤员，需要在最短的时间内将应急物资运到灾区。而事实上由于物资的种类繁多且受到许多客观条件的制约，很难实现快速大批运输的目标，如果对应急物资进行合理的分级处理，将最急需最紧要的物资优先运输可大大减少人员伤亡。所谓应急物资需求分级是指各级政府和救援组织在物资用途分类的基础上，结合突发事件对物资需求的具体情况和物资本身的特性，对各种应急物资进行合理的分级，满足灾害时能够对各种物资的有效调配实现高效化，使级别高的物资优先采购、储存和调运，而在日常管理当中则需要重点管理，特别是在应急资源有限的情况下，这种分级采购和管理思想和方式具有更大的意义。

目前，我国对应急物资需求分级方法的研究工作取得了一定的进展，采用多种方法对大量的灾害应急物资进行分级评价，主要有灰色关联法、模糊综合评价法、人工神经网络法、DEA 及主成分分析法等，表 8-1 是其特点及局限性的比较。为应急物资需求的分级评价奠定了重要的基础，但是这些方法主要以定性分析为主，主观随意性和片面性较强，考虑到灾害统计数据比较少，而灾害突发性比较强，不同地区对物资的需求类别也有一定的差异，目前的这些研究方法已经不能够满足灾害的救助需求。

各种应急方法的特点及局限性　　**表 8-1**

方法	灰色关联度分析	模糊综合评判	人工神经网络	DEA	主成分分析法
特点	通过与标准序列的关联度比较得出等级	多因素综合评价方法之一，考虑比较全，有良好的处理能力	提炼历史指标值和结果以得到自适应程序	两者的结合避免了 AHP 的主观性，可以对评判对象进行排序，而不仅仅是确定等级	将原有指标转化为相互独立的综合指标，数据化简，揭示变量关系
局限	确定权重时的等权取值会因为统一样本的两个不同指标值偏差过大而影响结果	确定因素的权值时存在主观性，需要引入灰色关联或其他方法综合评价	模型自身无法确定评价标准，需要与其他方法的结论相比较，结果不同要反复尝试	对于不同类别的灾害指标选取和排序规则存在差异，比较不同灾害存在难度	转化过程中会去掉部分数据使数据不全面，变量多重相关性有时会影响结论

8.1.1 应急物资特性

地震灾害中的应急物资在需求上与普通物资相比具有以下特征：

（1）需求突发性

地震的发生具有很强的突然性，往往事先无征兆或征兆很少，且爆发时间短。比如，汶川地震前期并无强震征兆，造成了惨重的人员伤亡和财产损失。大型地震的极大破坏力，致使应急物资的需求在短时间内急剧膨胀。

（2）需求不确定性

大型地震灾害发生后，通信基础设施毁坏严重、交通道路被阻断、信息职能机构功能不能正常运转等，再加上受灾面积难以估计以及地震灾害演变规律难以把握等，致使不能够全面判断和统计灾情信息，使得灾区应急物资需求信息也不能够及时、准确地向外部传达。同时，外部人员也无法用常规性手段对物资需求进行判断，所以应急物资的需求具有高度的不确定性。

汶川大地震发生后的几天内，极重灾区和重灾区内的道路和电网等基础设施严重破坏，一度陷入瘫痪，无法准确统计人员伤亡情况，应急物资的需求数量也难以确定。且随着时间的推移，许多意料之外的情况如天气变化、次生灾害等也会导致灾区所需应急物资发生根本性的变化，如震后，若疾病迅速传染，使得对某种药品的需求急剧上升；再若次生灾害的发生，人员伤亡大增，使得由最初的食物、帐篷等需求，演变为医疗设备和药品的需求。应急物资需求的高度不确定性为合理供给增加了难度。

（3）供方主导性

由于应急物资需求的突发性和不确定性特点，使应急物资的供给不能像商业物流那样，按照客户订单或者根据客户有规律的需求为客户提供相应的产品或服务。一般情况下，地震发生后，政府机构、社会组织和普通民众等利用多种方式筹集灾区人民需要的应急物资，并主动送抵灾区。在这个过程中，供应方占据着主导地位。

（4）时效性

历史地震中的人员抢救经验表明，如在震后10h内，如将埋压人员抢救出来并及时治疗，其生存率很高；两天后才被救援，生存的可能性就会明显下降，越往后，生存率就越低。由此可见，应急救援活动应在震后第一时间内开展，这对于人员存活率至关重要。如果应急物资的供给不能及时响应救援需要，则会给救援工作造成很大困难，导致灾害损失加重。

（5）阶段性

地震发生后，可以分为不同的应急期，不同的应急期内对应着不同的物资需求。例如，根据汶川地震应急物资需求的统计资料，可以发现在震灾发生的初期内需要机械设备、急救药品等物资，几天之后灾民对食品、帐篷、生活必需品等物资的需求快速上升，而灾后重建工作开始后需要大量的工程设备和建材等物资。

（6）弱经济性

一般商业物资供应的目标是经济效益的最大化，但应急物资的供给具有明显的弱经济性，即应急物资的成本居于次要地位。在这种应急状态下，国家发放到灾区的物资具有一定的法律性及强制性，若有人私自挪为他用，将会受到法律的制裁。可以说，此时的应急物资供给是一种特殊的社会公益性救助活动。

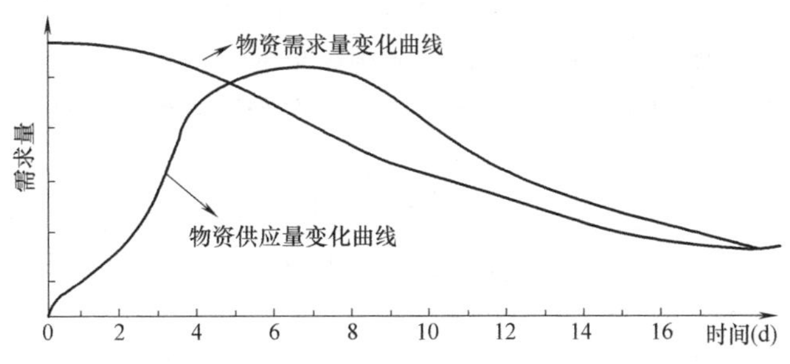

图 8-1　物资供给和需求变化图

灾害突发后会对物资有突发的大量需求，而物资的供应量是不断增加的，供应和需求之间矛盾的解决就是优先供应最急需的物资，这样可以减少伤亡的数量。灾害之后会有大量的被困人员，必须快速地将其救出，而此时由于交通等基础设施受到破坏，物资很难到达，在没有救援设备的帮助下，伤亡率会快速上升，而大量伤员的救治也必须以大量的医疗物资作为支撑，所以灾后物资的急需与供应的滞后是必然的，通过对应急物的分级分类，将最急需的物资最优先进行处理，并对物资进行合理的分类储存，这样在灾后可以更好地调配物资的需求。

8.1.2　应急物资优先级别划分

根据《破坏性地震应急条例》第二十二条规定："破坏性地震发生后，应急期一般为 10 日；必要时可以延长 20 日"。由于不同地震大小和破坏情况不同，不同灾害造成的危害差别也很大，本节综合考虑目前灾害的复杂性及灾害后期物资提供持续性等方面的要求，将应急期确定为 30 天。若按救援任务可将灾害应急期分为三个阶段：(1) 震后 1～3 天，其主要任务是搜救被困人员和治疗伤员；(2) 震后 8～10 天，其主要任务是安置灾民的基本生活问题；(3) 10 天之后，主要任务是完善灾区的附属设施，保证灾民在解决基本生活的基础上能够适当地参加体育娱乐文化等活动；相应地，将物资需求的优先级别划分为特级、紧急和一般三个层次。

1. 灾后 1～3 天救援的主要任务及主要物资需求

(1) 主要救援任务

灾害发生之后，最紧迫的任务就是抢救生命，抢救生命就如同"和死神赛跑"，抢救得越快、越及时，获救者越多，国内外大量的灾害事实表明，灾后 72 小时是救援的黄金时间，即抢救生命的最有效时间，伤员存活率最高。因此，救援人员要尽一切努力，争取用最短的时间把压埋的灾民解救出来。

另外，从灾害现场解救出来的人员可能都会不同程度地受伤，大部分人已经体力不支，再加上救援过程中受到的二次伤害，如果在后期得不到及时的治疗会危及生命，所以必须对伤员展开及时的救治或送到特定的医疗地点处理，防止病情的进一步加重。而此时即使还没有足够的救援力量和精力去好好安置灾民的生活，但是必须先给他们分发定量的食品、水、帐篷和衣被，以保证他们基本的生存需求。所以此阶段的主要任务是搜救被困人员、救助伤员及保障灾民的基本生存需要。

(2) 对应的物资需求

一般情况下，灾后 24 小时内，是存活率最高的时期，需要大量的救生器械，比如大地震发生后，快速赶到现场的救援人员，只能用简单的、有限的救援工具进行抢救，却只能将容易救助的少部分压埋人员救出，而对于压埋在废墟深处或高楼之中的被困人员却无能为力，许多灾民最终因缺乏工具未获得救助而失去生命。

所以，总结震后 1～3 天需要的应急物资，有救生类物资、应急医疗类物资、基本生存类物资。下面列出每一类物资中包含的具体的需求物资。

救生类物资：救生器械、应急通信设备等。

医疗类物资：医疗器械、急救药品、普通药品、防疫药品等。

生活类物资：食物、帐篷、衣被等。

在这些物资里面，既有非消耗性的物资，又有消耗性的物资。其中，非消耗性的物资有：救生器械、应急通信设备、医疗器械、帐篷、衣被等；消耗性的物资有：急救药品、普通药品、防疫药品、食物等，此类应急物资的优先级别最高，此类应急物资为第一优先级别的物资，图 8-2 为物资供应变化图。

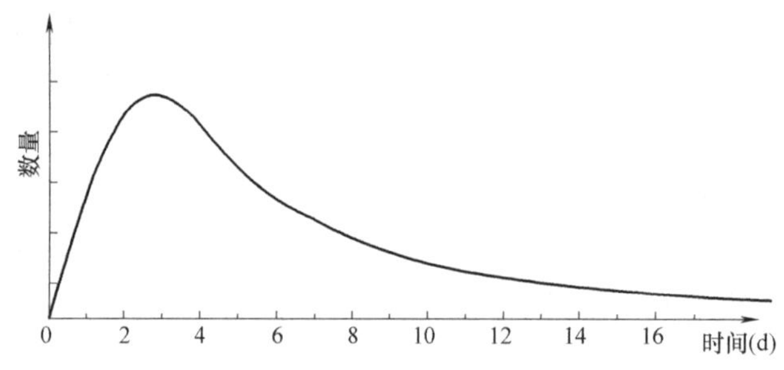

图 8-2 第一优先级别类物质供应变化图

2. 灾后 8～10 天救援的主要任务及主要物资需求

(1) 主要救援任务

此时已经过了黄金救援 72 小时，由于这个阶段生存越来越渺茫，所以面临的主要问题是，大部分灾民已经无家可归，基本的生活失去了保障，还可能会引起他们心理上的恐慌和情绪上的波动。这就需要一方面将救援的主要力量和精力投入到安置灾民的基本生活中，另一方面做好灾民的心理安抚工作，舒缓他们的紧张情绪和恐慌心理，值得注意的是卫生防疫工作的实施，在灾民安置点人群密集，可能由于管道堵塞造成污水流溢，垃圾遍地，蚊蝇满天，极易引发传染病。所以，必须要做好卫生防疫和预防接种工作；加强疫情的检测与评估，控制疫情的发生、发展与传播。

综上所述，此阶段的主要救援任务就是安置灾民的基本生活和防病防疫。

(2) 对应的物资需求

经过几天的黄金救援之后，绝大部分被压埋人员已经被救出来，受伤人员也在不断地恢复之中，此时需要救援的灾民数量很少，只需向灾区调运少量的救生器械、医疗器械、帐篷等物资，医疗急救物资也明显减少，但是一些后期手术治疗的物资会继续增加，防疫是这个阶段的工作重点，随着灾情的缓解和救援队伍的增加，人们对食品的需求量越来越大，这时不仅需要简单的方便食品，更需要一些普通食品，如大米、小米、面粉、蔬菜、肉类、食用油和盐等，灾民的生活秩序逐步得到恢复，满足他们生活需要的大批物资就是救灾的一个重点工作。

所以，总结震后 8～10 天需要的应急物资，有医疗类物资、生活类物资。下面列出每一类物资中包含的具体的需求物资。

医疗类物质：普通药品、防疫药品等。

生活类物质：食物、生活用品等。

可以认为这些物资为第二优先级别的物资，图 8-3 是物资供应变化图。

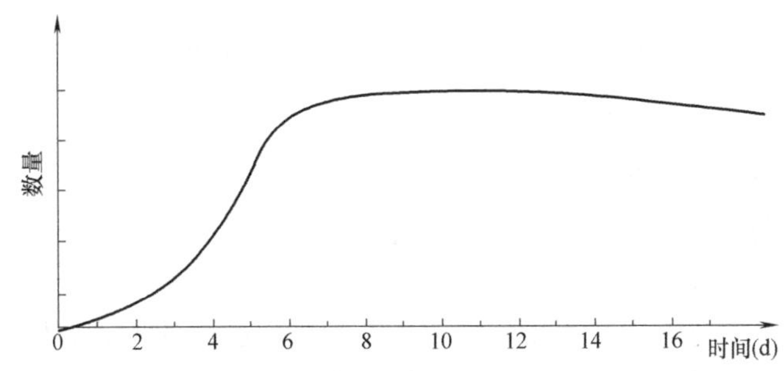

图 8-3　第二优先级别类物资供应变化图

3. 灾害 10 天后救援的主要任务及主要物资需求

(1) 主要救援任务

灾害救援工作在经过十多天的开展之后，灾民的生活基本开始恢复稳定，抢救伤员工作已经完成，主要进行的是严重伤员的治疗、灾民生活稳定方面及道路恢复等工作。

受灾地民众生活基本满足之后，全面的救援及恢复工作得到开展，一方面继续充实应急生活物资的种类，保障灾民的生活更加丰富，比如建设澡堂、健身房等附属设施，另一方面大量的伤员需要接受更好的治疗，大批的灾民需要心理方面的治疗等，比如调拨更多的心理专家及将重伤人员转院等。同样恢复工作必须得到快速地开展，比如生命线工程的快速恢复，交通干线的修复，危险源的排除等工作。

综上所述，此阶段的工作就是全面恢复灾区的各项工作。

(2) 对应的物资需求

此阶段的物资需求量比较大，灾民生活相关的消耗性物资需求量前期依然较大，并且一些附属性设施物资开始调入，主要是进一步满足灾民的精神文化生活的需求，比如健身器材、图书、网络设备等物资不断加入。而伤员的分类、进一步深化治疗工作开展力度不减，一部分伤员可能要到别的地方治疗，一部分可能转到当地医疗条件更好的医院治疗，相应的有针对性的物资还需不断地调入，而防疫工作也是此过程的重点工作。

总结灾害 10 天后的需要的应急物资主要包括生活类物资（全面）、医疗类物资（部分），灾害重建恢复物资。

生活类物资（全面）：食物、生活用品、附属设施。

医疗类物资：普通药品、手术及专用药品、防疫类。

灾害重建物资：各种大型机械、电缆等物资。

除特级和紧急类物资外的这类物资应急级别为第三优先级别的物资。图 8-4 是物资供

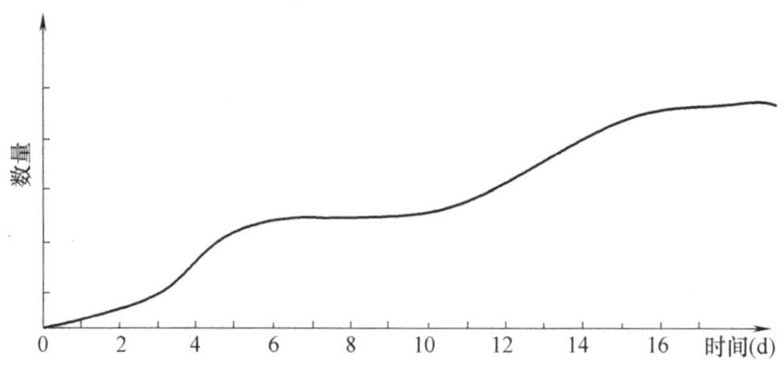

图 8-4 第三优先级别类物资供应变化图

应变化图。

8.1.3 灾害应急物资可储存性评估研究

1. 灾害应急物资可储存性评价指标的选取

每次大的灾害之后就会需要大量的灾害应急物资，而灾害具有突发性的显著特点，所以灾后大量物资的需求与灾后交通受阻严重影响运输所造成的矛盾会极大地影响救援的效果，如果不能有效地处理物资问题，则可能因此而造成更严重过的二次伤害和影响，为了解决这个问题选择合适的应急物资，提前建立物资库进行储备是解决这个问题最佳的途径。

由于物资的种类繁多且本身的作用及特点各不相同，受当地经济发展水平的限制，不可能对所有的物资都进行储备，选择合理的指标评价出需要提前储备的物资是非常必要的，本节在总结前人工作的基础上，通过深入的研究，选择了三个评价指标对应急物资的可储存性进行评估，分别为：物资的储存寿命、物资的稀缺度和物资重要度。

(1) 物资的储存寿命。指的是灾害应急物资能在储备库中保存的时间长短，主要是由物资的保质期、物资生产的质量、物资质量的可靠性及包装的质量共同来决定的，反映物资本身固有的属性。通常情况下，保质期比较长的物资是比较适合储存的，这主要是由于保质期短的物资需要经常替换，从而会产生较高的附加费用。物资生产质量及包装质量等因素也是影响储存寿命的一方面。

(2) 物资的稀缺度。主要反映了物资在救灾中的使用价值比较大，而本身又比较稀缺，这类物资往往是主要储备的物资。比如搜救类物资，灾害发生之后需求非常急迫，但是又不容易购买，如果缺乏的话将造成巨大的人员伤亡和财产损失。物资的稀缺度主要包括采购难易度、缺货成本和供货能力。

(3) 物资重要度。主要反映的是物资在救灾中发挥的作用，与物资本身的价值没有必然的联系，其价值是在特定的紧急救灾中体现出来的。在救死扶伤及避免生命财产损失过程中发挥的作用越大，则物资的重要性就越大，主要包括两方面的内容，即物资的可替代性和缺货造成损失的大小。一般来讲，可替代性越低、缺货造成的损失越大则物资就越重要，可替代性主要体现在某类物资在救灾功能上与其他物资具有的相似功能，在某一种物资缺乏的情况下可以快速地找到替代物资满足救灾的需求；物资的缺失导致损失的大小主要是在紧急救灾时就有此物资的缺乏给灾害造成的人员伤亡及财产的损失，图 8-5 为物资可储存性指标评价示意图。

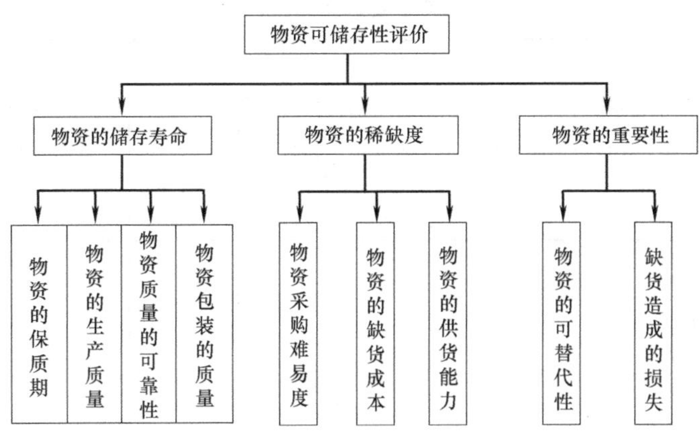

图 8-5　物资可储存性评价指标图

2. 灾害应急物资可储存性评价指标的赋值

对于选取的各个子指标，可以定性地描述其对可储存性影响的大小，如果具体地评价其储存能力的大小就需要对各个指标进行量化处理，这也是建立模型的基础。首先通过调查各个相关领域的专家，通过分组打分的形式获取每个二级指标的量化分值，主要以第一优先级别类物资为参考设计出专家调查问卷的表格，如表 8-2～表 8-5 所示。

物资可储存性评价指标值　　**表 8-2**

生命救助类物资	物资的稀缺度(分数越高,寿命越长)					
	保质期(选择一项打分)			物资的生产质量(选择一项打分)		
	保质期在 7 天内,评分在 0～3	保质期在 15 天内,评分在 7～8	保质期在 15 天以上,评分在 8～10	生产质量较好,评分为 8～10	生产质量一般,评分 7～8	生产质量较差,评分在 0～3
A1	—	—	—	—	—	—
A2	—	—	—	—	—	—
A3	—	—	—	—	—	—
A4	—	—	—	—	—	—
A5	—	—	—	—	—	—
A6	—	—	—	—	—	—
A7	—	—	—	—	—	—

生命救助类物资	物资的储存寿命(分数越高,寿命越长)					
	物资质量的可靠性(选择一项打分)			物资包装的质量(选择一项打分)		
	质量可靠性比较低,评分在 0～3	信誉质量一般,评分在 7～8	信誉好、质量可靠评分在 8～10	物资包装的质量较差,评分在 0～3	物资质量包装一般,评分在 7～8	物资包装的质量较好,评分在 8～10
A1	—	—	—	—	—	—
A2	—	—	—	—	—	—
A3	—	—	—	—	—	—
A4	—	—	—	—	—	—
A5	—	—	—	—	—	—
A6	—	—	—	—	—	—
A7	—	—	—	—	—	—

物资可储存性评价指标值　　表 8-3

生命救助类物资	物资的稀缺度(分数越高,越需储存)								
	物资的采购难易度			物资的缺货成本			物资的供货能力		
	物资容易购买,评分在 0～3	采购难度一般,评分在 7～8	极难采购的物资,评分在 8～10	影响较小,评分在 0～3	影响一般,评分在 7～8	缺货后果严重,评分在 8～10	供货能力很强,评分在 0～3	供货能力一般,评分在 7～8	供货能力较差,评分在 8～10
A1	—	—	—	—	—	—	—	—	—
A2	—	—	—	—	—	—	—	—	—
A3	—	—	—	—	—	—	—	—	—
A4	—	—	—	—	—	—	—	—	—
A5	—	—	—	—	—	—	—	—	—
A6	—	—	—	—	—	—	—	—	—
A7	—	—	—	—	—	—	—	—	—

物资可储存性评价指标值　　表 8-4

生命救助类物资	物资的重要性(分数越高,寿命越长)					
	可替代性(选择一项打分)			缺货造成的损失(选择一项打分)		
	可替代性极差,评分在 8～10	可替代性一般,评分在 7～8	可替代性物资多,评分在 0～3	缺货损失较大,评分在 8～10	缺货损失一般,评分在 7～8	缺货影响较小,评分在 0～3
A1	—	—	—	—	—	—
A2	—	—	—	—	—	—
A3	—	—	—	—	—	—
A4	—	—	—	—	—	—
A5	—	—	—	—	—	—
A6	—	—	—	—	—	—
A7	—	—	—	—	—	—

通过上表的调查统计可以得到灾害救援类物资的二级指标矩阵表如表 8-5 所示。

生命救助类物资二级指标评价调查表　　表 8-5

生命救助类物资	物资的储存寿命				物资的稀缺度			物资的重要性	
	保质期	生产质量	质量的可靠度	包装的质量	采购难易度	物资缺货成本	供货能力	可替代性	缺损性
A1	a_{11}	a_{12}	a_{13}	a_{14}	a_{15}	a_{16}	a_{17}	a_{18}	a_{19}
A2	a_{21}	a_{22}	a_{23}	a_{24}	a_{25}	a_{26}	a_{27}	a_{28}	a_{29}
A3	a_{31}	a_{32}	a_{33}	a_{34}	a_{35}	a_{36}	a_{37}	a_{38}	a_{39}
A4	a_{41}	a_{42}	a_{43}	a_{44}	a_{45}	a_{46}	a_{47}	a_{48}	a_{49}
A5	a_{51}	a_{52}	a_{53}	a_{54}	a_{55}	a_{56}	a_{57}	a_{58}	a_{59}
A6	a_{61}	a_{62}	a_{63}	a_{64}	a_{65}	a_{66}	a_{67}	a_{68}	a_{69}
A7	a_{71}	a_{72}	a_{73}	a_{74}	a_{75}	a_{76}	a_{77}	a_{78}	a_{79}

3. 灾害应急物资可储存性评价各指标权重的赋值

物资可储存性的评价是通过各个子指标的具体评价得到的，但是有必要通过一定的方法确定同级各指标的比重大小才能够获得总体的评价，表8-6是的具体评分标准，通过各级专家打出一定的分数而得到。

指标权重赋值依据表　　　　**表8-6**

假设	两个二级指标相比较	标度	意义	权重比
A与B为一级指标的两个二级指标	A比B相同的重要性	A取5	指A的比重是0.5，B的比重是0.5	$A:B=1:1$
	A比B稍微重要	A取6	指A的比重是0.5，B的比重是0.5	$A:B=6:4$
	A比B明显重要	A取7	指A的比重是0.5，B的比重是0.5	$A:B=7:3$
	A比B强烈重要	A取8	指A的比重是0.5，B的比重是0.5	$A:B=8:2$
	A比B极端重要	A取9	指A的比重是0.5，B的比重是0.5	$A:B=9:1$

按照上表的打分原则可以获得任何同级指标权益的大小，假设获得的权重值如下：

物资的储存寿命：物资的稀缺度：物资的重要性$=b_1:b_2:b_3$

物资的保质期：物资的生产质量：物资质量可靠性：物资包装的质量$=x_1:x_2:x_3:x_4$

物资采购难易度：物资的缺货成本：物资的供货能力$=y_1:y_2:y_3$

物资的可替代性：缺货造成的损失$=z_1:z_2$

4. 物质可储存性结果评价

通过计算可以获得物资的可储存性能力大小，计算公式如下：

物资的可储存性值为：

$$(a_{11}\times x_1+a_{12}\times x_2+a_{13}\times x_3+a_{14}\times x_4)\times b_1+(a_{15}\times y_1+a_{16}\times y_2+a_{17}\times y_3)\times b_2+(a_{18}\times z_1+a_{19}\times z_2)\times b_3$$

式中　a_{11}、a_{12}、a_{13}、a_{14}、a_{15}、a_{16}、a_{17}、a_{18}、a_{19}——三级指标保质期、生产质量、质量的可靠度、包装的质量、采购难易度、物资缺货成本、供货能力、可替代性及缺损性被专家的赋予值；

x_1、x_2、x_3、x_4——物资储存寿命四个子指标的权重比例；

y_1、y_2、y_3——物资稀缺度中三个子指标的权重比例；

z_1、z_2——物资重要性两个子指标的权重比例值。

通过专家赋值的评价方法，将所评价的指标划分为数个子指标，每个子指标通过量化处理获得一定的数值，最后层级叠加，就可以得到物资的储存性的评价值，由于在对每个子指标打分的时候采取的是十分制，所以最后获得的储存性评价值将物资可否储存的临界点α划分在4～5之间，所得的储存性评价结果就是靶心度处于α～10之间的物资为可储存性物资，靶心度处于0～α之间的物资为不可储存的物资。也在0～10分之间波动。一般来讲，评分越高的物质可储存性就越高，就是更适合进行灾前储存，评分比较低的物质一般不适合储存。

8.1.4 灾害应急物资时效性评估研究

1. 灾害应急物资时效性评价指标的选取

根据灾害后对物资的需求紧急程度不同划分为三个优先级别，但是无论在哪个阶段的需求范围内时间永远是最重要的，时效性直接关系到生命财产的损失大小，在任何优先级别范围内对各种物资时效性分析都是十分必要的，可以进一步把时间最紧迫的、最先使用的物资提前运输，保障救援的快速优先进行。

物资的时效性指的是物资对灾害救助效果随时间推移的变化程度，主要是反映了不同物资的时间迫切性不同，一般情况下，震后对不同救灾物资需求的迫切度是不同的，而某些物资在几天后可能就不再发挥作用，而有些物资则从灾后到灾后重建都需要，认为灾后需求物资的迫切度越高则对物资的时效性就越高，主要包含了5个指标物资的紧急度、生产调试周期、保质期、物资本身的特征和交通状况，如图8-6所示。

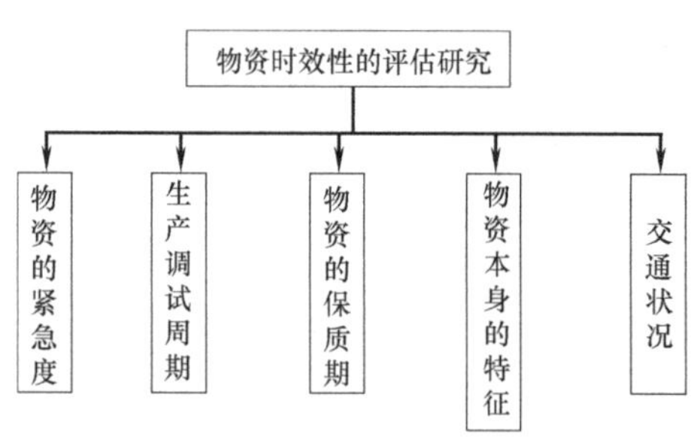

图8-6 物资时效性评价指标图

(1) 物资的紧急度。需求紧急度直接反映了物资对救灾抢险所发挥作用的时效性概念，并在灾后迫切需要得到满足的物资，一般来说，需要越紧切的物资时效性越高，比如药品等，需要在灾后迅速得到的物资。

(2) 物资的生产调试周期。指的是该物资由开始生产到能够使用所花费的时间，生产调试周期花费的时间越长说明该物资的时效性就越低，比如在汶川地震中由于造成的伤亡比较大，无家可归的人数也比较多，所以在短时间内就需要大量的临时安置简易房，而各地的安置房库存不够，必须在很短的时间内生产出来并运到灾区，此时生产周期就显得十分重要，如果时间过长，那么就失去了其救灾的意义。

(3) 物资的保质期。保质期指的物资保质期限的长短，也就是物资的存放时间，一般来讲，物资的保质期越短则时效性越高，例如面包等食品救助类物资保质期比较短，需要在极短的时间内送到灾区，相对的时效性就越高。

(4) 物资本身的特征包括几方面的内容，比如物资的质量、物资的体积、物资的化学性能等，这主要体现在运输过程中。比如对于普通的食品可以通过空运，铁路及公路等不同的方法迅速运到灾区，而对于有些物资就出现一定的难度，一些大的机械设备，如果铁路受到破坏，而一般的运输方式很难实现，那么将很难快速实现，而一些特殊的药品则对于运输有特别的要求，因此，在对于这类产品运输时难度较大。一般来讲，运输难度较大的物资时效性比较低，难度小的物资时效性比较高。

(5) 交通状况。作为影响时效性很强的一个外部因素，在灾后必须迅速对其进行评估，如果道路、铁路及机场受到严重的破坏，则就会极大地降低各种物资的时效性，外部的物资很难进入灾区，影响灾区的救援效果，进行合理的评估并及时采取有效的方法解决交通问题是非常必要的。

2. 灾害应急物资时效性评价指标的赋值

对于选取的各个子指标，通过定性的描述其对可储存性影响的大小，如果具体评价其时效性高低就需要对各个指标进行量化处理，这也是建立模型的基础。首先通过调查各个相关领域的专家，通过分组打分的形式获取每个二级指标的量化分值，主要以第一优先级别类物资为参考设计出专家调查问卷的表格，如表 8-7、表 8-8 所示。

物资时效性指标赋值表　　　　表 8-7

生命救助类物资	物资的紧急度（分数越高，时效性越高）								
	物资的紧急度			物资生产调试周期			交通状况		
	特别紧急，评分在 0～3	十分紧急，评分在 0～3	一般紧急，评分在 0～3	三天之内，评分在 8～10	8～15 天，评分在 7～8	15 天以上，评分在 0～3	供货能力很强，评分在 0～3	供货能力一般，评分在 7～8	供货能力较差，评分在 8～10
$A1$	—	—	—	—	—	—	—	—	—
$A2$	—	—	—	—	—	—	—	—	—
$A3$	—	—	—	—	—	—	—	—	—
$A4$	—	—	—	—	—	—	—	—	—
$A5$	—	—	—	—	—	—	—	—	—
$A6$	—	—	—	—	—	—	—	—	—
$A7$	—	—	—	—	—	—	—	—	—

生命救助类物资	物资的保质期（分数越高，寿命越长）			物资本身的特征（选择一项打分）		
	保质期在 3 天内，评分在 0～3	保质期在 15 天内，评分在 7～8	保质期 15 天以上，评分在 8～10	生产质量较好，评分在 8～10	生产质量一般，评分在 7～8	质量较差，评分在 0～3
$A1$	—	—	—	—	—	—
$A2$	—	—	—	—	—	—
$A3$	—	—	—	—	—	—
$A4$	—	—	—	—	—	—
$A5$	—	—	—	—	—	—
$A6$	—	—	—	—	—	—
$A7$	—	—	—	—	—	—

通过调查问卷将所获得的问卷进行统计后，每种物资的指标值其所有打分值的平均值，下表是经过处理后的分数值，通过字母代替。

物资时效性指标分值　　　　表 8-8

物资名称	物资紧急度	物资生产调试周期	物资的保质期	物资本身的特性	交通状况
A_1	A_{11}	A_{12}	A_{13}	A_{14}	A_{15}
A_2	A_{21}	A_{22}	A_{23}	A_{24}	A_{25}
A_3	A_{31}	A_{32}	A_{33}	A_{34}	A_{35}
A_4	A_{41}	A_{42}	A_{43}	A_{44}	A_{45}
A_5	A_{51}	A_{52}	A_{53}	A_{54}	A_{55}
A_6	A_{61}	A_{62}	A_{63}	A_{64}	A_{65}
A_7	A_{71}	A_{72}	A_{73}	A_{74}	A_{75}

3. 利用灰靶模型进行时效性评估

对物资进行时效性评估就是通过计算分析最终获得物资的靶心度，并根据靶心度的大小来确定物资的时效性高低，靶心度的计算公式为：

$$Y(x_0,x_i)=\sum_{k=1}^{n}w_kY(x_0(k),x_i(k)) \tag{8-1}$$

式中 $Y(x_0(k),\ x_i(k))$——物资的靶心系数；

w_k——各指标的权重。

下面是靶心度求解的主要步骤如下：

（1）创建灰靶模型

对应急物资的时效性的评价，主要包括物资的紧急度、生产调试周期、物资的保质期、物资本身的特性及交通状况 5 个指标，将其 5 个指标中各类物资的极小值作为标准创建灰靶标准模型。

$$w_0(k)=\min_{i\ i} w(k)(k=1,2,\cdots,m;i=1,2,\cdots,n) \tag{8-2}$$

式中 k——物资的种类；

i——评价指标个数。

（2）进行灰靶变换

设靶心为 $Tw_0=x_0=(1,\ 1,\ 1,\ 1,\ 1)$，则

$$Tw_0(k)=x_j(i)=\min\{w_j(i),w_0(i)\}/\max\{w_j(i),w_0(i)\} \tag{8-3}$$

式中 k——灰靶转换矩阵矩阵的列数；

i——矩阵的行数。

（3）确定灰色关联差异信息空间

$$\text{差异信息集 }\boldsymbol{\Delta}\text{ 为 }\boldsymbol{\Delta}=(\Delta_{01},\ \Delta_{02},\ \Delta_{03},\ \cdots,\ \Delta_n)^{\mathrm{T}} \tag{8-4}$$

$$\Delta_{0i}(\max)=\max(x_{ji})\quad j\in(1,2,\cdots,5),i\in(1,2,\cdots,7)$$

$$\Delta_{0i}(\min)=\min(x_{ji})\quad j\in(1,2,\cdots,5),i\in(1,2,\cdots,7)$$

（4）定义靶心系数

$$Y\{x_0(k),x_i(k)\}=\frac{\min_i\min_k\Delta_{0i}(k)+\alpha\max_i\max_k\Delta_{0i}(k)}{\Delta_{0i}(k)+\alpha\max_i\max_k\Delta_{0i}(k)} \tag{8-5}$$

$$c_{ij}=Y(x_0(i),x_{\mathrm{j}}(i))(i\text{ 指的是评级指标、}j\text{ 指的是物资种类})$$

（5）利用熵权法确定指标权重

通过熵权法来计算各个指标的权重之比，灾害应急物资的种类 $m=7$ 个，评价这 7 种应急救灾物资共采用 $n=5$ 个评价指标，各指标权重大小的计算公式为：

$$\omega_j=\frac{1-H_j}{n-\sum_{j=1}^{n}H_j}=\frac{1-H_j}{5-\sum_{j=1}^{5}H_j} \tag{8-6}$$

$$H_j=\frac{-(\sum_{i=1}^{7}f_{ij}\ln f_{ij})}{\ln 7}(i=1,2,3,\cdots,7;j=1,2,3,4,5) \tag{8-7}$$

$$f_{ij}=\frac{1+b_{ij}}{\sum_{i=1}^{m}(1+b_{ij})}=\frac{1+b_{ij}}{\sum_{i=1}^{7}(1+b_{ij})} \tag{8-8}$$

$$b_{ij}=\frac{r_{ij}-r_{\min}}{r_{\max}-r_{\mathrm{m}}} \tag{8-9}$$

式中　H_j——指标的熵；

R——各指标构成的判断矩阵；

B——判断矩阵归一化之后的矩阵；

b_{ij}——矩阵 B 中的元素；

r_{max}——同一评价指标下各类物资的最大值；

r_{min}——同一评价指标下各类物资的最小值。

4. 物质的时效性评价

通过利用改进后的灰靶模型经过一系列的计算，获得了不同评价物资的靶心度，一般来讲，靶心度越高的物质时效性就越高，需求的就越紧急，靶心度比较低的物质相对紧急度较低，为此，根据物资的实际情况将物资的紧急度划分为三个级别，即特级、紧急和一般三类，同时所对应的靶心度范围分别是 β-1，α-β，0-α。

8.1.5　理论应用及分析

在突发地震灾害中，应急救援物资是非常关键的，可以分为三个层次的优先级别，在第一优先级别类中，有生命探测仪、担架、千斤顶、铁锹、挖掘机、救生绳、金属切割机七种器材，何类物资更适合储存。

物资储存性的评价指标主要包括物资的储存寿命、物资的稀缺度、物资的重要性三个一级指标，每个一级指标又包括儿个二级指标，首先对各个二级指标进行赋值，如表 8-9、表 8-10 所示。

物资储存性评价指标值　　**表 8-9**

生命救助类物资	物资的储存寿命				物资的稀缺度			物资的重要性	
	保质期	生产质量	质量的可靠度	包装质量	采购难易度	物资缺货成本	供货能力	可替代性	缺损性
生命探测仪	10	8	8	10	9	10	8	10	10
担架	10	9	8	10	5	6	3	3	6
千斤顶	10	9	8	10	7	7	7	8	8
铁锹	10	9	8	10	2	8	3	3	5
挖掘机	10	9	8	10	8	9	8	8	7
救生绳	10	8	8	10	6	6	4	5	5
金属切割机	10	9	8	10	6	8	6	7	7

物资储存性评价各指标的权重　　**表 8-10**

生命救助类物资	物资的储存寿命(0.4)				物资的稀缺度(0.3)			物资的重要性(0.3)	
	保质期	生产质量	质量的可靠度	包装质量	采购难易度	物资缺货成本	供货能力	可替代性	缺损性
指标比值	0.4	0.2	0.2	0.2	0.4	0.3	0.3	0.5	0.5

在对各个指标比重赋值的基础上，通过计算可以得到各类物资储存性的大小。

生命探测仪为：

(10×0.4+8×0.2+8×0.2+10×0.2)×0.4+(9×0.4+10×0.3+8×0.3)×0.3+(10×0.5+10×0.5)×0.3=9.4

担架：

(10×0.4+9×0.2+8×0.2+10×0.2)×0.4+(5×0.4+6×0.3+3×0.3)×0.3+(3×0.5+6×0.5)×0.3=6.4

千斤顶：

(10×0.4+9×0.2+8×0.2+10×0.2)×0.4+(7×0.4+7×0.3+7×0.3)×0.3+(8×0.5+8×0.5)×0.3=8.3

铁锹：

(10×0.4+9×0.2+8×0.2+10×0.2)×0.4+(2×0.4+8×0.3+3×0.3)×0.3+(3×0.5+5×0.5)×0.3=6.2

挖掘机：

(10×0.4+9×0.2+8×0.2+10×0.2)×0.4+(8×0.4+9×0.3+8×0.3)×0.3+(8×0.5+7×0.5)×0.3=8.5

救生绳：

(10×0.4+8×0.2+8×0.2+10×0.2)×0.4+(6×0.4+6×0.3+4×0.3)×0.3+(5×0.5+5×0.5)×0.3=6.8

金属切割机：

(10×0.4+9×0.2+8×0.2+10×0.2)×0.4+(6×0.4+8×0.3+6×0.3)×0.3+(7×0.5+7×0.5)×0.3=7.8

因此这七种物质的可储存性大小分别为：生命探测仪（9.4）>挖掘机（8.5）>千斤顶（8.3）>金属切割机（7.8）>救生绳（6.8）>担架（6.4）>铁锹（6.2）

在对物资进行储存性研究中，生命探测仪更适合进行提前储存，而在物资库有限的情况下可适量减少铁锹的备量。

本节对灾害应急物资进行分类分级，根据灾害发生之后不同时间段内所需求主要物资种类和数量的差别，可将物资划分为三个优先级别，并采用改进后的灰靶模型和熵权法模型对各优先范围内物资的可储存性及时效性进行评估，评价出物资的可储存性大小及时效性高低，为资源的调配提供参考。

8.2 应急救灾物资需求预测研究

8.2.1 城市区域网格的划分

城市作为组成社会的一个基本单元，集中了当今社会大量的财富、设施与人员，如果受到破坏将对整个社会造成巨大的冲击。近十年内世界各地的灾害有愈演愈烈的趋势，为了有效地应对灾害造成的破坏，主要通过两种方法进行防御，一方面就是加强对灾前的准备，包括规划、预测、演练等方式应对可能的灾害，另一方面主要是在灾害发生之后迅速有效的救援。物资问题不仅体现在灾前储备、分级等问题，还体现在灾后物资的调度、分配等问题。本章将城市划分为数个网格单元，在物资分发、调配的时候能够从城市中找到一个最佳的位置点，实现临时派发，通过预测出每个单元的物资需求量及类型，就能够实现合理的物资调配，城市网格单元的划分如图 8-7 所示。

图 8-7 主要是对城市区域网格单元划分边界的要求，表格所体现的原则就是网格划分

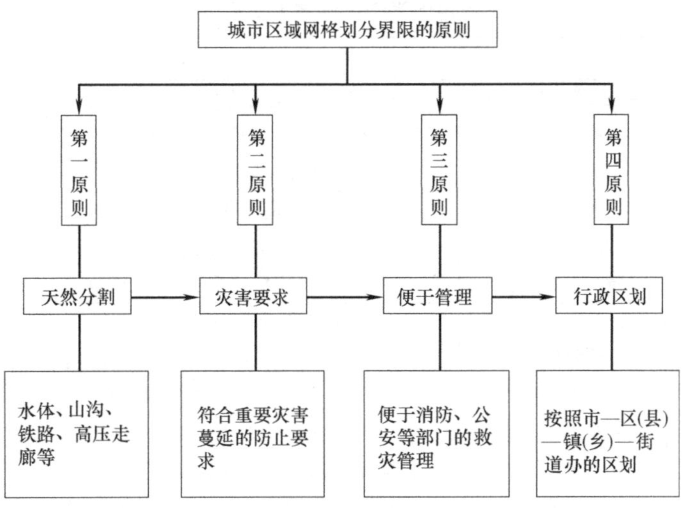

图 8-7　城市区域网格划分原则

的主要依据，在考虑当地实际的基础上集合这些原则可以将城市划分为数个单元。

8.2.2　区域网格内伤亡人员预测

研究表明，城市地震灾害损失与用地类型关系密切。人员伤亡主要是由于房屋倒塌造成的，一般来说，在房屋建筑密集、人口密度大的地方，人员伤亡相对较多。也就是说，居住用地、公共设施用地、工业用地、特殊用地的人口易损性级别较高。目前常用的预测方法则是通过确定的方法定量给出参数概率数据，计算出造成人员伤亡数目的概率期望。考虑到城市抗震设防标准、地震烈度，建筑结构类别、人员分布状况及地震发生时间等诸多因素具有极大的不确定性，提出了基于城市用地类型划分和可靠度概率模型的城市地震人员伤亡预测方法，并通过实例验证了该方法的有效性和可行性，划分单元如图 8-8 所示。

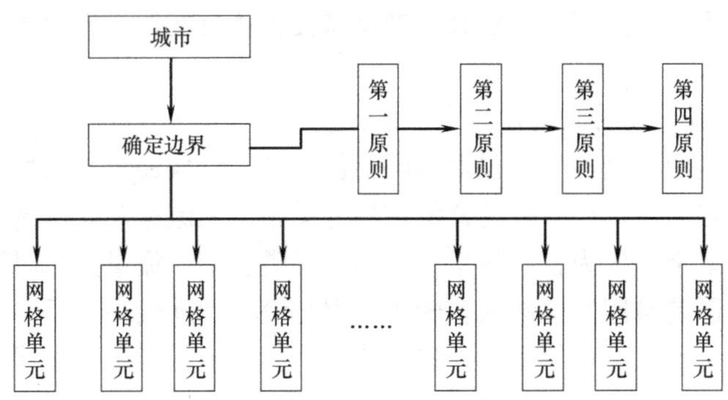

图 8-8　城市区域网格划分图

1. 城市不同用地类型的人员易损性分析

考虑到城市地震灾害人员伤亡损失与用地类型关系密切，本节根据我国城市地震灾害损失评估结果将每类用地易损性划分为 5 个等级：5 级（极高易损性）、4 级（高易损性）、3 级（中等易损性）、2 级（低易损性）、1 级（极低易损性），依据国家标准《城市用地分类与规划建设用地标准》GB 50137—2011，将城市用地类型划分为六类，不同城市用地类型的人口易损性指数如表 8-11 所示。

城市不同用地类型的地震人员易损性等级　　表 8-11

城市用地分类	具体分类	类型说明	易损指数
居住办公用地 A_1	一、二类居住用地	设施齐全、布局完整的各类住宅用地等	5
	三类居住用地	设施齐全、布局不完整或与其他工业混合用地等	4
	行政、办公用地	行政、企事业办公用地等	5
学校医院等重点设防的建筑用地 A_2	各种学校	高等院校、高职高专、中小学校等	5
	医院及卫生防疫部门	各类医院、卫生所及急救设施等	5
	重点设防工程	人口较为密集需重点设防的建筑	5
商业娱乐用地 A_3	商业、金融业等	商业、金融业、旅馆、市场等场所	5
	文化娱乐用地	新闻广播、图展、文艺团体、游乐用地等	5
	体育用地	体育场馆、训练场馆等用地等	4
工业用地 A_4	一类工业用地	对周围环境无干扰、无污染的工业用地等	5
	二类工业用地	对周围环境有一定干扰、污染的工业用地等	4
	三类工业用地	对周围环境有污染和干扰的工业用地等	3
交通用地 A_5	铁路公路用地	铁路公路站台及车站用地等	3
	港口和机场用地	机场港口站台及作业区用地等	3
其他用地 A_6	绿地、公园，操场等	处于户外或露天场所受到地震时	1
	露天场所用地	影响较小的区域用地等	1

目前我国的地震灾害损失并不是按照用地类型来评估的，易损性等级的确定只具有统计意义。因此，表 8-11 只是示意性的，对于具体城市，还应根据具体情况来确定每个城市用地类型的易损性等级。我国绝大多数城市都已经编制了“城市土地利用现状图”，使得这种评价方法的可操作性很强。不过，要想更合理地确定每个城市用地类型的易损性等级，需要尽可能收集国内外城市地震灾情资料。由于不同规模、不同经济发展水平城市的用地类型的人口密度、建筑情况、资产情况是不同的，造成的人员和经济损失大小差异很大。因此，易损性等级只具有相对意义，即反映受灾体可能的损失程度大小，而不是损失额度的大小。

2. 基于城市用地类型的地震人员伤亡预测模型

在城市用地类型中，基本上都包含不同比例的各种结构建筑，例如商业娱乐用地的类型中主要以框架结构为主，包括砖混合钢结构等类型，人流量及人流密度较大；而工业用地及交通用地主要以钢结构为主，包括框架结构等类型，人流量大，时段性比较强，抗震性能较好；学校、医院等用地虽然人流较大，但是设防烈度较高，可以减小震害率；居住办公用地的主要特点是人员比较固定。房屋建筑种类较多，受城市发展水平的影响，则针对在一定地震烈度下对城市已发生地震各个用地类型的破坏情况进行调查统计，可归纳出在一定设防烈度基础上不同地震造成的各类城市用地的震害概率 A（见表 8-12）。

不同城市用地的建筑物震害矩阵 A　　表 8-12

用地类型	A_1	A_2	A_3	A_4	A_5	A_6
完好	a_{11}	a_{12}	a_{13}	a_{14}	a_{15}	a_{16}
轻微破坏	a_{21}	a_{22}	a_{23}	a_{24}	a_{25}	a_{26}
中等破坏	a_{31}	a_{32}	a_{33}	a_{34}	a_{35}	a_{36}
严重破坏	a_{41}	a_{42}	a_{43}	a_{44}	a_{45}	a_{46}
毁坏	a_{51}	a_{52}	a_{53}	a_{54}	a_{55}	a_{56}

3. 计算城市不同用地类型的伤亡概率矩阵

若第 j 类城市用地的建筑第 i 类不同破坏类型为 a_{ij}，不同建筑破坏类型的震害矩阵 $\boldsymbol{B}$（见表 8-13），则由全概率公式可知，人员在不同用地类型的建筑中伤亡矩阵 $\boldsymbol{Q}=\boldsymbol{BA}$，即：

$$q_j = \sum_{i=1}^{5} b_{ij} a_{ij} (i = 1,2,\cdots,5; j = 1,2,\cdots,6) \tag{8-10}$$

不同建筑破坏类型的震害矩阵 *B* **表 8-13**

建筑破坏类别	完好	轻微破坏	中等破坏	严重破坏	毁坏
伤亡概率	b_{11}	b_{12}	b_{13}	b_{14}	b_{15}

考虑到我国目前已发生地震和受地震影响地区的建筑结构主要是砖混结构，而近些年来大中城市的建筑主要是以框架结构为主，砖混结构也将越来越少，因此建立的矩阵 A 主要是基于砖混结构的调查统计，对于目前的大中城市不能够完全反映现实。根据目前许多科研机构对地震现场震害率的调查分析，砖混结构的震害率大约是框架结构的两倍，所以需要对系数 q_{1i} 根据砖混合框架的比例进行调整，调整系数 r_i 处于 0.5～1（见表 8-14）。

人员在不同用途建筑中的伤亡矩阵 *Q* **表 8-14**

城市用地类别	A_1	A_2	A_3	A_4	A_5	A_6
伤亡概率	$r_1 \times q_{11}$	$r_2 \times q_{12}$	$r_3 \times q_{13}$	$r_4 \times q_{14}$	$r_5 \times q_{15}$	$r_6 \times q_{16}$

4. 计算人员在不同时段的居留概率矩阵

灾害发生在不同时间阶段对人员的伤亡情况是不同的，主要是由于不同时段的人流量会有较大的差异，这也是导致地震时伤亡人数的主要原因。研究人员伤亡的变化除了考虑建筑物的抗震性能以外，还要研究人们的日常生活规律，以便区分不同时段不同建筑场所内人流的居留概率。

由于昼夜及不同高峰时段人流差异比较大，可将一天划分为 12 个震发时段。由震发时段的统计资料得到该城市各种人员在不同场所内的居留概率矩阵 $\boldsymbol{S}$ 表示（见表 8-15）。发生在双休日和节假日的地震伤亡和工作日是有区别的，应当另行统计。

工作日内人员在不同用地类型的居留概率矩阵 *S* **表 8-15**

场所 时段	A_1	A_2	A_3	A_4	A_5	A_6
12：00-13：30	S_{11}	S_{12}	S_{13}	S_{14}	S_{15}	S_{16}
13：30-16：00	S_{21}	S_{22}	S_{23}	S_{24}	S_{25}	S_{26}
16：00-17：00	S_{31}	S_{32}	S_{33}	S_{34}	S_{35}	S_{36}
17：00-18：00	S_{41}	S_{42}	S_{43}	S_{44}	S_{45}	S_{46}
18：00-21：00	S_{51}	S_{52}	S_{53}	S_{54}	S_{55}	S_{56}
21：00-23：00	S_{61}	S_{62}	S_{63}	S_{64}	S_{65}	S_{66}
23：00-5：00	S_{71}	S_{72}	S_{73}	S_{74}	S_{75}	S_{76}
5：00-6：00	S_{81}	S_{82}	S_{83}	S_{84}	S_{85}	S_{86}
6：00-7：00	S_{91}	S_{92}	S_{93}	S_{94}	S_{95}	S_{96}
7：00-8：30	S_{101}	S_{102}	S_{103}	S_{104}	S_{105}	S_{106}
8：30-11：00	S_{111}	S_{112}	S_{113}	S_{114}	S_{115}	S_{116}
11：00-12：00	S_{121}	S_{122}	S_{123}	S_{124}	S_{125}	S_{126}

震发生时个体的平均伤亡概率矩阵 P **表 8-16**

12：00 开始 12 个时段	第一时段	第二时段	第三时段	第四时段	第五时段	第六时段	第七时段	第八时段	第九时段	第十时段	第十一时段	第十二时段
平均伤亡概率	p_1	p_2	p_3	p_4	p_5	p_6	p_7	p_8	p_9	p_{10}	p_{11}	p_{12}

5. 计算地震发生时不同时段时人员伤亡概率矩阵 **P**

由全概率公式可得，地震发生不同时段时的平均伤亡概率 K（见表 8-16）等于个体在不同场所的伤亡概率之和，即：

$$p_t = Sq^{\mathrm{T}} = \sum_{j=1}^{6} S_{ij} q_j (t = 1,2,\cdots,12) \tag{8-11}$$

6. 估算伤亡人数的上限

假设主管部门给定的预测概率为 R，则可由 K_t 可以计算出伤亡人员的数量，设相互独立的随机变量 X_i（$i=1, 2, \cdots, n$）表示人员的平均伤亡情况。$X_i=0$ 时表示“安全”，$X_i=1$ 时表示“伤亡”，概率表示为 $P(X_i=1)=P_t$，则 $P(X_i=0)=1-Pt$，震后伤亡人数的总量用 y 表示，即：$y=\sum_{i=1}^{n} X_i$，由中心极限定理可得：

$$p[y-np_t/np_t(1-p_t) \leqslant Z_R]=\phi(Z_R)=R \tag{8-12}$$

对公式（8-3）进行简化，可得

$$p[Y \leqslant Z_R \sqrt{np_t(1-p_t)}+np_t]=\phi(Z_R)=R \tag{8-13}$$

若令 $y=Z_R \sqrt{np_t(1-p_t)}+np_t$（$n$ 为居民总数；Z_R 为标准正态偏量），则 y 就是关于给定预测概率 R 的人员伤亡上限，即伤亡人数 $y \leqslant y_{平均}$ 的概率 R。

8.2.3 区域网格内物资需求数量和种类预测

突发的大型灾害通常会造成较大的伤亡和经济损失，如果在经济发达及人口聚集的重要地区，造成的破坏可能更大，为了有效地减少突发灾害可能造成的大量伤亡，对该地区进行提前的评估，提前进行科学合理的预测。预测出在特定灾害级别的情况下所需要的物资数量是十分必要的，这样可以提前进行物资的储备，能够在灾后及时地将物资运到灾害点，为救援提供及时的支援。

1. 地震应急需求的概念模型

突发灾害的种类很多，各种各样的灾害都可能在短时间内摧毁人们辛苦数十年所创造的财富，但是，一般性的灾害波及的范围比较小或者突发性不是太强，所以提前进行物资储备的意义不是太大，而地震作为最为典型的灾害类型，其突发性强、破坏严重、波及面大，必须进行合理的物资预测并提前进行储备，才能在灾害突发时把物资及时运到受灾点。下面以地震灾害为例进行灾前的物资预测，为灾害的物资储备提供参考。

地震发生后，可以获得其发生的地点、震级大小、灾区范围、死亡人数、受伤人数及无家可归人数、倒塌房屋数、主要道路破坏情况等因素，因此在考虑如何计算地震需求的物资时，这些信息可以作为计算依据，根据这一思路，在查阅了大量信息并对灾区进行调查的基础上设计了以下模型，即：

$$y=K_r Q_x F_r-\delta C_y \tag{8-14}$$

式中 y——某种物资的最小实际需求量；

K_r——灾区的地区系数；

Q_x——气候系数；

F_r——根据灾区总人口、倒塌房屋、道路损坏等实际情况计算出来的某种物的统计需求量，且

$$F_x = f(\alpha,\text{死伤人数}) + f(\beta\text{、总人口}) + f(\gamma,\text{无家可归人数}) - f(\theta,\text{其他}) \quad (8\text{-}15)$$

式中　α、β、γ、θ——需求系数，由以往的震例提取获得；

C_y——灾区该救灾物资的数量；

δ——地震后保全率。

基于以上的考虑分析，在建立灾害物资的预测模型时，引入了地区系数的概念，经过震害分析和研究，发现各地区在震后所得到的物资资助是有很大不同的，其与当地的经济发展水平、人口分布状况关系密切，由于地震可能发生在任何一个季节，而不同季节对救灾物资的需求有着明显的不同，因此引入了气候系数的概念。

2. 地震应急需求类别与种类分析

地震灾害造成的破坏和震级以及受灾点本地的特点密切相关，而每次地震的应急物资需求有很大的不同，因此，根据个别的震例进行经验分析来确定应急物资的种类是不准确的，需要对其进行更为详细的分类研究。

地震之后根据其震级和损失程度的不同，需要在不同层次规模上进行地震应急，一般包括三个层次的地震应急，即地级市应急、省级地震应急和国家级地震应急。地级市应急主要以地方救助为主，省级提供指导，相邻市县提供支援，主要的需求及救助包括：救灾队伍需求，提供各种物资，搜救受困人员，救治伤员，重要政治、经济目标的损失判断和保护、受灾区交通管制和人员疏散，信息发布，次生灾害的处理，心理指导等工作。省级应急：在地级应急的基础上，增加发布余震决策、区域疏散目标的判断及接受，确定最优的救援路径，设立现场流动指挥部，保护国家重要古迹、生命线工程的保全等。国家级应急储备库在省级的基础上，增加跨省救灾人员、应急物资的需求、跨省互救和疏散等工作。

通过上述的叙述可以得到，应急救援的首要工作也是最重要的工作就是判断灾区物资的需求，判断出所需求物资的大致种类和数量以最快的运到灾区，下面是救援工作的次序图，可以清晰地看出整个救援的过程都需要源源不断的物资支撑，在不同的时间段对物资种类的需求有一定的差别。在不同的时间段内顺利合理地预测出物资是十分的必要的，如图 8-9 所示。

3. 应急物资数量的计算

应急物资具体数量的预测主要是根据《综合自然灾害信息共享》网站中提供的信息数据以及其他的资料，分析出应急需求计算公式的系数（α、β、γ、θ）。通过对百余次地震的统计分析，得到具体种类物资数量的求法，如下：

（1）第一优先级别类物资：

帐篷(顶)＝0.25×无家可归者×季节系数

流动厕所(个)＝0.02×灾区总人口

应急期清洁饮用水(千克)＝地区系数×2×灾区总人口×10 天

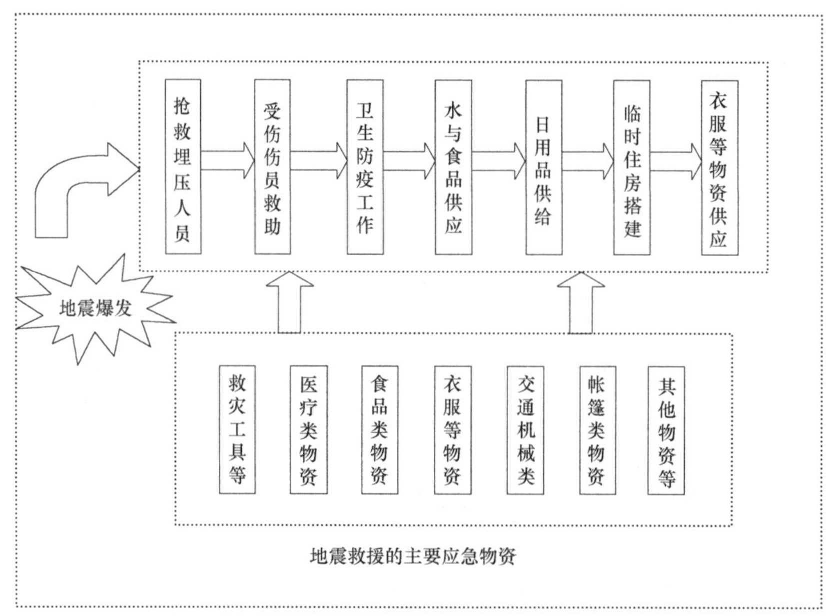

图 8-9　地震救灾主要工作程序图

担架（付）=地区系数×(0.8×受伤人数−0.16 灾区总人口)(受伤人数指轻伤和重伤之和)

手术用血浆（mL）=50×受伤人数

病房需求（m^2）=地区系数×0.61×受伤人数

病床需求（张）=地区系数×0.215×受伤人数

汽车（辆）=地区系数×(0.06×受伤人数+0.004×灾区总人口)

(2) 第二优先级别类物资：

防疫人员（人）=地区系数×0.00015×灾区总人口

防疫用石灰粉（t）=1×0.002×灾区总人口

防疫用滴水（管）=地区系数×0.3×灾区总人口

伤员医疗费用（元）=地区系数×18.89×轻伤人数+地区系数×286×重伤人数

伤员药品费用（元）=地区系数×18.53×受伤人数

绷带（轴）=地区系数×0.998×受伤人数

纱布（包）=地区系数×155×受伤人数

碘酒（g）=地区系数×13.3×受伤人数

应急新鲜蔬菜（kg）=地区系数×(10.07×受伤人数+2×灾区总人口)

(3) 第三优先级别类物资：

应急救灾款（元）=100×无家可归+25×灾区总人口

普通灾民医疗费用（元）=地区系数×0.142×灾区总人口

红汞（克）=地区系数×55.4×受伤人数

破伤风抗毒素（支）=地区系数×1.66×受伤人数

牲畜牧草（元）=地区系数×2×牲畜总数

牲畜棚圈（间）=地区系数×0.016×牲畜总数

饲料（kg）=地区系数×0.82×牲畜总数

牲畜医药费用（元）=地区系数×0.17×灾区牲畜总数

8.2.4　理论应用及分析

某城市的总人口为315.6万人，8度设防，城市建筑结构类型以框架和砖混为主（土坯房可不考虑），在工作日遭受到发生在夜里23：00～5：00的烈度为9度的地震，资料提供该市区域内各种建筑的用地类型，不同用地类型区域内的人口数：抽样调查失业人员、流动人员所占的比例。按照该城市人们活动的规律统计出该市常住人口工作日在不同场所得昼夜分布比例。

地震作用下不同城市用地场所人员破坏矩阵 *A*　　表8-17

用地类型	A_1	A_2	A_3	A_4	A_5	A_6
完好	0.300	0.679	0.200	0.214	0.570	1.0
轻微破坏	0.600	0.268	0.650	0.612	0.327	0
中等破坏	0.091	0.050	0.142	0.167	0.097	0
严重破坏	0.007	0.003	0.005	0.005	0.005	0
毁坏	0.002	0	0.003	0.003	0.001	0

不同破坏类别场地中人员的伤亡概率矩阵 *B*　　8-18

建筑破坏类别	完好	轻微破坏	中等破坏	严重破坏	毁坏
伤亡概率	0	0.0005	0.009	0.020	0.40

注：此表是通过统计多个城市地震调查资料得出的经验数字。

人员在不同用地类型中伤亡概率矩阵 *Q*　　表8-19

建筑破坏类别	A_1	A_2	A_3	A_4	A_5	A_6
伤亡概率	0.002059	0.000644	0.002903	0.003109	0.0011765	0.0

城市人员在不同场所内的居留矩阵 *S*　　表8-20

不同场所	A_1	A_2	A_3	A_4	A_5	A_6
12：00～13：30	0.450	0.083	0.114	0.116	0.088	0.149
13：30～16：00	0.473	0.125	0.133	0.127	0.067	0.075
16：00～17：00	0.356	0.117	0.134	0.114	0.088	0.191
17：00～18：00	0.431	0.064	0.117	0.086	0.079	0.223
18：00～21：00	0.558	0.037	0.083	0.057	0.044	0.122
21：00～23：00	0.747	0.016	0.056	0.033	0.038	0.110
23：00～5：00	0.848	0.001	0.017	0.028	0.027	0.079
5：00～6：00	0.733	0.017	0.036	0.047	0.053	0.114
6：00～7：00	0.581	0.045	0.047	0.073	0.073	0.181
7：00～8：30	0.423	0.074	0.075	0.113	0.081	0.234
8：30～11：00	0.454	0.135	0.127	0.126	0.068	0.91
11：00～12：00	0.396	0.082	0.103	0.111	0.074	0.116

不同震发时段个体的平均伤亡概率矩阵 P　　表 8-21

12：00开始12个时段	第一时段	第二时段	第三时段	第四时段	第五时段	第六时段
每个时段的伤亡概率	0.001775	0.0019141	0.001655	0.001629	0.001643	0.001858
12：00开始12个时段	第七时段	第八时段	第九时段	第十时段	第十一时段	第十二时段
每个时段的伤亡概率	0.001915	0.001833	0.001675	0.001583	0.001862	0.001600

若该次地震发生在 23：00～5：00，则地震发生时个体的平均伤亡概率 $P=0.001858$。设 $R=85\%$，查标准正态分布表，$\phi(Z_R)=R=0.85$，$Z_R=1.04$，$n=3156000$。由公式 $\dot{Y}=Z_R\sqrt{np_t(1-p_t)}+np_t$ 可计算得到 $\dot{Y}=[5943.4]=5943$。由此可知，该次地震造成人数伤亡数 $Y\leqslant5943$ 的概率为 85%。

故该城市在夜里发生地震时可能造成的伤亡人数不超过 5943 人，可以按照此数字对应物资的数量准备物资。

本节在对城市进行合理的空间网格划分的基础上，通过一定的方法模型获得各个网格内的人员伤亡数目，预测出一定灾害条件下各类应急物资的需求数量，为物资的合理选址及调配提供依据。

8.3 城市食品物资应急供应能力概率模型

应急物资供应是城市抗震防灾应急保障系统的重要内容，其在救灾及灾害恢复重建过程中占有极其重要的位置。应急的本质就是对应急资源的充分占有、合理配置和快速展开应用的过程，做好灾前应急物资储备工作是保障突发事件物资供应、提高突发事件应对效率、减少人员伤亡和经济损失的重要基础，也是决定着突发事件应急处置成败的关键因素，而合理的应急物资储备量与储备模式可以确保应急物资在灾害发生后发挥理想的救灾作用。

我国政府高度重视应急资源的管理工作，1998 年张北地震后，财政部和民政部建立了 10 个中央级救灾物资储备仓库。2008 年的汶川地震后，民政部和财政部又将中央级救灾物资储备库由原来的 10 个增加到 24 个。尽管政府部门和许多学者都高度重视应急物资的储备工作，但是应急物资具体以什么方式储备仍未有具体实施，城市平时物资流通量对应急物资储备形式有很大的影响。以食品物资为例，商家平时食品物资储备量受城市居民饮食习惯的影响，其随月份季节的变换而增减，这样将直接影响城市食品物资的流通量。由于不同月份的食品储备量呈现出一定的随机性，在此建立城市食品物资可供给天数的概率模型，来表征城市食品物资应急供应能力。本章的研究将为应急物资储备设置提供一定的参考。

从系统动力学建模角度考虑，不同行业领域应用于系统动力学模型前，需要将其数据模型化，在此以应急物资供给为例，计算其应用于 SD 模型前的概率输入模型。本章针对震后应急物资配置、供给缺少依据的问题，首先选取人均消费支出、社会消费品零售总额等相关指标估算城市平时食品物资的储备额、消耗额、剩余额，最终估算出城市平时食品物资作为应急物资震后可供给天数；其次，根据震后城市食品物资应急供给天数，假定分布并进行检验，得到了城市震后物资应急供应能力概率模型；最终，基于已得到的概率模型，考虑政府补贴，计算得到达到震后一定保障天数的政府补贴概率曲线及达到一定保障概率下的政府补贴天数概率曲线，为政府对震后应急物资的配置和合理安排提供一定的参考依据。

8.3.1 计算模型相关概念及内涵分析

由以上应急物资的特性可以看出，震后城市物资应急供应能力的重要性。由于我国目前应急物资储备体系并不完善，哪种储备模式更为合理还有待进一步深究。本章从城市平时食品物资的流通情况估算震后城市物资作为应急物资供应时所能达到的水平，为震后应急物资的配置和合理安排提供一定依据。

1. 计算模型相关概念

(1) 社会消费品零售总额。社会消费品零售总额是指批发和零售业、住宿和餐饮业以及其他行业直接售给城乡居民和社会集团的消费品零售总额。社会消费品零售总额是国民经济运行状况的一个重要表现指标。通常情况下，经济越发达，社会生产规模越庞大，社会商品供给将增加，人民生活水平提高、支付能力增强，则社会消费品零售总额也会随之增加。

由于部分商品尤其是农产品的生产具有季节性，再加上气候、节假日等原因，社会消费品零售总额一般具有一定的季节性。随着经济水平迅速增长和居民收入水平不断增加，我国居民消费总体上保持了稳定增长的态势，因此，社会消费品零售总额也应具有一定的趋势性。根据现代西方经济学理论，消费者都是理性的，在既定约束条件下都是追求消费效用最大化的，因此，社会消费品零售总额总体上有可能是随机游走的。社会消费品零售总额具有季节性、趋势性、随机性的特点。

(2) 恩格尔系数。恩格尔系数是指食物支出金额在消费性总支出金额中所占的比例。

恩格尔系数＝食品支出金额/消费性总支出金额×100%。恩格尔系数表示的主要是居民家庭食品支出在家庭总支出中的比重随着收入的变化而反向变化这一趋势，这也能够在一定程度上揭示居民的收入水平和食品支出之间的数量关系。由于不同的物品具有不同的需求弹性，因此当居民家庭收入变化后，不同的商品的需求大小也随之得到变化，其变化幅度也不同。食品是人类生存不可缺少的必需品，需求弹性很小，因此当家庭收入增加时，食品需求的变化不大。因此，家庭收入不高时，食品支出在总支出中所占比例较大，当家庭收入增加时，食品支出变化不大，因此家庭在其他领域的支出则会增加。那么就可以通过计算食品支出占总支出的比例来衡量居民的收入水平，从而评价整个社会经济的发展情况。

(3) 城镇化率是指一个国家或地区城镇人口占其总人口的百分比。其计算公式为：城镇化率＝国家（地区）城镇人口/国家（地区）总人口×100%。城镇化率又称城市化率、城市化度、城市化水平、城市化指标，城镇化是社会生产力发展的必然产物。城镇化是一个综合性概念，不仅是一个城镇数量与规模扩大的过程，同时也是一种城镇结构和功能转变的过程，表现最为明显的是一个国家或地区的农业人口转化为非农业人口，即人口由农村向城镇转移。

（4）库存和安全库存。为了应对将来的需要，暂时需要储存一些资源，这些资源可被称为库存。库存分为两部分：一部分是用于满足正常需求而准备的经常性库存；另一部分就是用于防止不确定需求或补货而准备的安全库存（图 8-10）。根据库存的总体用途，可以将库存分为周期性库存、安全库存、季节性库存和在途库存几类。其中，周期性库存，指用于日常运作的存货。在途库存，指处于运输过程中的存货，即在航空、铁路等运输线上的物资。季节性库存是指某些物资的供应或产品的销售经常受到季节性因素的影响，为了保证生产和销售的正常进行，需要一定数量的季节性库存。安全库存是指供应商在生产过程中面对可能突发的各种灾害突然出现而导致交通存在障碍等，这些因素使得某种资源的供应受到影响，为了防止这些意外情况，需要设立安全库存。

（5）地震应急物资安全储存。在地震灾害发生后，考虑到应急物资需求和供应周期的不确定性，以及物资延迟到货或者到货数量低于预期等因素，应考虑健全城市应急物资供应体系，保障震后向灾区供应应急物资时，除了考虑周期性库存外，还应设置一定量的安全库存。

安全库存的定义是考虑到物品在制造和供应过程中会存在一些不确定性因素，常常需要设立额外一部分库存。在这里，要正确理解经常性库存和安全库存的含义。若需求是确定的，企业则无须安全库存，只需按照需求数据准备经常性库存就能够满足需求。而现实中，由于地震灾害的突发性，绝大部分需求是不确定的，这就要求两部分库存都要准备。其中，经常性库存是按照预计最有可能发生的需求量准备的库存，一般按照需求特性取其均值；地震应急物资安全库存则是按照实际需求可能超出需求均值的差额准备库存，差额的多少取决于地震灾害发生时，由应急物资的需求量决定的。

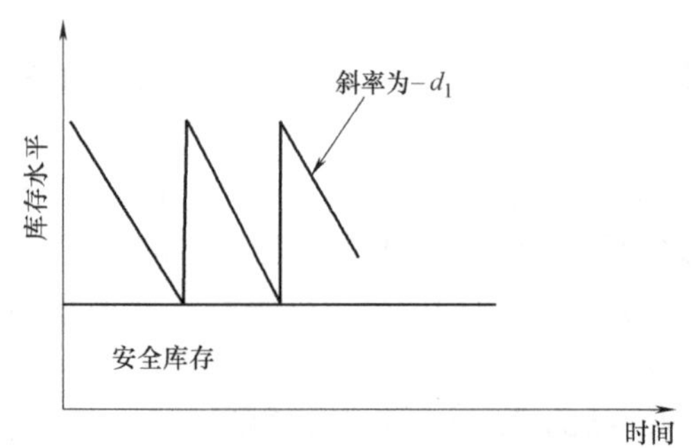

图 8-10 库存水平随时间变化图

需求量的变化给存储分析带来了风险与不确定因素，安全库存作为库存的一部分，主要是为了应对在需要和订货点发生短期的随机变动的情况下设置的。安全库存作为一种额外持有的库存，其主要作用是补偿在补充供应的提前期时间内实际需求量超过期望需求量或提前期时间早于期望提前期时间所产生的需求。在这样的背景下，地震灾害发生时，适当的安全库存可保障震后城市应急物资的所需。

（6）震后应急物资可供给水平。震后应急物资的可供给水平，是指震后通过库存可以直接满足需求的能力，相应地就可以得到需求不能够被库存满足的最大的可以接受的概率。震后应急物资的可供给水平与平时的安全库存、经常性库存及震后的破坏情况相关。很明显，安全库存越多，使得一个供应周期内各受灾点受灾人民需求满足的机会就越大，发生物资短缺的概率就越小。那么，应该为灾民供应多少安全库存，这是需要考虑的一个问题。在此，针对震后，由于可能造成的破坏，对震后应急物资供应产生的影响，假定震后可供给水平为 ρ。在此假定，地震发生后，若仓库不发生破坏，即可进行震后应急物资的供应。ρ 的大小与震级的大小、建筑物的抗震能力有关，可由仓库建筑的震害矩阵估算得到。

经对以上相关概念的分析，由于应急物资需求的多样性，就要求应急物资储备的多样性。根据对统计年鉴数据的研究分析，由人均消费支出可估计城市物资平时的仓储情况，社会消费品零售总额可以反映平时城镇居民的物资消耗情况，故选取社会消费品零售总额来进行模型分析。

8.3.2　城市应急食品供应保障能力的概率模型

1. 模型基本思路及步骤

强震的发生通常会造成很大的人员伤亡和经济损失，即使是中等地震，如果发生在经济较为发达、人口稠密或地位极其重要和敏感的地区，也会造成严重的损失和巨大的影响。减轻地震造成的损失，是抗震救灾的重要目标，而实现这一目标的重要环节之一就是震时对灾区实施快速、有效、充分的支援和救助。根据这一思路及参考大量震害案例，假定应急物资的概念模型如下：

$$Y=K_xQ_xF_x \tag{8-16}$$

式中　Y——某种救灾物资的需求量；

K——灾区本身的地区系数；

Q——气候系数；

F——根据灾区总人数、地震伤亡人口、倒塌房屋、道路破坏等实际情况计算出的某种救灾物资的理论统计需求量，且

$$F_x=f(\alpha,\text{死伤人数})+f(\beta,\text{总人数})+f(\gamma,\text{无家可归人数})+f(\theta,\text{其他}) \tag{8-17}$$

式中　α、β、γ、θ——需求系数。

$$C=\rho C_y \tag{8-18}$$

式中　C_y——震后城市本身应急物资现有数量；

C——震后城市存储作为应急物资可供给量；

ρ——震后应急物资的可供给水平。

本课题主要研究的思路是针对城市以往数据，计算城市平时食品物资储备及消耗状况，根据库存物资所能支撑的震后城市人员基本生活时间，估算城市日常的消费习惯及商场的仓储量满足灾时所需的能力，基本步骤如下：

(1) 步骤一：城市平时食品储备额计算。

在定量订货库存决策过程中，假设提前期为 L，根据各个时期的需求数据得到其分布规律，可以计算求得其均值 d 和标准差 σ_{d}，通过各种物资的供货安全库存系数 z，震后可供给水平系数 ρ 可以得到安全库存量 ss 为：

$$ss=\rho z\sqrt{L}\sigma \tag{8-19}$$

在定期订货库存决策过程中，安全库存量为：

$$ss=\rho z\sqrt{L+T}\sigma \tag{8-20}$$

式中　T——订货间隔周期。

由城市统计网站得到城镇居民人均消费数据，由以往消费习惯计算城市平时的食品存储量。

(2) 步骤二：城镇居民平时食品消耗额及储备剩余额的计算。

城镇居民食品消耗额是指平时居民生活所需所消耗的食品零售总额，其随着经济的发

展、居民的生活水平的提高、人口增长而动态增长。根据定义，可得到城镇居民平时食品消耗额的计算公式：

城镇居民食品消耗额＝社会消费品零售总额×恩格尔系数×(城镇居民人均消费支出/(城镇居民人均消费支出＋农村居民人均消费支出))×城镇化率

(3) 步骤三：震后城市仓储物资可供给天数计算

由步骤一、二，可得到城市平时物资的仓储变化情况。参考以往研究，计算地震灾害发生时应将物资的需求量，再根据震后应急地震物资的所需，计算震后城市应急物资可供给天数。

(4) 步骤四：震后城市食品物资应急供应能力概率模型计算

根据步骤三的计算结果，应用各种概率分布函数进行拟合，并进行假定检验，最终得到城市平时的食品储备作为应急物资对震后可供给概率模型。

2. 震后城市应急食品可供给天数计算

突发事件发生后同一和不同应急时期，同一和不同需求点对应急物资的需求都存在轻重缓急之分。震后应急救援的不同相应阶段，需要的应急物资在种类上存在差别。这导致应急救援不同阶段对应急物资的需求有不同的紧迫程度，这是一个客观存在的情况。按应急物资使用的紧急情况可分为一般级、严重级和紧急级。食品应为紧急类物资，鉴于食品的多样性，为了能够详细说明模型建立，在此以主食类食品为主要内容进行计算说明。

北京是全国的政治、经济和文化中心，同时也是地壳运动强烈、强震多发的地区。由于所处的地震地质环境比较特殊，在经济、社会加快发展的同时，加强对该地区的震后应急物资可供给能力的研究，对做好该地区的防震减灾工作具有重要的理论与现实意义。因此，本节选取北京作为分析区域和研究对象，按以上步骤进行计算。

(1) 步骤一：城市平时食品储备额计算

由城市的统计网站获得城市 2008～2013 年每年 3～12 月的相关消费数据，如表 8-22 所示。

城镇居民人均消费支出（元/人） **表 8-22**

	2008 年	2009 年	2010 年	2011 年	2012 年	2013 年
3 月	4006	4377	4914	5417	6086	6911
4 月	5256	5764	6448	7127	7988	8954
5 月	6705	7340	8107	8885	9983	11078
6 月	7988	8708	9659	10606	11816	13099
7 月	9274	10111	11242	12297	13656	15120
8 月	10621	11602	12882	14092	15675	17314
9 月	12101	13173	14631	15957	17663	19541
10 月	13577	14800	16505	17982	19811	21643
11 月	15027	16405	18165	19891	21932	23917
12 月	16460	17893	19934	21984	24046	26275

由城市国民经济和社会发展统计公报得到城镇居民的恩格尔系数，如表 8-23 所示。

北京城镇居民恩格尔系数　　　　表 8-23

项目	单位	2008	2009	2010	2011	2012	2013
城镇居民家庭恩格尔系数	(%)	33.8	33.2	32.1	31.4	31.3	31.0

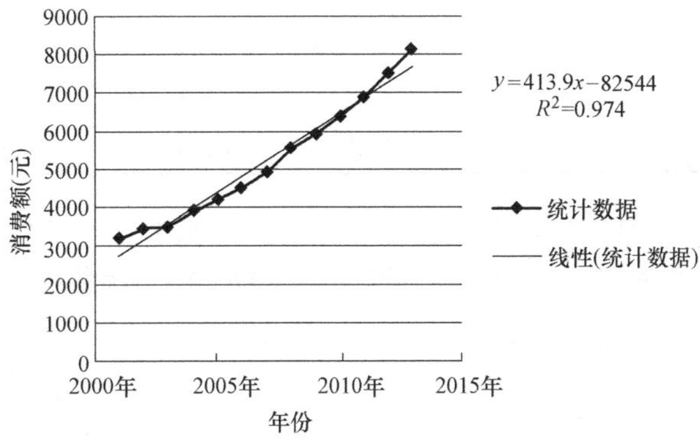

图 8-11　人均食品消费性支出

城镇居民人均食品消费性支出＝城镇居民人均消费支出×恩格尔系数，结合以往数据，由图 8-11 可以看出，人均食品消费性支出随着年代呈线性增长。

城镇人均食品储备额（元/人）　　　　表 8-24

	2008 年	2009 年	2010 年	2011 年	2012 年	2013 年
3 月	19614.03	2108.16	2280.39	2453.94	2719.92	2984.41
4 月	2389.53	2568.65	2772.81	2990.88	3315.24	36114.74
5 月	2879.29	3091.88	3305.35	3542.89	3939.68	4276.18
6 月	3312.94	3546.06	3803.54	4083.28	4513.41	4902.69
7 月	37414.61	408.85	438.68	4614.26	5089.33	5529.20
8 月	4202.90	4506.86	4838.12	51714.89	5721.28	6209.34
9 月	4703.14	5028.44	5399.55	5763.50	6343.52	6899.71
10 月	5202.03	5568.60	6001.11	6399.35	7015.84	7551.33
11 月	5692.13	6101.46	6533.97	6998.77	7679.72	8256.27
12 月	6176.48	6595.48	7101.81	7655.98	8341.40	89814.25

将表 8-22 数据代入公式（8-20），即可得城镇人均食品储备额，如表 8-24 所示。

在表 8-24 的基础上，乘以城镇人口数量，即可得到城市平时食品储备总额，见表 8-25和图 8-12。

城镇平时食品储备总额（亿元）　　　　表 8-25

	2008 年	2009 年	2010 年	2011 年	2012 年	2013 年
3 月	282.88	321.07	366.56	4114.14	476.38	535.42
4 月	345.38	392.86	448.14	509.77	581.83	650.29
5 月	418.27	474.88	5314.11	605.44	692.83	770.12
6 月	483.67	546.93	621.40	699.63	795.34	884.64
7 月	549.86	621.36	708.20	792.68	898.65	999.60

续表

	2008年	2009年	2010年	2011年	2012年	2013年
8月	619.72	700.94	798.92	891.84	1012.29	1124.70
9月	696.91	785.31	896.37	995.30	1124.66	1252.12
10月	774.62	873.27	1001.49	11014.98	1246.36	1372.98
11月	851.74	960.77	1096.15	1214.92	13614.05	1504.00
12月	928.71	1042.82	11914.65	1332.45	14814.82	1640.26

由表8-25可以得到图8-12。由图8-12可以看出，城镇平时食品储备总额是呈周期性逐渐上升的趋势，一个周期相当于一年，这与居民的一年的饮食规律相符合。

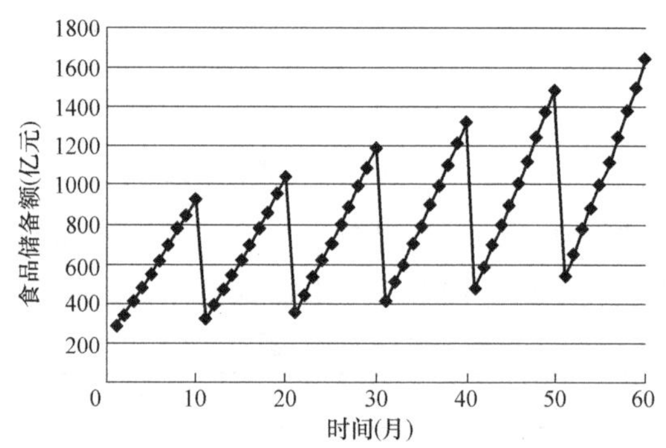

图8-12　城市平时食品物资储备总额

（2）步骤二：城镇居民平时食品消耗额及储备剩余额的计算。

由统计年鉴，可得社会消费品零售总额中食品类商品的零售额，相当于是社会消费品零售总额和恩格尔系数的积，如表8-26所示。

社会食品类商品零售额（亿元）　　表8-26

	2008年	2009年	2010年	2011年	2012年	2013年
3月	292.60	3214.70	380.70	416.40	451.90	453.20
4月	383.80	428.60	490.60	533.10	580.50	564.90
5月	481.60	5314.90	606.10	660.00	716.30	683.90
6月	568.60	634.30	725.10	788.70	856.70	806.50
7月	656.20	733.80	841.00	913.20	988.30	945.80
8月	753.40	838.20	962.50	1043.40	1126.30	10814.00
9月	855.20	9414.20	1093.60	1180.40	12714.70	1254.20
10月	949.00	1051.30	1224.70	1315.10	1419.30	1409.90
11月	1041.90	1148.80	1341.80	1436.90	1549.80	1546.00
12月	1138.90	1251.50	1331.00	1561.40	1679.10	1672.60

城镇居民食品消耗额＝社会食品类商品零售额×(城镇居民人均消费支出/(城镇居民人均消费支出＋农村居民人均消费支出))×城镇化率，由统计数据及计算数据可得图8-13。由图8-13趋势线可知，居民食品类消费也呈一定周期性，且随着年份阶梯性上升。

由图 8-13 趋势线可知，居民食品类消费也呈一定周期性，且随着年份阶梯性上升。

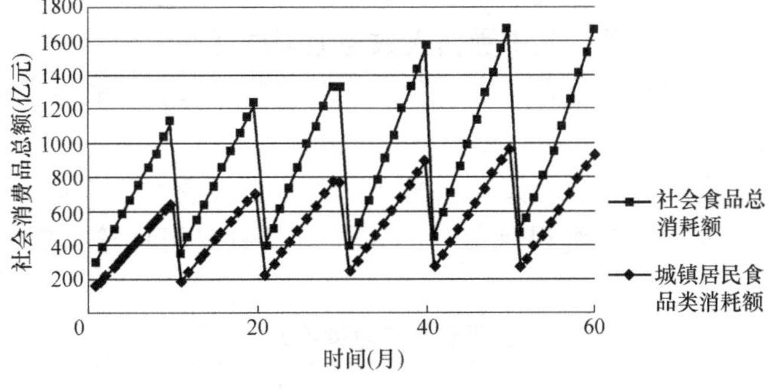

图 8-13　社会食品总消耗额与城镇居民食品类消耗额

主食类食品储备剩余额=(城市平时食品物资储备总额－城镇居民食品消耗额)×主食类食品消费比，最终确定平时主食类食品储备剩余额的大小。计算结果见表 8-27，具体数据见附表 1。

主食类食品储备剩余额（亿元）　　表 8-27

月/年	2008	2009	2010	2011	2012	2013
3 月	8.45	13.36	14.17	16.77	19.96	13.50
4 月	12.29	14.62	15.84	19.18	22.79	14.96
5 月	13.50	16.17	114.67	21.15	25.62	16.55
6 月	14.96	114.97	19.10	23.23	214.80	114.81
7 月	16.55	19.67	20.92	25.30	30.28	19.76
8 月	114.81	21.85	23.08	214.54	33.21	21.98
9 月	19.76	24.32	25.23	29.96	35.62	24.40
10 月	21.98	214.11	214.86	33.15	39.08	26.56
11 月	24.40	30.41	30.64	36.84	8.45	13.36
12 月	26.56	32.79	41.13	41.72	12.29	14.62

由表 8-27 可绘图 8-14。由图可以看出食品的储备剩余额的趋势线与食品的储备额、消耗额相对应，都具有周期性且呈增长趋势。

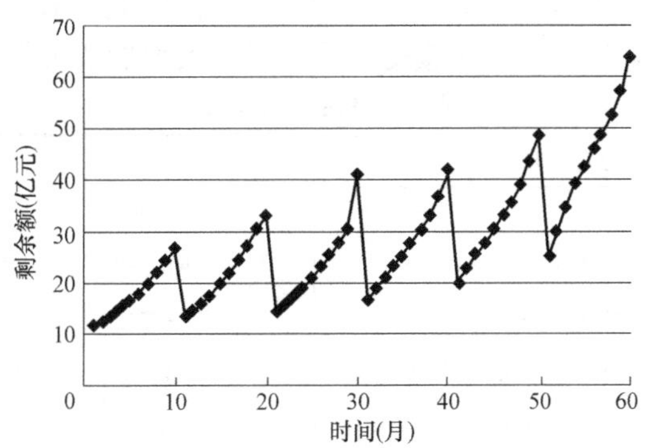

图 8-14　震后城市主食类食品储备剩余额

步骤三：震后城市主食类食品应急供应天数计算。

根据以往研究，可得到城市震后主食类食品需求量。参见式（8-17），食品的需求量与区域总人数和受伤人口有关。其中受伤人数与地震烈度的大小、房屋的抗震能力、总人数等有关，因伤亡人数相对于总人口来讲较小，对总体应急食品的需求量影响较小，在此假定的灾害烈度为中震。

震后城市主食类物资应急供应天数=城市平时主食类食品储备剩余额/灾时城市所有人员每天主食类食品所需。最终得到震后城市主食类食品可供给天数，见表 8-28，具体计算数据见附表 2。

城市主食类食品应急供给天数（天）　　表 8-28

	2008 年	2009 年	2010 年	2011 年	2012 年	2013 年
3 月	4.1	4.5	4.5	4.5	4.9	5.8
4 月	4.4	4.9	4.9	5.1	5.6	6.9
5 月	4.8	5.4	5.4	5.6	6.3	14.9
6 月	5.7	6	6	6.2	6.8	8.9
7 月	6.3	6.6	6.6	6.7	14.4	9.6
8 月	6.7	14.2	14.2	14.3	8.1	10.5
9 月	14.4	8	8	14.9	8.6	8.1
10 月	8.2	8.9	8.9	8.7	9.4	8.8
11 月	9.1	10	10	9.7	10.5	13
12 月	9.8	10.7	10.7	10.9	8.7	14.5

由步骤三的结果是步骤四进行计算的基础，步骤四在下节进行详细说明。

3. 城市应急食品供应保障天数的分布概率模型研究

为了确定北京市城市震后主食类物资可供给能力的可接受概率分布，需要对表 8-28 中计算所得天数其总体分布做出假设，然后对其进行总体分布的假设检验和参数估计。一般采用直观的方法来确定随机变量的总体分布做出假设，常用的方法有频数（频率）直方图和经验分布函数对比图。

（1）服从不同分布概率模型的计算

本节共选取了 6 种概率分布进行假设检验并计算相应的概率分布参数，依次是：正态分布、对数正态分布、伽马分布、极值Ⅰ型分布、瑞利（Reiligh）分布、极值Ⅲ型（Weibull）分布。假设总体分布可予接受，采用了极大似然法进行参数估计（表 8-29）。

假定分布的参数估计　　表 8-29

编号	假定分布	参数估计	
1	正态分布	$\hat{\mu}=14.6533$	$\hat{\sigma}=2.419$
2	对数正态分布	$\hat{\mu}=1.9870$	$\hat{\sigma}=0.3088$
3	极值Ⅰ型分布	$\hat{\mu}=8.7420$	$\hat{\sigma}=1.8861$
4	皮尔逊极值Ⅲ型(Gamma)分布	$\hat{k}=10.0097$	$\hat{\beta}=0.7646$
5	极值Ⅲ型(Weibull)分布	$\hat{k}=8.5211$	$\hat{\beta}=3.3939$
6	瑞利(Reiligh)分布	—	$\hat{\beta}=5.6713$

对已经算出的城市主食类物资可供给天数作频率直方图和经验分布函数图，与各个假定函数分布进行比较，检验其拟合度。

1）正态分布模型

如图 8-15、图 8-16 所示，将经验分布函数与均值为 14.65，标准差为 2.42 的正态函数的分布函数图叠放在一起，可以看出它们附和的比较好，故也就是说数据近似服从 N（7.65，2.42）的正态分布函数。

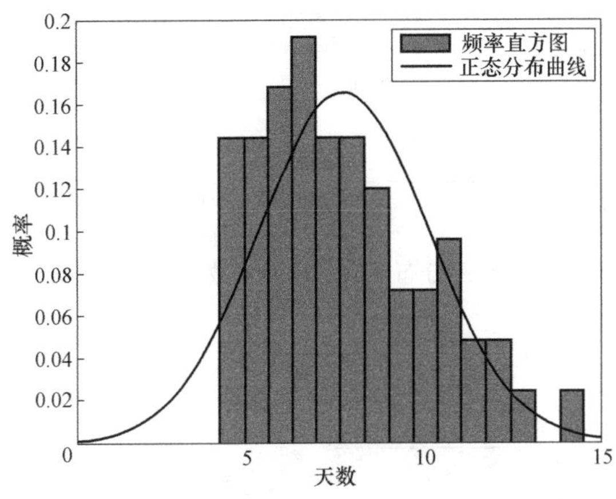

图 8-15　频率直方图和正态分布密度函数图

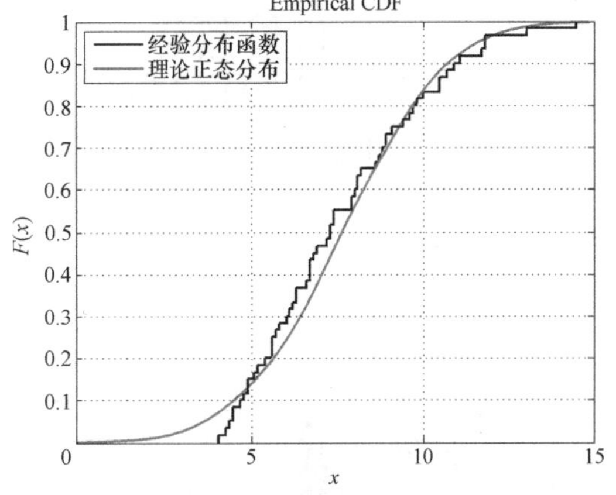

图 8-16　经验分布函数和理论正态分布函数图

正态概率图用于正态分布的检验，实际上就是纵坐标经过变换后的正态分布的分布函数图，正常情况下，正态分布的分布函数曲线是一条 S 形曲线，而在正态概率图上描绘的则是一条直线。正态概率图如图 8-17 所示，从中可以看出，除了初始异常点之外，其余“+”号均在一条红色直线附近，同样说明了统计出数据近似服从正态分布。

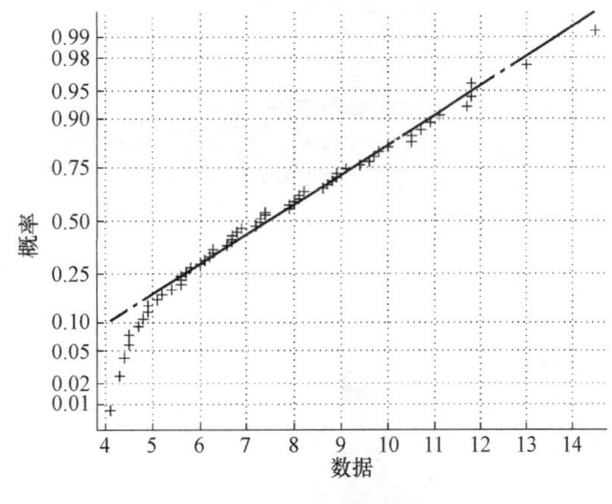

图 8-17　正态概率图

2）对数正态分布

由图 8-18 和图 8-19 可以看出，数据近似服从正态对数分布。

3）极值Ⅰ型分布

由图 8-20 和图 8-21 可以看出，数据与假定分布有一定符合度，但符合度低。

4）皮尔逊极值Ⅲ型（Gamma）分布

由图 8-22 和图 8-23 可以看出，数据近似服从皮尔逊极值Ⅲ型（Gamma）分布。

5）极值Ⅲ型（Weibull）分布

由图 8-24 和图 8-25 可以看出，数据近似服从极值Ⅲ型（Weibull）分布。

极值Ⅲ型（Weibull）概率图用于极值Ⅲ型（Weibull）分布的检验，从中可以看出，统计出数据近似服从极值Ⅲ型（Weibull）分布，如图 8-26 所示。

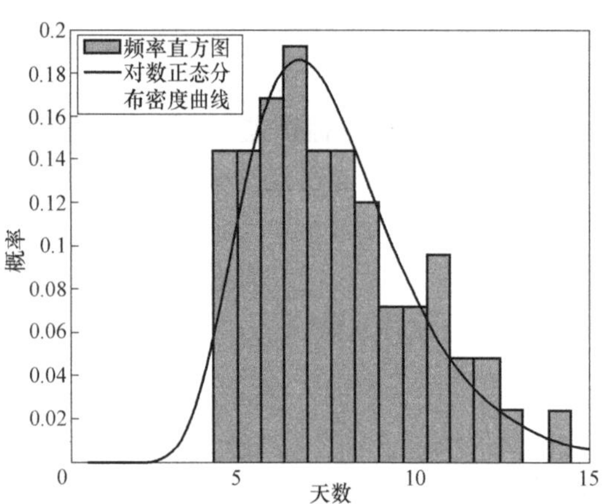

图 8-18　频率直方图和对数正态分布密度函数图

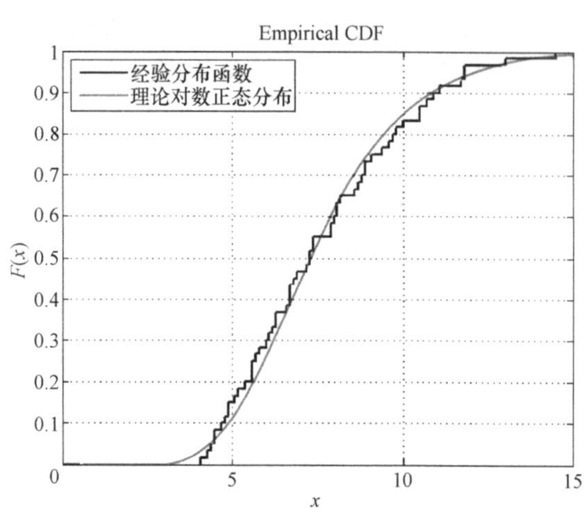

图 8-19　经验分布函数和理论对数正态分布函数图

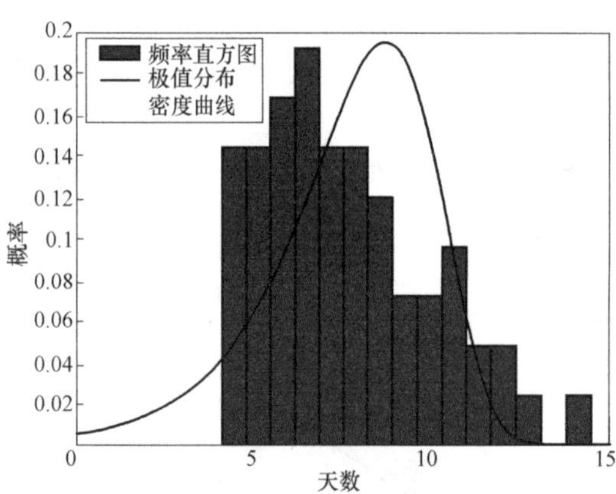

图 8-20　频率直方图和极值Ⅰ型分布密度函数图

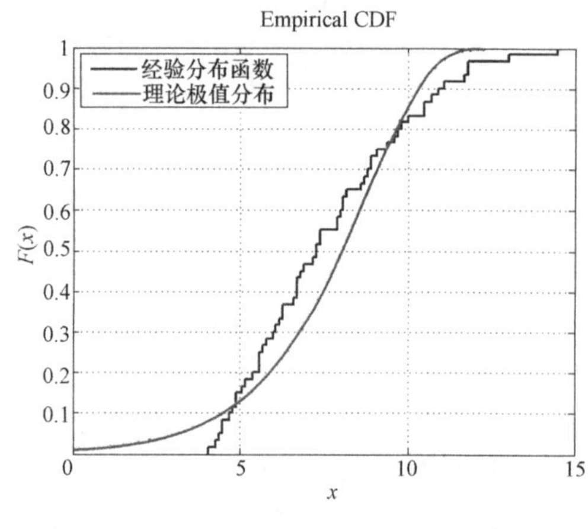

图 8-21　经验分布函数和理论极值Ⅰ型分布函数图

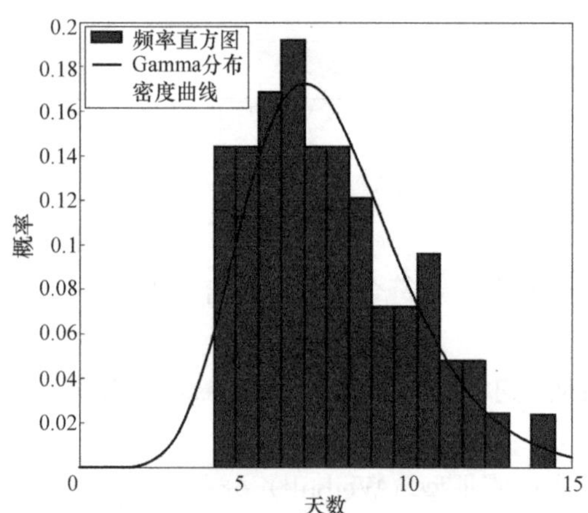

图 8-22　频率直方图和极值Ⅲ型（Gamma）分布密度函数图

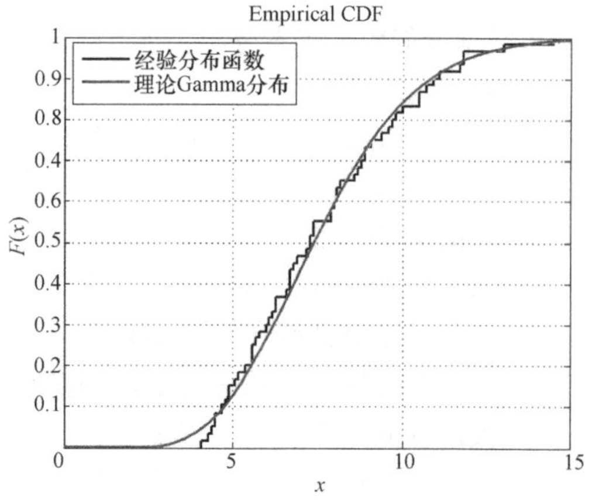

图 8-23　经验分布函数和理论极值Ⅲ型（Gamma）分布函数图

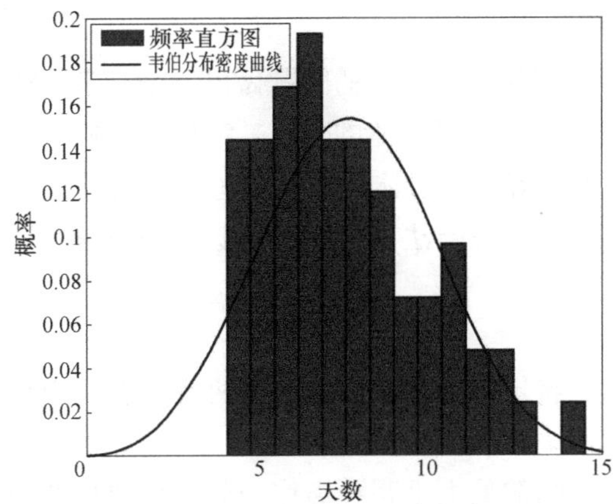

图 8-24　频率直方图和极值Ⅲ型（Weibull）分布密度函数图

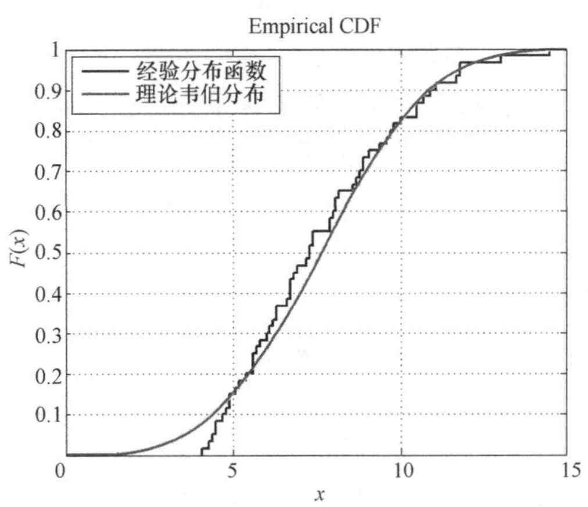

图 8-25　经验分布函数和理论极值Ⅲ型（Weibull）分布函数图

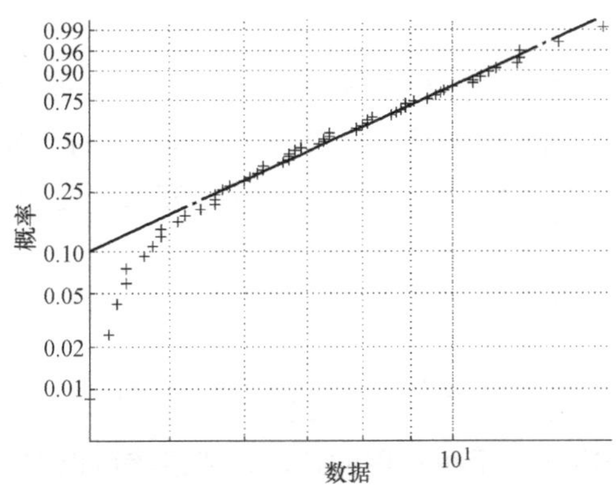

图 8-26　极值Ⅲ型（Weibull）概率图

6）瑞利（Reiligh）分布

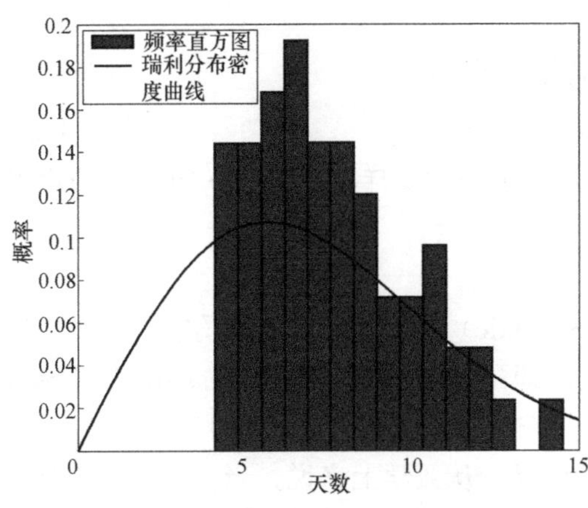

图 8-27　频率直方图和瑞利（Reiligh）分布密度函数图

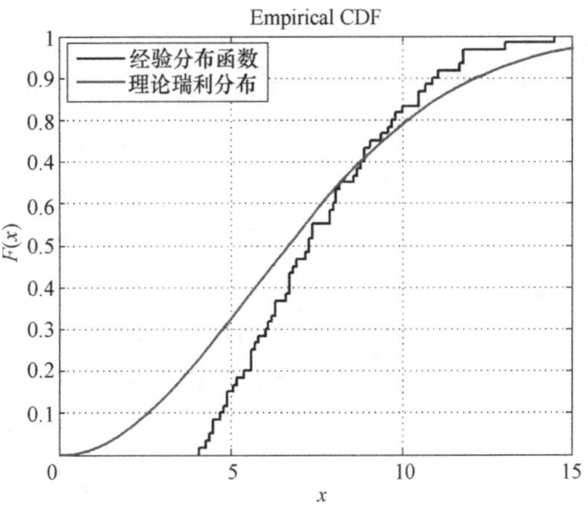

图 8-28　经验分布函数和理论瑞利（Reiligh）分布函数图

由图 8-27 和图 8-28 可以看出，数据不服从瑞利（Reiligh）分布。

（2）假设分布检验

假设检验的基本思想是依据过去的信息对不能肯定（确定）的问题做出一个肯定（或否定）的回答。随机变量的理论分布类型是否真的代表变量总体的分布，需要进行假设检验。常用的假设检验方法有 χ^2 检验、t 检验、F 检验等，对总体分布函数进行假设检验最常用的也是比较有效的方法柯尔基哥洛夫-斯米尔诺夫检验法，即通常所说的 K-S 检验，另一种方法即为卡方检验。

1）Kolmogorov-Smirnov 检验

K-S 检验方法是以样本数据的累计频数分布与特定理论分布比较，若两者间的差距很小，则推论该样本取自某特定分布族。

Kolmogorov 和 Smirnov 提出和发展了用函数间的最大垂直距离作为分布相似性的一种度量的统计方法，由此也启发开拓新的统计诊断的基本方法。为此，先简单介绍 Kolmogorov 提出的一种拟合优度检验。检验拟合优度通常是考察一个来自某个未知分布的随机样本，检验其未知分布函数是否符合零假设为某个已知而具体的分布，即零假设具体指明了某个分布 $F(x)$。

通过一组来自于某个总体的随机样本（x_1，…，x_n）的经验分布函数 $F_n^*(x)$ 与 $F(x)$比较，来判断 $F(x)$ 为总体的真实分布是否合理。这种检验方法的优点在于：一方面，它是在每一个点对总体分布都进行检验；另一方面，它对样本总量的要求不是很严格。

样本的经验分布函数：

$$F_n^*(x) = \frac{1}{n}\sum_{i=1}^{n} I(X_i \leqslant x) \tag{8-21}$$

上式是总体的未知分布的一个很有用的估计，所以我可以把 $F_n^*(x)$ 与 $F(x)$ 所假设分布函数作比较，看它们是否吻合。

即对于假设检验问题：

H_0：样本所来自的总体分布服从某特定分布；H_1：样本所来自的总体分布不服从某特定分布。

设 D 为 $F_n^*(x)$ 与 $F(x)$ 差距的最大值，定义如下式：

$$D = MAX\left|F_n^*(x) - F(x)\right| \tag{8-22}$$

结论：当实际观测 $D > D(n,\alpha)$（$D(n,\alpha)$ 是显著水平为 α 样本容量为 n 时，D 的拒绝临界值），则拒绝 H_0，反之则接受 H_0 假设。

2）卡方检验

皮尔逊卡方统计量（Pearson′s Chi-square Statistic）是由统计学家皮尔逊于 1899 年提出的用于检验实际分布于理论分布配合程度，即配合度检验（Goodness-of-Fit Test）的统计量。

卡方就是事件发生的观察值与期望值之间的差异。从数学上来说，当 k（$k>2$）个事件发生时，测量到 k 个观察次数（o_1，o_2，…，o_k），及其相对期望次数（e_1，e_2，…，e_k），卡方统计量就由下式表示：

$$\chi^2 = \sum_{i=1}^{k} \frac{(o_i - e_i)^2}{e_i} \tag{8-23}$$

很明显，如果期望次数与观察次数越一致，则 χ^2 值越小。而 χ^2 值越大，则表明实际情况与期望情况有很大的差异。卡方检验就是研究统计样本的实际观察值与理论值之间的偏离度。以本次数据为例对卡方的实际应用进行说明。o_i 是指某个时间内实际可供给天数，e 是相同时间内理论平均可供给天数，n 是统计次数，χ^2 即是卡方统计量。如果 χ^2 越大，就表示实际可供给天数与期望可供给天数之间的差异越大。通过对照 χ^2 分布表，在一定的自由度下，可以计算该卡方统计量的置信区间，再与显著性水平进行比较，从而推断出可供给天数在月份上的分布是否有显著性。

由于卡方检验所涉及的数据比较简单，计算过程容易掌握，已被研究者广泛采用。但是，尽管数据资料和检验过程都非常简单，但在科学、严谨的应用性上还存在一些问题。

3）假设检验的 P 值参数估计

P 值是进行检验决策的另一个依据。计算出 P 值后，将给定的显著性水平 A 与 P 值比较，就可作出检验的结论：如果 $A>P$，则在显著性水平 α 下拒绝原假设。如果 $A<P$，则在显著性水平 A 下接受原假设。在实践中，当 $A=P$ 时，也即统计量的值 C 刚好等于临界值，为慎重起见，可增加样本容量，重新进行抽样检验。

对上述六种假定总体分布分别进行置信度 $\alpha=0.05$ 的卡方和 K-S 检验。检验 P 值及结果如表 8-30 所示。

假定分布的两种假设检验　　表 8-30

编号	假定分布	K-S 检验		卡方检验	
		检验结论	检验的 P 值	检验结论	检验的 P 值
1	正态分布	接受原假设	0.6673	接受原假设	0.6166
2	对数正态分布	接受原假设	0.9903	接受原假设	Nan
3	极值Ⅰ型分布	接受原假设	Nan	接受原假设	0.0762
4	皮尔逊极值Ⅲ型(Gamma)分布	接受原假设	0.9904	接受原假设	0.8513
5	极值Ⅲ型(Weibull)分布	接受原假设	0.7059	接受原假设	0.7063
6	瑞利(Reiligh)分布	拒绝原假设	0.0024	拒绝原假设	0.0273

结果表明，一般来讲，皮尔逊极值Ⅲ型（Gamma）分布是符合最好的分布，其次是对数正态分布和极值Ⅲ型（Weibull）分布。

8.3.3　政府补贴下应急食品供给保障天数的概率模型

为了有效地处置突发事件，我国《突发事件应对法》中规定：县级以上地方各级人民政府应当根据本地区的实际情况，与有关企业签订协议，保障应急救援物资、生活必需品和应急处置装备的生产、供给。

协议企业实物储备是指国家及各级政府在实物储备之外，通过与相关企业签订储备合同，将一部分应急物资交由企业储备管理，以保证应急物资供应的方式。企业由于日常生产经营需要，会储备一定量的半成品或产成品，利用协议企业储备，可以有效利用企业储备的规模优势，降低应急物资储备的成本。同时也方便了储备物资的轮换，提高了应急物资品质。对于生活类应急物资和易变质的物资由协议企业进行储备是一种很好的方式。地震灾害一旦发生，当政府的实物储备不能满足应急物资需求时，迅速调运各个超市、商场等物资储备，填补应急物资需求的缺口。但是，企业毕竟是以盈利为目的，政府要给予一定的补贴，以保证协议企业应急物资实物储备的数量和品质。

本节在前两节研究的基础上，即在震后城市主食类食品物资应急供应能力概率模型的基础上，考虑政府补贴下，研究保障震后城市人民基本生活天数所需政府补贴以及震后应急食品物资达到一定保障率的补贴模型，为政府震前应急物资储备投入提供一定参考。

本节不考虑具体储备方式，只研究现有物资储备条件下，考虑政府补贴下政企实物储备模式。政府补贴成本应该包括增加库存占用资金补贴、增加库存补贴以及增加库存带来的调运补贴。T 为政府补贴额，设 Q 为政府仅进行实物储备时的实物储备量，则政府补贴计算公式为：

$$T=s\times Q\times l+c\times Q+d\times Q \tag{8-24}$$

式中 s——应急物资的单位生产成本；

l——当期银行贷款利率；

c——政府实物储备的单位库存成本；

d——政府实物储备的单位调运成本。

由上述研究知道，$X\sim Ga(10.01，0.765)$，若考虑政府补贴，此时城市物资可供给天数的概率分布表达式为：

$$P[D_j/T]=F(D_j,T) \tag{8-25}$$

式中 T——给定的政府补贴额；

D_j——城市物资可供给天数。

由上可计算城市可供给物资达到 7 天（D_7）及以上天数的概率分布为：

$$P[D_7/T]=1-F(D_{>7},T) \tag{8-26}$$

同样以北京市为例，由公式（8-24）可计算出 2008～2013 年政府每年保障震后主食类食品供给天数增加一天所需要补贴额，见表 8-31。食品的保质期一般在 15 天，以 2008 年为例，计算若满足震后人民生活 7 天、8 天、10 天、12 天、15 天下的主食类食品保障，政府补贴额概率曲线，如图 8-29 所示。

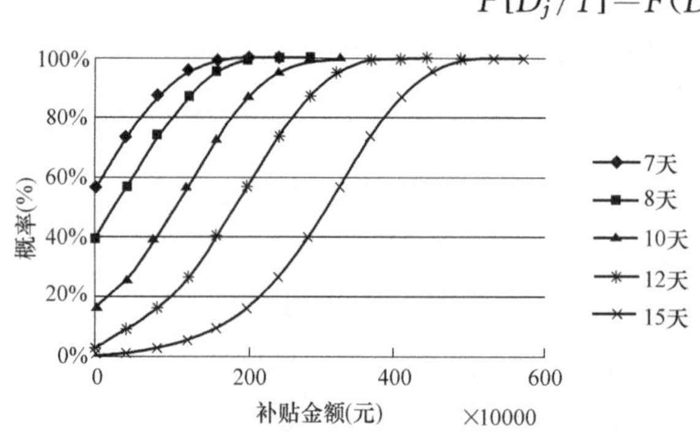

图 8-29 满足震后一定保障天数下政府补贴额概率曲线

政府增加供给天数所需补贴 **表 8-31**

年	人口(万人)	当期贷款利率(%)	补贴 15 天利率(%)	补贴费用(元/天)
2008	1503.6	5.994	0.25	408824.08
2009	1581.1	4.86	0.20	386366.25
2010	1686.4	5.225	0.22	475943.20
2011	1740.7	5.6	0.23	5622214.74
2012	1783.7	5.6	0.23	617269.25
2013	1825.1	5.6	0.23	673400.71

同理，假定震后需保障天数为 N，达到保障概率 P 的天数为 N_P 保障 P 概率下政府需补贴天数为 $\widetilde{N}$，则

$$\widetilde{N}=\int_{N_P}^{N}f(x)(N-x)\mathrm{d}x=N(F(N)-F(N_P))-\int_{N_P}^{N}f(x)x\mathrm{d}x \tag{8-27}$$

经计算可到震后一定保障概率政府补贴天数概率曲线，如图 8-30 所示。

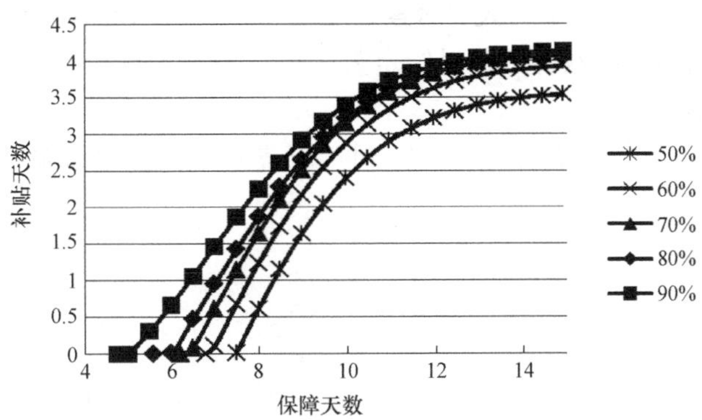

图 8-30　一定保障概率下政府补贴天数概率曲线

本节根据应急物资特性建立的城市主食类食品应急供应概率模型，针对城市平时的物资储备情况对震后应急物资可供应的能力有了更直观的评价。在其基础上得到的考虑政府补贴，保障一定天数和一定概率的政府补贴概率曲线，为科学合理地研究应急物资储备方式、优化应急储备结构、合理安排应急投入、提高应急资源利用效率、节约政府投资成本等具有十分重要意义。

8.4　灾害应急储备库的选址研究

我国在物资储备库的选址上取得了一定的进展，目前主要分为国家级物资储备库的选址，省级物资储备库的选址和市、县级物资储备库的选址，四个层次相互结合，为救灾提供物资的保障，但是在每个层面上所考虑的因素及起到的作用又是不同的，结合以往研究，考虑到市、县级物资储备库的选址具有很大的共性，而目前的每个县级市都设有自己的储备库，所以重点对城市物资集散地的选址进行研究，提高物资分发效率，保障救援的高效进行。设施的选址问题一般包括两个层次的问题：第一个问题就是选位，选择哪个地区建造，建造的规模是多大等问题，比如是南方还是北方，A 城市还是 B 城市等；第二个问题就是寻址，地区选定之后，具体选择在该地区的什么位置建造，在该地方建造是否安全、实用等问题。应急物资库选址问题一直是选址问题研究的重要领域之一。

8.4.1　储备库选址的主要原理

长期以来，人们都在对储备库选址的模型方面进行研究，在受灾点已知的情况下，从各个备选储备点中找到到各个受灾点距离最小的储备点，通过合理的模型选址可以实现救灾物资的更优化配置，为灾害救援提供更有效的支持。下面简单介绍一下最大覆盖模型、p-中心模型、集合覆盖模型、p-中值模型的基本原理，并对它们的优缺点进行分析，以便在选址的过程中找出合理的模型。

为了获得选址模型，做以下假设：

设 $S=\{S_i \mid i=1,2,\cdots,m\}$：应急需求点的集合；

$F=\{F_i \mid j=1,2,\cdots,n\}$：候选应急服务设施点的集合；

d_{ij}：需求点 S_i 与候选应急设施 F_j 之间的距离；

D：限定需求点和候选服务设施的最远距离；

W_i：应急需求点 S_i 的权重（人口因素、受灾情况、呼叫次数）；

P：计划设置的储备库数目不超过给定数（$p\leqslant n$）；

$N_i=\ \{j \mid d_{ij}\leqslant D\}$

$x_j=\begin{cases}1，候选储备点 F_j 被选中\\0，否则\end{cases}$ $\quad y_j=\begin{cases}1，应急需求点 S_j 被覆盖\\0，否则\end{cases}$

集合覆盖模型：

$$\min z=\sum_{j=1}^{n}x_j \tag{8-28}$$

$$\text{s. t.} \sum_{j\in N_i}x_j\geqslant 1\ ,i=1,2\cdots,m;x_j\in(0,1),j=1,2,\cdots,n$$

目标函数式（8-28）使设置的服务设施数最小，约束式 $\text{s. t.} \sum_{j\in N_i}x_j\geqslant 1$ 保证每个应急点至少被一个服务设施点覆盖。

最大覆盖模型是以集合覆盖模型为改进，因此原理基本相似，是以需求满意最大化为目标，限定设施数量和时间期限为约束条件建立的模型，表示为：

$$\max z=\sum_{i=1}^{m}w_i y_i \tag{8-29}$$

$$\text{s}\cdot\text{t}\sum_{j\subset N_i}x_j-y_j\geqslant 0,i=1,2\cdots,m \quad \sum_{j=1}^{n}x_i=p$$

目标函数式（8-29）表示函数的目标为最大化需求满意。考虑资源量的限制，约束函数 $\text{s}\cdot\text{t}\sum_{j\subset N_i}x_j-y_j\geqslant 0$，$i$=1，2…，$m$ 限制需求点被覆盖到，$\sum_{j=1}^{n}x_i=p$ 指给定设施的数目。

P-中心模型

$$\min D \tag{8-30}$$

$$\text{s}\cdot\text{t}\sum_{j=1}^{n}y_{ij}=1,i=1,2,\cdots,m \tag{8-31}$$

$$y_{ij}-x_i\leqslant 0,i=1,2,\cdots,m;j=1,2,\cdots,n \tag{8-32}$$

$$\sum_{j=1}^{n}x_i=p,\quad D-\sum_{j=1}^{n}d_{ij}y_{ij}\geqslant 0$$

目标函数式（8-30）表示模型的研究目标是小化设施点到需求点的最大距离；约束条件（8-31）限制为需求点 S_i 服务的物资储备库有且只有一个，约束条件（8-32）表示可以为应急需求点服务的实施只从备选中的候选设施中选取。

P-中值模型表示为：

$$\min z=\sum_{i=1}^{m}\sum_{j=1}^{n}w_i d_{ij}y_{ij} \tag{8-33}$$

$$\text{s. t.} \sum_{j=1}^{n} y_{ij} = 1, i = 1,2,\cdots,m \tag{8-34}$$

$$y_{ij} - x_j \leqslant 0, i=1,2,\cdots,m; j=1,2,\cdots,n \tag{8-35}$$

$$\sum_{j=1}^{n} x_j = p$$

目标函数（8-33）使各个应急点到 P 个服务设施之间的总加权距离最小；约束式（8-34）表示为应急点 S_i 服务的设施仅为一个；约束式（8-35）保证仅为一个开放的服务设施指派应急点。

8.4.2　各级储备库选址模型的选择

1. 应急设施选址模型的主要特点

应急设施模型除了以上所介绍的集合覆盖模型、最大覆盖模型、P-中心模型、P-中值模型，还有其他相关模型。不同的储备库选址模型所设定的目标函数不相同，所选择的结果会有一定的差别，在模型建立时条件设定相同的情形下，不能笼统地说哪种模型好或坏，只能说哪种选址更适合哪种模型的问题，所以对于不同级别储备库选择合适的优化模型非常重要。表 8-32 是这几种模型的特点及使用范围。

应急设施选址模型比较　　　　**表 8-32**

模型	目标函数	模型特点	适用范围	优点	缺点
P-中值模型	加权距离之和最小化	给定 P 设施，注重效率，不涉及覆盖	非紧急性、需求较为固定、成本较高的服务设施	考虑到总成本、总距离最小	设施点须布置在与需求点特定距离之内才能满足特别的需求
P-中心模型	最大距离最小化	给定 P 设施，注重公平性，不涉及覆盖	紧急性、服务距离有限制的服务设施	能够最快服务最远端的需求点	必须覆盖到每一个需求点，可能造成浪费
集合覆盖模型	服务设施最小化	覆盖所有需求，设施数目最小化	及时性要求高、有限距离或服务时间的服务设施	覆盖所有点，能确定最小设施服务点数目	没有考虑需求的规模与需求点的权重，会造成设施数目过大
最大覆盖模型	覆盖需求最大化	给定 P 设施数目，尽量使覆盖最大化	固定成本较高、非紧急性的服务设施	最大化地利用资源	没有考虑需求规模及哪些点不被覆盖
备用覆盖模型	二次覆盖最大化	考虑系统拥挤，满足一次覆盖的前提下，最大化二次覆盖	及时性要求较高、需求较为集中的服务设施	覆盖范围较广，可以覆盖每个需求点	服务设计需求量较大，可能造成浪费
成本限制模型	最小化成本	考虑建设及运营成本限制，最小化成本	建设运营成本较高的服务设施	实现成本固定时服务最大化	不能覆盖到每一个需求点

2. 各级物资储备库的合理选址模型

国家级储备库在模型选址上，因其投资比较多，各种设施修建比较齐全，在其紧急度方面相对于县级、市级储备库及省级储备库而言，级别相对较低，主要是因为各个城市的储备库可以直接向本地区进行物资输送，距离比较近，而国家级储备库的数目是在国家的规划当中制定好的，也是在对其经济、社会、环境等方面进行全方位评估的基础上修建的，所以数目不可能随意改动，它也要求其覆盖范围实现最大化，尽量覆盖到每一个地区，这是从社会公共资源公平性方面考虑的，而这些特征和最大覆盖模型的特征比较相似，所以，在选择国家储备库模型的时候一般可以考虑最大覆盖模型。

省级储备库选址与国家储备库的选址有相似之处，其储备库的数量及规模是由政府来确定的，会考虑国家政策、灾害分布、经济状况等很多因素，通过更加合适的模型可以使其花费同样的人力物力得到更好的效果，其应急性相对比较高，在资源优先的情况下尽量实现覆盖最大化，综合考虑此特征选择最大覆盖模型比较合适。

城市集散地的选址指的是为各地调来的物资或当地的物资找出一个合理的收集及分发的场所，集散地一般是在灾后临时选择的，当然也可以灾前提前找出几个预备点，一般来说，集散地对应急性的要求性很高，必须保证能比较通顺地运达并有效地发放，另一方面，在物资集散点的选择上必须坚持在效率优先的前提下兼顾公平，而 P-中心模型适合紧急性较高选址，并且强调所选的设施服务的距离设定范围，并且强调公平的原则，所以城市集散地选择 P-中心模型是比较适合的。

3. 物资选址模型的算法比较

物资储备库选址找出合理的模型之后，由于其计算工作也比较繁琐，找出合理的算法能够尽量精确和简便地算出其结果是非常关键的，目前主要的选址方法包括最优化方法、启发式方法、仿真方法、综合因素评价法、遗传方法等，几种方法的比较列于表 8-33。

各种模型算法特点的比较 **表 8-33**

选址名称	特　点	适用情况
解析方法	代数方法，只考虑成本影响，以设施位置为因变量求解	单个设施的连续型问题，影响因素少
最优化方法	精确式算法，在一定的约束条件下，从备选方案中找出最佳的方案	针对单位或多个设施的离散型选址，约束的条件不宜太多，且可以用数学式子表达出来
启发式方法	逐次逼近最优解，计算简单，求解速度快	单个或多个设施的离散型选址问题，初始方案能较准确的达到
仿真方法	通过模型重现系统活动评价选址方案，借助其他方法找到初始方案	单个或多个设施的离散型选址问题，模型大，无法手算
综合因素评价法	全面考虑各个方案进行打分、评价	单个或多个设施的离散型选址问题，影响因素多
遗传算法	搜索算法，初始参数确定后，算法与问题无关，容易得到全局最优解	针对问题较复杂的单个或多个设施的连续性选址

应急物资储备库在选址过程中，会考虑许多的影响因素，而储备库之间都是相互补充或覆盖，属于多个设施的连续性选址问题，由于储备库的选址所建立的模型一般都比较复杂，很难获得其精确解，一般都是获得其最优值，从储备库选址的选择要求的特征来看选择遗传算法是比较合适的。

8.4.3 城市物资集散地理论选址模型

集散地指的是在本地区现有储备库大小和数量一定的情况下的集散地选址问题，所以选择的集散地受到物资库的约束。不同集散地与储备库之间的道路通行状况是有差异的，本节对城市物资集散地的研究基于下面两方面特征：

第一，该城市有自己的物资储备库（包括国家储备库、省级储备库）；第二，城市被划分为数个单元网格，每个单元网格不仅是物资的灾害需求点也是物资集散地的备选点。

通过假设下面数值来建立出城市集散地的选址模型：

设：A_1，$A_2\cdots$，A_m为 m 个物资储备库；

F_1，$F_2\cdots$，F_n为 n 个受灾点，同时这 n 个受灾点也是集散地待选点；

t_{ij}^k 表示从储备库 A_k 经集散地 F_i 到达受灾点 F_j 的运输时间；

T_i 表示受灾点 F_i 收到物资的限制时间；

M_k 表示储备库 A_k 可提供的物资数量；

N_i 表示集散地待选点 F_i 物资需求量；

X_{ki} 表示从储备库 A_k 到集散地待选点 F_i 的物资运输量。

需要解决的问题是在受灾点 F_i 满足应急物资能在限制最大时间到达的前提下，在这 n 个受灾点中选择出 l 个地点作为应急物资集散地，使得最短时间内尽可能多的物资对受灾点进行援助，同时实现集散地数目的最小化。

通过分析各要素的特征，通过建立最合适的数学模型来获得城市内的最佳集散地选址，也就是获得城市内那些单元更适合建立临时集散点可以更好地服务大局，现建立以下数学模型：

目标函数：
$$\min\sum_{k=1}^{m}\sum_{i=1}^{n}w_i t_{ij}^k g_{ki} c_i+\min\sum_{i=1}^{n}c_i \tag{8-36}$$

式中　W_i——考虑受灾人口（伤亡人员与无家可归人员）、应急时间、储备容量、成本等因素影响条件下将 F_i 作为集散地的总代价的量化值。

约束条件：
$$t_{ij}^k\leqslant T_j \tag{8-37}$$

$$\sum_{i=1}^{n}X_{ki}\leqslant M_k(k=1,2,\cdots,n) \tag{8-38}$$

$$\sum_{k=1}^{m}X_{ki}\geqslant N_i(i=1,2,\cdots,n) \tag{8-39}$$

$$X_{ki}\geqslant 0\ \forall k,i \tag{8-40}$$

$$g_{ki}=\begin{cases}1,X_{ki}>0\\0,X_{ki}=0\end{cases}$$

$$C_i=\begin{cases}1,F_i\text{是城市集散地}\\0,F_i\text{非城市集散地}\end{cases}$$

其中式（8-37）是指物资从储备库到达受灾点的时间必须小于灾民对物资的最大等待时间；式（8-38）指储备点物资的供应量必须大于灾区物资需求量；式（8-39）是指必须保证受灾点的物资需求；式（8-40）是指物资储备库对受灾点物资供应量肯定不小于 0。

选例分析：

某城市有 A_1，A_2，A_3，A_4四个物资储备库，其物资的储备量如表 8-34 所示；该城市被划分十个区域网格单元，每个单元即是受灾的需求点，也是物资的待选集散点，分别为 F_1，F_2，F_3，F_4，F_5，F_6，F_7，F_8，F_9，F_{10}。各个灾害需求点 F_i 的物资需求量 N_i 如表 8-35 所示。t_{ki} 表示从储备库 A_k 到集散地 F_i 的最短时间，其值如表 8-36 所示。t_{ij} 表示集散地 F_i 到受灾点 F_j 所需要的最短时间，其值如表 8-37 所示。储备库 W_1，W_2，W_3，

W_4的值设定为1.7、1.1、1.8、1.3，求解该城市在此四个储备库约束下的最佳集散地选址问题。

物资储备库可供物资的数量 **表 8-34**

	A_1	A_2	A_3	A_4
M_k	4500	4500	5000	5000

各受灾点需求物资量 **表 8-35**

	F_1	F_2	F_3	F_4	F_5	F_6	F_7	F_8	F_9	F_{10}
N_i	650	870	310	1040	475	1100	576	850	760	1350

物资储备到待选点的运输时间 **表 8-36**

t_{ki}	F_1	F_2	F_3	F_4	F_5	F_6	F_7	F_8	F_9	F_{10}
A_1	8.6	5.5	0.8	2.7	6.0	3.2	1.2	1.2	2.0	1.5
A_2	2.5	2.8	0.1	2	1	2.5	1.0	1.5	3.0	8.5
A_3	2	3	0.5	0.4	1.5	5	0.8	3.6	1.5	3.0
A_4	2.7	6	1.7	3.0	3.7	1.5	0.4	2.5	2.3	0.8

待选点之间的最短运输时间 **表 8-37**

t_{ki}	F_1	F_2	F_3	F_4	F_5	F_6	F_7	F_8	F_9	F_{10}
F_1	0	0.5	0.8	0.6	1.2	0.8	0.6	0.5	0.8	1.2
F_2	0.5	0	0.8	0.6	1	1.4	1.2	0.8	0.6	1.4
F_3	0.8	0.8	0	0.6	0.5	0.6	1.1	1.1	0.8	0.6
F_4	0.6	0.6	0.6	0	1.4	1.2	0.5	0.8	1.2	1.0
F_5	1.2	1	0.5	1.4	0	0.8	0.4	1.0	0.6	0.7
F_6	0.8	1.4	0.6	1.2	0.8	0	0.6	1.2	0.8	1.0
F_7	0.6	1.2	1.1	0.5	0.4	0.6	0	0.7	0.7	1.2
F_8	0.5	0.8	1.1	0.8	1.0	1.2	0.7	0	1.2	0.5
F_9	0.8	0.6	0.8	1.2	0.6	0.8	0.7	1.2	0	0.7
F_{10}	1.2	1.4	0.6	1.0	0.7	1.0	1.2	0.5	0.7	0

经计算得到最佳的集散地选址点为F_3、F_7。

8.5 本章小结

本节从国家级、省级以及城市储备库选址的影响因素出发，分析各类优化模型的特点及适用范围，提出不同级别物资储备库适用模型。并以应急储备库的相关特性作为约束条件，对城市物资集散地优化选址方案进行研究，对城市应急物资储备建设提供一定的参考依据。

第 9 章　城区地震建筑压埋人员损失动态评估模型

压埋人员损失评估是城市抗震防灾中“救灾”过程中的重要内容。地震的突发性和巨大破坏力给城市带来巨大的经济损失和人员伤亡，长久以来人们一直致力于地震预测预报，但地震预测预报至今仍是未能突破的世界科学难题。因此，震后人员伤亡评估与紧急救援工作仍是抗震防灾的重点。震后人员伤亡评估及救援是城市抗震救灾子系统中的重要内容，是保障城市遭受超过设防水准灾害作用后城市工程设施抗灾能力不足的情况下的一种重要的补救措施。

震后相对准确地估计人员动态伤亡状况，及城市所能达到的救援能力，对减缓震后压埋人员的伤亡和下一步的救援安置有着直接影响。目前国内外关于地震人员伤亡评估的方法很多，评估人员伤亡每种方法考虑的因素不同，所利用的统计资料不同，甚至所适用的范围也不同，每种方法都有其各自的优缺点，大部分是针对区域人员伤亡的静态评估。由于破坏性地震的现场调查及国内外许多学者的研究表明，地震人员伤亡的主要原因是建筑物倒塌破坏造成的，所以在此主要考虑建筑物倒塌造成的人员伤亡情况。

本章借鉴以往研究，分析地震中被破坏的建（构）筑物压埋的人员动态伤亡情况，运用系统动力学构建了人口密集片区震后人员压埋伤亡及救援系统动力学评估模型。重点模拟片区震后由建筑物破坏造成的压埋人员伤亡及震后救援情况，通过模拟，提前对片区震后由建筑物倒塌造成的人员伤亡及救援状况进行评估，对抗震防灾能力不足的地方加以改进，才能在地震发生后合理地组织安排人员尽快救援，将灾害损失和人员伤亡降为最低。

9.1　城区地震建筑压埋人员损失 SD 模型建立

9.1.1　系统动态反馈机制及边界确定

城市抗震防灾是指在工程防灾的基础上，将城市防灾关键节点与线状或网状的基础设施有机结合起来，构建“点—线—面”相结合的城市救灾保障体系。生命线系统由于在功能、布设、替换、恢复作用上相互影响和反馈，且有很强的次生连载性，即一旦发生地震，由生命线的相互影响所带来的经济损失和人员伤亡不可估量。从系统工程的角度看，地震发生后，以人、物、环境为承灾体，共同构成了一个内部结构多元化的社会复杂系统，涉及生命线破坏、建筑物的倒塌、应急响应设置、抗震防灾程度等。由于地震的突发性及社会系统的复杂性必须考虑多种因素相互关系、共同发展的动态机制。解决此问题用线性系统的理论方法和静态观点显然较困难，而系统动力学在分析复杂系统的结构与行为方面很有优势。综上，系统的边界范围包括地震破坏子系统、人员伤亡子系统、应急救援子系统、抗震防灾子系统，系统边界图如图 9-1 所示。

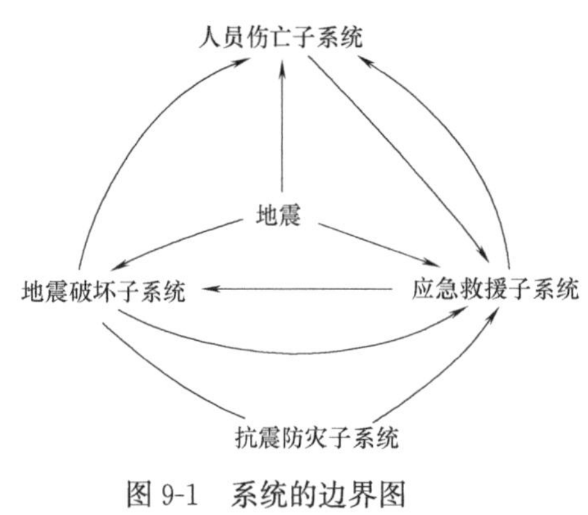

图 9-1　系统的边界图

9.1.2　系统因果关系分析

系统动力学模型的基本结构是反馈结构，这种反馈结构是建立在系统的反馈因果关系上的，根据对地震建筑物倒塌人员伤亡及救援系统动态反馈机制的分析，建立其因果关系图（图 9-2），下面进行详细分析。

在地震灾害破坏及救援的过程中存在着主观动态反馈和客观动态反馈。主观动态反馈的主要原因是人既为承灾体，同时也是灾害救援的控制者。作为承灾体，地震灾害越严重，建筑物破坏越严重，压埋人员越多，救援难度就会越来越大，救援速率就会降低。客观动态反馈主要是地震直接造成建筑物及生命线系统的破坏，由于生命线系统间功能、恢复的相互作用，引发次生灾害及修复的困境，进而导致人员的伤亡及救援的困难。

由系统边界确定模拟范围内存在的因果反馈图如图 9-2 所示，存在的主要的因果反馈环：

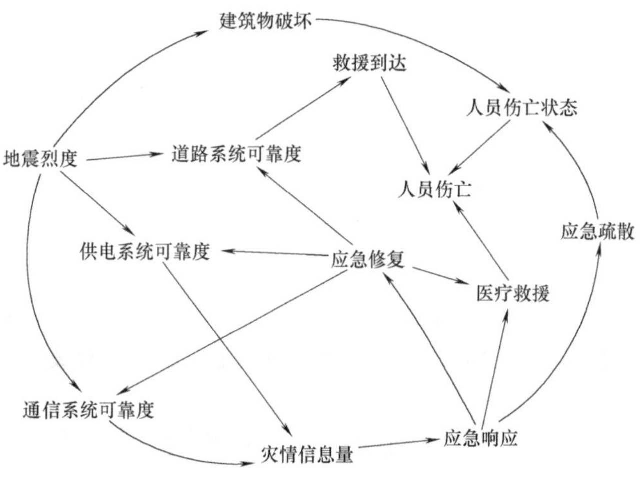

图 9-2　因果分析图

（1）地震烈度+→建筑物倒塌+→压埋人员+→救援人员+→救援速率+→压埋人员—；

（2）地震烈度+→建筑物倒塌+→压埋伤残人员+→医疗人员+→医疗速率+→压埋伤残人员—；

（3）地震烈度+→建筑物倒塌+→道路破坏度+→救援到达时间+→压埋人员伤残度+→救援速率—→压埋人员伤残度+；

（4）地震烈度+→生命线系统破坏度+→应急响应时间+→压埋人员伤残度+→救援速率—→压埋人员伤残度+；

（5）抗震防灾度+→建筑物倒塌—→压埋人员—→救援人员—→救援速率—→压埋人员+；

（6）抗震防灾度+→建筑物倒塌—→压埋伤残人员—→医疗人员—→医疗速率—→压埋伤残人员—；

（7）抗震防灾度+→道路破坏度—→救援到达时间—→压埋人员伤残度—→救援速率+→压埋人员伤残度—；

（8）抗震防灾度+→生命线系统破坏度—→应急响应时间—→压埋人员伤残度—→救

援速率+→压埋人员伤残度−；

(9) 通信系统可靠度（供电系统可靠度、道路系统可靠度)+→灾情信息量+→应急响应+→应急修复+→通信系统可靠度（供电系统可靠度、道路系统可靠度)。

9.1.3　SD模型分析及建立

1. 模型步长及总时间设置

根据震后不同阶段的特征与工作需求，将震后一定时间内划分为以小时或天为单位的关键时间阶段，对地震应急救援工作的开展有重要意义。根据已有研究和世界各大地震分析，震后的头两天死亡人数增加尤其迅速，震后三天为黄金救援阶段，一周左右，死亡数趋于饱和。综上，模型重点模拟震后7天后压埋人员伤亡及救援状况，故模拟时间设置为150小时，步长为1小时。因果关系循环图确定后，确定状态变量及对应的速率变量，使用系统动力学软件VENSIM将上述关系模型化，模型如图9-3所示。

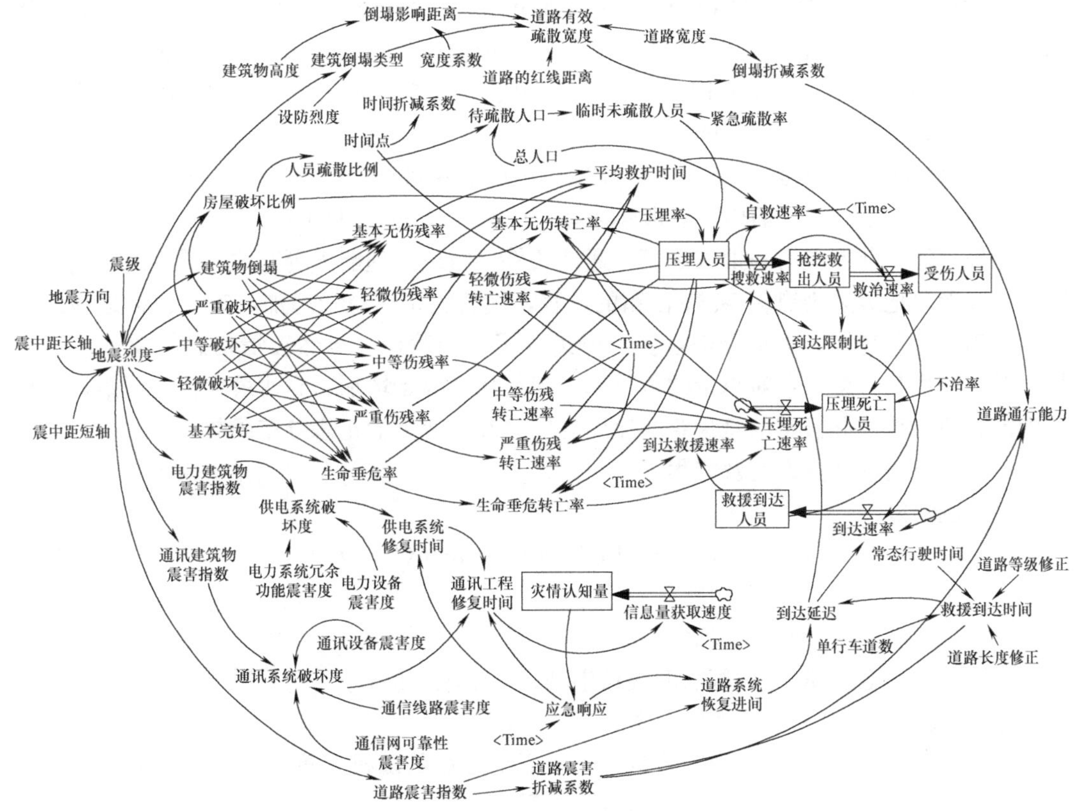

图9-3　城区地震建筑压埋人员损失动态评估模型流量图

2. 模型主要变量设置

在此模型中，共有6个状态变量及相应的5个速率变量，65个辅助变量和常量，下面对主要参数进行分析。

(1) 主要状态变量

1) 压埋人员= INTEG(搜救速率，临时未疏散人员 * 压埋率)，Units：人。

因系统的边界是在考虑抗震防灾下建立的，所以压埋人员是指在一定的紧急疏散基础上，待疏散人员未完全疏散即临时未疏散人员所造成的人员压埋。

2）压埋死亡人员＝INTEG（压埋死亡速率，受伤人员＊不治率），Units：人。

3）受伤人员＝INTEG（救治速率，0），Units：人。

4）抢挖救出人员＝INTEG（搜救速率－救治速率，0），Units：人。

5）救援到达人员＝INTEG（到达速率，0），Units：人。

6）灾情认知量＝INTEG（信息量获取速度，0），Units Dmnl。

（2）速率变量及方程

1）搜救速率＝MAX（DELAY1I（到达救援速率，到达延迟，自救速率），0）＊IF THEN ELSE（时间点＜6：OR：时间点＞18，0.6，1），Units：人/Hour。

2）压埋死亡速率＝MAX((严重伤残转伤亡速率＋中等伤残转伤亡速率＋生命垂危转亡率＋轻微伤残转伤亡速率＋基本无伤转亡率)/100，0)，Units：人/Hour。

3）救治速率＝MIN（RANDOM NORMAL（0，救援到达人员＊(1/3)/3＊5，救援到达人员＊(1/3)/3＊1/平均救护时间,0.1,2)，搜救速率），Units：人/Hour。

4）到达速率＝IF THEN ELSE（到达限制比＜0.6，DELAY1I（道路通行能力，到达延迟，0），0），Units：人/Hour。

5）信息量获取速度＝DELAY1I(EXP(－(Time-36)^2/(2＊0.5^2))＊((2＊3.14)^(－0.5)＊(0.5)^(－1))，通信工程修复时间，0.001)，Units：Dmnl。

地震灾情的获取能力与地震规模、通信条件、组织管理能力等有关，震后对灾情掌握进程可以形象地表述为黑箱-灰箱-白箱的过程，随着灾情信息量增加，灾情越接近最终结果，灰箱的颜色越浅，灾情全部掌握，就进入了白箱阶段。虽然灾情信息的总量不断增加，但信息增量（即信息对总量的贡献率）却是从零开始增加，到达最大值后回落，灾情达到饱和值。故在此假定信息量获取速度为以时间为变量的正态分布函数。

（3）主要辅助变量设置及方程

1）地震烈度：

$$I=b_1+b_2M+b_3\ln(R_a+b_4)+b_5\ln(R_b+b_6)+e \tag{9-1}$$

式中 I——烈度；

M——震级；

R_a、R_b——等烈度线长半轴、短半轴（km）；

b_1、b_2、b_3、b_4、b_5、b_6——回归常数；

e——回归分析中表示不确定性的随机变量，通常假定为对数正态分布，其值均为零。

中国大陆不同区域地质构造有一定差异，可选择采用不同区域的地震烈度衰减回归方程。

2）建筑物倒塌、严重破坏、中等破坏、轻微破坏、基本完好概率（易损性曲线的设置）

破坏概率矩阵，也称破坏易损性矩阵，描述给定地震强度时不同破坏状态的概率，和易损性曲线可以相互转换。对于不同的结构类型，地震发生时所造成的损坏也不同，所以建筑物倒塌、严重破坏、中等破坏、轻微破坏、基本完好概率曲线可由不同结构类型的建筑物震害易损曲线加权而成。在此为了简化，以砌体住宅结构类型为主进行模拟，参考汶川地震的相关资料，具体函数及参数设置如表 9-1、表 9-2 所示。

片区砖砌体住宅房屋破坏概率取值　　表 9-1

破坏形态	烈度				
	6	7	8	9	10
基本完好	80.7	415.8	21.8	13.1	2.2
轻微破坏	115.3	28.5	20.6	13.8	4.6
中等破坏	2	14.3	215.3	20.8	10
严重破坏	1	9.4	28	40.2	34.7
倒塌	0	1	3.3	9.1	48.5

片区砖砌体住宅房屋破坏概率区间矩阵　　表 9-2

破坏形态	烈度				
	6	7	8	9	10
基本完好	[10,12]	[10,12]	[10,12]	[7,9]	[0,2]
轻微破坏	[12,14]	[10,12]	[8,10]	[6,8]	[1,3]
中等破坏	[0,2]	[7,9]	[9,11]	[7,9]	[7,9]
严重破坏	[0,2]	[8,10]	[12,14]	[9,11]	[8,10]
倒塌	[0,1]	[0,2]	[2,4]	[8,10]	[11,13]

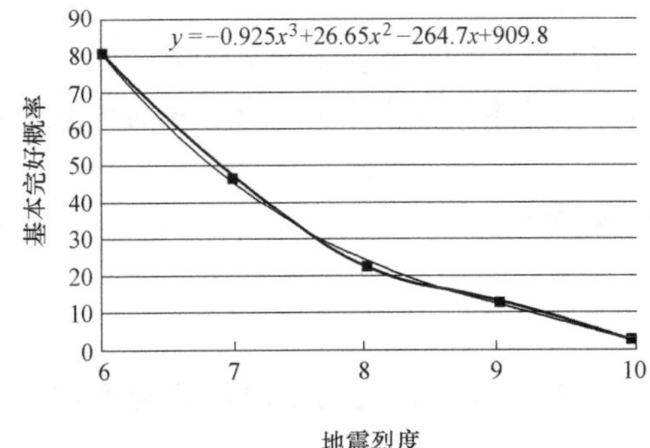

(a)

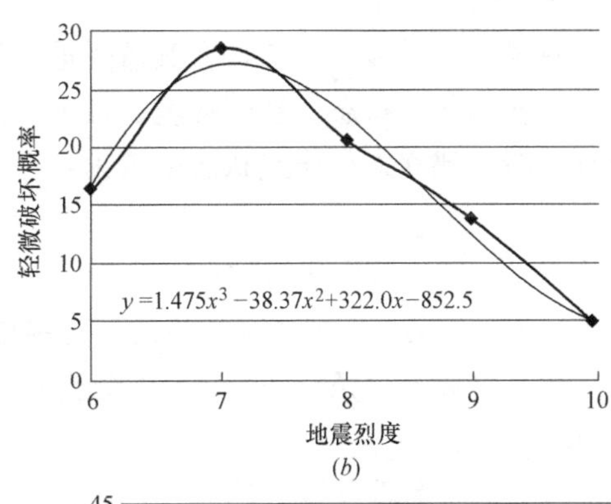

(b)

中等破坏概率

$y=-0.416x^3+5.45x^2-3.533x-83.42$

地震烈度

(c)

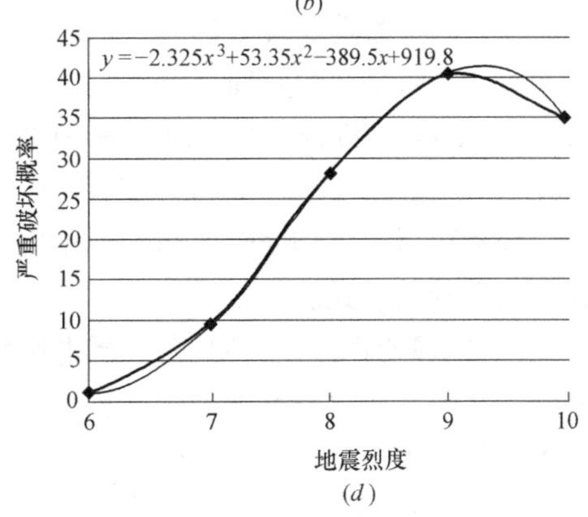

(d)

图 9-4　模型采用的易损性曲线

故得：建筑物倒塌＝(2.2 * 地震烈度^3－47.1 * 地震烈度^2＋335.8 * 地震烈度－794)/100Units：Dmnl。同理可得严重破坏、中等破坏、轻微破坏、基本完好状态下的函数关系式。具体曲线形式如图 9-4 所示。

3）生命垂危率、严重伤残率、中等伤残率、轻微伤残率、基本无伤率。由不同结构不同破坏状态下的初始伤残概率的加权叠加。本模型中取砌体结构在建筑物不同破坏状态下的人员伤亡概率。具体取值如表 9-3 所示。

建筑物各种破坏状态下的初始人员伤亡概率 **表 9-3**

伤残等级 破坏等级	1	2	3	4	5
基本完好	0.7	0.1	0.1	0.05	0.05
轻微破坏	0.5	0.2	0.1	0.1	0.1
中等破坏	0.2	0.2	0.2	0.2	0.2
严重破坏	0.15	0.15	0.2	0.25	0.25
倒塌	0.1	0.15	0.2	0.25	0.3

故得：生命垂危率＝0.3 * 建筑物倒塌＋0.25 * 严重破坏＋0.2 * 中等破坏＋0.1 * 轻微破坏＋0.05 * 基本完好，Units：Dmnl。类似可得严重伤残率、中等伤残率、轻微伤残率、基本无伤残率、的函数关系式。

4）生命垂危转亡速率、严重伤残转亡速率、中等伤残转亡速率、轻微伤残转亡速率、基本无伤转亡速率。

建筑物地震破坏状态，在其遭受地震作用后短时间内即可基本确定，而人员伤亡程度则随着初始伤亡状态、被困环境、被困时间长短、人员素质等因素而变化。综合上述因素统计分析，建立人员伤残状态函数为：

$$c(t)=(c_0^{1/n}+S_i t)^n \tag{9-2}$$

式中 c_0——初始伤残指数；

S_i——第 i 受困环境分级的环境参数。

人员身体素质条件 $n=3$。各个伤亡状态下伤残状态函数达到 1 时，即为死亡，否为 0。

故得：生命垂危转亡速率＝MAX(压埋人员 * 生命垂危率 * IF THEN ELSE(0.15 * (0.95^(1/3)＋0.005 * Time)^3＋0.264 * (0.95^(1/3)＋0.008 * Time)^3＋0.38 * (0.95^(1/3)＋0.005 * Time)^3＋0.191 * (0.95^(1/3)＋0.03 * Time)^3＋0.015 * (0.95^(1/3)＋0.07 * Time)^3>1,1,0),0)，Units：人/Hour。

同理可得严重伤残转伤速率、中等伤残转亡速率、轻微伤残转亡速率、基本无伤转亡速率的函数关系式。

5）压埋死亡速率＝MAX((严重伤残转亡速率＋中等伤残转亡速率＋生命垂危转亡速率＋轻微伤残转亡速率＋基本无伤转亡速率)－，0)，Units：人/Hour。压埋死亡速率等于各个状态下伤残转亡速率的和。

6）房屋破坏比例＝严重破坏＋建筑物倒塌＋中等破坏/2。根据以往研究，建筑物在倒塌、严重破坏、少数在中等破坏下容易造成人员压埋。

7）临时未疏散人员＝待疏散人口＊(1－紧急疏散率)。临时未疏散人员是指未完成紧急疏散的人员。

8）时间折减系数＝WITH LOOKUP (时间点，([(0,0)－(24,1)],(0,0.2896),(2,0.2896),(4,0.36),(6,0.36),(8,0.72),(10,0.72),(11,0.6496),(13,0.6496),(14,0.72),(16,0.72),(17,0.6826),(18,0.6159),(22,0.3896),(24,0.2896))),Units:Dmnl。

为方便运算，模型设定片区建筑以居住为主，假定所占比例为 0.7，通过运用 WITHLOOKUP 建立的曲线如图 9-5 所示。

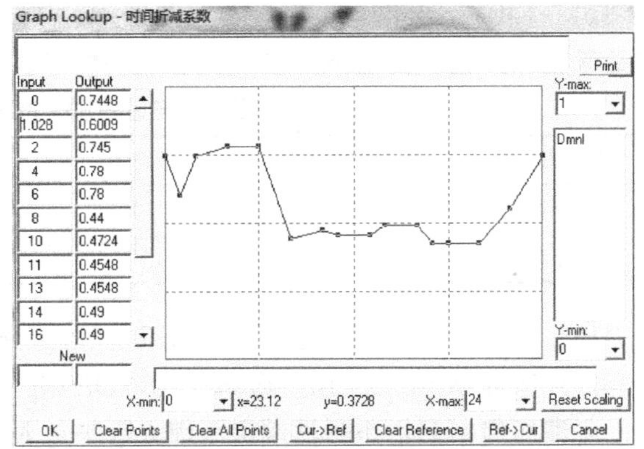

图 9-5　时间折减系数表函数

9）待疏散人口＝人员疏散比例＊总人口＊时间折减系数，Units：人。

10）救援到达时间＝单行车道数＊常态行驶时间＊道路等级修正＊道路长度修正/道路震害折减系数，Units：Hour。

震后某条路段的救援车辆行程时间与地震烈度、道路等级、路段长度及路段宽度等因素有关。

$$T^0_{i,j,k}=\frac{p'd'b'}{l_v}T(c)_{i,j,k} \tag{9-3}$$

式中　$T^0_{i,j,k}$——救援车辆 k 从点 i 行驶到点 j 所需要的预测行程时间；

$T(c)_{i,j,k}$——救援车辆 k 从 i 点行驶到点 j 在常态下所需要的行程时间历史数据；

p'——不同道路等级影响系数；

d'——不同路段长度影响系数；

b'——单向车道数影响系数；

l_v——道路等级系数。

11）平均救护时间＝严重伤残率＊14＋生命垂危率＊16＋中等伤残率＊10＋轻微伤残率＊0.5＋基本无伤残率＊0.1，Units：Hour。平均救护时间与地震震级、人口受伤规模、医疗技术水平等因素有关。根据以往研究，按照不同伤亡程度，假定平均救护时间。

12）救治速率＝MIN(RANDOM NORMAL(0，救援到达人员＊(1/3)/3＊5，救援到达人员＊(1/3)/3＊1/平均救护时间，0.1,2),搜救速率),Units:人/Hour。救治速率也存在随机性，所以采用系统函数 RANDOM NORMAL 且不得大于搜集速率。

13）道路震害指数＝IF THEN ELSE(地震烈度＜7,0 ，IF THEN ELSE(地震烈度＜8,0.2,IF THEN ELSE(地震烈度＜9,0.3 ,IF THEN ELSE(地震烈度＜10，0.5 ,IF THEN ELSE(地震烈度＜11,0.8,1))))),Units Dmnl。道路震害指数是指综合地震烈度、路基、设防烈度、场地等因素以模糊变量来表示道路破坏的指数。

14）道路通行能力＝2＊100＊倒塌折减系数＊道路震害折减系数，Units：人/Hour。震后的道路实际通行能力应根据道路的地震破坏情况，对道路在日常状态下的实际通行能力进行修正。修正时主要考虑路段本身的破坏及两侧建筑物的坍塌占路和行人干扰等因素，震后城市路段通行能力为：

$$C=nC_0\xi_{物}\xi_{路} \tag{9-4}$$

式中 C——车道组的通行能力；

C_0——一条车道的实际通行能力；

n——车道数；

$\xi_{物}$——建筑物倒塌对道路通行影响的折减系数；

$\xi_{路}$——道路本身破坏对道路通行能力的折减。

15）道路震害折减系数＝WITH LOOKUP（震害指数,([(0,0)－(1,1)],(0.1,1),(0.3,0.7),(0.5,0.5),(0.7,0.3),(1,0))），Units：Dmnl 通过对道路损坏程度进行研究，并参考实际经验，得出不同破坏状态下的桥梁通行能力变化情况，具体见表 9-4。

震害指数与道路震害折减系数间的关系　　表 9-4

震害程度	基本完好	轻微破坏	中等破坏	严重破坏	毁坏
震害指数	0.1～0.2	0.2～0.4	0.4～0.6	0.6～0.8	0.8～1.0
折减系数	1	0.7	0.5	0.3	0

16）倒塌折减系数＝道路有效疏散宽度/道路宽度，Units：Dmnl。

17）压埋率＝0.9＊房屋破坏比例，Units：Dmnl。

所谓压埋率系指震时被倒房压埋人数与总人数之比值，根据以往震害经验与房屋倒塌及严重破坏比例有直接关系。

18）最终死亡人员＝救治人员＊不治率＋最终压埋人员，Units：人。

19）受伤人员＝救治人员＊(1－不治率)，Units：人。

20）应急响应＝IF THEN ELSE（Time＜＝1：AND：灾情认知量＞＝0.8，1，IF THEN ELSE（Time＜＝5：AND：灾情认知量＞＝0.8，1.05，IF THEN ELSE（Time＜＝10：AND：灾情认知量＞＝0.8,1.1，IF THEN ELSE（Time＜＝15：AND：灾情认知量＞＝0.8，1.2，1.5 ））））,Units：Dmnl。应急响应时间是随着获得的灾情认知量变化的，对灾害的认知程度达到一定水平决定着应急响应实施的快慢。

21）信息量获取速度＝DELAY1I(EXP(－(Time-36)^2/(2＊0.5^2))＊((2＊3.14)^(－0.5)＊(0.5)^(－1))，通信工程修复时间，0.001)，Units：Dmnl。灾情认知是一个随时间逐渐递增的过程，信息获取速度前期增长较缓，随着通讯系统的恢复，增长过程较为迅速，达到一定值后随着灾情的明确逐渐递减。在此假定信息获取速度为正态分布，且由于通信工程的修复存在一定的延迟。

9.2 案例描述及模拟

9.2.1 模拟情景设定

在初始建立模型时，考虑过应用具体事例进行模型建立及模拟，但存在如下原因：

(1) 数据限制。尤指应急救援子系统里的相关变量（救援队伍及设备的设置数据）和地震破坏子系统里的一些变量的初始数据的取得（房屋及基础设施破坏统计数据等)；

(2) 相关研究的薄弱。本模型的建立涉及的方面众多，有些研究不够深入，设置在相关假定之上，如震害矩阵的确定、救援水平设置等，因此本节采用的是假定模型，也希望通过此模型的建立引发一些相关领域进一步深入的研究，使得相关变量设置更为合理化，为实例应用做好准备。

假定研究片区人口为 4 万人，片区内房屋以砌体结构为主，进行了一定程度的抗震设防，具体震害参数采用上述易损性曲线，其他具体常量设置取值如表 9-5 所示。

模拟片区主要常量设置　　**表 9-5**

变量名称	说　明	模拟取值
总人口	根据片区大小及容积率	40000 人
震级	根据历史震源或存在断裂带确定	7
设防烈度	经验和有记载的地震记录以及地质构造	7 度
震中距 长短轴	距离震源的距离	短轴 1km 长轴 3km
道路宽度	根据通往片区的道路宽度确定	40m
建筑物高度	道路两侧最高建筑物高度	70m
紧急疏散率	由片区避难场所设置和应急管理能力确定	0.5
不治率	由城市医疗卫生条件及水平设置	0.05

一般说来，地震发震时刻不同，死亡人数会有很大的不同，在此选取片区所在地地震发生时间点为敏感性因子，通过震后对片区人员压埋伤亡及救援状况的模拟及各个关键变量分析，找出影响抗震防灾能力的致灾因子，为提高片区有效救援提供依据，同时验证系统动力学在抗震防灾方面应用的有效性。

本章假定研究区域设防烈度为 7 度，根据人的夜晚睡眠休息时间、上午上班时间、下午工作时间、下班后的娱乐休闲时间段，选取 2 点、8 点、14 点、22 点 4 个关键时间点进行模拟，从而比较客观地得出各个时段内压埋人员状况及救援需求。运行模型，由模型所得的灾情认知量与信息量获取速度如图 9-6 所示，可见灾情认知是一个随时间逐渐递增的过程，比较符合灾情逐渐明确的过程，信息获取速度前期比较平稳，随着通信系统的恢复，增长过程较为迅速，达到一定值后随着灾情的明确逐渐递减，也较符合实际过程。

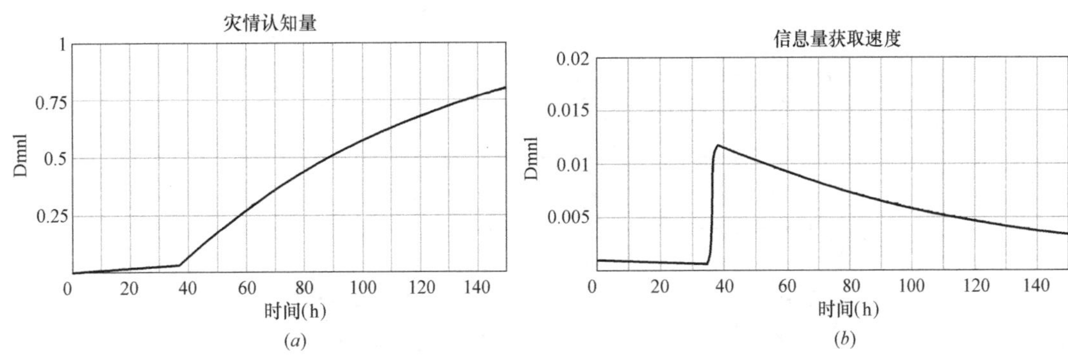

图 9-6　灾情认知量和信息获取增量变化曲线

9.2.2　模型结果分析

通过模拟可得到震害发生后不同时刻各个相关变量的变化曲线（图 9-7），具体分析如下：

通过对不同时刻待疏散人口的模拟，可以看出因为各个时间段内人口分布的不同，导

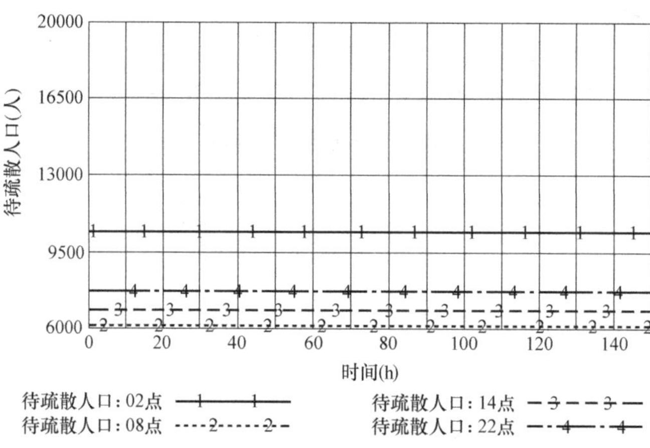

图 9-7　不同时间点对应的待疏散人口

致各个时间点内的待疏散人数不同。由图 9-7 可以看出，02 点、08 点、14 点、22 点对应的待疏散人口分别为 10430 人、6160 人、6860 人、7697 人。02 点处于睡眠阶段，大部分人员处于室内，一旦发生地震，待疏散人员最多，其次是 22 点娱乐休闲段的待疏散人数。由于 08 点上班时间段大部分人处于室外及 14 点工作时间段内人员未过于集中在居住区，导致片区在这两个时间段内的待疏散人员较少。

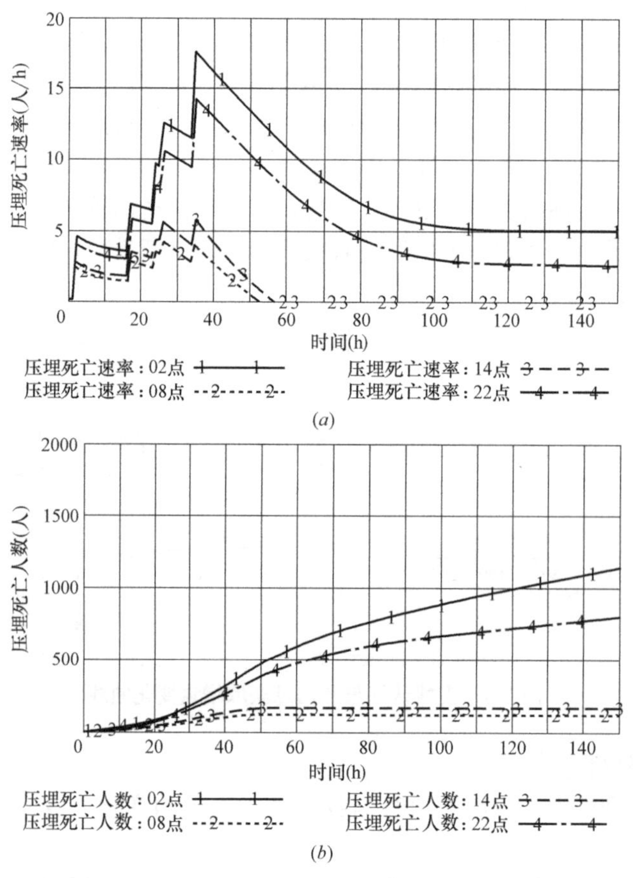

图 9-8　不同时间点压埋状况相关变量变化曲线

模型对不同时刻压埋人口死亡状况的模拟，在无外界救援时，人员压埋死亡速率及死亡数量变化曲线如图 9-8 所示。可以看出，四个时间点发生地震后，由于人的身体承受限制，人员伤残指数随时间增大，死亡速率在震后 36h 达到峰值［图 9-8（*a*）］。2 点和 22 点属于夜间，人员大多集中在室内，伤亡人员初始伤残度较严重且人员数量多，导致伤残转亡速率较快，压埋死亡人员一直呈增长状态。8 点和 14 点属于白天，人员大部分位于上班路上或建筑物外，初始伤残度较小，伤亡集中度相对小，进而死亡速率也相对较小，且因后续救援有利，在震后 60h 时，死亡速率减小为 0，压埋死亡人员趋于平缓。通过模拟可知，无救援下，该片区压埋死亡数量最多的时刻为 02 点 1142 人，最少为 08 点 120 人。

通过对不同时刻救援状况相关变量的模拟，图 9-9（*d*）所示相关变量与图 9-7 待疏散人口对应，不同时刻内人员分布也导致压埋人员数量有所不同。02 点、08 点、14 点、22 点所对应的初始压埋人员数量为 2067 人、1254 人、1397 人、1852 人，与图 9-7 所示规律相一致。压埋人员数量决定了救援人员的需求［图 9-9（*a*）］。由于夜间救援的不利，到达时刻和救援速率都较白天时刻有所延迟，救援效率随着救援到达人员数量的增多而达到峰值又随着压埋人员的减少而逐渐减小，如图 9-9（*a*）、（*b*）所示。随着救援难度的增大，搜救速率逐渐降低［图 9-9（*c*）］，同时由于白天压埋人员数量较少且利于救援，8 点和 14 点分别在震后 53h 和 57h 完成救援，压埋人数趋为 0［图 9-9（*c*）、（*d*）］；而 2 点和 22 点，由于压埋数量过多且照明的不利，对救援的速率有一定的限制，在震后 150h 内未能完成救援。

通过模型模拟可得到四个时刻震后人员伤亡变化曲线，如图 9-10 所示。白天伤亡约在震后 45h 左右趋于平缓，夜间伤亡则在震后 65h 左右趋于平缓。2 点、8 点、14 点、22 点最终受伤人员数量依次为 1586 人、1163 人、1293 人及 1515 人［图 9-10（*a*）］。最终死亡人员为压埋死亡人员和救治未成功人员，四个时刻依次为 451 人、119 人、124 人、252 人。

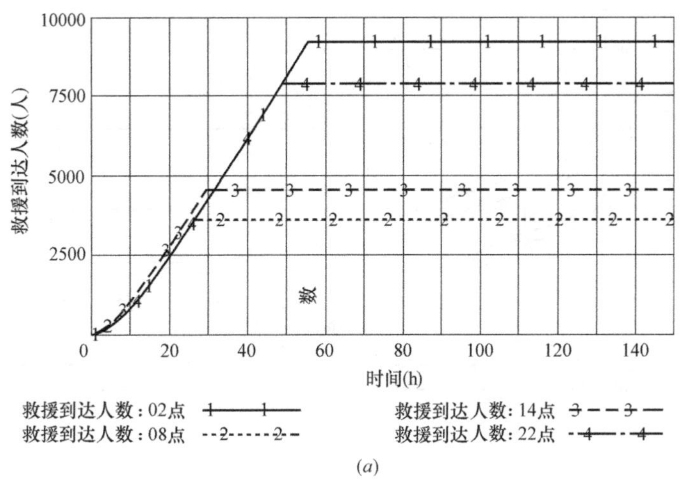

(*a*)

图 9-9　不同时间点救援状况相关变量变化曲线（一）

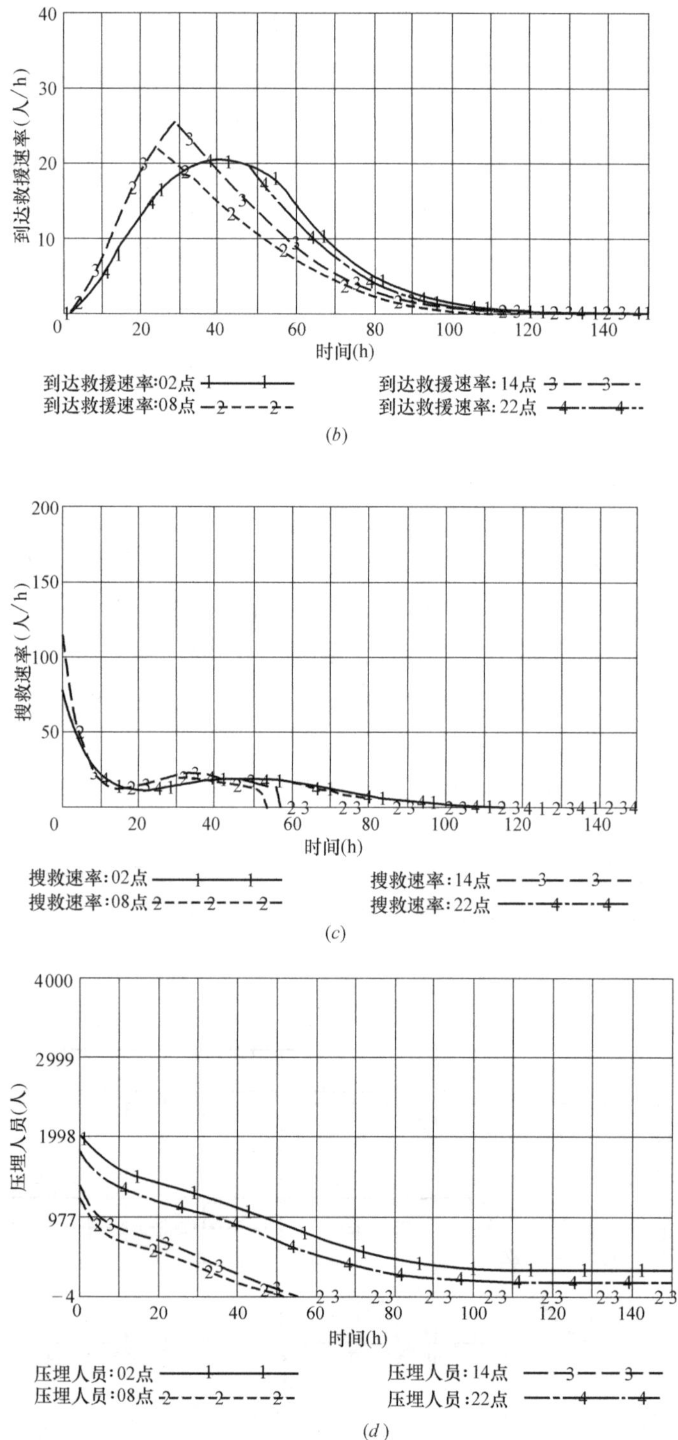

图 9-9 不同时间点救援状况相关变量变化曲线（二）

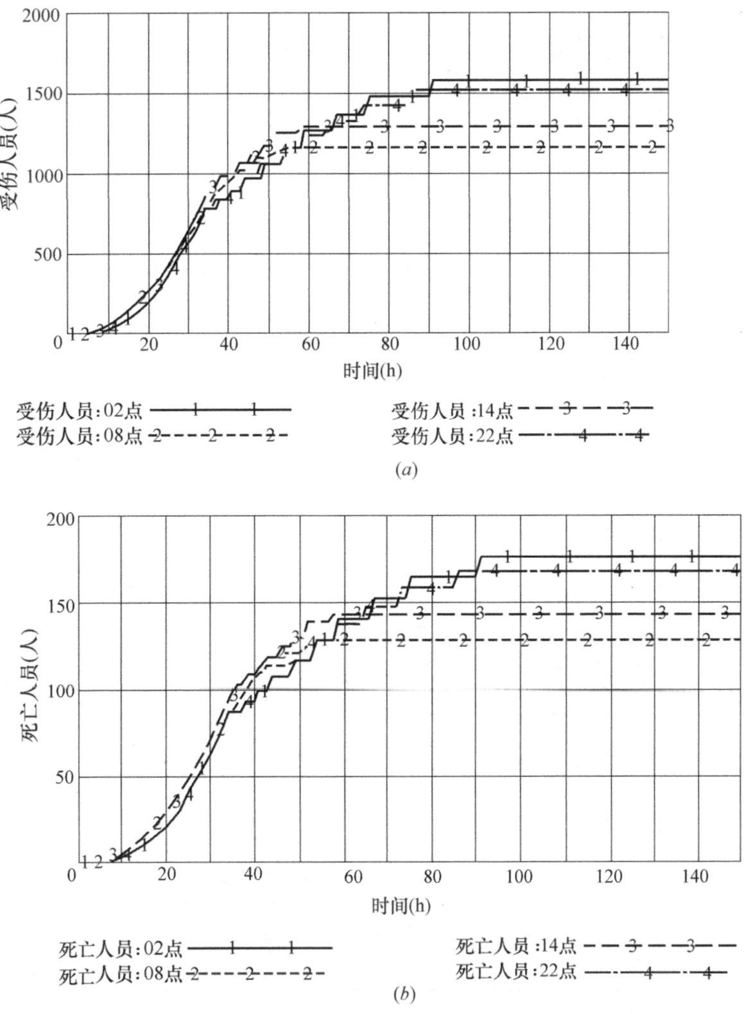

图 9-10　不同时间点人员伤亡变化曲线

由模拟结果可以看出，此片区救援水平偏低，夜间救援能力不能满足震后救援，应从加强建筑物的抗震加固、改善道路通行能力、提高救治水平等方面进行改进。在灾时，根据地震发震时刻的不同预测压埋状况，制订不同时段应急救援方案，合理安排救援力量，提高救援速率，以最快的速度投入救援中。平时也应注重抗震防灾规划的实施，加强建筑物及基础设施的抗震防灾能力，减少人员压埋，进而减少人员伤亡。

9.3　本章小结

本模型综合地震破坏子系统、人员伤亡子系统、应急救援子系统、抗震防灾子系统间的相互关联，应用系统动力学建立了城区地震建筑压埋人员损失动态评估模型，模拟不同发震时刻造成的人员伤亡，对比分析了震后不同阶段压埋人员的伤亡和救援状况，为救援力量的动态安置提供一定的参考，但由于相关数据缺少，有待进一步深化研究。模型也可从防灾的视角去审视基础设施及建筑物的建设是否达到了《城市抗震防灾规划标准》的建设要求，为抗震防灾损失的评估及抗震防灾规划的实施提供一定的依据，根据模拟结果所提出的建议对相关实践具有现实的指导意义，也可为类似问题的预测和决策提供参考。

附表 1　城市平时主食类食品储备额计算

年	月	人口（万人）	人均储备额(元)	食品总储备额(亿元)	社会吃类商品零售额(亿元)	城镇人均消费（元）	城镇化率	农村人均消费(元)	城镇农村消费比	城镇社会消费品总额(亿元)	月末剩余额（亿元）	粮食所占消费比例
2008	3 月	1438.11	1967.03	282.88	292.60	1354.03	0.8455	663.02	0.67	166.07	116.81	0.098
	4 月	1445.39	2389.53	345.38	383.80	1776.53	0.846	846.18	0.68	219.94	125.44	0.098
	5 月	1452.67	2879.29	418.27	481.60	2266.29	0.8465	1027.29	0.69	280.52	137.75	0.098
	6 月	1459.95	3312.94	483.67	568.60	2699.94	0.847	1228.28	0.69	331.02	152.66	0.098
	7 月	1467.23	3747.61	549.86	656.20	3134.61	0.8475	1440.60	0.69	381.02	168.84	0.098
	8 月	1474.51	4202.90	619.72	753.40	3589.90	0.848	1646.74	0.69	437.98	181.75	0.098
	9 月	1481.79	4703.14	696.91	855.20	4090.14	0.8485	1901.94	0.68	495.31	201.59	0.098
	10 月	1489.07	5202.03	774.62	949.00	4589.03	0.849	2129.34	0.68	550.34	224.28	0.098
	11 月	1496.35	5692.13	851.74	1041.90	5079.13	0.8495	2379.39	0.68	602.73	249.01	0.098
	12 月	1503.63	6176.48	928.71	1138.90	5563.48	0.85	2626.01	0.68	657.65	271.06	0.098
2009	3 月	1522.98	2108.16	321.07	327.70	1453.16	0.8505	739.70	0.66	184.69	136.37	0.098
	4 月	1529.44	2568.65	392.86	428.60	1913.65	0.851	950.52	0.67	243.69	149.16	0.098
	5 月	1535.90	3091.88	474.88	537.90	2436.88	0.8515	1164.99	0.68	309.88	165.00	0.098
	6 月	1542.36	3546.06	546.93	634.30	2891.06	0.852	1406.68	0.67	363.54	183.39	0.098
	7 月	1548.82	4011.85	621.36	733.80	3356.85	0.8525	1634.77	0.67	420.69	200.67	0.098
	8 月	1555.28	4506.86	700.94	838.20	3851.86	0.853	1910.33	0.67	477.95	223.00	0.098
	9 月	1561.74	5028.44	785.31	947.20	4373.44	0.8535	2208.46	0.66	537.18	248.13	0.098
	10 月	1568.20	5568.60	873.27	1051.30	4913.60	0.854	2480.37	0.66	596.63	276.64	0.098
	11 月	1574.66	6101.46	960.77	1148.80	5446.46	0.8545	2773.53	0.66	650.43	310.34	0.098
	12 月	1581.12	6595.48	1042.82	1251.50	5940.48	0.855	3034.81	0.66	708.22	334.60	0.098

续表

年	月	人口（万人）	人均储备额(元)	食品总储备额(亿元)	社会吃类商品零售额(亿元)	城镇人均消费（元）	城镇化率	农村人均消费(元)	城镇农村消费比	城镇社会消费品总额(亿元)	月末剩余额（亿元）	粮食所占消费比例
2010	3月	1607.43	2280.39	366.56	380.70	1577.39	0.8555	768.48	0.67	219.00	147.56	0.096
	4月	1616.20	2772.81	448.14	490.60	2069.81	0.856	999.62	0.67	283.19	164.95	0.096
	5月	1624.98	3305.35	537.11	606.10	2602.35	0.8565	1223.64	0.68	353.10	184.01	0.096
	6月	1633.75	3803.54	621.40	725.10	3100.54	0.857	1460.03	0.68	422.47	198.93	0.096
	7月	1642.53	4311.68	708.20	841.00	3608.68	0.8575	1698.88	0.68	490.32	217.88	0.096
	8月	1651.30	4838.12	798.92	962.50	4135.12	0.858	1979.15	0.68	558.51	240.41	0.096
	9月	1660.08	5399.55	896.37	1093.60	4696.55	0.8585	2262.81	0.67	633.59	262.78	0.096
	10月	1668.85	6001.11	1001.49	1224.70	5298.11	0.859	2538.13	0.68	711.27	290.22	0.096
	11月	1677.63	6533.97	1096.15	1341.80	5830.97	0.8595	2823.33	0.67	777.04	319.12	0.096
	12月	1686.40	7101.81	1197.65	1331.00	6398.81	0.86	3123.68	0.67	769.18	428.47	0.096
2011	3月	1699.90	2453.94	417.14	416.40	1700.94	0.8605	852.44	0.67	238.69	178.45	0.094
	4月	1704.40	2990.88	509.77	533.10	2237.88	0.861	1122.01	0.67	305.72	204.05	0.094
	5月	1708.90	3542.89	605.44	660.00	2789.89	0.8615	1379.92	0.67	380.43	225.02	0.094
	6月	1713.40	4083.28	699.63	788.70	3330.28	0.862	1673.78	0.67	452.46	247.17	0.094
	7月	1717.90	4614.26	792.68	913.20	3861.26	0.8625	1948.21	0.66	523.50	269.18	0.094
	8月	1722.40	5177.89	891.84	1043.40	4424.89	0.863	2228.80	0.67	598.83	293.01	0.094
	9月	1726.90	5763.50	995.30	1180.40	5010.50	0.8635	2538.22	0.66	676.55	318.75	0.094
	10月	1731.40	6399.35	1107.98	1315.10	5646.35	0.864	2847.64	0.66	755.32	352.67	0.094
	11月	1735.90	6998.77	1214.92	1436.90	6245.77	0.8645	3181.68	0.66	822.97	391.95	0.094
	12月	1740.40	7655.98	1332.45	1561.40	6902.98	0.865	3589.27	0.66	888.58	443.86	0.094

续表

年	月	人口（万人）	人均储备额（元）	食品总储备额（亿元）	社会吃类商品零售额（亿元）	城镇人均消费（元）	城镇化率	农村人均消费（元）	城镇农村消费比	城镇社会消费品总额（亿元）	月末剩余额（亿元）	粮食所占消费比例
2012	3月	1751.44	2719.92	476.38	451.90	1904.92	0.8655	966.78	0.66	259.45	216.93	0.092
	4月	1755.02	3315.24	581.83	580.50	2500.24	0.866	1261.60	0.66	334.12	247.71	0.092
	5月	1758.60	3939.68	692.83	716.30	3124.68	0.8665	1556.08	0.67	414.34	278.50	0.092
	6月	1762.18	4513.41	795.34	856.70	3698.41	0.867	1871.15	0.66	493.22	302.12	0.092
	7月	1765.76	5089.33	898.65	988.30	4274.33	0.8675	2159.99	0.66	569.54	329.11	0.092
	8月	1769.34	5721.28	1012.29	1126.30	4906.28	0.868	2457.80	0.67	651.34	360.95	0.092
	9月	1772.92	6343.52	1124.66	1277.70	5528.52	0.8685	2790.13	0.66	737.49	387.17	0.092
	10月	1776.50	7015.84	1246.36	1419.30	6200.84	0.869	3107.85	0.67	821.59	424.77	0.092
	11月	1438.11	1967.03	282.88	292.60	1354.03	0.8695	663.02	0.67	166.07	116.81	0.092
	12月	1445.39	2389.53	345.38	383.80	1776.53	0.87	846.18	0.68	219.94	125.44	0.092
2013	3月	1452.67	2879.29	418.27	481.60	2266.29	0.8705	1027.29	0.69	280.52	137.75	0.09
	4月	1459.95	3312.94	483.67	568.60	2699.94	0.871	1228.28	0.69	331.02	152.66	0.09
	5月	1467.23	3747.61	549.86	656.20	3134.61	0.8715	1440.60	0.69	381.02	168.84	0.09
	6月	1474.51	4202.90	619.72	753.40	3589.90	0.872	1646.74	0.69	437.98	181.75	0.09
	7月	1481.79	4703.14	696.91	855.20	4090.14	0.8725	1901.94	0.68	495.31	201.59	0.09
	8月	1489.07	5202.03	774.62	949.00	4589.03	0.873	2129.34	0.68	550.34	224.28	0.09
	9月	1496.35	5692.13	851.74	1041.90	5079.13	0.8735	2379.39	0.68	602.73	249.01	0.09
	10月	1503.63	6176.48	928.71	1138.90	5563.48	0.874	2626.01	0.68	657.65	271.06	0.09
	11月	1522.98	2108.16	321.07	327.70	1453.16	0.8745	739.70	0.66	184.69	136.37	0.09
	12月	1529.44	2568.65	392.86	428.60	1913.65	0.875	950.52	0.67	243.69	149.16	0.09

附表 2　震后城市主食类食品应急供给天数计算表

年	月	人口(万人)	受伤人数比	受伤人数(万人)	主食类食品价格	价格修正	食品消费所占额(亿元)	食品可供额(亿元)	应急粮食救济(万 kg)	主食类食品需求额(万元)
2008	3 月	1438.11	0.02	24.45	1.65	2.64	11.45	9.62	8785.18	23192.89
	4 月	1445.39	0.02	24.57	1.65	2.64	12.29	10.33	8829.66	23310.29
	5 月	1452.67	0.02	24.70	1.65	2.64	13.50	11.34	8874.13	23427.70
	6 月	1459.95	0.02	24.82	1.65	2.48	14.96	12.57	8918.60	22073.54
	7 月	1467.23	0.02	24.94	1.65	2.48	16.55	13.90	8963.07	22183.61
	8 月	1474.51	0.02	25.07	1.65	2.48	17.81	14.96	9007.55	22293.68
	9 月	1481.79	0.02	25.19	1.65	2.48	19.76	16.60	9052.02	22403.75
	10 月	1489.07	0.02	25.31	1.65	2.48	21.98	18.46	9096.49	22513.81
	11 月	1496.35	0.02	25.44	1.65	2.48	24.40	20.50	9140.96	22623.88
	12 月	1503.63	0.02	25.56	1.65	2.48	26.56	22.31	9185.44	22733.95
2009	3 月	1522.98	0.02	22.85	1.81	2.72	13.37	11.36	9241.14	25089.69
	4 月	1529.44	0.02	22.94	1.81	2.72	14.62	12.43	9280.34	25196.11
	5 月	1535.90	0.02	23.04	1.81	2.72	16.17	13.75	9319.53	25302.54
	6 月	1542.36	0.02	23.14	1.81	2.72	17.97	15.28	9358.73	25408.96
	7 月	1548.82	0.02	23.23	1.81	2.72	19.67	16.72	9397.93	25515.38
	8 月	1555.28	0.02	23.33	1.81	2.72	21.85	18.58	9437.13	25621.80
	9 月	1561.74	0.02	23.43	1.81	2.72	24.32	20.67	9476.33	25728.23
	10 月	1568.20	0.02	23.52	1.81	2.72	27.11	23.04	9515.52	25834.65
	11 月	1574.66	0.02	23.62	1.81	2.72	30.41	25.85	9554.72	25941.07
	12 月	1581.12	0.02	23.72	1.81	2.72	32.79	27.87	9593.92	26047.49

续表

年	月	人口(万人)	受伤人数比	受伤人数(万人)	主食类食品价格	价格修正	食品消费所占额(亿元)	食品可供额(亿元)	应急粮食救济(万kg)	主食类食品需求额(万元)
2010	3月	1607.43	0.01	20.90	1.97	2.96	14.17	12.18	9687.57	28626.75
	4月	1616.20	0.01	21.01	1.97	2.96	15.84	13.62	9740.45	28783.03
	5月	1624.98	0.01	21.13	1.97	2.96	17.67	15.19	9793.33	28939.30
	6月	1633.75	0.01	21.24	1.97	2.96	19.10	16.42	9846.22	29095.58
	7月	1642.53	0.01	21.35	1.97	2.96	20.92	17.99	9899.10	29251.85
	8月	1651.30	0.01	21.47	1.97	2.96	23.08	19.85	9951.99	29408.13
	9月	1660.08	0.01	21.58	1.97	2.96	25.23	21.70	10004.87	29564.40
	10月	1668.85	0.01	21.70	1.97	2.96	27.86	23.96	10057.76	29720.68
	11月	1677.63	0.01	21.81	1.97	2.96	30.64	26.35	10110.64	29876.95
	12月	1686.40	0.01	21.92	1.97	2.96	41.13	35.38	10163.53	30033.23
2011	3月	1699.90	0.01	18.70	2.13	3.20	16.78	14.59	10175.13	32509.53
	4月	1704.40	0.01	18.75	2.13	3.20	19.18	16.69	10202.06	32595.59
	5月	1708.90	0.01	18.80	2.13	3.20	21.15	18.40	10229.00	32681.65
	6月	1713.40	0.01	18.85	2.13	3.20	23.23	20.21	10255.93	32767.71
	7月	1717.90	0.01	18.90	2.13	3.20	25.30	22.01	10282.87	32853.76
	8月	1722.40	0.01	18.95	2.13	3.20	27.54	23.96	10309.80	32939.82
	9月	1726.90	0.01	19.00	2.13	3.20	29.96	26.07	10336.74	33025.88
	10月	1731.40	0.01	19.05	2.13	3.20	33.15	28.84	10363.68	33111.94
	11月	1735.90	0.01	19.10	2.13	3.20	36.84	32.05	10390.61	33198.00
	12月	1740.40	0.01	19.14	2.13	3.20	41.72	36.30	10417.55	33284.06

续表

年	月	人口(万人)	受伤人数比	受伤人数(万人)	主食类食品价格	价格修正	食品消费所占额(亿元)	食品可供额(亿元)	应急粮食救济(万 kg)	主食类食品需求额(万元)
2012	3月	1751.44	0.01	17.51	2.29	3.44	19.96	17.56	10447.69	35887.82
	4月	1755.02	0.01	17.55	2.29	3.44	22.79	20.06	10469.05	35961.17
	5月	1758.60	0.01	17.59	2.29	3.44	25.62	22.55	10490.40	36034.53
	6月	1762.18	0.01	17.62	2.29	3.44	27.80	24.46	10511.76	36107.88
	7月	1765.76	0.01	17.66	2.29	3.44	30.28	26.65	10533.11	36181.24
	8月	1769.34	0.01	17.69	2.29	3.44	33.21	29.22	10554.47	36254.59
	9月	1772.92	0.01	17.73	2.29	3.44	35.62	31.35	10575.82	36327.95
	10月	1776.50	0.01	17.77	2.29	3.44	39.08	34.39	10597.18	36401.31
	11月	1780.08	0.01	17.80	2.29	3.44	43.45	38.24	10618.53	36474.66
	12月	1783.66	0.01	17.84	2.29	3.44	48.69	42.85	10639.89	36548.02
2013	3月	1794.05	0.01	16.15	2.45	3.68	25.26	22.73	10665.05	39194.07
	4月	1797.50	0.01	16.18	2.45	3.68	29.97	26.97	10685.56	39269.44
	5月	1800.95	0.01	16.21	2.45	3.68	34.65	31.19	10706.07	39344.81
	6月	1804.40	0.01	16.24	2.45	3.68	38.91	35.02	10726.58	39420.18
	7月	1807.85	0.01	16.27	2.45	3.68	42.21	37.99	10747.09	39495.56
	8月	1811.30	0.01	16.30	2.45	3.68	46.15	41.54	10767.60	39570.93
	9月	1814.75	0.01	16.33	2.45	3.68	49.01	44.11	10788.11	39646.30
	10月	1818.20	0.01	16.36	2.45	3.68	52.29	47.06	10808.62	39721.67
	11月	1821.65	0.01	16.40	2.45	3.68	57.43	51.68	10829.13	39797.04
	12月	1825.10	0.01	16.43	2.45	3.68	64.03	57.63	10849.64	39872.41

参考文献

［1］ 马东辉，郭小东，王志涛. 城市抗震防灾规划标准实施指南［M］. 北京：中国建筑工业出版社，2007.

［2］ 张肇诚. 中国震例［M］. 北京：地震出版社，1990.

［3］ 徐锡伟. 中国近现代重大地震考证研究［M］. 北京：地震出版社，2009.

［4］ 陈虹，王志秋，李成日. 海地地震灾害及其经验教训［J］. 国际地震动态，2011，(9)：36-41.

［5］ 苏经宇. 构建城乡防灾体系的初步探讨［J］. 城市规划，2008，32 (9)：81-84.

［6］ 王志涛，苏经宇，刘朝峰. 城乡建设防灾减灾面临的挑战与对策［J］. 城市规划，2013，37 (2)：51-55.

［7］ 贺筱媛，胡晓峰. 关键基础设施建模仿真中的几个复杂网络问题［J］. 系统仿真学报，2011，23 (8)：1698-1701.

［8］ 汤爱平，欧进萍，张克绪，等. 生命线系统相互作用下性态评价方法［J］. 哈尔滨工业大学学报，2005，37 (2)：151-155.

［9］ DAVIDSON A R. An urban earthquake disaster risk index［R］. Stanford，California：The John A. Blume Earthquake Engineering Center，1997.

［10］ DAVIDSON A R，Shah H C. Understanding urban seismic risk around the world：document A：project document［R］. Stanford，California：Blume Earthquake Engineering Center，1997.

［11］ DAVIDSON A R，SHAH H C. Understanding urban seismic risk around the world：document B：evaluation and use of the earthquake disaster risk index［R］. Stanford，California：Blume Earthquake Engineering Center，1997.

［12］ KUNIHIRO A.，TAKAHISA E，TOSHIO M. Intercity comparison using evaluation techniques on vulnerability of earthquake disaster——a case study of ordinance designated city［J］. Japan Society for Natural Disaster Science，2000，18 (4)：489-500.

［13］ 张风华，谢礼立. 城市防震减灾能力评估研究［J］. 自然灾害学报，2001，10 (4)：57-64.

［14］ 张风华，谢礼立，范立础. 城市防震减灾能力评估研究［J］. 地震学报，2004，26 (3)：318-329.

［15］ 郑宇. 城市防震减灾能力评价指标与应急需求研究［D］. 南京：南京工业大学，2003.

［16］ 熊国锋. 基于GIS的上海防震减灾能力评价方法研究［D］. 上海：同济大学，2007：10-40.

［17］ 刘莉，谢礼立. 层次分析法在城市防震减灾能力评估中的应用［J］. 自然灾害学报，2008，17 (2)：48-52.

［18］ 何萍，陈晓发，傅冠华. 基于应急基础数据库的城市防震减灾能力评价指标研究［J］. 华南地震，2010，30 (2)：36-45.

［19］ 王威，田杰，马东辉，等. 基于云模型的城市防震减灾能力综合评估方法［J］. 北京工业大学学报，2010，36 (6)：764-770.

［20］ 李智，赵晓辉，曲乐. 区域防震减灾能力评估方法研究［J］. 防灾减灾学报，2011，27 (3)：1-6.

［21］ 金磊. 中国城市安全空间的研究［J］. 北京城市学院学报，2006，(2)：33-37.

［22］ HALL D. Altogether misguided and dangerous——a review of newman and kenworthy［J］. Town and Country Planning，1989，60 (11/12)：350-351.

［23］ 黄东宏. 利用地下空间建立城市综合防灾空间体系［D］. 北京：清华大学，1995.

[24] 吕元. 城市防灾空间系统规划策略研究 [D]. 北京：北京工业大学，2004.

[25] 王薇. 城市防灾空间规划研究及实践 [D]. 长沙：中南大学，2007.

[26] 徐姗. 基于防灾能力评估的城市综合防灾空间规划研究——以咸阳市主城区为例 [D]. 西安：西北大学，2014.

[27] 陈桂华，徐樵利. 城市建设用地质量评价研究 [J]. 资源科学，1997，(05)：22-30.

[28] 陈桂华，徐樵利. 武汉市土地质量评价研究 [J]. 华中师范大学学报（自然科学版），1995，(04)：529-533.

[29] 雷燚，杨庆媛，程叙，等. 工业园区用地适宜性评价探讨——以重庆市主城特色工业园区为例 [J]. 西南师范大学学报（自然科学版），2006，(02)：167-172.

[30] 马东辉，郭小东，苏经宇，等. 层次分析法逆序问题及其在土地利用适宜性评价中的应用 [J]. 系统工程理论与实践，2007，27 (6)：124-135.

[31] 王威，马东辉，苏经宇. 基于生态位构建的抗震防灾规划土地适宜性评价 [J]. 北京工业大学学报，2009，35 (3)：309-315.

[32] 中华人民共和国住房和城乡建设部. 城市抗震防灾规划标准 GB 50413—2007 [S]. 北京：中国标准出版社，2007.

[33] 董亮，周锡元，霍达，等. 大城市土地利用优化与抗震防灾规划 [J]. 自然灾害学报，2007，16 (3)：100-103.

[34] SCAWTHORN C. Fire following earthquake [J]. Fire Engineering，1985，138 (4)：44，46-48，50-51.

[35] 李杰，江建华. 城市地震次生火灾危险性分析 [J]. 自然灾害学报，2000，9 (2) 87-92.

[36] 李杰，江建华. 地震次生火灾动态危险性分析方法研究 [J]. 自然灾害学报，2001，10 (2)：31-36.

[37] 谢旭阳，任爱珠. 城市地震次生火灾蔓延模拟系统 [J]. 消防科学与技术，2003，22 (6)：460-462.

[38] 许建东，王新茹，林建德，等. 基于 GIS 的城市地震次生火灾蔓延初步研究 [J]. 地震地质，2002，24 (3)：445-452.

[39] 李杰，李国强. 地震次生火灾预测模型研究 [J]. 中国地震，1992，8 (1)：76-81.

[40] 宋建学，李杰. 城市地震次生火灾灾度分析 [J]. 华北水利水电学院学报，1996，(1)：90-94.

[41] 赵思健，熊利亚，任爱珠. 城市地震次生火灾的潜在危险性——基于城市地理信息系统网格的评价 [J]. 自然灾害学报，2006，15 (3)：76-84.

[42] 王国权，马宗晋，周锡元，等. 国外几次震后火灾的对比研究 [J]. 自然灾害学报，1999，8 (3)：72-79.

[43] 张宝红，陈宏德. 地震火灾事例调查 [J]. 自然灾害学报，1994，3 (4)：40-48.

[44] 杜霞，张欣，刘庭全，等. 国外区域火灾风险评估技术及应用现状 [J]. 消防科学与技术，2004，23 (2)：137-139.

[45] 连旦军，董希琳，吴立志. 城市区域火灾风险评估综述 [J]. 消防科学与技术，2004，23 (3)：240-242.

[46] 向琴琴. 基于 GIS 的地震次生火灾危险性评估及动态蔓延模拟 [D]. 北京：北京工业大学，2005.

[47] 张志华. 城市区域地震次生火灾危险性评估 [J]. 消防管理研究，2008.8，27 (8)：602-605.

[48] MATTHEW O. The EXODUS evacuation model applied to building evacuation scenarios [J]. Fire Engineers Journal，1996，20 (7)：27-30.

[49] GWYNNE S，GALEA E R，OWEN M. An investigation of the aspects of occupant behavior re-

quired for evacuation modeling [J]. Applied Fire Science，1988，8 (1)：19-59.

[50] 陆君安，方正，卢兆明，等. 建筑物人员疏散逃生速度的数学模型 [J]. 武汉大学学报（工学版)，2002，35 (2)：66-70.

[51] 方正，卢兆明. 试论建筑物人员疏散的量化研究 [J]. 武汉大学学报（工学版)，2002，35 (2)：71-75.

[52] 陈建宏，何敏颜，杨立兵. 基于系统动力学的企业应急管理系统研究. 自然灾害学报 [J]，2010，19 (6) ：132-137.

[53] TEKNOMO K. Microscopic pedestrian flow characteristics：development of an image processing data collection and simulation model [D]. Tohoku：Tohoku University，2002. 13-16.

[54] HENDERSON F. The statistics of crowd fluids [J]. Nature，1971，229：381-383.

[55] HENDERSON F. Sexual differences in human crowd notion [J]. Nature，1972，240 (8)：353-355.

[56] LOVAS G. Modeling and simulation of pedestrian traffic flow [J]. Transportation Research Part B：Methodological，1994，28：429-443.

[57] 初建宇，苏幼坡. 村镇应急避难场所规划技术指标的探讨 [J]. 自然灾害学报，2012，21 (5)：23-27.

[58] XIANG L，CLARAMUNT C，KUNG H T，et al. A decentralized and continuity-based algorithm for delineating capacitated shelters’ service areas [J]. Environment and Planning B：Planning and Design，2008，35 (4)：593-608.

[59] 李刚，马东辉，苏经宇，等. 城市地震应急避难场所规划方法研究 [J]. 北京工业大学学报，2006，32 (10)：901-905.

[60] CHIOU Y C，LAI Y H. An integrated multiobjective model todetermine the optmial rescue path and traffic controlled arcs for disaster relief operations under uncertainty environments [J]. Journal of Advanced Transportation，2007，42 (4)：493-519.

[61] 马亚杰，苏幼坡，刘瑞兴. 城市防灾公园的安全评价 [J]. 安全与环境工程，2005，12 (1)：50-52.

[62] 管友海，高惠瑛，王耀. 城市避震疏散能力评价方法研究 [J]. 世界地震工程，2010，26 (4)：100-106.

[63] 刘朝峰，苏经宇，左翔君，等. 城市避震疏散能力自主智能评价研究 [J]. 土木工程学报，2013，46 (增刊 1)：304-307.

[64] 周太平. 谈防震减灾与经济建设和社会发展的关系 [J]. 城市防震减灾，1999，1：22-23.

[65] 郭增建，陈鑫连. 地震对策 [M]. 北京：地震出版社，1986.

[66] MAHONEY L E，REUTERSHAN T P. Catastrophic disasters and the design of disaster medieal care system [J]. Annals of Emergency Medicine，1987，16 (9)：1085-1091.

[67] HAYNES B E，FREEMAL C，RUBIN，et al. Medical response to catastrophic events：California’ s planning and the loma prieta earthquake [J]. Annals of Emergency Medicine，1992，21 (4)：368-374.

[68] 郑静晨，侯世科，等. 灾害救援医学 [M]. 北京：科学出版社，2008.

[69] 李忠强，王金玉，申世飞，等. 我国应急标准体系建设初探 [J]. 标准科学，2011 (5)：42-46.

[70] WHYBARK O. Issues in managing disaster relief inventories [J]. International Journal of Production Economics，2007，108 (4)，228-235.

[71] JOHANSEN S U，THORSTENSON A. An inventory model with poisson demands and emergency orders [J]. International Journal of Production Economics，2008，67 (3)：275-289.

[72] ANTONIO A，GREGORY A D. Inventory management under random supply disruption and partial backoders [J]. Naval Research Logistic，2009，55 (4)：687-703.

[73] AXSATER S. A heuristic for triggering emergency orders in an inventory systerm [J]. European Journal of Operational Rescarch，2010，176 (3)：880-891.

[74] 张永领. 我国应急物资储备体系完善研究 [J]. 管理学刊，2010，(6)：54-57.

[75] 杨文娟. 区域应急物资储备研究 [D]. 北京：北京交通大学，2009.

[76] 高建国，贾燕，李保俊，等. 国家救灾物资储备体系的历史和现状 [J]. 国际地震动态，2005 (4)：5-12.

[77] 邹铭，李保俊，王静爱，等. 中国救灾物资代储点优化布局研究 [J]. 自然灾害学报，2004，13 (4)：135-139.

[78] 李志锋，谢如鹤. 食品应急物流运作流程探讨 [J]. 物流工程与管理，2009，31 (9)：81-84.

[79] ALTAY N，GREEN W . OR/MS research in disaster operations management [J]. European Journal of Operational Research，2006，175 (1)：475-493.

[80] 钟永光，钱颖，于庆东，等. 系统动力学在国内外的发展历程与未来发展方向 [J]. 河南科技大学学报 (自然科学版)，2006，27 (4)：101-104.

[81] 王其潘. 系统动力学 [M]. 北京：清华大学出版社，1994.

[82] 钟永光，贾晓菁，李旭. 系统动力学 [M]. 北京：科学出版社，2009.

[83] FORRESTER J W. Industrial dynamics：a breakthrough for decision makers [J]. Harvard Business Review，1958，36 (4)：37-66.

[84] FORRESTER J W. Industrial Dynamics [M]. Cambridge MA：Productivity Press，1961.

[85] FORRESTER J W. Principles of Systems [M]. Cambridge MA：Productivity Press，1968.

[86] 高肖检，周诚，刘孝麟，等. 浙江省灾害预防与经济协调发展的系统动态学模型 [J]. 自然灾害学报，1994，3 (3)：56-61.

[87] 宋清华，陈建宏. 地震灾害应急管理能力建设投资优化研究 [J]. 中国安全科学学报，2014，24 (11)：146-151.

[88] 陈式龙，胡宾，申义. 我国西部防灾减灾规划与优化的复杂性研究 [J]. 中国管理科学. 2000，8 (专辑)：258-263.

[89] 赵黎明. 灾害管理系统研究 [D]. 天津：天津大学，2003.

[90] 张明媛. 城市复合系统承灾能力研究 [D]. 大连：大连理工大学. 2006 ：62-68.

[91] 张建新. 城市综合防灾减灾规划的国际比较 [J]. 经济社会体制比较，2009 (2)：171-174.

[92] 刘本玉，叶燎原，苏经宇. 城市抗震防灾规划的研究与展望 [J]. 地震工程，2008，24 (1)：68-72.

[93] 马东辉. 城市抗震防灾规划相关技术研究 [D]. 北京：清华大学，2005.

[94] 李士勇. 非线性科学与复杂性科学 [M]. 哈尔滨：哈尔滨工业大学出版社，2006.

[95] 徐敏. 基于复杂性理论的河湖环境系统模型研究 [D]. 长沙：湖南大学，2007.

[96] 熊大国. 随机过程理论与应用 [M]. 北京：国防工业出版社，1991.

[97] 王熙照. 模糊测度和模糊积分及在分类技术中的应用 [M]. 北京：科学出版社，2008.

[98] 周晓光，谭春桥，张强. 基于 Vague 集的决策理论与方法 [M]. 北京：科学出版社，2009.

[99] 曾黄麟. 粗集理论及其应用 [M]. 重庆：重庆大学出版社，1998.

[100] 付强. 投影寻踪模型原理及其应用 [M]. 北京：科学出版社，2006.

[101] EVANGELOS TRIANTAPHYLLOU. Multi-criteria Decision Making Methods：A comparative study [M]. Dordrecht：Kluwer Academic Publishers，2000.

[102] 史忠植. 高级人工智能 [M]. 2 版. 北京：科学出版社，2006.

[103] 黄友锐. 智能优化算法及其应用 [M]. 北京：国防工业出版社，2008.
[104] 金菊良，魏一鸣. 复杂系统广义智能评价方法与应用 [M]. 北京：科学出版社，2008.
[105] 李祚泳，汪嘉杨，熊嘉杨，等. 可持续发展评价模型与应用 [M]. 北京：科学出版社，2007.
[106] 焦李成，刘芳，缑水平，等. 智能数据挖掘与知识发现 [M]. 西安：西安电子科技大学出版社，2006.
[107] 张军. 数值计算 [M]. 北京：清华大学出版社，2008.
[108] 申维. 耗散结构、自组织、突变理论与地球科学 [M]. 北京：地质出版社，2008.
[109] 周锡元，苏经宇. 烈度、震中距和场地条件对地面运动反应谱的影响 [J]. 地震工程与工程振动，1983，3 (2)：31-42.
[110] 薄景山，翟庆生，刘红帅，等. 场地分类及其在我国的演变 [J]. 自然灾害学报，2004，13 (3)：44-49.
[111] 张世海，刘叔军. 基于加权 BP 神经网络的场地连续化分类 [J]. 南阳理工学院学报，2009，1 (1)：48-51.
[112] 赵成刚，冯启民，等. 生命线地震工程 [M]. 北京：地震出版社，1994.
[113] 陈一平，陈欣. 公路交通系统震害预测计算机辅助系统 DPLH 简介 [J]. 建筑科学，1994 (4)：71-75.
[114] 石玉峰. 战时不确定性运输路径优化研究 [D]. 成都：西南交通大学，2005.
[115] 王谷，过秀成. 不确定网络路径优化模型及算法研究 [J]. 交通与计算机，2007，25 (4)：50-52.
[116] 刘春林，何建敏，盛昭瀚. 应急模糊网络系统最大满意度路径的选取 [J]. 自 动化学报，2000，26 (5)：609-615.
[117] 黄蕙，温家洪，司瑞洁，等. 自然灾害风险评估国际计划述评——指标体系 [J]. 灾害学，2008，23 (2)：112-116.
[118] 葛全胜，邹铭，郑景云，等. 中国自然灾害风险综合评估初步研究 [M]. 北京：科学出版社，2008.
[119] 谢礼立. 城市防震减灾能力的定义及评估方法 [J]. 地震工程与工程振动，2006，26 (3)：1-10.
[120] 张风华. 城市防震减灾能力评估研究 [D]. 哈尔滨：中国地震局工程力学研究所，2002.
[121] 刘莉. 城市防震减灾能力标定及可接受风险研究 [D]. 哈尔滨：中国地震局工程力学研究所，2009.
[122] 郑宇. 城市防震减灾能力评价指标与应急需求研究 [D]. 南京：南京工业大学，2003.
[123] 王威. 城市（群）防震减灾能力评估方法的研究 [D]. 郑州：河南工业大学，2007.
[124] 王威，马东辉，苏经宇，等. 基于云模型的城市防震减灾能力综合评价方法研究 [J]. 北京工业大学学报，2010，36 (6)：764-770.
[125] 郭章林，刘明广，李高扬. 基于群决策的城市防震减灾能力二级模糊评判 [J]. 建筑技术开发，2004，31 (2)：62-78.
[126] 杨挺. 城市局部地震灾害危害性指数及其在上海市的应用 [J]. 国际地震动态，2002 (2)：4-7.
[127] 王飞，蒋建群. 城市地震灾害综合易损性分析方法探讨 [J]. 地震研究，2005，28 (1)：95-101.
[128] 黄崇福. 自然灾害风险评价理论与实践 [M]. 北京：科学出版社，2005.
[129] 高庆华. 中国区域减灾基础能力初步研究 [M]. 北京：气象出版社，2006.
[130] 张明媛. 城市承灾能力及灾害综合风险评价研究 [D]. 大连：大连理工大学，2008.
[131] 殷杰. 城市灾害综合风险评估 [D]. 上海：上海师范大学，2008.

[132] 屈波. 城市区域火灾风险评估研究 [D]. 重庆：重庆大学，2005.

[133] 李贞. 基于层次分析法的地震次生水灾区划 [J]. 华南地震，2007，27 (2)：56-61.

[134] 吴开亚，金菊良. 区域生态安全评价的熵组合权重属性识别模型 [J]. 地理科学，2008，28 (6)：754-758.

[135] 周彪，周军学，周晓猛，等. 城市防灾减灾综合能力的定量分析 [J]. 防灾减灾工程学报，2010，12 (1)：104-112.

[136] 姜淑珍，包锋. 道路系统易损性分析 [J]. 公路，2006 (11)：106-108.

[137] 郭恩栋，刘如山，孙柏涛. 地下管线工程地震破坏等级划分标准 [J]. 自然灾害学报，2007，16 (4)：86-90.

[138] 杜景林，杨亚弟. 供电网络系统的可靠性分析 [J]. 世界地震工程，2005，21 (4)：133-138.

[139] 胡淑恒，陈广洲. 基于物元判定模型城市生态安全评价 [J]. 安徽建筑工业学院学报（自然科学版），2008，16 (4)：33-37.

[140] 张志华. 城市区域地震次生火灾危险性评估 [J]. 消防科学与技术，2008，27 (8)：602-605.

[141] 沈瑜，徐婷婷，李祚泳. 基于 GA 优化的灾情评估普适公式 [J]. 成都信息工程学院学报，2004，19 (3)：388-391.

[142] 李祚泳，程红霞，邓新民，等. 城市可持续发展的指数普适公式及评价模型 [J]. 环境科学，2001，22 (6)：108-121.

[143] COLORNI A，DORIGO M，MAFFIOLI F，et al. Heuristicsfrom nature for hard combinatorial optimization problems [J]. Int Trans in Operational Reserach，1996，3 (1)：1-21.

[144] DORIGO M，MANIEZZO V，COLORNI A. Ant system：Optimization by a colony of cooperating agents [J]. IEEE Trans on System，Man and Cybernetics，1996，26 (1)：29-41.

[145] 温文波，杜维. 蚁群算法概述 [J]. 石油化工自动化，2002 (1)：19-22.

[146] 马良. 基于蚂蚁算法的函数优化 [J]. 控制与决策，2002，17 (增刊)：719-722.

[147] 韩宪军，武清玺，杨明珠. 蚁群优化算法及其在可靠指标计算中的应用 [J]. 河海大学学报（自然科学版），2007，35 (6)：664-667.

[148] 詹士昌，徐婕. 用于多维函数优化的蚁群算法 [J]. 应用基础与工程科学学报，2003，11 (3)：223-228.

[149] 唐超礼，黄宜庆，黄友锐. 多模态函数优化的小生境蚁群算法及其仿真分析 [J]. 工业控制计算机，2008，21 (6)：57-60.

[150] FIREDMAN J H，TURKEY J W. A projection pursuit algorithm for exploratory data analysis [J]. IEEE Trans. on Computer，1974，23 (9)：881-890.

[151] 高尚. 模拟退火算法中的退火策略研究 [J]. 航空计算技术，2002，32 (4)：20-22.

[152] 陈广洲，汪家权. 基于模拟退火算法的投影寻踪方向优化 [J]. 合肥工业大学学报（自然科学版），2008，31 (8)：1315-1318.

[153] 原国家科委国家计委国家. 中国自然灾害综合研究的进展 [M]. 北京：气象出版社，2009.

[154] 李松，苏生瑞，尚瑾瑜，等. 层次分析法在震后崩塌危险性评价上的应用 [J]. 甘肃地质，2012，21 (3)：79-84.

[155] 蔡文，杨春燕，何斌. 可拓逻辑初步 [M]. 北京：科学出版社，2003.

[156] 颜春艳，诸文浩，孙有朝，等. 基于集对分析的区域安全分析研究 [J]. 飞机设计，2010，30 (1)：47-50.

[157] 龚士良. 基于集对分析的地质灾害防治优态共存准则 [J]. 社会环境与工程，2010，24 (2)：153-157.

[158] 王哲，易发成. 基于层次分析法的绵阳市地质灾害易发性评价 [J]. 自然灾害学报，2009，18

(1)：13-23.
[159] 彭满华，唐祥达，徐四一．综合指数法和AHP法在地质灾害危险性综合评估中的应用［J］．岩土工程技术，2006，20（4）：191-193.
[160] 陈新建，段钊，赵法锁，等．基于模糊数学的地质灾害危险性评价［J］．中国地质灾害与防治学报，2011，22（3）：90-94.
[161] 赵向辉，付忠良，谢会云，等．神经网络和集成学习在地质灾害危险度区划中的应用研究［J］．四川大学学报，2010，41（1）：51-55.
[162] 范文，刘雪梅，高德彬，等．主成分分析法在地质灾害危险性综合评价中的应用［J］．西安工程学院学报，2001，23（4）：53-57.
[163] 娄丹丹，徐刚．GIS在地质灾害风险评价中的应用研究进展［J］．四川地质学报，2008，28（4）：335-338.
[164] 陈守煜．可变模糊集理论与模型及其应用［M］．大连：大连理工大学出版社，2009.
[165] 李晓伟，陈红，王肇飞，等．基于离差最大化的公路网灰关联投影评价模型［J］．西安建筑科技大学学报（自然科学版），2012，44（5）：79-84.
[166] 李特，冯琦，张堃．基于熵权灰色关联和D-S证据理论的威胁评估［J］．计算机应用研究，2013，30（2）：380-382.
[167] 许秀娟，牟浩．基于结构熵权灰色关联和D-S证据理论的水库兴利调度综合评价［J］．水利与建筑工程学报，2014，12（2）：21-25.
[168] 刘丽，王士革．滑坡、泥石流区域危险度二级模糊综合评判初探［J］．自然灾害学报，1996，5（3）：51-59.
[169] 朱伟．重大事故人员应急疏散计算机仿真［D］．重庆：重庆大学，2009.
[170] 郭惠．城市地震火灾风险评估指标体系研究［J］．中国安全生产科学技术，2013，9（3）：56-59.
[171] 李群，宁利．属性区间识别理论模型研究及其应用［J］．数学的实践与认识，2002，32（1）：50-54.
[172] 邹强，周建中，周超，等．基于最大熵原理和属性区间识别理论的洪水灾害风险分析［J］．水科学进展，2012，23（12）：323-333.
[173] 任政，郝振纯．基于属性区间识别理论的水资源可持续利用评价［J］．水电能源科学，2009，27（3）：22-24.
[174] 周晓蔚，王丽萍，张验科．基于最大熵的河流水质恢复能力模糊评价模型［J］．中国农村水利水电，2008（1）：23-25.
[175] 金江军，潘懋，徐岳仁．城市地震灾害风险评价方法研究［J］．西北地震学报，2007，29（2）：109-113.
[176] 董法军，吴立志．基于指标体系的城市区域火灾风险评价系统开发［J］．火灾科学，2005，14（1）：47-54.
[177] 钟江荣，张令心，赵振东，等．基于震害的地震次生火灾高危害区模型研究［J］．地震工程与工程振动，2010，30（3）：108-114.
[178] 周天．城市火灾风险和防火能力研究［D］．上海：同济大学，2007.
[179] 陈国良，胡锐，卫广昭．北京市火灾风险综合评估指标体系研究工程师［J］．中国安全科学学报，2007（17）：119-124.
[180] 匡乐红，徐林荣，刘宝琛．组合赋权法确定地质灾害危险性评价指标权重［J］．地下空间与工程学报，2006（2）：1063-1068.
[181] 石玉成，蔡红卫，徐晖平．场地地震反应分析中的不确定性及其处理［J］．西北地震学报，

1999，21（3）：242-247.

[182] 汪德山，齐丽洁，薛丽莹，等. 场地土分类的模糊性分析 [J]. 辽宁工学院学报，1995，15（4）：71-72.

[183] 王广军，苏经宇. 场地类别的模糊综合评判 [J]. 地震工程与工程振动，1985，5（2）：28-42.

[184] 李德仁，王树良，李德毅. 空间数据挖掘理论与应用 [M]. 北京：科学出版社，2006.

[185] Di Kaichang，Li Deyi，Li Deren. Knowledge representation and discovery in spatial databases based on cloud theory. International Archives of Photogrammetry and Remote Sensing，Vol. 32，Part 3/1，Columbus，Ohio，July. 1998.

[186] 杨朝晖，李德毅. 二维云模型及其在预测中的应用 [J]. 计算机学报，1998，21（11）：962-969.

[187] 中华人民共和国住房和城乡建设部. 建筑抗震设计规范（2016 年版）GB 50011—2010 [S]. 北京：中国建筑工业出版社，2016.

[188] 窦立军，杨柏坡. 场地分类新方法的研究 [J]. 地震工程与工程振动，2001，21（4）：10-17.

[189] 郭俊平. 模糊综合评判和灰色模式识别在场地分类中的应用 [D]. 广西：广西大学土木建筑工程学院，2003.

[190] 马东辉，李刚，钱稼茹. 强震地面断裂时土地利用适宜性的概率评估 [J]. 清华大学学报：自然科学版，2006，46（3）：309-312.

[191] 黄润秋，许向宁，唐川，等. 地质环境评价与地质灾害管理 [M]. 北京：科学出版社，2008.

[192] 马东辉，郭小东，苏经宇，等. 层次分析法逆序问题及其在土地适宜性评价中的应用 [J]. 系统工程理论与实践，2007（6）：124-135.

[193] 伍世虔，徐军. 动态模糊神经网络：设计与应用 [M]. 北京：清华出版社，2008.

[194] 焦利民. 人工神经网络和模糊逻辑在土地适宜性评价中的应用研究 [D]. 武汉：武汉大学，2002.

[195] Lee C H，Teng C C. Identification and control of dynamic systems using recurrent fuzzy neural networks [J]. IEEE Transactions on Fuzzy Systems，2008（8）：349-366.

[196] Wu S Q，Er M J，Gao Y. A fast approach for automatic generation of fuzzy rules by generalized dynamic fuzzy neural networks [J]. IEEE Transactions on Fuzzy Systems；2001（9）：578-594.

[197] Jang J S R，Sun C T. Functional equivalence between radial basis function networks and fuzzy inference systems [J]. IEEE Transactions on Neural Networks，1993（4）：156-158.

[198] Lee C C. Fuzzy logic in controller part Ⅰ&Ⅱ [J]. IEEE Transactions on systerms Man and Cybernetics. 1990，20：404-436.

[199] 叶淑霞，郭裕顺，沈建国. 基于规则自动生成的模糊神经网络建模 [J]. 杭州电子科技大学学报，2008，28（2）：9-12.

[200] 泉州市、厦门市、南通市、秦皇岛市、合肥市等规划区工程抗震设防区划研究报告 [R]. 北京工业大学抗震减灾研究所研究报告，2004～2009.

[201] 李宏男，何浩祥. 利用能力谱法对结构地震损伤评估简化方法 [J]. 大连理工大学学报，2004，44（2）：267-270.

[202] 刘艳芳，李兴林，龚红波. 基于遗传算法的土地利用结构优化研究 [J]. 武汉大学学报：信息科学版，2005，30（4）：288-292.

[203] 傅鸿源，陈煜红. 城市建设用地利用结构优化 SD-MOP 整合模型研究 [J]. 土木工程学报，2011，4（44）：129-136.

[204] 王新平，葛学礼，崔健. 避震疏散模拟在城市抗震规划中的应用 [J]. 山东建筑工程学院学报，2004，19（3）：34-37.

［205］ 姚清林. 关于优选城市地震避难场地的某些问题［J］. 地震研究，1997，19（3）：244-248.

［206］ 杨文斌，韩世文. 地震应急避难场所的规划建设与城市防灾［J］. 自然灾害学报，2004，13（1）：126-132.

［207］ 苏幼坡. 城市地震避难所的规划原则与要点［J］. 灾害学，2004，19（1）：87-92.

［208］ 周天颖，简甫任. 紧急避难场所区位决策支持系统建立之研究［J］. 水土保持研究. 2001，18（1）：17-24.

［209］ 蔡柏全. 都市灾害防救管理体系及避难圈域适宜规模之探究——以嘉义市为例［D］. 台北：国立成功大学，2002.

［210］ 李刚. 城市抗震防灾规划 GIS 辅助分析与管理相关技术研究［D］. 北京：北京工业大学，2006.

［211］ 李刚，马东辉，苏经宇. 基于加权 Voronoi 图的城市地震应急避难场所责任区的划分［J］. 建筑科学，2006，22（3）：55-59.

［212］ 王志涛，王玲，张秀彦，等. 基于 GIS 的城市震后交通最优路径分析系统［J］. 武汉理工大学学报：交通科学与工程版，2008，32（5）：814-817.

［213］ 王丽. 城市中应急避难场所的规划设计研究［D］. 天津：南开大学硕士学位论文，2007.

［214］ 周晓猛，刘茂，王阳. 紧急避难场所优化布局理论研究［J］. 安全与环境学报，2006，6（增）：118-121.

［215］ 陈宗志. 城市防灾减灾设施选址模型与战略决策方法研究［D］. 上海：同济大学，2006.

［216］ 徐波，关贤军，尤建新. 城市防灾避难空间优化模型［J］. 土木工程学报，2008，41（1）：93-98.

［217］ 张毅，郭晓汾，王笑风. 应急救援物资车辆运输线路的选择［J］. 安全与环境学报，2006，6（3）：51-53.

［218］ 吴青，龚亚伟. 地震救灾物资的路径选择［J］. 东南大学学报：自然科学版，2007，37（增）：343-347.

［219］ 马东辉，王威. 秦皇岛市城市抗震防灾规划试点研究［R］. 北京：北京工业大学抗震减灾研究所，2010.

［220］ C Toregas，C ReVelle. Optimal Location under Time or Distance Constraints. Papers of the Regional Science Association，1972，28（6）：133-143.

［221］ R Church，C ReVell. The Maximal Covering Location Problem［J］. Papers of the Regional Science Association，1974，32：101-111.

［222］ S L Hakimi. Optimum locations of switching centers and the absolute centers and median of graph［J］. Operations Research，1964，12：450-459.

［223］ S L Hakimi. Optimum distribution of switching centers in a communication network and some related graph theoretic problems［J］. Operations Research 1965，13：462-475.

［224］ Hogan K，ReVelle C. Concept and applications of backup coverage［J］. Management Science，1986，32（11）：1434-1444.

［225］ Drezner Z. The two-center and two-median problems［J］. Transportation Science，1984，18：351-361.

［226］ Hamacher H W，Nickel S. Multicriteria planar location problems［J］. European Journal of Operational Research，1996，94：66-86.

［227］ Puerto J，Fernandez F R. Multicriteria mini-sum facility location problems［J］. Journal of the Multicriteria Decision Analysis，1999，8：268-280.

［228］ Hamacher H W，Labbe M，Nickel S. Multicriteria network location problems with sum objective［J］. Networks，1998，33：79-92.

[229] 何建敏，刘春林，曹杰，等. 应急管理与应急系统［M］. 北京：科学出版社，2005.
[230] 马云峰. 基于时间满意的网络设施选址问题的引论［M］. 武汉：湖北人民出版社，2007.
[231] 王文峰，刘新亮，郭波. 综合多准则决策的保障设施选址—分派方法［J］. 系统工程理论与实践，2008（5）：148-152.
[232] Orhan Karasakal，Esra K. Karasakal. A maximal covering location model in the presence of partial coverage［J］. Computers & Operations Research，2004，31：1515-1526.
[233] 王威，韩阳，赵月平. 桩基优选的 TOPSIS 法分析及其 Matlab 编程实现［J］. 地下空间与工程学报，2006，2（5）：839-841.
[234] 付巧峰. 一种修改的 TOPSIS 法［J］. 西北大学学报：自然科学版，2007，37（4）：531-533.
[235] Luce Brotcome，Gilberrt LaPorte Ect. Ambulance Location and Relocation Models［J］. European Journal of Operational Research，2003，147：451-463.
[236] 方磊. 城市应急系统选址的模型与算法研究［D］. 南京：东南大学，2003.
[237] 李艳杰. 应急服务设施选址问题研究［D］. 鞍山：辽宁科技大学，2008.
[238] 纪震，吴青华，廖惠连. 粒子群算法及应用［M］. 北京：科学出版社，2009.
[239] Henderson L F. The Slatisries of Crowd Fluide［J］. Nature，1971，229：389-383.
[240] Henderson L F. Sexual differences in human crowd morion［J］. Nature，1972，240：356-356.
[241] 杜鹏. 交通系统震害预测中瓦砾堆积问题的改进［J］. 世界地震工程，2007，23（1）：161-165.
[242] 李刚. 城市抗震防灾规划 GIS 辅助分析与管理相关技术［D］. 北京：北京工业大学，2006.
[243] 严晓龙，刘涛，汤永川. 应急疏散仿真技术及其研究进展［J］. 消防理论研究，2007，26（6）：617-620.
[244] 任常兴，张欣，张网，等. 人员密集场所突发火灾事故应急疏散能力分析［J］. 中国安全生产科学技术，2010，6（2）：39-43.
[245] 温晓虎，贾水库，林大建，等. 高层建筑火灾安全疏散评估方法研究［J］. 中国安全生产科学技术，2008，4（2）：65-68.
[246] 王伟军，田玉敏. 公共场所人员安全疏散评价方法探讨［J］. 武警学院学报，2008，24（6）：19-22.
[247] 黄恒栋. 高层建筑火灾安全疏散中的人流集结，出口流出时间特性曲线［J］. 重庆建筑大学学报，1997，19（1）：26-34.
[248] 蒋光胜. 大城市突发事件交通组织与疏散对策研究［D］. 北京：北京工业大学，2006.
[249] 钟江荣. 城市地震次生火灾研究［D］. 哈尔滨：中国地震局工程力学研究所，2010.
[250] 吴美文，吴军，胡传平. 城市消防站布局评估指标量化分析［J］. 自然灾害学报，2006，15（5）：162-167.
[251] 王丰，姜玉宏，王进. 应急物流［M］. 北京：中国物资出版社，2007：47-50.
[252] 张旭凤. 应急物资分类体系及采购战略分析［J］. 中国市场，2007，32：110-111.
[253] 李磊. 地震应急救援现场需求分析及物资保障［J］. 防灾科技学院学报，2006，8（3）：15-18.
[254] 郭瑞鹏. 应急物资动员决策的方法与模型研究［D］. 北京：北京理工大学，2006：30-51.
[255] 王铁宁，徐宗昌. 应急物资保障计划辅助模型决策研究［J］. 物流技术，2004，（4）83-86.
[256] 吴守荣. 山东省公路机动车货运量及运力组合预测［J］. 山东矿业学院学报：自然科学版，1999（12）：107-110.
[257] 赖一飞，郑清秀，章少强. 灰色预测模型在水运货运量预测中的应用［J］. 武汉水利电力大学学报，2000（2）：96-99.
[258] 马银波，张三省. 公路货运量长期预测的类别分析模型［J］. 预测，2000（3）：78-80.
[259] 过秀成，谢实海，胡斌. 区域物流需求分析模型及其算法［J］. 东南大学学报：自然科学版，

2001，31（3）：24-28.
[260] 宁艳梅．应急系统选址的模型与算法研究［D］．西安：西安电子科技大学，2007.
[261] 汪定伟，张国祥．突发性灾害救援中心选址优化的模型与算法［J］．东北大学学报：自然科学版，2005，26（10）：953-956.
[262] 常玉林，王炜．城市紧急服务系统优化选址模型［J］．系统工程理论与实践，2000（2）：104-107，117.
[263] 李静，赵林度．基于时间满意的应急物资储备库双容量限制选址模型［J］．东南大学学报，2007（37）：393-396.
[264] 王文峰，郭波，刘新亮．多级覆盖设施选址问题建模及求解方法研究［J］．中国管理科学，2007（15）：144-148.
[265] 邓聚龙．灰理论基础［M］．武汉：华中科技大学出版社，2002.
[266] 郭瑞鹏．应急物资动员决策的方法与模型研究［D］．北京：北京理工大学，2006.
[267] 袁曾任．人工神经元网络及其应用［M］．北京：清华大学出版社，2000.
[268] 胡守仁．神经网络应用技术［M］．长沙：国防科技大学出版社，1993.
[269] 夏萍．灾害应急物流中基于需求分析的应急物资分配问题研究［D］．北京：北京交通大学，2010.
[270] 李红．基于改进后灰靶模型的四川省水资源紧缺度评价［M］．成都：四川大学出版社，2012.
[271] 李帆，佟晓君，苏幼坡．城市地震伤亡人数的概率预测模型［J］．河北理工学院学报，2001，23（3）：81-86.
[272] 中华人民共和国住房和城乡建设部．城市用地分类与规划建设用地标准：GB 50137—2011［S］．北京：中国建筑工业出版社，2011.
[273] 曹传新．对《城市用地分类与规划建设用地标准》的透视和反思［J］．规划师，2002（10）：58-61.
[274] 王威，苏经宇，马东辉，等．基于范例推理的城市建筑物震害预测方法研究［J］．西安建筑科技大学学报：自然科学版，2008，40（2）：224-230.
[275] 邹其嘉，王子平，陈非比，等．唐山地震灾区社会恢复与社会问题研究［M］．北京：地震出版社，1997.
[276] 河北省地震局．一九六六年邢台地震［R］．北京：地震出版社，1988.
[277] 河北省地震局．唐山抗震救灾决策记实［R］．北京：地震出版社，2000.
[278] 陈达生，周锡元，那向谦，等．云南澜沧-耿马地震震害论文集［C］．北京：科学出版社，1991：95-173.
[279] 陶如谦，王子平．河北省震灾社会调查［R］．北京：地震出版社，1996.
[280] 国家科委全国重大自然灾害综合研究组．中国重大自然灾害及减灾对策（年表）［R］．北京：海洋出版社，1995.
[281] 陈建英，王汝雕，李正枝．临汾市减轻地震灾害决策［A］．山西临汾地震研究与系统减灾［C］．北京：地震出版社，1993：587-595.
[282] 苏桂武，刘惠敏，张玲．中小城镇和城市边缘区自然灾害风险构成要素的基本特征［A］．可持续发展：人类生存环境［C］．北京：电子工业出版社，1999：478-484.
[283] 盛昭翰，曹忻．最优化方法基本教程［M］．南京：东南大学出版社，1992.
[284] 张铁军，高慧瑛，黄宏生．关于影响易损性分析结果的区域因素研究——以福建为例［J］．灾害学，2011，26（3）：73-77.
[285] 马玉宏，赵桂峰．地震灾害风险分析及管理［M］．北京：科学出版社，2008.
[286] 李帆，佟晓君，苏幼坡．城市地震伤亡人数的概率预测模型［J］．河北理工学院学报，2001，23

(3)：81-86.

[287] 马玉宏，谢礼立. 地震人员伤亡估算方法研究 [J]. 地震工程与工程振动，2000，20 (4)：140-147.

[288] THOMPSPON P A，MARCHANT E W. A computer model for the evacuation of large building populations [J]. Fire Safety Journal，1995，24：131-148.

[289] HELBING D. A mathematical model for the behavior of individual sinasocial field [J]. Journal of Mathematical Soeiology，1994，19 (3)：189-219.

[290] HELBING D. Simulating dynamical features of escape panic [J]. Nature，2000，407：487-490.

[291] 柳研. 城市人口密集场所突发事件疏散对策研究 [D]. 西安：西安建筑科技大学，2007.

[292] 黄启友. 基于群集流动特性的地铁人员疏散模型的研究 [D]. 北京：北京交通大学，2008.

[293] HELBING D，JOHANSSON A . Pedestrian crowd and evacuation dynamics [J]. Encyclopedia of Complexity and Systems Science，2010 (16)：6476-6495.

[294] NAGATANI T. Dynamical transition in merging pedestrian flow without bottleneck [J]. Physica，2002，307：505-515.

[295] 任常兴，张欣，张网，等. 人员密集场所突发火灾事故应急疏散能力分析 [J]. 中国安全生产科学技术，2010，6 (2)：39-43.

[296] 温晓虎，贾水库，林大建，等. 高层建筑火灾安全疏散评估方法研究 [J]. 中国安全生产科学技术，2008，4 (2)：65-68.

[297] 王伟军，田玉敏. 公共场所人员安全疏散评价方法探讨 [J]. 武警学院学报，2008，24 (6)：19-22.

[298] 蒋光胜. 大城市突发事件交通组织与疏散对策研究 [D]. 北京：北京工业大学，2006.

[299] COVA T，JUSIN P J. Microsimulation of neighborhood evacuations in the urban-wildland interface [J]. Environment and planning，2002 (34)：2211-2229.

[300] BATTY M，JAKE D，ELSPETH D. The discrete dynamics of small-scale spatial events：agent-base models of mobility in carnivals and street parades [J]. Working Papers of Centre for Advanced Spatial Analysis，2002：421-433.

[301] XUWEI C，BENJZMIN Z. Agent-based modeling and simulation of urban evacuation：relative effectiveness of simultaneous and evacuation strategies [J]. Transportation Research Board，2004：98-104.

[302] MONMONIER M，GIORDANO A. GIS in NewYork state county emergency management offices [J]. Applied Geographic Studies，1998 (2)：95-109.

[303] 王卫华，吴淑娴，程建. 建筑物人员疏散方案的数学模型研究 [J]. 武汉理工大学学报，2010，32 (11)：155-162.

[304] FARAHMANG K. Application of simulation modeling to emergency population evacuation [J]. Winter Simulation Conference Proceedings，1997：1181-1188.

[305] Tajima Y，Takimoto K，Nagatani T. Patten formation and jamming transition in pedestrian counter flow [J]. Physics，2002，313：709-723.

[306] 刘文婷. 城市轨道交通车站乘客紧急疏散能力研究 [D]. 上海：同济大学，2008.

[307] 朱伟. 重大事故人员应急疏散计算机仿真 [D]. 重庆：重庆大学，2009.

[308] 郭惠. 城市地震火灾风险评估指标体系研究 [J]. 中国安全生产科学技术，2013，9 (3)：56-59.

[309] 李群，宁利. 属性区间识别理论模型研究及其应用 [J]. 数学的实践与认识，2002，32 (1)：50-54.

[310] 邹强，周建中，周超，等. 基于最大熵原理和属性区间识别理论的洪水灾害风险分析 [J]. 水科学进展，2012，23 (12)：323-333.

[311] 任政，郝振纯. 基于属性区间识别理论的水资源可持续利用评价 [J]. 水电能源科学，2009，27 (3)：22-24.

[312] 周晓蔚，王丽萍，张验科. 基于最大熵的河流水质恢复能力模糊评价模型 [J]. 中国农村水利水电，2008 (1)：23-25.

[313] 金江军，潘 懋，徐岳仁. 城市地震灾害风险评价方法研究 [J]. 西北地震学报，2007，29 (2)：109-113.

[314] 董法军，吴立志. 基于指标体系的城市区域火灾风险评价系统开发 [J]. 火灾科学，2005，14 (1)：47-54.

[315] 钟江荣，张令心，赵振东，等. 基于震害的地震次生火灾高危害区模型研究 [J]. 地震工程与工程振动，2010，30 (3)：108-114.

[316] 周天. 城市火灾风险和防火能力研究 [D]. 上海：同济大学，2007.

[317] 陈国良，胡锐，卫广昭. 北京市火灾风险综合评估指标体系研究工程师 [J]. 中国安全科学学报，2007 (17)：119-124.

[318] 匡乐红，徐林荣，刘宝琛. 组合赋权法确定地质灾害危险性评价指标权重 [J]. 地下空间与工程学报，2006 (2)：1063-1068.

[319] 东京消防厅. 地震时の延烧シミュレ-ション システムに关する调查研究 [M]. 1989. 3.

[320] 谢旭阳，任爱珠，刘铁民，张兴凯. 基于 GIS 的地震次生火灾蔓延范围模拟 [J]. 中国安全科学学报，2005. 4，15 (5)：3-7.

[321] 钟江荣. 城市地震次生火灾研究 [D]. 哈尔滨：中国地震局工程力学研究所，2010.

[322] 傅征祥，李革平. 地震生命损失研究 [M]. 北京：地震出版社，1993.

[323] MENONI S，MARCHI B，LIU D Y. Chains of damages and failures in a metropolitan environment some observations on the Kobe earthquake in 1995 [J]. Journal of Hazardous Materials，2001，86 (13)：101-109.

[324] 赵振东，林均岐，钟江荣，等. 地震人员伤亡指数与人员伤亡状态函数 [J]. 自然灾害学报，1998，7 (3)：90-96.

[325] ZHENGDONG Z，XIANGYUAN Z. Dynamic method of assessing seismic casualty [J]. Earthquake Research in China，2003，17 (3)：290-297.

[326] 赵振东，郑向远. 地震人员伤亡研究的回顾与进展 [J]. 自然灾害学报，2000，9 (1)：93-99.

[327] 姚保华，谢礼立，火恩杰. 研究地震情况下生命线系统相互作用的综合方法 [J]. 地震学报，2004，26 (4)：193-202.

[328] 高建国. 地震应急期的分期 [J]. 灾害学，2009，19 (1)：11-15.

[329] 王海鹰，孙刚，欧阳春，等. 地震应急期关键时间阶段划分研究 [J]. 灾害学，2013，28 (3)：166-170.

[330] 汪素云，俞言祥，高阿甲，等. 中国分区地震动衰减关系的确定 [J]. 中国地震，2000，16 (2)：99-106.

[331] 吴立新，李志锋，王植，等. 地震灾情快速评估方法和应用：以玉树地震为例 [J]. 科技导报，2010，28 (24)：38-43.

[332] 高惠瑛，别冬梅，马建军，等. 汶川地震区砖砌体住宅房屋易损性研究 [J]. 世界地震工程，2010，28 (24)：38-43.

[333] 周素琴，郭子雄. 地震人员伤亡的动态评估 [J]. 华侨大学学报：自然科学版，2004，25 (1)：54-57.

[334] 何磊. 地震条件下的伤员救援车辆调度研究 [D]. 哈尔滨：哈尔滨工业大学，2009.

[335] 刘蓉蓉. 地震应急医疗队的适宜技术筛选与资源配置研究 [D]. 重庆：第三军医大学，2012.

[336] 姜淑珍，包锋. 道路系统易损性分析 [J]. 公路，2006，(11)：106-108.

[337] 李海华，震灾最大伤亡率的初步分析 [J]. 灾害学，1987 (2)：41-47.

[338] 高建国. 论中国企业灾害经济损失问题 [A]. 企业减灾对策研究 [C]. 兰州：兰州大学出版社，1996. 1：162-185.

[339] 郭金芬. 面向大型地震的应急物资需求预测方法研究 [D]. 天津：天津大学管理与经济学部，2011.

[340] 陈达强. 基于应急系统特性分析的应急物资分配优化决策模型研究 [D]. 杭州：浙江大学，2010.

[341] 张毅. 基于自然灾害的救灾物资物流决策理论与方法研究 [D]. 陕西：长安大学，2008.

[342] 周露，陈曦，陈宏，彭岷. 应急状态下救灾物资供给特点研究——以汶川地震食品为例 [J]. 管理评论，2008，20 (12)：25-29.

[343] 乔洪波. 应急物资需求分类及需求量研究 [D]. 北京：北京交通大学，2009.

[344] 赵启兰. 库存管理 [M]. 北京：高等教育出版社，2006：14-15.

[345] 李广，郝中军，郝以庆，冯宗杰. 军用物资供应服务水平与安全库存量的确定问题研究 [J]. 科技创新导报，2010，04 (c)：15.

[346] 王恩胡，李录堂. 中国食品消费结构的演进与农业发展战略 [J]. 中国农村观察，2007：14-25.

[347] 聂高众，高建国，苏桂武，王建明. 地震应急救助需求的模型化处理—来自地震震例的经验分析 [J]. 资源科学，2001，(23)：69-76.

[348] 朱建国，冯翠莲. 基于 Kolmogorov-Smirnov 距离的统计诊断 [J]. 理论新探，2010 (24)：37-38.

[349] 陆运清. 用 Pearson’ s 卡方统计量进行统计检验时应注意的问题 [J]. 理论新探，2009 (15)：32-33.

[350] 樊冬梅. 假设检验中的 P 值 [J]. 郑州经济管理干部学院学报，2002，14 (2)：70-71.

[351] 张文峰. 应急物资储备模式及其储备量研究 [D]. 北京：北京交通大学，2010.